·自学经典·

# 网页设计与网站建设
## 《自学经典》

郑国强　编著

清华大学出版社
北　京

## 内 容 简 介

本书由浅入深地介绍了使用 Dreamweaver、Flash、Photoshop 等软件进行网站设计和网页制作的方法。全书共分 25 章，内容涉及网站建设基础知识、网站与数据库技术、图像编辑软件 Photoshop、制作网页动画 Flash、网页代码软件 Dreamweaver、添加网页文本、添加网页图像、网页中的链接、设计数据表格、XHTML 标记语言、设计网页元素样式、Web 2.0 布局方式、网页交互应用、交互页面设计、网页框架应用、CSS 样式、表格、文本样式、XHTML+CSS、JavaScript、表单、行为、Flash 动画、ASP+Access 等。

本书图文并茂，内容简单易懂、结构清晰、实用性强、案例经典，适合网页设计初学者、高校师生及计算机培训人员使用。

**图书在版编目（CIP）数据**

网页设计与网站建设自学经典/郑国强编著. —北京：清华大学出版社，2018（2018.10重印）
（自学经典）
ISBN 978-7-302-47677-1

Ⅰ. ①网… Ⅱ. ①郑… Ⅲ. ①网页制作工具 Ⅳ. ①TP393.092

中国版本图书馆 CIP 数据核字（2017）第 155290 号

**责任编辑：** 冯志强　薛　阳
**封面设计：** 杨玉兰
**责任校对：** 胡伟民
**责任印制：** 丛怀宇

**出版发行：** 清华大学出版社
　　　　　　网　　　址：http://www.tup.com.cn, http://www.wqbook.com
　　　　　　地　　　址：北京清华大学学研大厦 A 座　　　　邮　　编：100084
　　　　　　社 总 机：010-62770175　　　　　　　　　　邮　　购：010-62786544
　　　　　　投稿与读者服务：010-62776969，c-service@tup.tsinghua.edu.cn
　　　　　　质 量 反 馈：010-62772015，zhiliang@tup.tsinghua.edu.cn
**印 装 者：** 三河市铭诚印务有限公司
**经　　销：** 全国新华书店
**开　　本：** 190mm×260mm　　　　**印　张：** 33　　　　**字　　数：** 930 千字
**版　　次：** 2018 年 7 月第 1 版　　　　　　　　　　**印　　次：** 2018 年 10 月第 2 次印刷
**定　　价：** 89.80 元

产品编号：069002-01

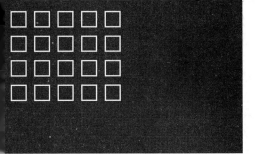

# 前　言

在互联网时代，网站作为面向世界的窗口，其设计和制作包含多种技术，例如平面设计技术、动画制作技术、CSS 技术、XHTML 技术和 JavaScript 技术等。本书以 Dreamweaver、Photoshop 和 Flash 等为基本工具，详细介绍如何通过 Photoshop 设计网站的界面和图形，通过 Flash 制作网站的动画，以及通过 Dreamweaver 编写网页代码。除此之外，本书还介绍了 Web 标准化规范的相关知识，包括 XHTML 标记语言、CSS 样式表等。

本书由经验丰富的网页设计人员编写而成，立足于网络行业，详细介绍娱乐网站、门户网站和企业网站等类型网站开发技术，以及各种网站栏目的设计方法。

## 1．本书主要内容

全书共分为 25 章，通过大量的实例全面介绍了网页设计与制作过程中使用的各种专业技术，以及用户可能遇到的各种问题。各章的主要内容简介如下。

第 1 章：全面介绍了网站建设基础知识，包括网站基础知识概况、网页界面构成元素、网页设计实现、网页色彩基础、网站策划等内容；第 2 章：全面介绍了网站与数据库技术，包括设计网站、创建本地站点、Access 和 SQL Server 数据库等内容；第 3 章：全面介绍了图像设计软件 Photoshop，包括网页界面概述、选择选取、图层编辑、编辑文本、使用蒙版、应用滤镜、应用切片等内容。

第 4 章：全面介绍了制作网页动画 Flash，包括导入动画素材、绘制动画图形、处理动画文本、网页动画类型、Flash 滤镜效果等内容；第 5 章：全面介绍了网页代码软件 Dreamweaver，包括创建与管理站点、插入网页图像、创建各种链接等内容；第 6 章：全面介绍了添加网页中的文本，包括页面对话框和外观（CSS）属性、设置链接和标题（CSS）属性、设置跟踪图像属性、插入文本、项目列表等内容。

第 7 章：介绍了添加网页图像，包括添加图像、设置图像的基本属性、设置图像大小、设置图像位置等内容；第 8 章：介绍了网页中的链接，包括超链接类型、插入超链接、绘制热点区域、编辑热点区域等内容；第 9 章：介绍了设计多媒体网页，包括插入 Flash 动画、透明 Flash 动画、插入 FLV 视频、多媒体网页制作等内容。

第 10 章：介绍了设计数据表格，包括创建表格、设置表格属性、编辑表格、Spry 框架和 Spry 菜单栏等内容；第 11 章：介绍了 XHTML 标记语言，包括 XHTML 概述、XHTML 基本语法、元素分类、常用元素等内容；第 12 章：介绍了设计网页元素样式，包括 CSS 概述、CSS 样式分类、CSS 基本语法、CSS 选择器、CSS 选择方法、使用 CSS 样式表、编辑 CSS 规则等内容。

第 13 章：介绍了 Web 2.0 布局方式，包括 CSS 盒特性、流动定位方式、绝对定位方式、浮动定位方式等内容；第 14 章：全面介绍了网页交互应用，包括网页行为概述、网页交互步骤、设置文本等内容；第 15 章：主要介绍了交互网页设计，包括应用表单元素、Spry 表单验证等内容。

第 16 章：介绍了网页框架应用，包括创建框架集、选择框架和框架集、框架属性、框架标签等内容；第 17 章：介绍了 CSS 样式，包括博客的栏目、博客与传统网站的区别、博客的布局方式、CSS 滤镜等内容；第 18 章：介绍了表格，包括健康类网站类型、插入表格、设置表格、编辑表格等内容。

第 19 章：介绍了文本样式，包括服饰类网站类型、服饰类网站设计风格、服饰类网站的色调分析、网页文本、文本样式等内容；第 20 章：介绍了 XHTML+CSS，包括企业类网站概述、常见的块状元素、常见的内联元素、层的样式等内容；第 21 章：介绍了 JavaScript，包括房地产网站分类、房地产网站的设计要点、不动产网站的设计风格，JavaScript 概述、运算符和表达式、控制语句等内容。

第 22 章：介绍了表单，包括教育网站类别、教育类网站模式、表单及表单对象、插入按钮对象、Spry 表单等内容；第 23 章：介绍了行为，包括娱乐类网站概述、娱乐网站色彩、使用行为、设置文本和图像等内容；第 24 章：介绍了 Flash 动画，包括餐饮网站、帧、元件、滤镜、补间、特效、3D、骨骼等内容；第 25 章：介绍了 ASP+Access，包括购物类网站分类、ASP 基础、流程控制语句、ASP 内置对象等内容。

### 2．本书特色

本书是一本专门介绍网页设计与制作基础知识入门读物，在编写过程中精心设计了丰富的实例，以帮助读者顺利学习本书的内容。书中针对各个章节不同的知识内容，提供了多个不同的实例。每章穿插大量的提示，构筑了面向实际的知识体系。

本书统一采用三级标题灵活安排全书内容，摆脱了普通培训教程按部就班讲解的窠臼。每章最后都对本章重点、难点知识进行分析总结，从而达到内容安排收放自如，方便读者学习本书内容的目的。

### 3．本书读者对象

本书内容详尽、讲解清晰，全书包含众多知识点，采用与实际范例相结合的方式进行讲解，并配以清晰、简洁的图文排版方式，使学习过程变得更加轻松和易于上手。

本书适合高等院校和高职高专院校学生学习使用，也可以作为网页设计与制作初学者、网站开发人员、大中专院校相关专业师生、网页制作培训班学员等的参考资料。

参与本书编写的除了封面署名人员外，还有隋晓莹、郑家祥、王红梅、张伟、刘文渊、杜鹃等人。由于时间仓促，水平有限，疏漏之处在所难免，欢迎读者朋友登录清华大学出版社的网站 www.tup.com.cn 与我们联系，帮助我们改进提高。

编者

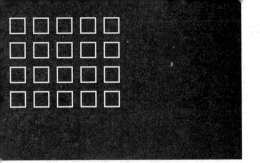

# 目　录

# 第 1 章

## 网站建设基础知识

　　随着互联网的迅速发展和普及，网络已经逐渐渗透到社会的各行各业，网页设计与网站建设这一新兴的行业也随之被越来越多的人所了解。越来越多的企业开始建设网站，许多公司都拥有自己的网站，他们利用网站来进行宣传、产品资讯发布、招聘人才等，希望通过设计良好的网站向用户更好地展示自己的产品，提升客户的购买欲望，例如淘宝店的模板设计等。

　　本章主要介绍网站基础知识概况、网页界面构成元素、网页版块结构、网页设计目的、网页设计的实现、网页色彩基础、网站策划以及网页设计与网站建设常用软件。通过本章的学习，我们可以对网站有一个大概的了解，为后期制作网站打下基础。

# 1.1 网站基础知识概况

本节主要讲解了什么是网站、什么是静态网站、什么是动态网站、怎样申请域名和怎样申请服务器空间等知识。通过对网站基础知识概括的学习，可以让用户对网站有一个大概的了解，知道网站的构成是什么、静态网站与动态网站的区别在哪里，以及为什么要申请域名和申请服务器空间。

## 1.1.1 什么是网站

网站由域名、服务器空间、网页三部分组成。网站的域名就是在访问网站时在浏览器地址栏中输入的网址；网页是通过 Dreamweaver 等软件制作编辑出来的，多个网页由超级链接联系起来；然后网页需要上传到服务器空间中，供浏览器访问网站中的内容。

网站是在互联网上通过超级链接的形式构成的相关网页集合。通过网站，人们可以浏览、获取信息。在互联网的早期，网站大多只是单纯的文本。经过几年的发展，当万维网出现之后，图像、声音、动画、视频，甚至 3D 技术开始在互联网上流行起来，网站也慢慢地发展成我们现在看到的图文并茂的样子。通过动态网页技术，用户也可以与其他用户或网站管理者进行交流，如图 1-1 所示的运动鞋网站。

图 1-1 运动鞋网站

## 1.1.2 静态网站

制作网站分为两类：一类是静态网站，以 HTML 为主要代表，用于制作内容固定不变的网页；另一类是动态网站，如 ASP、PHP、ASP.NET 等，用于制作内容需要动态改变的网页。

静态网站的特点即网页内容是"固定不变"的，它没有后台数据库，也不含程序代码，是不可交互的网页。当设计者完成网页设计后，可以发布到服务器中，并且浏览者浏览网页时其内容不会改变。

### 1. HTML 是超文本标记语言

HTML 是超文本标记语言，是目前网络中应用最为广泛的语言，也是构成网页文档的主要语言。HTML 网页无需上传至服务器即可在本地浏览。静态网页的后缀通常为.htm 或者.html。HTML 的结构包括头部、主体两大部分，其中头部描述浏览器所需的信息，而主体则包含所要说明的具体内容。

### 2．XML 即可扩展标记语言

XML 即可扩展标记语言，它依赖于内容的技术，是当前处理结构化文档信息的有力工具。XML 是一种简单的数据存储语言，使用一系列简单的标记描述数据，而这些标记可以使用自定义的方式建立。

### 3．XHTML 可扩展的超文本标记语言

XHTML 的中文全称为可扩展的超文本标记语言。HTML 是一种基本的 Web 网页设计语言，XHTML 则是一个基于 XML 的置标语言。XHTML 与普通 HTML 最大的区别即是扩展了对 CSS 和 DIV 的支持。

Script 是使用记事本编写的、对运行环境要求很低、仅使用浏览器即可运行的小型程序的总称，JavaScript 就是以编程语言 Java 为基础的脚本语言。JavaScript 的小段程序经常应用于网页特效中。CSS 即级联样式表或层叠样式表，通常用名字或 HTML 标签表示，HTML 文档中的 CSS 样式表可以控制大多数传统的文本格式，还可以指定特殊的 HTML 属性。

## 1.1.3　动态网站

动态网页的概念是相对于静态网页而言的，其特点为采用了数据库技术，可以根据用户提交的不同信息动态生成新的页面。和静态网页相比，动态网页可以用很少的页面实现更多的功能，因此可以大幅节省服务器中的资源。

动态网页的后缀名种类非常多，如 ASP 和 ASP.NET 程序页面的后缀名分别为.asp 和.aspx 等。动态网页通常是由使用编程语言编写的网络应用程序控制的。常见的用于动态网页编写的程序主要有 perl、C#和 VBScript 等。用这些编程语言可以开发如下类型的动态网页。

### 1．ASP

ASP 的中文全称为动态交互网页技术，它是一种在服务器端解释执行的脚本语言，可以根据访问数据库的结果自动生成 HTML 语言页面，以响应用户的请求。ASP 的特点是安装方便，编写代码简单。

### 2．ASP.NET

ASP.NET 是一种建立在通用语言上的程序架构，能被用于只用一台 Web 服务器来建立强大的 Web 应用程序。ASP.NET 是把基于通用语言的程序在服务器上运行，这样比一条一条地解释强很多。

### 3．PHP

PHP 是一种跨平台的服务器端嵌入式脚本语言，它采用 C、Java 和 Perl 语言的语法，并结合 PHP 自己的特性，使 Web 开发者能够快速地编写动态页面代码。PHP 支持多种数据库，并且不受限制地获得源码。

### 4．JSP

JSP 是一种简单易用的在服务器端编译执行的动态网页开发技术，其使用方式是在 HTML 页面文件中加入 Java 代码片段和 JSP 标记。当服务器接收到客户端发来的 JSP 页面请求时，再将 JSP 代码转换为 Servlet 代码，然后由 JSP 解释器编译执行，构成 JSP 网页。JSP 的特点是第一次访问其页面时速度比较慢，但如果解释过页面代码后，第二次访问时由服务器直接调用客户端的代码片段，故速度很快。

### 5．Ajax

Ajax 是一种新的网页开发技术，它结合了 Java、XML 和 JavaScript 等编程技术，是主要基于 Java 技术的网页开发技术。Ajax 的特点是使用该技术构建的 Web，其动态数据处理都是在客户端进行的，不需要打断交互流程重新加载页面。

### 1.1.4 申请域名

网站的域名就是在访问网站时，在浏览器地址栏中输入的网址。从网络体系结构上来讲，域名是域名管理系统（Domain Name System，DNS）进行全球统一管理的、用来映射主机 IP 地址的一种主机命名方式。

**1．域名选取原则**

域名应该简明易记，便于输入。这是判断域名好坏的最重要因素。一个好的域名应该短而顺口、便于记忆，最好让人看一样就能记住，而且读起来发音清晰，不会导致拼写错误。此外，域名选取还要避免同音异义词。域名要有一定的内涵和意义。用有一定意义和内涵的词或词组作为域名，不但可记忆性好，而且有助于实现企业的营销目标，如企业的名称、产品名称、商标名、品牌名等都是不错的选择，这样能够使企业的网络营销目标和非网络营销目标达成一致。

**2．网站域名类型**

一个域名是分为多个字段的，如 www.sina.com.cn，这个域名分为 4 个字段。cn 是一个国家字段，表示域名是中国的；com 表示域名的类型，表示这个域名是公共服务类的域名；www 表示域名提供 www 网站服务；sina 表示这个域名的名称。域名中的最后一个字段一般是国家字段。对于.gov（政府域名）、.edu（教育域名）等类型的域名，需要向有相关资质的机构提供有效的证明材料才可以申请和注册。

**3．申请域名**

域名是由国际域名管理组织或国内的相关机构统一管理的。有很多网络公司可以代理域名的注册业务，可以直接在这些网络公司注册一个域名。注册域名时，需要找到服务较好的域名代理商进行注册。可以在百度中查找域名代理商，在百度中打开中国万网的网站（http://www.net.cn），在这里可以申请注册域名。

### 1.1.5 申请服务器空间

访问网站的过程实际上就是用户计算机和服务器进行数据连接和数据传递的过程，这就要求网站必须存放在服务器上才能被访问。一般的网站，不是使用一个独立的服务器，而是在网络公司租用一定大小的存储空间来支持网站的运行。这个租用的网站存储空间就是服务器空间。

**1．为什么要申请服务器空间**

一个小的网站直接放在独立的服务器上是不实际的，实现方法是在商用服务器上租用一块服务器空间，每年定期支付很少的服务器租用费，即可把自己的网站放在服务器上运行。租用了服务器空间，用户只需要管理和更新自己的网站，服务器的维护和管理则由网络公司完成。

在租用服务器空间时需要选择服务较好的网络公司。好的服务器空间运行稳定，很少出现服务器停机现象，有很好的访问速度和售后服务。某些测试软件可以方便地测出服务器的运行速度。新网、万网、中资源等公司的服务器空间都有很好的性能和售后服务。在网络公司主页注册一个用户名并登录后，即可购买服务器空间。在购买时需要选择空间的大小和支持程序的类型。

**2．服务器空间的类型**

不同服务器空间的主要区别是支持的网站程序和支持的数据库不同。常用的服务器空间可能分别支持下面这些不同的网站程序。

ASP：使用 Windows 系统和 IIS 服务器。

PHP：使用 Linux 系统或 Windows 系统，使用 Apache 网站服务器。

.NET：使用 Windows 系统和 IIS 服务器。

JSP：使用 Windows 系统和 Java 的网站服务器。

不同的服务器空间支持不同的数据库，常用的服务器空间支持的数据库有以下几种。

Access：常用于 ASP 网站。

SQL Server 2000：常用于 ASP 网站或.NET 网站。

MySQL 数据库：常用于 PHP 或 JSP 网站。

Oracle 数据库：常用于 JSP 网站。

在注册服务器空间时，需要选择支持自己网站程序与数据库的服务器空间。网站的域名与服务器空间是需要每年按时续费的。用户需要按网络公司规定的方式进行续费。域名和空间不可以欠费，如果欠费，管理部门会收回这个域名和空间，如被其他用户再次注册以后就很难再注册到这个域名，也可能导致自己网站的数据丢失。

## 1.2　网页界面构成元素

网页界面即是浏览器打开的文档，因此可以将其看作是浏览器的一个组成部分，网页的界面只包含内置元素，而不包含窗体元素。网页界面构成元素以内容来划分，一般的网页界面构成元素包括 Logo、导航条、Banner、内容栏版块和版尾版块。通过对网页界面构成元素的学习，让用户了解一般的网页界面都是由哪些元素组成的。

### 1.2.1　Logo 和导航条

网站 Logo 是整个网站对外唯一的标识和标志，是网站商标和品牌的图形表现。Logo 的内容通常包括特定的图形和文本，其中图形往往与网站的具体内容或开发网站的企业文化紧密结合，以体现网站的特色；文本主要起到加深用户印象的作用，用户可以通过这些文本介绍网站的名称、服务，也可以体现网站的价值观、宣传口号。

导航条是索引网站内容，帮助用户快速访问网站功能的辅助工具。根据网站内容，一个网页可以设置多个导航条，还可以设置多级的导航条以显示更多的导航内容。导航条内包含的是网站功能的按钮或链接，其项目的数量不宜过多。通常同级别的项目数量以 3~7 个为宜，超过这一数量后，应尽量放到下一级别处理。设计合理的导航条可以有效地提高用户访问网站的效率。

在导航条的设计中，还可以多采用类似 Flash 或 jQuery 脚本等实现的动画元素，吸引用户访问。Banner 的中文意思为旗帜或网幅，是一种可以由文本、图像和动画相结合而成的网页栏目。Banner 的主要作用是显示网站的各种广告，包括网站本身产品的广告和与其他企业合作放置的广告。在网页中预留标准 Banner 大小的位置，可以降低网站的广告用户 Banner 设计成本，使 Banner 广告位的出租更加便捷。在众多商业网站中，通常都会遵循以上标准定义 Banner 的尺寸，方便用户设计统一的 Banner 应用在所有网站上。然而，在一些不依靠广告位出租赢利的网站中，Banner 的大小则比较自由。网页的设计者完全可以根据网站内容以及页面美观的需要随时调整 Banner 的大小。

## 1.2.2 Banner 和内容版块

Banner 的中文直译为旗帜、网幅或横幅，意译则为网页中的广告。多数 Banner 都以 JavaScript 技术或 Flash 技术制作，通过一些动画效果，展示更多的内容，并吸引用户观看，如图 1-2 所示。

图 1-2　苹果网站 Banner

内容栏是网页内容的主体，通常可以由一个或多个子栏组成，包含网页提供的所有信息和服务项目。内容栏的内容既可以是图像，也可以是文本，或图像和文本结合的各种内容。在设计内容栏时，用户可以先独立地设计多个子栏，然后再将这些子栏拼接在一起，形成整体的效果。同时，还可以对子栏进行优化排列，提高用户的体验。如果网页的内容较少，则可以使用单独的内容栏，通过大量的图像使网页更加美观，如图 1-3 所示。

图 1-3　单独的内容栏

## 1.2.3 版尾版块

版尾是整个网页的收尾部分。在这部分内容中，可以声明网页的版权、法律依据以及为用户提供的各种提示信息等。

除此之外，在版尾部分还可以提供独立的导航条，为将页面滚动到底部的用户提供一个导航的替代方式等。版权的书写应该符合网站所在国家的法律规范，同时遵循一般的习惯。正确的版权书写格式，如图 1-4 所示。

Copyright (©) [Dates] (by) [Author/Owner] (All rights reserved.)

图 1-4　正确的版权书写格式

在上面的文本中，小括号"()"中的内容是可省略的内容，中括号"[]"中的内容是根据用户具体信息而可更改的内容。版权符号"©"有时可以替代"Copyright"的文本，但是用户不能以带有括号的大写字母 C 替代版权符号。在一些国家的法律中，"All rights reserved."是不可省略的。但在我国法律中并没有对此进行严格规范，因此在实际操作中可以省略。

# 1.3 网页版块结构

在网页设计与网站建设工作中，网页界面构成元素固然重要，但这些界面元素在网页中分布的位置同样也直接影响到用户的体验。一般的网页，版块结构主要包括 5 种，即"国"字框架、拐角框架、左右框架、上下框架、封面框架。用户通过对网页版块结构的学习，可以在网页设计过程中，更加合理地利用有限的页面尺寸。

## 1.3.1 "国"字框架

"国"字框架网页布局又称"同"字型框架网页布局，其最上方为网站的 Logo、Banner 或导航条和内容版块。在内容版块左右两侧通常会分列两小条内容，可以是广告、友情链接等，也可以是网站的子导航条，最下面则是网站的版尾或版权版块，如图 1-5 所示。

图 1-5 "国"字框架

## 1.3.2 拐角框架

拐角框架型布局也是一种常见的网页结构布局，其与"国"字框架布局只是在形式上有所区别，实际差异不大。其区别在于其内容版块只有一侧有侧栏，也就是导航条和侧栏组成一个 90°的直角，如图 1-6 所示。

在拐角框架型布局的网页中，侧栏同样可以放置立式的 Banner 广告（例如"摩天大楼"型），也可以放置辅助的侧导航栏，为用户访问网页提供帮助。拐角框架型布局的网页比"国"字型布局的网页更加个性化一些，也更具备实用性。在具体的网页设计中，拐角框架布局通常与大幅的网页留白相结合。

一些娱乐型网页比较喜欢使用拐角型框架布局。

图 1-6    拐角框架

### 1.3.3    左右框架

左右框架型网页是一种被垂直划分为两个或多个框架的网页布局结构，其样式仿照了传统的杂志风格，可以在各框架中插入文本、图像与动画等媒体。左右框架型网页布局通常会被应用到一些个性化的网页或大型论坛网页中，具有结构清晰、一目了然的优点，如图 1-7 所示。

图 1-7    左右框架

### 1.3.4    上下框架

上下框架型网页与左右框架型类似，是一种被水平划分为两个或多个框架的网页布局结构。在上下框架布局网页中，主题部分并非如"国"字框架型或拐角框架型一样由主栏和侧栏组成，而是一个整体或复杂的组合结构，如图 1-8 所示。

图 1-8　上下框架

## 1.3.5　封面框架

这种类型的网页通常作为一些个性化网站的首页，以精美的动画，加上几个链接或"进入"按钮，甚至只在图片或动画上做超链接，如图 1-9 所示。

图 1-9　封面框架

在设计网页时，如果只是单纯地由线条和文字组成，则整个页面会显得过于单调。为了解决这个问题使网页看起来丰富多彩，通常会在网页中插入图片。因为适当地使用图片可以让网站充满活力和说服力，也可以加深浏览者对网站的印象。

# 1.4　网页设计目的

从严格意义上讲，网页设计是艺术创造与技术开发的结合体。网页设计是通过使用更合理的颜色、字体、图片、样式进行页面设计美化，在功能限定的情况下，尽可能给予用户完美的视觉体验。网页设计目的可根据网页的内容为用户提供的服务类型分为三类，即资讯类站点、艺术资讯类和艺术类站点，可以依据网页的类型设计网页的风格。通过对站点的了解，可以使用户在进行网页设计前明确网页设计的目的。

## 1.4.1　资讯类网站

资讯类网站通常是比较大型的门户网站，这类网站需要为用户提供海量的信息，在用户阅读这些信息时寻找商机。

在设计这类网站时，需要在信息显示与版面简洁等方面找到平衡点，做到既以用户阅读信息的便捷性为核心，又要保持页面的整齐和美观，防止大量的信息造成用户视觉疲劳。在设计文本时，可着力对文本进行分色处理，将各种标题、导航、内容按照不同的颜色区分。同时要对信息合理地分类，帮助用户以最快的速度找到需要的信息。

以美国最大的在线购物网站亚马逊的首页为例，其在设计中，使用了较为传统的国字型布局。其网站的三类导航使用了三种字体颜色，在同一版块内的导航标题使用橙色粗体，而导航内容则使用普通的蓝色字体。在刺激用户感官的同时避免视觉疲劳。在亚马逊首页中，每一条详细信息都保证有一张预览图片，防止大段乏味的文字使用户厌烦。

## 1.4.2　艺术资讯类和艺术类网站

艺术资讯类网站通常是中小型的网站，例如一些大型公司、高校、企业的网站等。互联网中的大多数网站都属于这一类型。这类网站在设计上要求较高，既需要展示大量的信息，又需要突出公司、高校和企业的形象，还需要注重用户的体验。

设计这类网站时，尤其需要注意图像与文字的平衡、背景图像的选用以及整体网站色调的搭配等。在这类网站的首页不应放置过多的信息，清晰有效的分类远比铺满屏幕的产品资料更容易吸引用户的注意力。以著名的软件和硬件生产商苹果为例，其首页设计上以追求简洁为主，以简明的导航条和大片的留白给用户较大的想象空间。苹果公司在网站设计上非常有心得，其擅长使用简单的圆角矩形栏目和渐变的背景色使网站显得非常大气，对一些细节的把握非常到位。

艺术类网站通常体现在一些小型的企业或工作室设计中，这类网站向用户提供的信息内容较少，因此设计者可以将较多的精力放在网站的界面设计中。俄罗斯设计师 Foxie 的个人主页，通过大幅的留白以及简明的色彩，模拟了一个书架，并以书架上的书本和相框作为导航条。其在设计中发布的信息并不多，因此整站以 Flash 制作而成，大量使用动画技术，通过绚丽的色彩展示个性。

## 1.5　网页设计的实现

随着涌入互联网的网民的增多，各种各样的网站也层出不穷，如何创建一个吸引人的网站就显得非常重要。网站建设实际上并没有太固定的基本规范，但是必须要有一个指导性的步骤。网页设计的实现主要包括设计结构图、设计界面、设计字体、制作网页概念图、切片的优化、编写代码和优化页面。通过对本节的学习，以便于用户在开发网站时能够提升效率，减少网站建设的错误。

## 1.5.1 设计结构图

首先，应规划网站中栏目的数量及内容，策划网站需要发布哪些东西。

然后，应根据规划的内容绘制网页的结构草图，这一部分既可以在纸上进行，也可以在计算机上通过画图板、inDesign，或者其他更专业的软件进行。结构草图不需要太精美，只需要表现出网站的布局即可，如图 1-10 所示。

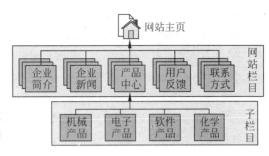

图 1-10 网站结构图

## 1.5.2 设计界面

在纸上绘制好网页的结构图之后，即可根据网站的基本风格，在计算机上使用 Illustrator 或 CorelDRAW 等矢量图形软件或 Photoshop、Fireworks 等位图处理软件绘制网页的 Logo、按钮和图标。

Logo、按钮、图标等都是网页界面设计的重要组成部分。设计这些内容时需要注意整体界面的风格一致性，包括从色调到图形的应用、圆角矩形与普通矩形的分布等。其中，设计 Logo 时，可使用一些抽象的几何图形进行旋转、拼接，或将各种字母和文字进行抽象变化，例如倾斜、切去直角、用线条切割、连接笔画、反色等。

按钮的设计较为复杂。常见的按钮主要可分为圆角矩形、普通矩形、梯形、圆形以及不规则图形等。在网页中，水平方向导航菜单的按钮设计比较随意，可以使用各种形状。而垂直方向的导航菜单则多使用矩形或圆角矩形，以使各按钮贴得更加紧密，给用户以协调的感觉。图标是界面中非常重要的组成部分，可以起到画龙点睛的作用。在绘制图标时，需要注意图标必须和其代表的内容有明显的联系。

## 1.5.3 设计字体

字体是组成网页的最主要元素之一。合理分配的字体，可以使网站更加美观，也更便于用户阅读。对于多数浏览器和操作系统而言，汉字是非常复杂的文字，多数中文字体都是无法在所有字号下正常清晰显示的。

以宋体字为例，10px 以下的宋体通常会被显示为一个黑点（在手持设备上这点尤为突出）。而 20px 大小的宋体，则会出现明显的锯齿，笔画粗细不匀。即使是微软设计的号称最清晰的中文字体微软雅黑，也无法在所有的分辨率及字号下清晰地显示。

经过详细的测试，中文字体在 12px、14px、16px（最多不超过 18px）的字号下，显示得最为清晰美观。因此，多数网站都应使用 12px 大小的字体作为标准字体，而将 14px 的字体作为标题字体。在设计网页时，尽量少用 18px 以上的字体（输出为图像的文本除外）。在字体的选择上，网站的文本是给用户阅读的。越是大量的文本，越不应该使用过于花哨的字体。

如针对的用户主要以使用 Windows XP 系统和纯平显示器为主，则应使用宋体或新宋体等作为主要字体。如果用户是以使用 Windows Vista 系统和液晶显示器为主，则应使用微软雅黑字体，以获得更佳的体验。

## 1.5.4 制作网页概念图

在设计完成网页的各种界面元素后，即可根据这些界面元素，使用 Photoshop 或 Fireworks 等图像处理软件制作网页的概念图。

网页概念图的分辨率应照顾到用户的显示器分辨率。针对国内用户的显示器设置，大多数用户使用的都是 17 英寸甚至更大的显示器，分辨率大多为 1024×768 以上。去除浏览器的垂直滚动条后，页面的宽度应为 1003px。高度则尽量不应超过屏幕高度的 5～10 倍（即 620×5=3100px 到 6200px 之间）。

概念图的作用主要包括两个方面。一方面，设计者可以为用户或网站的投资者在网页制作之前先提供一份网页的预览，然后根据用户或投资者的意见，对网页的结构进行调整和改良。另一方面，设计者可以根据概念图制作切片网页，然后再根据切片快速为网站布局，提高网页制作的效率。

## 1.5.5　切片的优化

切片的优化是十分必要的。优化后的切片可以减小用户在访问网页时消耗的时间，同时提高网页制作的效率。

对于早期以调制解调器用户为主的国内网络而言，需要尽量避免大面积的图像，防止这些图像在未下载完成时网页出现空白。通常的做法是通过切片工具将图像切为多块，实现分块下载。然而随着网络传输速度的发展，用户用于下载各种网页图像的时间已经大为缩短，请求下载图像的时间已超过了下载图像本身的时间。下载 1 张 100KB 的图像，消耗的时间要比下载 10 张 10KB 的图像更少。

因此，多数网站都开始着手将各种小图像合并为大的图像，以减少用户请求下载的时间，提高网页的访问速度。

## 1.5.6　编写代码和优化页面

用 Photoshop 或 Fireworks 设计完成网页概念图，并制作切片网页后，最终还是需要输出为 XHTML+CSS 的代码。

网页技术的发展，使网页的制作越来越像一个系统的软件工程。从基础的 XHTML 结构到 CSS 样式表的编写，再到 JavaScript 交互脚本的开发，是网页制作的收尾工程。在设计完成网页后，还需要对网页进行优化，提高页面访问速度，以及页面的适应性。

设计者应按照 Web 标准编写各种网页的代码，并对代码进行规范化测试。通过 W3C 的官方网站验证代码的准确性。优化页面的同时，还应根据当前主流的各种浏览器（IE10、360、Safari、Opera、Chrome 等）和各种分辨率的显示设备测试兼容性，编写 CSS Hack 和 JavaScript 检测脚本，以保证网页在各种浏览器中都可正常显示。

# 1.6　网页色彩基础

网页色彩是网站风格表现的重要组成部分，网站访问者最先受到的影响就是一个网站的配色。统一风格的色彩设计不仅能带来优秀的视觉体验，色彩所表现的情感与内涵也会影响到访问者对网站的理解。

网页色彩基础的内容主要包括 RGB 色彩体系、色彩的属性、色彩模式、网页色彩搭配技巧，通过对网页色彩基础知识的熟练掌握，可以让设计者搭配出更加优秀的网页色彩，吸引更多的网民浏览网页。

## 1.6.1　RGB 色彩体系

人类的眼睛是根据所看见的光的波长来识别颜色的。肉眼可识别的白色太阳光，事实上是由多种波长的光复合而成的全色光。根据全色光各复合部分的波长（长波、中波和短波），可以将全色光解析为三种基本颜色，即红（Red）、绿（Green）和蓝（Blue）三原色光。

可见光中，绝大多数的颜色可以由三原色光按不同的比例混合而成。例如，当三种颜色以相同的比例混合，则形成白色；而当三种颜色强度均为 0 时，则形成黑色。计算机的显示器系统就是利用三原色原理，采用加法混色法，以描述三原色在各种可见光颜色中占据的比例来分析和描述色彩，从而确立了 RGB 色彩体系，如图 1-11 所示。

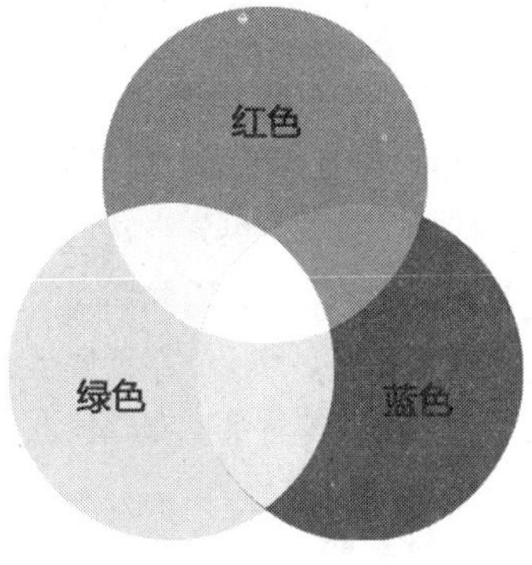

图 1-11　RGB 色彩体系

## 1.6.2　色彩的属性

任何一种色彩都具备色相、饱和度和明度三种基本属性，这三种基本属性又被称作色彩的三要素。修改这三种属性中的任意一种，都会影响原色彩其他要素的变化。

### 1．色相

色相是由色彩的波长产生的属性，根据波长的长短，可以将可见光划分为 6 种基本色相，即红、橙、黄、绿、蓝和紫。根据这 6 种色相可以绘制一个色相环，表示 6 种颜色的变化规律。

### 2．饱和度

饱和度是指色彩的鲜艳程度，又称彩度、纯度。色彩的饱和度越高，则色相越明确，反之则越弱。饱和度取决于可见光波波长的单纯程度。在色彩中，六色色相环中的 6 种基础色饱和度最高，黑、白、灰没有饱和度。

### 3．明度

明度是指色彩的明暗程度，也称光度、深浅度。色彩的明度来自于光波中振幅的大小。色彩的明度越高，则颜色越明亮，反之则越阴暗，如图 1-12 所示。

在无彩色系中，明度最高的是白色，而最低的是黑色。在有彩色系中，明度最高的是黄色，最低的是紫色。

图 1-12　色彩明度

## 1.6.3　色彩模式

自然界中的颜色种类繁多，单纯以颜色的名称来表示颜色是无法适应平面设计及工业生产需要的。因此，人们引入了色彩模式的概念。色彩模式是表示色彩的方法。在不同的应用领域里，表示色彩的方式也有很大区别。在平面设计领域，常用的色彩模式主要分为两种，即 RGB 色彩模式和 CMYK 色彩模式。

### 1．RGB 色彩模式

RGB 色彩模式是主要应用于输出 CRT（显示器）的一种色彩模式，其采用加法混色法，以描述各种可见光在颜色中占据的比例来分析色彩。RGB 色彩的基准是光学三原色（红、绿和蓝）。

### 2．CMYK 色彩模式

CMYK 色彩模式是主要应用于印刷品的一种色彩模式，其原理是根据印刷时使用的四色油墨混合的比例实现各种色彩，因此属于减法混色法，如图 1-13 所示。

### 1.6.4 网页色彩搭配技巧

在选择网页色彩时，除了考虑网站本身的特点外还要遵循一定的艺术规律，从而设计出精美的网页。打开一个网站，给用户留下第一印象的既不是网站丰富的内容，也不是网站合理的版面布局，而是网页的色彩。因为网页设计属于一种平面效果设计，除立体图形、动画效果之外，在平面图上，色彩的冲击力是最强的，它很容易给用户留下深刻的印象。因此，在设计网页时必须要高度重视色彩的搭配。

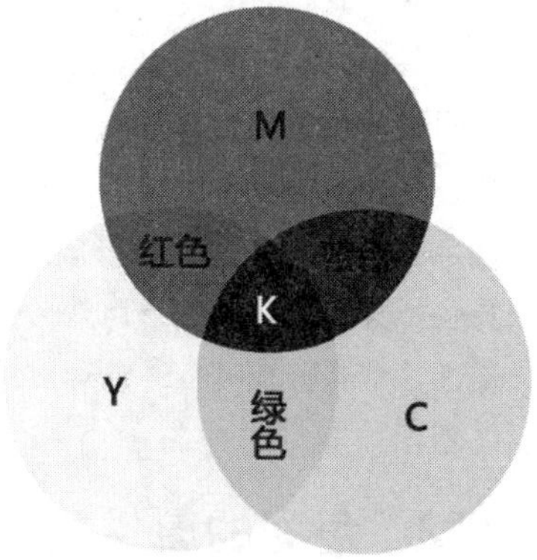

图 1-13　CMYK 色彩模式

#### 1．特色鲜明

如果一个网站的色彩鲜明，很容易引人注意，会给浏览者耳目一新的感觉。

#### 2．讲究艺术性

网页设计也是一种艺术创作，因此它必须遵循艺术规律，设计者在考虑到网站本身特点的同时，必须按照"内容决定形式"的原则，大胆进行艺术创新，设计出既符合网站要求，又有一定艺术特色的网页。

#### 3．黑色的使用

色彩要根据主题来确定，不同的主题选用不同的色彩。黑色是一种特殊的颜色，如果使用恰当、设计合理，往往会产生很强烈的艺术效果。

#### 4．搭配合理

网页设计虽然属于平面设计的范畴，但它又与其他平面设计不同，它在遵从艺术规律的同时，还考虑人的生理特点，合理的色彩搭配能给人一种和谐、愉快的感觉。

#### 5．背景色的使用

背景色一般采用素淡、清雅的色彩，应避免采用花纹复杂的图片和纯度很高的色彩作为背景色，同时背景色要与文字的色彩对比强烈一些。

## 1.7　网站策划

网站在建设之前必须认真理解客户的需求，将客户对网站的构思落实成网站需求文档，并与客户逐一讨论可行性，在需求确认后，网站策划人员开始进行网站策划，根据网站需求说明书设计网站的整体风格和网站结构，并提供网站的设计策划方案与客户讨论，在客户认可网站策划书后，就可以开始对网站进行设计。通过对网站策划的学习，用户可以了解网站的前期制作过程。

### 1.7.1　确定网站风格和布局

在目标明确的基础上，完成网站的构思创意即总体设计方案，对网站的整体风格和特色做出定位，规划网站的组织结构。Web 站点应针对所服务对象的不同而具有不同的形式。有些站点只提供简洁的文本信息；有些则采用多媒体表现手法，提供华丽的图像、闪烁的灯光、复杂的页面布置，甚至可以下载声音和录像片段。

好的 Web 站点还把图形表现手法和有效的组织与通信结合起来。要做到主题鲜明突出、要点明确，应以简单明确的语言和画面体现站点的主题。还要调动一切手段充分表达站点的个性和情趣，办出网站的特点。Web 站点主页应具备的基本成分包括：页眉，准确无误地标识站点和企业标志；E-mail 地址，用来接收用户垂询；联系信息，如普通邮件地址或电话；版权信息，声明版权所有者等。注意重复利用已有信息，如客户手册、公共关系文档、技术手册和数据库等可以轻而易举地用到企业的 Web 站点中。

在网页设计前，首先要给网站一个准确的定位，是用来宣传自己产品的一个窗口，还是用来提供商务服务或者提供资讯服务性质的网站或者其他特定的门户网站，从而确定主题与设计风格。网站名称要切题，题材要专而精，并且要兼顾商家和客户的利益。在主页中标题起着很重要的作用，一个好的标题在符合自己主页主题和风格的前提下还必须有概括性、简短、有特色且容易记住等特点。

## 1.7.2　网站整体规划

在设计网站以前，需要对网站进行整体规划和设计，写好网站项目设计书，在以后的制作中按照这些规划和设计进行。需要从网站内容、网页美术效果和网站程序的构思三个方面进行网站的整体规划。

### 1．网站内容

在网站开发以前，需要构思网站的内容，确定需要突出哪些主要内容。例如个人网站，可以有个人文章、个人活动、生活照片、才艺展示、个人作品、联系方式等内容。还需要明确哪些是主要内容，哪些是需要在网站中突出制作的重点。

### 2．网页美术效果

页面的美术效果往往决定一个网站的档次，网站需要有美观大方的版面。可以根据个人的喜好、页面内容等设计出自己喜欢的页面效果。如果是个人网站，可以根据个人的特长和才艺等内容制作出夸张的美术作品式的网站。

### 3．网站程序的构思

还需要构思网站的功能，网站的这些功能需要由什么样的程序来实现。如果是很简单的个人主页，则不需要经常更新，更不必编程做动态网站。

## 1.7.3　搜集、整理素材

网站的设计需要相关的资料和素材，丰富的内容才可以丰富网站的版面。个人网站可以整理个人的作品、照片、展示等资料。企业网站需要整理企业的文件、广告、产品、活动等相关资料。整理好资料后需要对资料进行筛选和编辑。

### 1．图片

可以使用相机拍摄相关图片，对已有的照片可以使用扫描仪输入到计算机。一些常见图片可以在网站上搜索或下载。

### 2．文档

收集和整理现有的文件、广告、电子表格等内容。对纸制文件需要输入到计算机形成电子文档，文字类的资料需要进行整理和分析。

### 3．媒体内容

收集和整理现有的录音、视频等资料采集的内容必须与标题相符，在采集内容的过程中，应注重特色。主页应该突出自己的个性，并把内容按类别进行分类，设置栏目，让人一目了然，栏目不要设置得太多，最好不要超过 10 个，层次上最好少于 5 层，而重点栏目最好能直接从首页看到，同时要保证用各种浏览器都能看到主页最好的效果。

采集到的内容涉及文字资料、图片资料、动画资料和一些其他资料，文字资料是与网站主题相关联的文字，要做到抓住重点、简洁明了。图片资料和文字资料是相互配合使用的，都是为主题服务，可以增加内容的丰富性和多样性。动画资料可以增添页面的动态性，当然还有一些如应用软件、音乐文件等的相关资料需要收集。

## 1.7.4　规划站点、制作网页

网页设计是一个复杂而细致的过程，一定要按照先大后小、先简单后复杂的顺序制作。所谓先大后小，就是说在制作网页时，先把大的结构设计好，再逐步完善小的结构设计。所谓先简单后复杂，就是先设计出简单的内容，再设计复杂的内容，以便出现问题时好修改。设计师要根据站点目标和用户对象去设计网页的版式以及安排网页内容。一般来说，至少应该对一些主要的页面设计好布局，确定网页的风格。

在制作网页时要灵活运用模板和库，这样可以大大提高制作效率。如果很多网页都使用相同的版面设计，就应为这个版面设计一个模板，然后就可以以此模板为基础创建网页。以后如果想要改变所有网页的版面设计，只需简单地改变模板即可。

切图是网页设计中非常重要的一环，它可以很方便地为我们标明哪些是图片区域、哪些是文本区域。另外，合理的切图还有利于加快网页的下载速度、设计复杂造型的网页，以及对不同特点的图片进行压缩等优点。

页面设计制作完成后，如果还需要动态功能的话，就需要开发动态功能模块，网站中常用的功能模块有搜索功能、留言板、新闻信息发布、在线购物、技术统计、论坛及聊天室等。在设计之前，需先画出网站结构图，其中包括网站栏目、结构层次、连接内容等。首页中的各功能按钮、内容要点、友情链接等都要体现出来，一定要切题，并突出重点，同时在首页上应把大段的文字换成标题性的、吸引人的文字，将单项内容交给分支页面去表达，这样才显得页面精炼。此处，设计者要细心周全，不要遗漏内容，还要为扩容留出空间。

分支页面内容要相对独立，切忌重复，导航功能性要好。网页文件命名开头不能使用运算符、中文字符等，分支页面的文件存放于单独的文件夹中，图形文件存放于单独的图形文件夹中，汉语拼音、英文缩写、英文原义均可用来命名网页文件。在使用英文字母时，要区分大小写，建议在构建的站点中全部使用小写的文件名称。

## 1.7.5　发布与上传

在完成了页面制作后，就应该将其发布到 Internet 上供大家浏览和观赏了。但是在此之前，应该对所创建的站点进行测试，对站点中的文件逐一进行检查，在本地计算机中调试网页以防止网页中有错误，以便尽早发现问题并解决问题，在测试站点过程中应该注意以下几个方面。

（1）在测试网站过程中应确保在目标浏览器，网页如预期地显示和工作，没有损坏的链接，以及下载时间不宜过长等。了解各种浏览器对 Web 页面的支持程度，不同的浏览器观看同一个 Web 页面，会有不同的效果。很多制作的特殊效果，在有些浏览器中可能看不到，为此需要进行浏览器兼容性检测，以找出不被其他浏览器支持的部分。

（2）检查链接的正确性，可以通过 Dreamweaver 提供的检查链接功能来检查文件或网站中的内部链接及孤立文件。网站的域名和空间申请完毕后，就可以上传网站了，可以采用 Dreamweaver 自带的站点管理上传文件。

## 1.7.6　后期更新与维护

　　一个好的网站，仅仅一次是不可能制作完美的，由于市场环境在不断地变化，网站的内容也需要随之调整，给人常新的感觉，网站才会更加吸引访问者，而且给访问者很好的印象。这就要求对网站进行长期的、不间断的维护和更新，网站维护一般包含以下内容。

### 1．内容的更新

　　包括产品信息的更新、企业新闻动态更新和其他动态内容的更新。采用动态数据库可以随时更新发布新内容，不必做网页和上传服务器等麻烦工作。静态页面不便于维护，必须手动重复制作网页文档，制作完成后还需要上传到远程服务器。一般对于数量比较多的静态页面建议采用模板制作。

### 2．网站风格的更新

　　包括版面、配色等各种方面。改版后的网站让客户感觉改头换面，焕然一新。一般改版的周期要长些，客户对网站也满意的话，改版可以延长到几个月甚至半年。一般一个网站建设完成以后，代表了公司的形象、公司的风格。

　　随着时间的推移，很多客户对这种形象已经形成了定势。如果经常改版，会让客户感觉不适应，特别是那种风格彻底改变的"改版"。当然如果对公司网站有更好的设计方案，可以考虑改版。毕竟长期沿用一种版面会让人感觉陈旧、厌烦。

### 3．网站重要页面设计制作

　　如重大事件页面、突发事件及相关周年庆祝等活动页面设计制作。网站系统维护服务包括 E-mail 账号维护服务、域名维护续费服务、网站空间维护、与 IDC 联系、DNS 设置、域名解析服务等。

## 1.7.7　网站的推广

　　互联网的应用和繁荣提供了广阔的电子商务市场和商机，但是互联网上大大小小的各种网站数以百万计，如何让更多的人都能迅速地访问到你的网站是一个十分重要的问题。

　　企业网站建好以后，如果不进行推广，那么企业的产品与服务在网上就仍然不为人所知，起不到建立站点的作用，所以企业在建立网站后即应着手利用各种手段推广自己的网站。网站的推广有很多种方式，在后面的章节中将详细讲述，这里就不再叙述了。

# 1.8　网页设计与网站建设常用软件

　　本节将介绍网页设计与网站建设经常使用的软件，了解了这些工具的使用方法后，就可以开始做一些简单的网站了。网页设计与网站建设的过程中，主要用到三个软件——网页代码编写软件 Dreamweaver、网页图像处理软件 Photoshop、网页动画设计软件 Flash。通过对网页设计与网站建设软件的学习，用户可以了解它们的基本用法，为后期的网站制作打下基础。

## 1.8.1　编写网页代码软件 Dreamweaver

　　Dreamweaver 是集网页制作和管理于一身的所见即所得网页编辑器，利用它可以轻而易举地制作出跨越平台限制和跨越浏览器限制的充满动感的网页，是第一套针对专业网页设计师特别发展的视觉化网页开发工具。

随着 Dreamweaver 的发布，人们可以使用可视化的方式编辑网页中的元素，由软件直接生成网页的代码。Dreamweaver 的出现提高了人们设计网页的效率，降低了代码编写的工作量。除此之外，Dreamweaver 还是一款优秀的网页代码编辑器，其提供了强大的代码提示、代码优化以及代码纠错功能，并内置了多种网页浏览器的内核，允许用户即时地查看编写的网页，纠正在多浏览器下的兼容性问题。目前 Dreamweaver 已经成为网页设计行业必备的工具，如图 1-14 所示。

图 1-14　Dreamweaver 的工作界面

## 1.8.2　Dreamweaver 窗口界面

Dreamweaver 的工作界面主要由以下几部分组成：菜单栏、文档窗口、属性面板和面板组等，如图 1-15 所示。

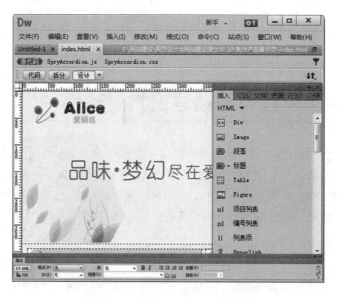

图 1-15　Dreamweaver 的工作界面

#### 1．菜单栏

菜单栏显示的菜单包括文件、编辑、查看、插入、修改、格式、命令、站点、窗口、帮助 10 个菜单项，如图 1-16 所示。

图 1-16　菜单栏

#### 2．文档窗口

与以往版本相比，Dreamweaver 的文档窗口更加灵活多样，既可以显示网页文档的内容，又可以显示网页文档的代码。同时，用户还可以使之同时显示内容和代码等信息。执行【查看】|【标尺】|【显示】命令后，用户可将标尺工具添加到文档窗口中，以便更加精确地设置网页对象的位置，如图 1-17 所示。

图 1-17　文档窗口

#### 3．属性面板

属性面板包括两个选项，一种是 HTML 选项，将默认显示文本的格式、样式和对齐方式等属性。另一种是 CSS 选项，单击【属性】面板中的 CSS 选项，可以在 CSS 选项中设置各种属性，如图 1-18 所示。

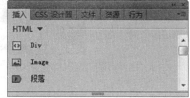

图 1-18　【属性】面板

#### 4．面板组

Dreamweaver 中的面板可以自由组合而成为面板组。每个面板组都可以展开和折叠，并且可以和其他面板组停靠在一起或取消停靠。面板组还可以停靠到集成的应用程序窗口中，这样就能够很容易地访问所需的面板，而不会使工作区变得混乱，如图 1-19 所示。

### 1.8.3　网页图像处理软件 Photoshop

Photoshop 是由 Adobe 公司开发的一款功能强大的二维图形图像处理与三维图像设计软件，主要处理以像素所构成的数字图像，可以有效地进行图片编辑工作，通过直观的用户体验，使用户更轻松地使用其无与伦比的强大功能。Photoshop 是目前专业领域最流行的图像处理软件，其主要处理以像素（Pixel）构成的数字图像，利用各种绘图工具，对图像进行后期的编辑修改。

图 1-19　面板组

除了编辑修改图像外，Photoshop 还支持导入 Illustrator 等软件绘制的矢量图形，对这些矢量图形进行简单的处理。在网页设计领域，Photoshop 主要被用来进行网页制作前期的工作，包括处理网页所使用的各种图像，绘制各种按钮、图标、导航条和内容栏等界面元素。除此之外，其还可以制作网页模板，并通过切片工具将设计好的网页模板切割成网页，如图 1-20 所示。

图 1-20　Photoshop 窗口界面

## 1.8.4　Photoshop 窗口界面

Photoshop 窗口界面与 Adobe 套装保持整体一致的风格，打开 Photoshop 后，即可进入其窗口界面，如图 1-21 所示。

图 1-21　Photoshop 窗口界面

### 1．菜单栏

Photoshop 的菜单栏选项可以执行大部分 Photoshop 中的操作，它包括 11 个菜单，分别是文件、编辑、图像、图层、文字、选择、滤镜、3D、视图、窗口和帮助，如图 1-22 所示。

| 文件(F) | 编辑(E) | 图像(I) | 图层(L) | 文字(Y) | 选择(S) | 滤镜(T) | 3D(D) | 视图(V) | 窗口(W) | 帮助(H) |

图 1-22　菜单栏

【文件】菜单：对所修改的图像进行打开、关闭、存储、输出、打印等操作。

【编辑】菜单：编辑图像过程中所用到的各种操作，如拷贝、粘贴等一些基本操作。

【图像】菜单：用来修改图像的各种属性，包括图像和画布的大小、图像颜色的调整等。

【图层】菜单：图层基本操作命令。

【文字】菜单：用于设置文本的相关属性。

【选择】菜单：可以对选区中的图像添加各种效果或进行各种变化而不改变选区外的图像，还提供了各种控制和变换选区的命令。

【滤镜】菜单：用来添加各种特殊效果。

【3D】菜单：制作 3D 效果。

【视图】菜单：用于改变文档的视图，如放大、缩小、显示标尺等。

【窗口】菜单：用于改变活动文档，以及打开和关闭 Photoshop 的各个浮动面板。

【帮助】菜单：用于查找帮助信息。

## 2. 工具箱

使用 Photoshop 绘制图像或处理图像时，需要在工具箱中选择工具，如图 1-23 所示。同时需要在工具选项栏中进行相应的设置，如图 1-24 所示为工具选项栏。

Photoshop 的工具箱包含了多种工具，单击工具按钮或者选择工具快捷键即可使用

图 1-23　工具箱

这些工具。对于存在子工具的工具组来说，只要在图标上右击或按住鼠标左键不放，就可以显示出该工具组中的所有工具，如图 1-25 所示。

图 1-24　工具选项栏

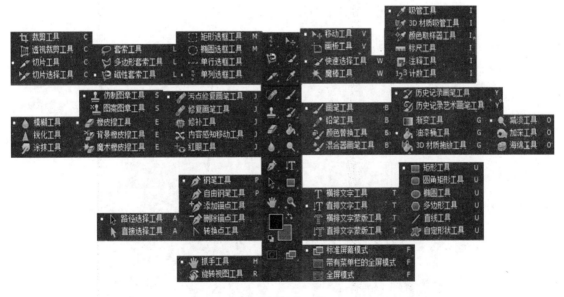

图 1-25　子工具

## 3. 图像文档窗口

图像文档窗口就是显示图像的区域，也是编辑和处理图像的区域。在图像窗口中可以实现 Photoshop 中的所有功能，也可以对图像窗口进行多种操作，如改变窗口大小和位置、对窗口进行缩放等，如图 1-26 所示。

状态栏位于图像文件窗口的最底部，主要用于显示图像处理的各种信息，如图 1-27 所示。

图 1-26　图像文档窗口

图 1-27　状态栏

### 4．面板组

在默认情况下，面板组位于文档窗口的右侧，其主要功能是查看和修改图像。一些面板中的菜单提供其他命令和选项，如图 1-28 所示。

可以使用多种不同方式组织工作区中的面板，可以将面板存储在"面板箱"中，以使它们不干扰工作且易于访问，或者可以让常用面板在工作区中保持打开。另一个选项是将面板编组，或将一个面板停放在另一个面板的底部。

图 1-28　默认面板

## 1.8.5　网页动画设计软件 Flash

Flash 作为目前最流行的网页动画形式，以其独特的魅力吸引了无数的用户。在网站开发中，各种网站进入动画、导航条、图像轮换动画、按钮动画等都可使用 Flash 制作。在动画制作领域，Flash 是一种易于上手且功能强大的平面或立体矢量动画软件，被广泛应用在各出版发行、广告、商业设计企业中。

由于 Flash 具有制作出的动画体积小、特效丰富等优势，因此很多用户将 Flash 与各种网页应用相结合，构成完整的富互联网程序。除了设计动画外，Flash 还具有很强的代码编辑能力。使用 Flash 可以方便地开发出各种小型应用，也可将其发布到手机等数码设备中进行播放，如图 1-29 所示。

图 1-29　Flash 窗口界面

## 1.8.6　Flash 窗口界面

Flash 是 Flash 系列软件中的最新版本，打开 Flash 之后，即可进入其软件的窗口界面，如图 1-30 所示。

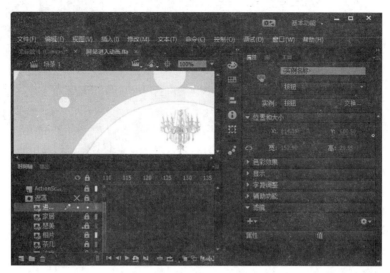

图 1-30　Flash 窗口界面

### 1．菜单栏

包含所有的功能命令，用户可以通过单击所需要的菜单按钮，在弹出的下拉列表中选择相应的菜单命令，如图 1-31 所示。

| 文件(F)　编辑(E)　视图(V)　插入(I)　修改(M)　文本(T)　命令(C)　控制(O)　调试(D)　窗口(W)　帮助(H) |
| --- |

图 1-31　菜单栏

【文件】菜单：用于一些基本的文件管理操作，如打开、关闭、导入等命令，该下拉菜单中的命令都是最常用和最基本的。

【编辑】菜单：用于进行一些基本的编辑操作，如复制、粘贴、选择及相关设置等，它们都是动画制作过程中很常用的命令。

【视图】菜单：用于屏幕显示的控制，如缩放、网格、贴紧和隐藏边缘等。

【插入】菜单：提供的多维插入命令，例如向库中添加元件、在动画中添加场景、在场景中添加层、在层中添加帧等操作，都是制作动画时所需要的命令组。

【修改】菜单：用于修改动画中各种对象的属性，如帧、层、场景，甚至动画本身等，这些命令都是进行动画编辑时必不可少的重要工具。

【文本】菜单：提供处理文本对象的命令，如字体、字号、段落等文本编辑命令。

【命令】菜单：提供了命令的功能集成，用户可以扩充这个菜单以添加不同的命令。

【控制】菜单：相当于电影动画的播放控制器，通过其中的命令可以直接控制动画的播放进程和状态。

【调试】菜单：提供了影片脚本的调试命令，包括跳入、跳出、设置断点等。

【窗口】菜单：提供了所有的工具栏、编辑窗口和面板，是当前界面形式和状态的总控制器。

【帮助】菜单：包括丰富的帮助信息，是提供的帮助资源的集合。

## 2．工具箱

包含动画创建中所需的图形绘制、视图查看以及填充颜色和颜料桶等工具，如图 1-32 所示。

这些工具非常有特色，使用得当的话完全可以满足用户日常工作的需求，绘图工具栏中包括如下各种工具。

【选择工具】 ：用于选择对象，可以通过拖曳调整对象的位置。

图 1-32　工具箱

【部分选区工具】 ：只可以对图形进行变形。

【任意变形工具】 ：可以对对象进行任意变形。

【渐变变形工具】 ：可以对填充的渐变进行调整。

【套索工具】 ：用于抠取部分图像。

【多边形工具】 ：与套索工具的使用方法基本相同，主要以直线线段的形式对对象进行抠取。

【魔术棒工具】 ：可以对颜色值相近的图形进行选区。

【钢笔工具】 ：用于绘制直线和曲线。

【文本工具】 ：用于文本的创建。

【线条工具】 ：用于绘制直线。

【矩形工具】 ：用于绘制矩形。

【基本矩形工具】 ：用于绘制矩形和圆角矩形。

【椭圆工具】 ：用于绘制椭圆形和圆形。

【基本椭圆工具】 ：用于绘制不规则的圆形。

【多角星形工具】 ：可以绘制多边形和星形。

【铅笔工具】 ：可以随意绘制图形。

【画笔工具】 ：可以使用画笔工具进行涂色。

【颜料桶工具】 ：用于为图形填充颜色。

【墨水瓶工具】 ：用于改变线条的颜色、大小和类型。

【滴管工具】 ：用于吸取所需要的颜色并对图形进行填充。

【橡皮工具】 ：用于擦除不需要的图形。

用于对当前激活的绘图工具进行设置，选项内容是随着用户选择的绘图工具的变化而变化的。每个绘图工具都有自己相应的属性选项，在绘图或编辑时，应当在选中绘图或编辑工具后，对其属性进行适当选择，才能顺利实现需要的操作。

## 3．文档编辑区

文档编辑区的作用是显示 Flash 打开的各种文档，并提供各种辅助工具，帮助用户编辑和浏览文档，如图 1-33 所示。

## 4．面板组

面板组中包括【属性】面板、【库】面板和【工具】面板。其中【属性】面板又被称作属性检查器，是 Flash 中最常用的面板之一。用户在选择 Flash 影片中的各种元素后，即可在【属性】面板中修改这些元素的属性，如图 1-34 所示。

 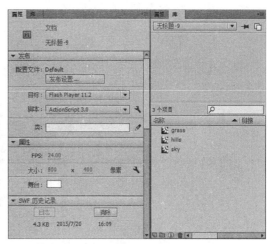

图 1-33　文档编辑区　　　　　　　　　　　图 1-34　面板组

　　【库】面板的作用类似一个仓库，其中存放着当前打开的影片中的所有元件。用户可直接将【库】面板中的元件拖曳到舞台场景中，或对【库】面板中的元件进行复制、编辑和删除等操作。

# 第 **2** 章

## 网站与数据库技术

在网站制作过程中，一般的静态页面只是将一些信息固定到网页中，不会随着时间或者用户权限而改变。而动态网站则可以根据不同时间、不同地域、不同访问用户而改变其内容。在动态网站中，起到关键作用的是数据库，它用于存储动态网站中的所有内容，并根据时间、区域等，通过网页读取不同的内容。

本章主要讲解设计网站、使用网站【资源】面板、创建本地站点、数据及数据库概述、常用数据库及数据库的作用、Access 和 SQL Server 数据库。通过对本章的学习，对网站与数据库技术的了解与认识，可以帮助我们更好地制作动态网站。

## 2.1　设计网站

在制作网站之前用户需要做好准备工作。用户在制作一个站点时，除了要收集并制作网站中需要的图像素材，还需要对网站的相关信息进行详细的了解，文字资料也是十分重要的。在掌握所有网站资料后，可以对整个网站的布局进行规划，并考虑与设计网站相关的一些外部因素。

本节主要讲述站点与访问者、设置网站兼容性、命名原则、设定站点的风格、设计网站导航方案和规划与收集网站资源。通过本节的学习，为后面的网站建设奠定基础。

### 2.1.1　站点与访问者

网站设计的计划与其他任何设计步骤一样是必不可少的。虽然一个详细的计划会占据相当多的时间，但是它能使网站具有统一的外观和视觉，使网站使用起来更加方便、快捷。在刚开始进行站点的创建时，为了确保站点成功，设计者应按照预定的规划步骤进行。即便创建的是一个很简单的小网站，仔细设计站点也是非常有用的，这样可以确保站点的每个浏览者都能够成功使用网站。

在设计和规划网站之前，用户需要考虑站点的受众群体。必须考虑潜在的用户是哪些人，对站点与其受众的清醒认识将极大地影响网站的设计风格。在确认网站的浏览群体后，还需要确认他们将使用何种设备(平板电脑、智能手机或台式机)、网络连接速度和浏览软件等，不同的设备如图 2-1 所示。

图 2-1　使用不同的设备浏览网站

### 2.1.2　设置网站兼容性

浏览器兼容性问题又被称为网页兼容性或网站兼容性问题，该问题指的是在各种浏览器上的显示效果可能不一致而产生浏览器和网页间的兼容问题。用户在创建网站时做好浏览器兼容，才能使网站内容在不同的浏览器上都能够正常显示。

浏览器兼容性问题的产生，是因为不同的浏览器使用内核及所支持的 HTML 语言标准不同，以及客户端、移动端的环境不同(如显示分辨率)造成的显示效果不同。最常见的浏览器兼容性问题是网页元素位置混乱、错位，如图 2-2 所示。

(a)

(b)

图 2-2　浏览器兼容性问题

目前，暂时没有统一解决浏览器兼容性问题的工具，最常用的解决方法是不断地在各种浏览器之间调试网页显示效果，通过 CSS 样式控制以及脚本判断赋予不同浏览器的解析标准。

要使网页在大部分浏览器中都能够正常显示，用户除了可以使用框架以外，还可以在开发网页的过程中使用 JS、CSS 框架，如 jQuery、Mootools、960Grid System 等，这些框架无论是底层，还是应用层一般都已经做好了浏览器兼容，前端工程师在开发的时候可以放心使用。除此之外，CSS 还提供很多 Hack 接口可供使用，Hack 既可以实现跨浏览器兼容，也可以实现同一浏览器不同版本的兼容。不过，CSS Hack 不是 W3C 的标准，虽然能迅速区分浏览器版本，并能获得大概一致的效果，但是同时也可能引起更多新的错误，因此，用户在使用时应注意取舍，不要轻易使用 CSS Hack。

另外，如果用户在网页的布局、动画、多媒体内容以及交互方面使用的较多并且比较复杂，在进行跨浏览器时它的兼容性就比较小。例如 JavaScript 特效并不是在所有的浏览器中都可以运行，一般情况下没有使用特殊字符的纯文本网页可以在任何浏览器中正确地显示，但是和图形、布局以及交互的页面相比，这样的页面又会在页面效果上欠缺很多。由于这些因素，用户在设计网页时应在制作最佳效果的同时，注重保持浏览器兼容性与设计之间的平衡。

## 2.1.3　命名原则

在一开始就认真地组织站点可以减少失误并节省大量时间。如果用户没有考虑文档在文件夹层次结构中的位置就开始使用 Dreamweaver 创建文档，就很可能最终导致创建一个充满文件的巨大文件夹，使相关的文件分布在许多名称类似的网站目录中。

在设置站点时，用户可以在本地磁盘上创建一个包含站点所有文件的文件夹，将其作为本地站点(参见本书第 1 章相关内容)，然后在该文件夹中创建和编辑文档。在准备发布站点并允许浏览者查看网站时，再将这些文件复制到 Web 服务器上即可。这种方法比在实时公共网站上创建和编辑文件好的原因是：它允许在公开网站之前在本地站点进行站点测试，如果有需要更改的地方可以在公开之前先更改，然后再上传本地站点并更新整个公共站点。

在组织站点的过程中，文件夹命名应规范，一般采用英文，长度一般不超过 20 个字符，命名采用小写字母。文件名称统一用小写英文字母、数字和下划线的组合，避免使用如"&"、"+"、"、"等特殊符号，特殊符号会导致网站无法正常工作。另外，不重复使用本地文件夹或其他上层文件夹的名称。网站文件夹命名的注意事项如下：

（1）命名网站文件夹时应使设计者能够方便地理解每一个文件的含义。

（2）当在文件夹中使用【按名称排列】命令时，同一大类的文件夹能够排列在一起。

一般用户在创建本地站点时，常用字母组合来创建文件夹，例如 image 或 img 用于存放页面中使用的图片文件，css 用于存放 css 样式表文件，media 用于存放多媒体文件，如图 2-3 所示。

图 2-3　本地站点目录

## 2.1.4　设定站点的风格

站点风格指的是网站整体形象给浏览者的综合感受，包括站点的 UI（标志、色彩、字体、标语等）、版面布局、浏览方式、交互性、文字、内容价值等各类因素。

当用户在浏览一个网站时，一般会有这样的情况：不管打开网站的任何部分，它们的每个页面风格都会保持一致，如图 2-4 所示，有时甚至连页面布局都差不多。实际上这就是网站的一致性特点，风格与布局的一致，可以使用户在浏览网站时能够顺利地浏览站点页面，而不会因为所有页面具有不同的外观或每页导航位置不同而感到麻烦。

(a)

(b)

图 2-4　网站页面的风格

## 2.1.5　设计网站导航方案

除了网站站点和页面的设计以外，用户在制作网站时还需要设计站点导航。在设计站点时应考虑要给访问者留下何种印象，访问者如何能更容易地从网站的一个区域移动到另一个区域。导航栏的形式多种多样，可以是简单的文字链接，也可以是设计精美的图片或丰富多彩的按钮，还可以是下拉菜单导航，如图 2-5 所示。

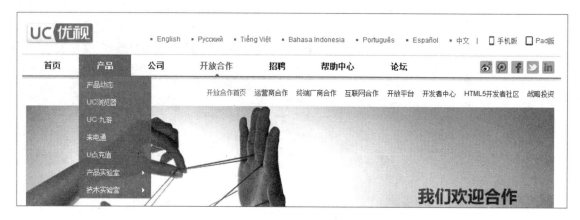

图 2-5　网站导航

导航设计中需要考虑以下几点：

（1）导航信息可以使访问者很容易地了解他们在站点中的位置以及如何返回顶级页面。

（2）导航在整个站点范围内应一致，如果将导航条放在主页面的首页上，用户就需要使所有链接的页面都保持和首页上的一致。

（3）在导航上设置搜索和索引，使访问者可以很容易地找到任何正在查找的信息。

（4）是否为访问者提供站点有问题时与管理员联系的方法，以及公司或站点相关人员联系方法。

## 2.1.6　规划与收集网站资源

网站最不可或缺的是众多的资源，资源可以是图像、文本或媒体等。在开始正式制作网页之前，要确保收集了所有资源并做好了准备，如果资源太少可能会出现工作到一半时，由于找不到一幅合适的图片来创建一个按钮而中断网站制作。

如果用户使用的图像是来自某个剪贴画的图像和图形，或者其他人正在创建它们，要确保将它们收集并放在站点的一个文件夹中。网站资源也可以自己创建，但是若在资源中使用鼠标指针经过图像技术，还要准备需要的图像，然后组织相关资源，使用户在使用 Dreamweaver 创建站点时可以方便地调用，网站图像资源如图 2-6 所示。

Dreamweaver 可以使用户通过使用模板和库（参见本书第 10 章相关内容），更方便地在各种文档中重复使用页面布局和页面元素。并且，使用模板和库创建新页面比将模板和库应用于现有文档更加容易。特别是在创建一个站点时，如果许多页面都要使用同样的布局，用户就可以先为该布局设计和规划一个模板，然后就可以基于模板创建新的页面。在修改文档时也同样方便，用户只需要修改模板的共用部分即可。

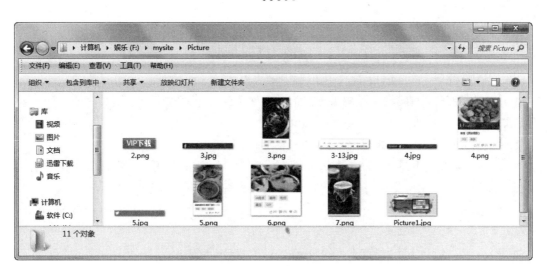

图 2-6　网站图像资源

# 2.2　使用网站【资源】面板

在 Dreamweaver 软件中，用户可以通过两种方法使用【资源】面板，一种是将【资源】面板作为简单的站点资源列表，另一种是将某些个人喜爱的资源集合在一起，作为收藏资源列表。【资源】面板自动将站点中的资源添加到站点资源列表中，默认初始时收藏资源列表是空的，用户可以根据需要设置收藏资源列表。

## 2.2.1　查看网站资源

资源在【资源】面板中分为不同的类别，用户可以通过单击类别按钮选择查看其中的某个类别。除了模板和库对象只有一种列表以外，其他类别都有两种视图列表模式。

【资源】面板中两种列表模式的具体功能如下。

【站点】列表：该列表中可以显示所选站点中的所有资源，包括在站点中的任何文档使用的图像、颜色、URL 等。

【收藏】列表：该列表中仅显示个人喜好选择的资源集合，它和站点列表并没有太大区别，只是有些任务只能在收藏列表中进行操作。

默认情况下，各个类别中的资源按名称的字母顺序列出。用户可以根据其他标准对资源进行排列。通过【资源】面板能够预览某一个类别中的资源，并通过拖动相邻两个列名字中间的分隔符号，更改各列预览区域的大小。

## 2.2.2　选择资源类别

在【资源】面板中，通过使用图标的标识可以使用户快速地找到需要的资源，而通过在【资源】面板中的分类可以使所有资源显示在不同类别的站点资源列表中(无论这些文件是否被使用)。用户若要查看某一个类别的资源，可以单击资源类别中的类别，具体如下。

"图像"类别：用于存放 GIF、JPEG 和 PNG 等格式的图像文件。

"颜色"类别：用于存放文件或样式表中使用的颜色集合，包括文本颜色、背景颜色和链接颜色等。

URLs 类别：用于存放当前站点文件中使用的外部 URL 链接。该类别通常包括本地文件(file://)。

SWF 类别：用于存放在网页中需要用到的由 Flash 生成的动画格式文件。此类软件中仅显示 Flash 动画压缩文件(.swf 格式)，而不显示 Flash 源文件(.fla 格式)。

"影片"类别：用于存放 QuickTime 或 MPEG 的动态影像格式文件。

"脚本"类别：当使用 JavaScript 生成脚本文件时，可以存放在这个类别中。在 HTML 文件中直接编写的脚本并不包含在资源列表中，资源类别显示的是独立的脚本文件。

"模板"类别：给用户提供了一种方便的方法，可以通过模板页面生成许多相似页面布局的页面，极大地提高了页面编辑和修改的效率。

Shockwave 类别：用于存放任何版本的 Shockwave 格式动画文件。

"库"类别：在多个页面中可以重复使用的元素，可以极大地提高页面元素编辑和修改的效率。库对象的更新，将使用库对象的页面自动同步更新。

## 2.2.3 选择与编辑资源

在【资源】面板的收藏资源中，大多数的资源在使用时是不能满足网页制作需求的，在该面板中，Dreamweaver CS6 不仅可以使用户同时选中多个资源，还提供了编辑资源的快捷方法，具体如下。

选择资源：在【资源】面板中选择多个资源只需在按住 Shift 键的同时，单击一个资源，然后再单击另一个资源，即可选取这两个资源间的所有文件。

编辑资源：在【资源】面板中选择资源，然后单击面板底部的【编辑】按钮 ，根据资源的类型对资源进行编辑。

为了不损坏其他的站点，若要在站点间移动和使用资源，就需要清楚地了解当前资源所在的站点，资源使用才会更方便和安全。【资源】面板通常会按照一定的属性排列所有当前站点的资源。要在一个站点中使用另一个站点的资源，就需要把资源从另外的站点复制到当前站点。

## 2.2.4 刷新【资源】面板

在制作一个比较复杂的网页时，用户需要的文件资源很多，文件量很大，在修改的时候就需要在【资源】面板中对修改后的文件进行刷新，以便创建新的资源列表。但是，有些更改并不会立即在【资源】面板中体现，例如当用户在站点中添加或删除资源文件时，【资源】面板的列表并不会立刻发生改变，或当用户在站点中删除某些资源(或保存了某个新文件)，而文件中包含站点原来没有的新资源(如颜色)，这时就需要对【资源】面板进行手动更新，具体方法如下。

**STEP|01** 在【资源】面板中选中位于面板顶部的【站点】单选按钮，以便确定是在当前站点资源列表中进行操作。

**STEP|02** 单击【资源】面板底部的【刷新站点列表】按钮 ，面板将读取缓存文件的资料更新列表显示。

此外，用户还可以通过手动方式重建站点缓存并刷新"站点"列表，在【资源】面板中右击资源列表，然后在弹出的菜单中选中【刷新站点列表】命令即可。

## 2.2.5 管理【资源】面板

【资源】面板的【站点】列表显示站点内所有的可识别资源，该列表对于一些大型的网站来说就会变得十分繁杂。如果这样，用户可以将常用的资源添加到【收藏】列表中，并给它们重命名，或者将相关的资源归为一类放在一个新建的收藏夹中，这样可以提醒用户这些资源的用途，也方便在【资源】面板中查找需要的资源。

### 1．在【收藏】列表中增删资源

要在【收藏】列表中增加资源，用户可以在【站点】列表中选中一个或多个资源，然后单击该面板底部的【添加到收藏夹】按钮。如果需要从【收藏】列表中删除某个资源，可以在【资源】面板的【收藏】列表中选中该资源，然后单击面板底部的【从收藏中删除】按钮即可。

用户在【收藏】列表中增加的资源，是不能添加到【站点】列表中的，因为【站点】列表只包含站点已经存在的内容。模板和库项目没有【收藏】列表，所以没有【站点】列表和【收藏】列表的区别。

### 2．为资源重命名

在【资源】面板中，用户可以给【收藏】列表中常用的资源重命名。例如，如果有一个属性值为"#282828"的颜色，则可以使用带有描述性的文字来代替，例如"背景色"、"重要文字色"等。这样，当需要使用的时候就可以很快找到并使用，具体方法如下。

**STEP|01** 在【资源】面板中，选择包含该资源的类别，然后选中【收藏】单选按钮以显示【收藏】列表。

**STEP|02** 接下来，在【资源】面板中右击列表中资源的名称或图标，然后在弹出的菜单中选中【编辑别名】命令。在为资源输入一个名称后，按 Enter 键确定。此时，收藏资源将按别名显示在列表中。

### 3．将资源归类至收藏夹中

为了更方便地管理网站资源，在【资源】面板的列表中，用户可以将资源归类到文件夹形式的【收藏】列表中，例如将大量数据表格页面的图片资源归类组合为"统计图片夹"。将资源归类到收藏夹的具体操作方法如下。

**STEP|01** 创建收藏夹，然后选中位于【资源】面板顶部的【收藏】单选按钮显示【收藏】列表。

**STEP|02** 单击【资源】面板底部的【新建收藏夹】按钮，并为该文件夹输入一个名称，按 Enter 键确定。

**STEP|03** 完成以上操作后，将资源拖曳至创建的文件夹中即可。

# 2.3 创建本地站点

在 Dreamweaver 软件中，用户可以创建本地站点，本地站点是本地计算机中创建的站点，其所有的内容都保存在本地计算机硬盘上，本地计算机可以被看成是网络中的站点服务器。本节将通过实例操作，详细介绍在本地计算机上创建与管理站点的方法。

## 2.3.1 站点概述

互联网中包括无数的网站和客户端浏览器，网站宿主于网站服务器中，它通过存储和解析网页的内容，向各种客户端浏览器提供信息浏览服务。通过客户端浏览器打开网站中的某个网页时，网站服务软件会在完成对网页内容的解析工作后，将解析的结构回馈给网络中要求访问该网页的浏览器，其流程如

图 2-7 所示。

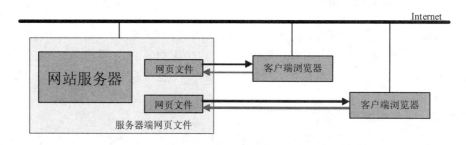

图 2-7　网站服务器、网页和浏览器

### 1．网站服务器与本地计算机

一般情况下，网络上可以浏览的网页都存储在网站服务器中，网站服务器是指用于提供网络服务(例如 WWW、FTP、E-mail 等)的计算机，对于 WWW 浏览服务，网站服务器主要用于存储用户所浏览的 Web 站点和页面。

对于大多数网页访问者而言，网站服务器只是一个逻辑名称，不需要了解服务器具体的性能、数量、配置和地址位置等信息。用户在浏览器的地址栏中输入网址后，即可轻松浏览网页。浏览网页的计算机就称为本地计算机，只有本地计算机才是真正的实体。本地计算机和网站服务器之间通过各种线路(包括电话线、ISDN 或其他线缆等)进行连接，以实现相互间的通信。

### 2．本地站点和网络远程站点

网站由文档及其所在的文件夹组成，设计完善的网站都具备科学的体系结构，利用不同的文件夹，可以将不同的网页内容进行分类组织和保存。

在互联网上浏览各种网站，其实就是用浏览器打开存储于网站服务器上的网页文档及其相关的资源，由于网站服务器的不可知特性，通常将存储于网站服务器上的网页文档及其相关资源称为远程站点。

利用 Dreamweaver 系列软件，用户可以对位于网站服务器上的站点文档直接进行编辑和管理，但是由于网速和网络传输的不稳定等因素，将对站点的管理和编辑带来不良影响。用户可以先在本地计算机上构建出整个网站的框架，并编辑相关的网页文档，然后再通过各种上传工具将站点上传到远程的网站服务器上。此类在本地计算机上创建的站点被称为本地站点。

### 3．Internet 服务程序

在某些特殊情况下(如站点中包含 Web 应用程序)，用户在本地计算机上是无法对站点进行完整测试的，这时就需要借助 Internet 服务程序来完成测试。

在本地计算机上安装 Internet 服务程序，实际上就是将本地计算机构建成一个真正的 Internet 服务器，用户可以从本地计算机上直接访问该服务器，这时计算机已经和网站服务器合二为一。

### 4．网站文件的上传与下载

下载是资源从网站服务器传输到本地计算机的过程，而上传则是资源从本地计算机传输到 Internet 服务器的过程。

用户在浏览网页的过程中，上传和下载是经常使用的操作。如浏览网页就是将 Internet 服务器上的网页下载到本地计算机上，然后进行浏览。用户在使用 E-mail 时输入用户名和密码，就是将用户信息上传到网站服务器。Dreamweaver 软件内置栏强大的 FTP 功能，可以帮助网站设计者将网站服务器上的站点结构及其文档下载到本地计算机中，经过修改后再上传到网站服务器上，并最终实现对站点的同步与更新。

## 2.3.2　规划站点

用户在规划网站时，应明确网站的主题，并搜集所需要的相关信息。规划站点指的是规划站点的结构，完成站点的规划后，在创建站点时既可以创建一个网站，也可以创建一个本地网页文件的存储地址。

### 1．规划站点的目录结构

站点的目录指的是在建立网站时存放网站文档所创建的目录，网站目录结构的好坏对于网站的管理和维护至关重要。在规划站点的目录结构时，应注意以下几点：

（1）使用子目录分类保存网站栏目的内容文档。应尽量减少网站根目录中的文件存放数量。要根据网站的栏目在网站根目录中创建相关的子目录。

（2）站点的每个栏目目录下都要建立 image、music 和 flash 目录，以存放图像、音乐、视频和 Flash 文件。

（3）避免目录层次太深。网站目录的层次最好不要超过三层，因为太深的目录层次不利于维护与管理。

（4）不要使用中文作为目录名。

（5）避免使用太长的站点目录名。

（6）使用意义明确的字母作为站点目录名称。

### 2．规划站点的链接结构

站点的链接结构是指站点中各页面之间相互链接的拓扑结构，规划网站的链接结构的目的是利用尽量少的链接达到网站的最佳浏览效果，如图 2-8 所示。

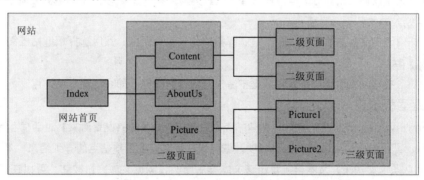

图 2-8　站点链接结构

通常，网站的链接结构包括树型链接结构和星型链接结构，在规划站点链接时应混合应用这两种链接结构设计站点内各页面的链接，尽量使网站的浏览者既可以方便快捷地打开自己需要访问的网页，又能清晰地知道当前页面处于网站内的确切位置。

规划一个网站的站点目录结构和链接结构的步骤举例如下。

**STEP|01** 在本地计算机的 D 盘中新建一个文件夹，重命名该文件夹为 WebSite。

**STEP|02** 打开该文件夹，在该文件夹中创建"个人简介"文件夹，用于存储【个人简介】栏目中的文档；创建"日志"文件夹，用于存储【日志】栏目中的文档；继续创建"相册""收藏"等文件夹，用于存储对应栏目中的文档。

**STEP|03** 打开"个人简介"文件夹，然后在该文件夹中创建"基本资料""详细资料"文件夹。重复操作，分别在其他文件夹中创建相应文件夹，存储相应的文件，完成网站的目录结构。

**STEP|04** 根据创建的文件夹，规划个人网站的站点目录结构和链接结构，如图 2-9 所示。

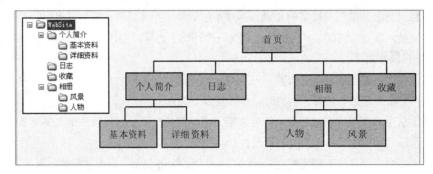

图 2-9　规划网站目录结构与链接结构

### 2.3.3　建立本地站点

在网络中创建网站之前，一般需要在本地计算机上将整个网站完成，然后再将站点上传到 Web 服务器上。在 Dreamweaver 软件中，创建站点既可以使用软件提供的向导创建，也可以使用高级面板创建。

#### 1．通过向导创建本地站点

下面通过实例来介绍在 Dreamweaver 中使用向导创建本地站点的具体操作方法。

**STEP|01** 在 Dreamweaver 中选择【站点】|【新建站点】命令，打开【站点设置对象】对话框。

**STEP|02** 在【站点设置对象】对话框中单击【站点】类别，显示该类别下的选项区域，然后在【站点名称】文本框中输入站点名称"测试站点 1"。

**STEP|03** 单击【浏览文件夹】按钮，打开【选择根文件夹】对话框，然后选择本地站点文件夹 WebSite 并单击【选择】按钮。

**STEP|04** 最后，在【站点设置对象】对话框中单击【保存】按钮，即可创建本地站点。

#### 2．使用高级面板创建站点

在 Dreamweaver 中，选择【站点】|【新建站点】命令，打开【站点设置对象】对话框，然后选中【高级设置】类别，即可展开选项区域，在该选项区域中用户可以设置创建站点的详细信息，具体如下。

（1）【默认图像文件夹】文本框：单击该文本框后面的【浏览文件夹】按钮，可以在打开的【选择图像文件夹】对话框中设定本地站点的默认图像文件夹存储路径。

（2）【链接相对于】：在站点中创建指向其他资源或页面的链接时指定创建的链接类型。

（3）Web URL：Web 站点的 URL。Dreamweaver 使用 Web URL 创建站点根目录相对链接，并在使用链接检查器时验证这些链接。

## 2.4　数据及数据库概述

数据库是用于存储数据内容的，可以将生活中的一个事件或者一类问题存储到数据库中。本节主要讲解三个内容，即数据与信息、数据库和数据库管理系统。用户通过学习数据库的一些基本概念，有助于更好地了解数据库。

## 2.4.1　数据与信息

为了了解世界、交流信息，人们需要描述事物。在日常生活中，可以直接用自然语言（如汉语）来描述。如果需要将这些事务记录下来，便需要将事务变成信息进行存储，而信息是对客观事务属性的反映，也是经过加工处理并对人类客观行为产生影响的数据表现形式。

例如，在计算机中，为了存储和处理这些事务，需要抽象地描述这些事务的特征。而这些特征正是用户在数据库中所存储的数据。数据是描述事务的符号记录。描述事务的符号可以是数字，也可以是文字、图形、图像、声音、语言等。

下面以"学生信息表"为例，通过学号、姓名、性别、年龄、系别、专业和年级等内容，来描述学生在校的特征：

（08060126　　　王海平　　男 21 科学与技术 计算机教育 一年级）

这里的学生记录就是信息。在数据库中，记录与事物的属性是对应的关系。可以将数据库理解为存储在一起的相互有联系的数据集合。数据被分门别类、有条不紊地保存。而应用于网站时，则需要注意一些细则问题，即这些特征需要用字母（英文或者拼音）来表示，避免不兼容性问题的发生。

## 2.4.2　数据库

数据库（Database，DB）是"按照数据结构来组织、存储和管理数据的仓库"。就类似于我们使用的 Excel 电子表格一样，可以将诸多数据放置在不同的单元格之中，因而将这些能够存储不同数据（如文本、数据、图像、声音等）类型的表，以及存储所有表的库称为"仓库"。

在经济管理的日常工作中，常常需要把某些相关的数据放进这样的"仓库"，并根据管理的需要进行相应的处理。例如，企业或事业单位的人事部门常常要把本单位职工的基本情况(职工号、姓名、年龄、性别、籍贯、工资等)存放在表中，这张表就可以看成是一个数据库。

## 2.4.3　数据库管理系统

数据库管理系统（Database Management System，DBMS）是一种操纵和管理数据库的大型软件，用于建立、使用和维护数据库。它对数据库进行统一的管理和控制，以保证数据库的安全性和完整性。

用户通过 DBMS 访问数据库中的数据，数据库管理员也通过 DBMS 进行数据库的维护工作。它提供多种功能，详细介绍如下。

### 1．数据定义功能

DBMS 提供数据定义语言（Data Definition Language，DDL），用户通过它可以方便地对数据库中的数据对象进行定义。例如，在 Access 数据表中，可以定义数据的类型、属性（如字段大小、格式）等。

### 2．数据操纵功能

DBMS 还提供数据操纵语言（Data Manipulation Language，DML），用户可以使用 DML 操纵数据实现对数据库的基本操作，如查询、插入、删除和修改等。例如，在 User 表中，右击任意记录，执行【删除记录】命令，即可删除数据内容。

### 3．数据库的运行管理

数据库在建立、运用和维护时，由数据库管理系统统一管理、统一控制，以保证数据的安全性、完整性。

### 4．数据库的建立和维护功能

它包括数据库初始数据的输入、转换功能，数据库的转储、恢复功能，数据库的管理重组织功能和性能监视、分析功能等。

## 2.4.4 关系数据库

关系数据库（Relational Database，RDB）就是基于关系模型的数据库。在计算机中，关系数据库是数据和数据库对象的集合，而管理关系数据库的计算机软件称为关系数据库管理系统（Relational Database Management System，RDBMS）。

### 1．关系数据库的组成

关系数据库是由数据表和数据表之间的关联组成的。其中，数据表通常是一个由行和列组成的二维表，每一个数据表分别说明数据库中某一特定的方面或部分的对象及其属性。数据表中的行通常叫做记录或元组，它代表众多具有相同属性的对象中的一个；数据库表中的列通常叫做字段或属性，它代表相应数据库表中存储对象的共有属性。

### 2．关系数据库基本术语

关系数据库的特点在于它将每个具有相同属性的数据独立保存在一个表中。对任何一个表来说，用户可以新增、删除和修改表中的数据，而不会影响表中的其他数据。下面来了解一下关系数据库中的一些基本术语。

（1）键码（Key）：它是关系模型中的一个重要概念，在关系中用来标识行的一列或多列。

（2）候选关键字（Candidate Key）：它是唯一地标识表中一行而又不含多余属性的一个属性集。

（3）主关键字（Primary Key）：它是被挑选出来，作为表行的唯一标识的候选关键字，一个表中只有一个主关键字，主关键字又称为主键。

（4）公共关键字（Common Key）：在关系数据库中，关系之间的联系是通过相容或相同的属性或属性组来表示的。如果两个关系中具有相容或相同的属性或属性组，那么这个属性或属性组被称为这两个关系的公共关键字。

（5）外关键字（Foreign Key）：如果公共关键字在一个关系中是主关键字，那么这个公共关键字被称为另一个关系的外关键字。由此可见，外关键字表示了两个关系之间的联系，外关键字又称作外键。

### 3．关系数据库对象

数据库对象是一种数据库组件，是数据库的主要组成部分。在关系数据库管理系统中，常见的数据库对象包括表（Table）、索引（Index）、视图（View）、图表（Diagram）、默认值（Default）、规则（Rule）、触发器（Trigger）、存储过程（Stored Procedure）和用户（User）等。

## 2.5 常用数据库及数据库的作用

目前，很多企业开始重视网络数据库，数据库是网络的一个重要应用，在网站建设中发挥着重要的作用。网络数据库对于充分利用网络的即时性、互动性起着重要的作用。在网站中数据库的作用主要有4个方面，即收集用户信息、网站搜索功能、产品管理、新闻系统。

### 2.5.1　收集用户信息

为了加强网站影响力度，往往需要将访问该网站的用户的信息收集起来，或者要求来访用户成为会员，从而提供更多的服务，如购物网站、交易网站等。通过注册页面，网站可以了解注册用户的一些个人信息，如图 2-10 所示。

除此之外，还有一些网站想了解用户对所使用的产品或者对该网站的一些意见，通常以问卷调查方式进行收集。

### 2.5.2　网站搜索功能

网站的站内搜索功能对于用户获取网站信息具有非常重要的作用，尤其是对于含有大量信息的网站，如B2C 网上销售网站或者含有大量产品信息的企业网站等。站内搜索不仅可以使网站结构清晰，有利于需求信息的查找，节省浏览者的时间，也是吸引顾客、达成网站营销目的的重要手段，如图 2-11 所示。

图 2-10　收集用户信息

图 2-11　网站搜索功能

### 2.5.3　产品管理和新闻系统

如果网站含有大量的产品需要展示和买卖，则通过网络数据库可以方便地进行分类，使产品更有条理、更清晰地展示给客户。其中，重要的是需要通过数据库进行存储，合理地将产品信息归类，从而方便日后的维护和检索，如图 2-12 所示。

对于动态网站而言，往往在后台有一个维护系统，目的是将技术化的网站维护工作简单化。通过后台管理界面，管理数据库中的信息从而完成产品信息的管理。新闻网站系统是一套大型的网站内容管理系统。在站内的一般新闻栏目中，放置行业新闻或相关企业新闻、动态等。并且，新闻内容更新的频率很快，所以需要数据库不断地添加新的新闻内容。

图 2-12　产品管理

### 2.5.4　网站中的常用数据

目前，很多企业开始重视网络数据库，网络数据库对于充分利用网络的即时性、互动性起着重要的作用。那么，面对众多的数据库，使用哪些数据库技术更合适呢？下面介绍一些常见的数据库及其特点，以帮助用户准确地为网站选择合适的数据库。

**1．Access 数据库技术**

Microsoft Access 是第一个在 Windows 环境下开发的一种全新的关系数据库管理系统，是中小型数据库管理的最佳选择之一，它是 Office 家族的组件之一。

**2．SQL Server 数据库技术**

SQL Server 是一个关系数据库管理系统，是 Microsoft 推出的新一代数据管理与分析软件。SQL Server 是一个全面的、集成的、端到端的数据解决方案，它为企业中的用户提供了一个安全、可靠和高效的平台，可用于企业数据管理和商业智能应用。目前微软已经推出了 SQL Server 2012 数据库。

**3．MySQL 数据库技术**

MySQL 是一个小型关系型数据库管理系统，开发者为瑞典 MySQL AB 公司，2008 年 1 月 16 号被 Sun 公司收购。目前 MySQL 被广泛地应用在 Internet 上的中小型网站中。由于其体积小、速度快、总体拥有成本低，尤其是开放源码这一特点，许多中小型网站为了降低网站总体拥有成本而选择了 MySQL 作为网站数据库。

phpMyAdmin 是用 PHP 编写的，可以通过互联网控制和操作 MySQL。通过 phpMyAdmin 可以对数据库进行操作，如建立、复制、删除数据等等。

**4．Oracle 数据库技术**

Oracle 是目前应用最广泛的数据库系统。一个完整的数据库系统包括系统硬件、操作系统、网络层、DBMS（数据库管理系统）、应用程序与数据，各部分之间是互相依赖的，对每个部分都必须进行合理的配置、设计和优化才能实现高性能的数据库系统。

## 2.6　Access 和 SQL Server 数据库

Access 数据库是 Microsoft 公司于 1994 年推出的微机数据库管理系统，是典型的新一代桌面数据库管理系统。SQL Server 是一个典型的关系型数据库管理系统，目前已应用在银行、邮电、铁路、财税和制造等众多行业和领域。通过对 Access 和 SQL Server 数据库的学习，为后面的网站制作打下基础。

## 2.6.1  Access 数据库用途

Access 数据库的用途非常广泛，不仅可以作为个人的 RDBMS（关系数据库管理系统）来使用，而且还可以用在中小型企业和大型公司中来管理大型的数据库。

### 1．个人的 RDBMS

Access 是家用计算机中管理个人信息的出色工具，可以使用它来创建一个包含所有家庭成员的姓名、电子邮件、爱好、生日、健康状况等信息的数据库。

### 2．小型企业中的数据库

在一个小型的企业或者学校中，可以使用 Access 简单而又强大的功能来管理运行业务所需要的数据。

### 3．大型公司中的数据库

Access 2010 在公司环境下的重要功能之一就是能够链接工作站、数据库服务器或者主机上的各种数据库格式。

### 4．大型数据库解析

在大型公司中，Access 2010 特别适合创建客户/服务器应用程序的工作站部分。

## 2.6.2  Access 2010 的优点

Access 2010 通过改进界面和无需很深的数据库知识的交互设计功能，帮助用户轻松地快速跟踪和报告信息。信息还可以在 SharePoint Services 列表上通过 Web 共享。

### 1．用户界面

Access 2010 通过面向结果的重新设计的用户界面、新导航窗格和带有选项卡的窗口视图，为用户提供了一种全新的体验。即使没有数据库经验，任何用户都可以开始跟踪信息和创建报告，做出更加有根据的决策。

### 2．直接从数据源收集和更新信息

Access 2010 可以使用 InfoPath 2010 或 HTML，为保持表格业务规则的数据库收集信息，创建带有嵌入表单的电子邮件。电子邮件回复将植入并更新 Access 表格，不需要重新输入任何信息。

### 3．创建具有相同信息的不同视图的多个报告

在 Access 2010 中创建报告是一种真正的"所见即所得"体验。可以修改具有实时视觉反馈的报告，并为不同的受众保存各种视图。新的分组窗格和过滤与分类功能可以帮助用户显示信息，以便做出更加有根据的决策。

### 4．访问和使用多个数据源的信息

通过 Access 2010 可以将表格链接到其他 Access 数据库、Excel 电子表格、SharePoint Server 站点、ODBC 数据源、SQL Server 数据库和其他数据源。然后，使用这些链接的表格来轻松创建报告，从而在更加全面的信息集合上作决策。

### 5．快速创建表格

有了自动数据类型检测，在 Access 2010 中创建表格与使用 Excel 表格一样轻松。在输入信息时，Access 2010 将识别这些信息是日期、货币，还是任何其他常见数据类型。甚至可以将整个 Excel 表格粘贴到 Access

2010 中，通过数据库功能跟踪信息。

### 6．拥有针对更多情景的新字段类型

Access 2010 可以采用附件和多重数值字段等新字段类型。现在，可以将任何文档、图像或电子表格附加到应用程序中的任何记录。有了多重数值字段，就可以在每个单元格中选择多个值（如将某任务分配给多个人）。

## 2.6.3　SQL Server 发展历史

SQL Server 起源于 Sybase SQL Server，于 1988 年推出了第一个版本，这个版本主要是为 OS/2 平台设计的。Microsoft 公司于 1992 年将 SQL Server 移植到了 Windows NT 平台上。

特别是 Microsoft SQL Server 7.0 的推出，这个版本在数据存储和数据库引擎方面发生了根本性变化，更加确立了 SQL Server 在数据库管理工具中的主导地位。

Microsoft 公司于 2000 年发布了 SQL Server 2000，该版本继承了 SQL Server 7.0 版本的优点，同时又增加了许多更先进的功能，具有使用方便、可伸缩性好、与相关软件集成程度高等优点，可跨越多种平台使用。

2005 年，Microsoft 公司发布了 Microsoft SQL Server 2005，该版本为各类用户提供了完整的数据库解决方案，可以帮助用户建立自己的电子商务体系，增强用户对外界变化的反应能力，提高用户的市场竞争力。

最新的 SQL Server 2016 是一个重大的产品版本，它推出了许多新的特性和关键的改进，提供了更安全、更具延展性、更高效的管理能力，使得它成为至今为止最强大和最全面的 SQL Server 版本。其主要功能说明如下。

### 1．保护数据库咨询

SQL Server 2008 本身将提供对整个数据库、数据表与 Log 加密的机制，并且存取加密数据库时，完全不需要修改任何程序。

### 2．花费更少的时间在服务器的管理操作

SQL Server 2008 将会采用一种 Policy Based 管理 Framework，来取代现有的 Script 管理，如此可以花费更少的时间来进行例行性管理与操作。而且透过 Policy Based 的统一政策，可以同时管理数千部的 SQL Server，以达成企业的一致性管理，而不必对每一台 SQL Server 设定新的组态或管理设定。

### 3．增加应用程序稳定性

SQL Server 2008 面对企业关键性应用程序时，将会提供比 SQL Server 2005 更高的稳定性，并简化数据库失败复原的工作，甚至进一步提供加入额外 CPU 或内存而不会影响应用程序的功能。

### 4．系统执行效能最佳化与预测功能

SQL Server 2008 将会继续增强数据库执行效能与预测功能，不但将进一步强化执行效能，并且加入自动收集数据可执行的资料，将其存储在一个中央资料的容器中，而系统针对这些容器中的资料提供了现成的管理报表，可以生成系统现有执行效能与先前历史效能的比较报表，让管理者进一步做管理与分析决策。

## 2.6.4　SQL Server 2008 体系结构

SQL Server 2008 应用在微软数据平台上，使得公司可以运行最关键任务的应用程序，同时降低了管

理数据基础设施和发送观察信息给所有用户的成本。

　　这个数据平台可以帮助公司满足数据爆炸和下一代数据驱动应用程序的需求。下面简单了解微软数据平台上的 SQL Server 2008 如何满足这些数据驱动应用程序的需求。

## 1．保护用户信息

　　SQL Server 2008 在 SQL Server 2005 的基础之上，做了以下方面的增强来扩展安全性以保护用户的信息。SQL Server 2008 可以对整个数据库、数据文件和日志文件进行加密，而不需要改动应用程序。简单的数据加密的好处包括使用任何范围或模糊查询搜索加密的数据、加强数据安全性以防止未授权的用户访问和数据加密。SQL Server 2008 通过支持第三方密钥管理和硬件安全模块产品为这个需求提供了很好的支持。

　　SQL Server 2008 使用户可以审查自己对数据的操作，从而提高了遵从性和安全性。审查不只包括对数据修改的所有信息，还包括读取数据的时间信息。SQL Server 2008 具有加强审查的配置和管理功能，这使得它可以满足各种规范需求。

## 2．确保可持续性

　　SQL Server 2008 使公司具有简化管理和提高可靠性的应用能力，并提供了更可靠的加强了数据库镜像的平台。SQL Server 2008 通过请求获得一个从镜像合作机器上得到的出错页面的重新拷贝，使主要的和镜像的计算机可以透明地修复数据页面上的 823 和 824 错误。

　　SQL Server 2008 压缩了输出的日志流，以便使数据库镜像所要求的网络带宽达到最小。SQL Server 2008 包括了新增加的执行计数器、动态管理视图和对现有的视图的扩展，使数据库功能更加强大。

## 3．即插即用 CPU

　　为了即时添加内存资源而扩展 SQL Server 中的已有支持，即插即用 CPU 使数据库可以按需扩展。事实上，CPU 资源可以添加到 SQL Server 2008 所在的硬件平台上而不需要停止应用程序。

## 4．改进的安装和开发过程

　　SQL Server 2008 对 SQL Server 的服务生命周期进行了显著的改进，对安装、建立和配置架构进行了重新设计。这些改进将计算机上的各个安装与 SQL Server 软件的配置分离开来，这使得公司和软件合作伙伴可以提供推荐的安装配置。

　　SQL Server 2008 提供了集成的开发环境和更高级的数据提取，使开发人员可以创建下一代数据应用程序，同时简化了对数据的访问。SQL Server 2008 提供了一个可扩展的商业智能基础设施，使公司可以有效地以用户想要的格式和地址发送相应报表。SQL Server 2008 可以通过下面的报表改进之处来制作、管理和使用报表。

　　(1) 企业报表引擎

　　有了简化的部署和配置，可以在企业内部更简单地发送报表，使用户能够轻松地创建和共享所有规模和复杂度的报表。

　　(2) 新的报表设计器

　　改进的报表设计器可以创建广泛的报表，使公司可以满足所有的报表需求。独特的显示能力使报表可以被设计为任何结构，同时增强的可视化进一步丰富了用户的体验。

　　(3) 强大的可视化

　　SQL Server 2008 扩展了报表中可用的可视化组件，可视化工具如地图、量表和图表等使报表更加友好和易懂。

（4）Microsoft Office 渲染

SQL Server 2008 提供了新的 Microsoft Office 渲染，使用户可以从 Word 里直接访问报表。此外，现有的 Excel 渲染器被极大地增强，用以支持像嵌套数据区域、子报表和合并单元格等功能。这使用户可以维护显示保真度和改进 Microsoft Office 应用中所创建的报表的全面可用性。

（5）Microsoft SharePoint 集成

SQL Server 2008 报表服务将 Microsoft Office SharePoint Server 2007 和 Microsoft SharePoint Services 深度集成，提供了企业报表和其他商业信息的集中发送和管理。这使用户可以访问包含了与他们直接在商业门户中所做的决策相关的结构化和非结构化信息的报表。

## 2.6.5 了解 ODBC

ODBC(Open Database Connectivity，开放数据库互连)是微软公司开放服务结构(Windows Open Services Architecture，WOSA)中有关数据库的一个组成部分，它建立了一组规范，并提供了一组对数据库访问的标准 API（应用程序编程接口）。这些 API 利用 SQL 来完成其大部分任务。ODBC 本身也提供了对 SQL 语言的支持，用户可以直接将 SQL 语句送给 ODBC。

一个基于 ODBC 的应用程序对数据库的操作不依赖任何 DBMS（数据库管理系统），不直接与 DBMS 打交道，所有的数据库操作由对应的 DBMS 的 ODBC 驱动程序完成。也就是说，不论是 Access、MySQL 还是 Oracle 数据库，均可用 ODBC API 进行访问。由此可见，ODBC 的最大优点是能以统一的方式处理所有的数据库，如图 2-13 所示。

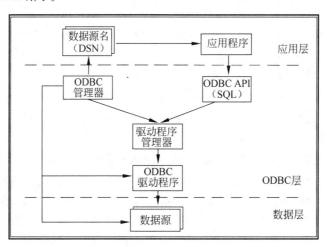

图 2-13　ODBC

一个完整的 ODBC 由下列几个部件组成。

应用程序(Application)：为了完成某项或某几项特定任务而被开发运行于操作系统之上的计算机程序。

ODBC 管理器(Administrator)：主要任务是管理安装的 ODBC 驱动程序和数据源。

驱动程序管理器(Driver Manager)：驱动程序管理器包含在 ODBC32.DLL 中，对用户是透明的。其任务是管理 ODBC 驱动程序，是 ODBC 中最重要的部件。

ODBC API：一套复杂的函数集，可提供一些通用的接口，以便访问各种后台数据库。

ODBC 驱动程序：一些 DLL，提供了 ODBC 和数据库之间的接口。

数据源：数据源包含了数据库位置和数据库类型等信息，实际上是一种数据连接的抽象。

应用程序要访问一个数据库，首先必须用 ODBC 管理器注册一个数据源，管理器根据数据源提供的数据库位置、数据库类型及 ODBC 驱动程序等信息，建立起 ODBC 与具体数据库的联系。这样，只要应用程序将数据源名提供给 ODBC，ODBC 就能建立起与相应数据库的连接。

在 ODBC 中，ODBC API 不能直接访问数据库，必须通过驱动程序管理器与数据库交换信息。驱动程序管理器负责将应用程序对 ODBC API 的调用传递给正确的驱动程序，而驱动程序在执行完相应的操作后，将结果通过驱动程序管理器返回给应用程序。

在访问 ODBC 数据源时，需要 ODBC 驱动程序的支持。ODBC 使用层次的方法来管理数据库，在数据库通信结构的每一层，对可能出现依赖数据库产品自身特性的地方，ODBC 都引入一个公共接口以解决潜在的不一致性，从而很好地解决了基于数据库系统应用程序的相对独立性，这也是 ODBC 一经推出就获得巨大成功的重要原因之一。

# 第 3 章

## 图像设计软件 Photoshop

　　Photoshop 是一款非常专业的图像制作和处理软件，它功能强大，集成了图像扫描、修改、图像与动画制作、输入与输出、Web 图像制作等多种功能，是一款深受大众喜爱的软件，应用面也相当广泛，深受各公司与个人用户的青睐。在网站建设过程中，Photoshop 主要被用来进行网页制作前期的工作，包括处理网页所使用的各种图像，绘制各种按钮、图标、导航条和内容栏等界面元素。

　　本章主要介绍网页界面概述、选择选取、图层编辑、编辑文本、应用蒙版、应用滤镜、制作切片以及综合实战。通过对本章的学习，我们可以设计网站的 Logo、网页的布局以及处理网页显示需要的一些基本图片。

## 3.1　网页界面概述

网页界面设计是涵盖计算机心理学、设计艺术学、认知科学和人机工程学于一体的交叉研究领域，是用户与网站进行交互的媒介，是国际计算机界和设计界最活跃的研究方向。本节主要讲述两方面的内容，即网页界面设计分类和网页界面设计的原则。用户通过对本节的学习，可以了解到网页设计可以分为几类、有哪些设计原则。

### 3.1.1　网页界面设计分类

在进行网页界面设计时，需要考察界面设计需求的多种因素，并有所侧重。常见的网页界面设计主要可分为三类，包括功能性设计、情感性设计和环境性设计。

#### 1．功能性设计

界面效果和网页功能并非对立的事物，而是一个整体。功能始终是网页的核心，而界面则是用户使用功能的桥梁。过于追求界面效果，内容空洞的网站是无法吸引用户的。而单纯追求功能，不注重用户体验的网站也无法留住用户。对于实用性的网站而言，必须找寻功能和界面美观的平衡点。

如图 3-1 所示是一个非常成功的在线共享图像网站 Flickr，其网站界面设计得就非常有特色。在 Flickr 网站的首页，突出了所有网站的功能，将最重要的网站搜索、共享、上传、编辑和浏览 5 大功能放在显著的位置。整个页面没有多余的部分，所有重要的功能按钮均提供了字体加粗或对比强烈的颜色，非常简洁且实用。

图 3-1　在线共享图像网站 Flickr

#### 2．情感性设计

在营销学中，讲究"欲取还与，欲退还进"，间接地使用户接受观点往往比直接强加于用户效果更好。

同理，在界面设计中，使界面与用户产生情感的共鸣，远比使用各种怪异的字体、花俏的色彩和图片更有作用。表现一个网站的情感的手法有多种，包括网站的布局方式、色彩的搭配、字体的选择和图形的处理等。

如图 3-2 所示是游戏暗黑破坏神 3 的官方网站，整体采用了暗色调，配合大量哥特式的装饰，体现出游戏主题的阴暗，传递了强烈的颓废和负面情感。

图 3-2　游戏暗黑破坏神 3 的官方网站

## 3．环境性设计

任何的设计都要与环境因素相联系，处于外界环境之中，设计应以社会群体而不是以个体为基础。环境性界面设计所涵盖的因素是极为广泛的，包括政治、历史、经济、文化、科技、民族等，这方面的界面设计正体现了设计艺术的社会性。

如图 3-3 所示是故宫博物院的官方网站，其使用红色为网站主色调，导航条使用竖排的隶书字体，配色与图形设计非常具有中国古典特色。

图 3-3　故宫博物院的官方网站

## 3.1.2 网页界面设计的原则

界面设计是一种独特的艺术。在进行网页界面设计时，需要遵循以下原则。

### 1．用户导向原则

设计网页时必须以用户导向为核心，了解网页面向用户群体的年龄、性格特征、思维方式等。例如，面向儿童用户的网站，应大量使用各种卡通图形，而面向青年的网站，则可突出时尚、科技的特色。

### 2．KISS 原则

KISS 即 Keep It Simple and Stupid，保持页面的简洁化和傻瓜化，易于操作。页面尽量少使用各种琐碎的图片，因为请求下载这些图片所花费的时间要比下载一整张大图片慢得多。操作设计应尽量简单，所有内容和服务都在显著的地方予以说明等。

### 3．Miller 原则

心理学家 George A.Miller 的研究表明，一个人一次所接受的信息量为（7±2）b。这一原理被广泛应用于网页设计与软件开发中。在网页中，同级别的栏目数量最好在 5～9 个之间。如果链接超过这个数量区间，用户心理上就会烦躁、压抑。如果网页的栏目内容确实很多，则可以分组处理。例如，每隔 7 个栏目，加一个分隔线或换行，或者用两种颜色分开。

### 4．视觉平衡原则

在网页界面中，任何页面元素都会有视觉效果，影响页面的视觉平衡。例如，使用一张大的图片，往往需要更多的文字进行平衡，使页面看起来不至于偏左或偏右。信息密集的网页，需要注重留白，通过留白给用户创建视觉上的休息区，防止用户视觉疲劳。

### 5．阅读性原则

为方便用户阅读页面的文字，可参考报纸的分栏方式，使页面的可阅读性提高。另一种提高阅读性的方式是选择字体。网页的内容文本应少用花俏的字体，尽量选择雅黑、宋体、隶书等便于识别的字体。

### 6．和谐一致原则

整个网站的各种元素（颜色、字体、图形、标记）应使用统一的规格，看起来像一个整体。同一级别的栏目，文字样式与图标应做到风格一致，略有区别。

### 7．个性化原则

互联网的文化是一种休闲的平民文化。为网页创造一种休闲、轻松愉快的氛围，可以使网页更加吸引用户，例如，使用明快的颜色和卡通化的字体等。

## 3.2 选择选取

在 Photoshop 中可以任意选取需要编辑的网页图像，为了方便用户选取要处理的范围，提供了不同的选取工具和命令。本节主要讲解矩形选框工具、椭圆选框工具、单行/单列选框工具、套索工具组、魔棒工具、快速选择工具及色彩范围。通过对本节的学习，用户可以更加方便地处理所要选取的部分图像。

### 3.2.1 矩形选框工具

【矩形选框工具】■是 Photoshop 中最常用的选择工具。使用该工具在画布上单击并拖动鼠标，绘制一个矩形区域，释放鼠标后会看到一个四周带有流动虚线的区域。

在工具选项栏中包括三种样式，即正常、固定比例和固定大小。在【正常】样式下，可以创建任何尺寸的矩形选区，该样式也是【矩形选框工具】的默认样式。

选择【矩形选框工具】 ，在工具选项栏中选择【样式】为【固定比例】，然后可以设置选区高度与宽度的比例，其默认值为1:1，即宽度与高度相同，如图3-4所示。

图 3-4  矩形选框工具

如果选择【样式】为【固定大小】，则可以在【宽度】和【高度】文本框输入所要创建选区的尺寸。在画布中单击即可创建固定尺寸的矩形选区，这对选取网页图像中指定大小的区域非常方便。

## 3.2.2  椭圆选框工具

如果想要选择图像中的圆形区域，可以使用【椭圆选框工具】 。其创建选区的方法与【矩形选框工具】 相同，不同的是在工具选项栏中还可以设置【消除锯齿】选项，该选项用于消除曲线边缘的马赛克效果，如图3-5所示。

图 3-5  椭圆选框工具

### 3.2.3 单行/单列选框工具

使用【工具】面板中的【单行选框工具】 ▥ 和【单列选框工具】 ▮，可以选择一行像素或一列像素。如果为这两个选区填充颜色，则可以在图像中制作一像素的细线，如图 3-6 所示。

图 3-6 单行/单列选框工具

### 3.2.4 套索工具组

Photoshop 的套索工具组包括【套索工具】 ◯ 、【多边形套索工具】 ◹ 和【磁性套索工具】 ◹ 。其中，【套索工具】 ◯ 也称为曲线套索，使用该工具可以在图像中创建不规则的选区，如图 3-7 所示。

图 3-7 套索工具

【多边形套索工具】通过鼠标的连续单击来创建多边形选区。在图像中的不同位置单击形成多边形，当指针带有小圆圈形状时单击即可。

当背景与主题在颜色上具有较大的反差时，并且主题的边缘复杂，使用【磁性套索工具】可以方便、准确、快速地选择主体图像，只要在主体边缘单击即可沿其边缘自动添加节点。

### 3.2.5 魔棒工具

【魔棒工具】 是根据图像单击处的颜色范围来创建选区的。也就是说，某一颜色区域为何种形状，就会创建该形状的选区，如图 3-8 所示。

图 3-8 魔棒工具

### 3.2.6 快速选择工具

【快速选择工具】 通过可调整的画笔笔尖快速建立选区。在拖动鼠标时，选区会向外扩展并自动查找和跟踪图像中定义的边缘。选择【快速选择工具】 后，工具选项栏中显示【新选区】 、【添加到选区】 和【从选区中减去】 。当启用【新选区】并且在图像中单击建立选区后，此选项将自动更改为【添加到选区】，如图 3-9 所示。

图 3-9 快速选择工具

## 3.2.7　色彩范围

在 Photoshop 中，通过【色彩范围】命令也可以创建选区，该命令与【魔棒工具】类似，都是根据颜色范围来创建选区。执行【选择】|【色彩范围】命令，打开【色彩范围】对话框，如图 3-10 所示。

图 3-10　色彩范围

在【色彩范围】对话框中，使用【取样颜色】选项可以选取图像中的任何颜色。在默认情况下，使用【吸管工具】在图像窗口中单击选取一种颜色范围，单击【确定】按钮后即可创建该颜色范围的选区。

# 3.3　图层编辑

在设计网页图像时，Photoshop 提供了多种内置的图层样式效果，便于用户将每一个图像放置在单独的图层中，这样可以方便后期的修改和编辑。本节主要讲述创建与设置图层、混合选项、投影和内阴影、外发光和内发光、斜面和浮雕、光泽、颜色叠加、渐变叠加、图案叠加和描边。通过对本节的学习，可以使设计出的图层更加形象生动。

## 3.3.1　创建与设置图层

新建图层可以方便用户对图像进行修改。在【图层】面板中单击底部的【创建新图层】按钮，或者按 Ctrl+Shift+N 组合键可以创建一个空白的普通图层，如图 3-11 所示。

通过执行【图层】|【新建】|【图层】命令（或按 Ctrl+Shift+N 组合键）新建图层时，在弹出的【新建图层】对话框中可以设置图层的名称，以及图层的显示颜色，如图 3-12 所示。

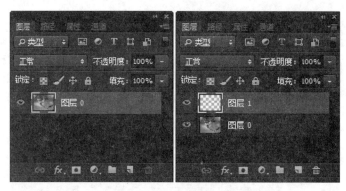

图 3-11　创建新图层

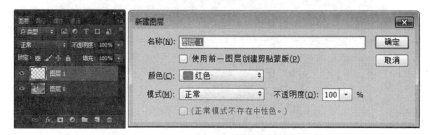

图 3-12　设置图层

## 3.3.2　混合选项

混合选项用来控制图层的不透明度以及当前图层与其他图层的像素混合效果。执行【图层】|【图层样式】|【混合选项】命令，弹出的对话框中包含两组混合滑块，即"本图层"和"下一图层"滑块，如图 3-13 所示。

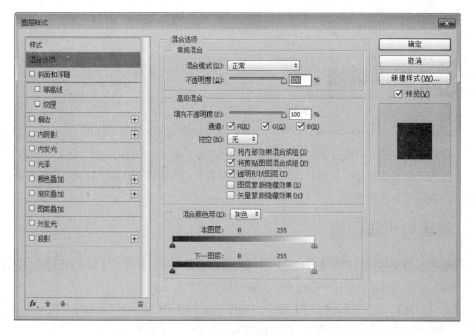

图 3-13　混合选项

【本图层】滑块用来控制当前图层上将要混合并出现在最终图像中的像素范围。将左侧的黑色滑块向中间移动时，当前图层中的所有比该滑块所在位置暗的像素都将被隐藏，被隐藏的区域显示为透明状态。

### 3.3.3　投影和内阴影

利用投影样式可以逼真地模仿出物体的阴影效果，并且可以对阴影的颜色、大小、清晰度进行控制。在【图层样式】对话框中，启用【投影】选项，调整其参数即可，如图 3-14 所示。设置投影样式前后的图像效果对比，如图 3-15 所示。

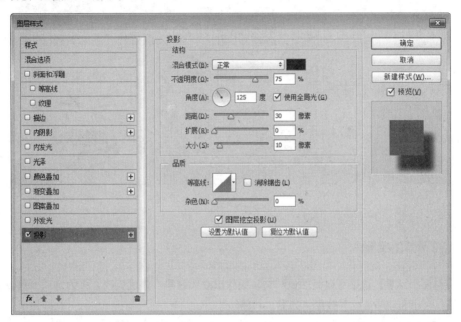

图 3-14　投影

(a)　　　　　　　　　　　(b)

图 3-15　投影效果

内阴影作用于物体内部，在图像内部创建出阴影效果，使图像出现类似内陷的效果。

### 3.3.4　外发光和内发光

通过【外发光】选项可以制作物体光晕，使物体产生光源效果。当启用【外发光】选项后，可以在其右侧相对应的选项中进行各参数的设置。在设置外发光时，背景的颜色尽量选择深色图像，以便于显示出设置的发光效果，如图 3-16 所示。内发光与外发光的效果刚好相反，内发光效果作用于物体的内部。

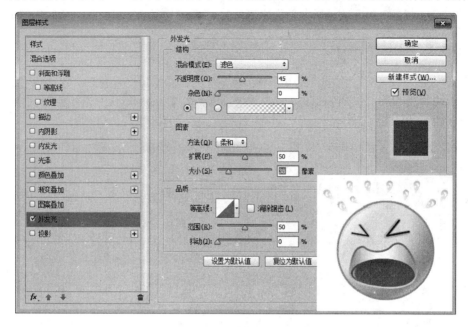

图 3-16　外发光

### 3.3.5　斜面和浮雕

启用【斜面和浮雕】选项可以为图像和文字制作出立体效果。通过更改众多的选项，可以控制浮雕样式的强弱、大小和明暗变化等效果，如图 3-17 所示。

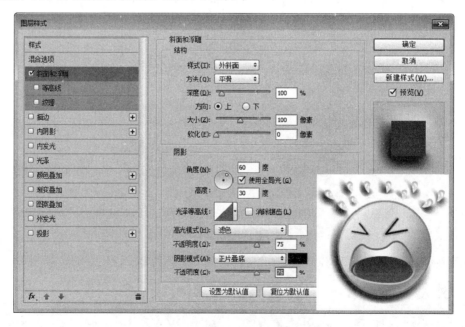

图 3-17　斜面和浮雕

## 3.3.6　光泽

光泽效果可以使物体表面产生明暗分离的效果，它在图层内部根据图像的形状来应用阴影效果，通过【距离】的设置，可以控制光泽的范围，如图 3-18 所示。

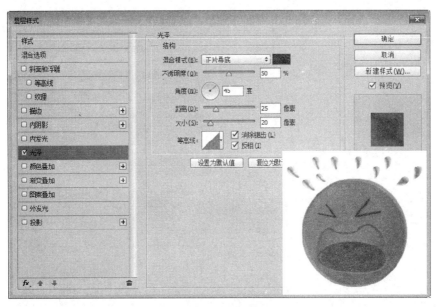

图 3-18　光泽

## 3.3.7　颜色叠加

在【颜色叠加】选项中，可以设置【颜色】、【混合模式】以及【不透明度】，从而改变叠加色彩的效果，如图 3-19 所示。

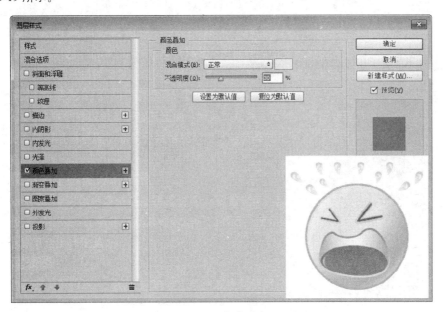

图 3-19　颜色叠加

### 3.3.8 渐变叠加

在【渐变叠加】选项中可以改变渐变样式以及角度。单击选项组中间的渐变条，打开【渐变编辑器】对话框，在该对话框中可以设置出不同颜色混合的渐变色，为图像添加更为丰富的渐变叠加效果，如图3-20所示。

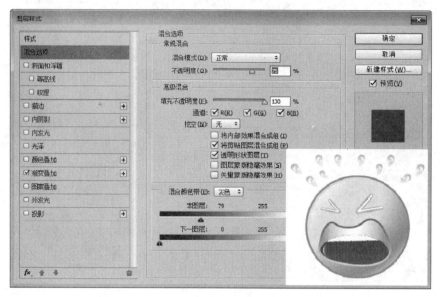

图 3-20　渐变叠加

### 3.3.9 图案叠加

【图案叠加】选项可以为图像或文字添加各种预设图案，使它们的视觉效果更加丰富。单击【图案】右端的下三角按钮，可以从弹出的对话框中选择所需的图案，如图3-21所示。

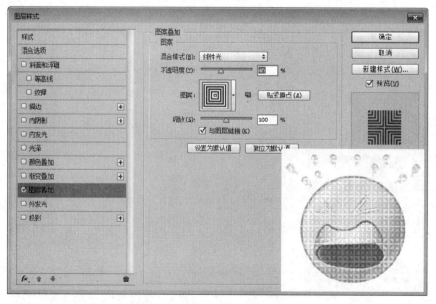

图 3-21　图案叠加

【图案】选项指定图层效果的图案。单击弹出式面板并选取一种图案。单击【新建样式】按钮，可以根据当前设置创建新的样式图案。单击【贴紧原点】按钮，可以使图案的原点与文档的原点相同，或将原点放在图层的左上角。

## 3.3.10　描边

启用【描边】选项，在其右侧相对应的选项中可以设置描边的大小、位置、混合模式、不透明度和填充类型等。在【填充类型】下拉列表中可以选择不同的填充样式，可以是单色描边，也可以是图案或渐变描边，如图 3-22 所示。

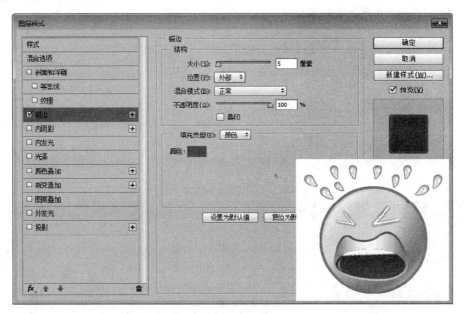

图 3-22　描边

# 3.4　编辑文本

在 Photoshop 中输入文字之后，可以对文字进行移动、复制、变形以及在文字与段落之间进行转换等操作，使其产生不同的效果。本节主要讲述创建普通文字、创建段落文本、设置文字特征和更改文字的外观。通过对本节的学习，可以使设计出的字体更加丰富多彩，使页面艺术效果栩栩如生。

## 3.4.1　创建普通文字

Photoshop 中包含两种文字工具，它们分别是【横排文字工具】 **T** 与【直排文字工具】 **IT**。运用文字工具在图像中输入文字后，Photoshop 将自动创建一个新的图层，此时的新图层缩略图标为大写 T 字显示。用鼠标双击该图层，或者单击画布中的文字，即可重新编辑图层中的文字。

### 1．输入横排文字

选择【工具】面板中的【横排文字工具】 **T**，在画布中的任意位置单击，当光标显示为 Ⅰ，文档中出现闪烁的光标，此时就可以输入文字。

## 2．输入直排文字

【直排文字工具】用来向图像中添加竖排模式的文字，其使用方法与【横排文字工具】相同。选择【工具】面板中的【直排文字工具】，在画布中的任意位置单击，并输入文字。

## 3.4.2　创建段落文本

选择【横排文字工具】后，在画布中单击的同时拖动鼠标，当文档出现流动蚂蚁线时释放鼠标。在流动的蚂蚁线选框中输入文字即可创建段落文本，如图 3-23 所示。

段落文本只能显示在定界框内，如果超出文本的范围，定界框右下方控制柄会显示为田字形。此时，将光标放置在定界框下方中间的控制柄上，同时向下拖动鼠标即可。等文字完全显示后，定界框右下方控制柄呈口字形显示。

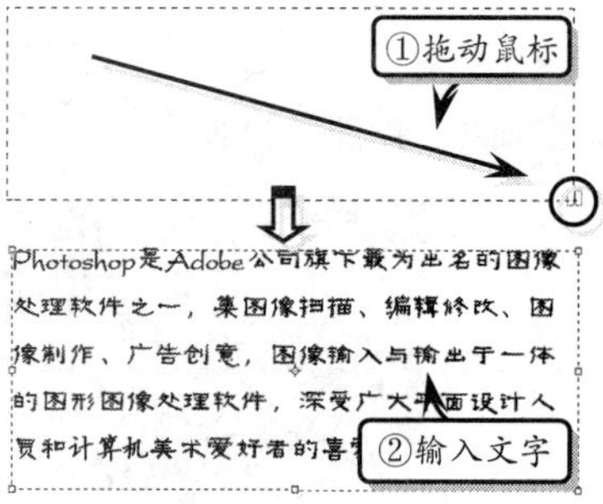

图 3-23　直排文字工具

## 3.4.3　设置文字特征

选择工具箱中的【文字工具】后，可以在工具选项栏中设置文字的特征，如更改文字方向、字体、字号等。如表 3-1 所示为文字工具的名称和功能。

表 3-1　文字工具的名称和功能

| 名　称 | 功　能 |
|---|---|
| 更改文字方向 | 在文字工具选项栏中，单击【更改文本方向】按钮，可以在文字的水平与垂直方向之间切换 |
| 字体 | 列举了各种类型的字体，用户可以根据实际情况选择字体和字形 |
| 字号 | 从该列表中可以选择一种以点为单位的字号，或者输入一个数值 |
| 消除锯齿 | 从该列表中可以选择一种将文字混合到其背景中的方法 |
| 对齐方式 | 可以左对齐、居中对齐或右对齐，使文字对齐到插入点 |
| 颜色 | 单击选项栏中的颜色块，并在拾色器中为文本选择一种填充颜色 |
| 创建文字变形 | 可以把文本放到一条路径上，扭曲文本或者弯曲文本 |
| 字符/段落 | 单击按钮可以隐藏或显示【字符】和【段落】面板 |

使用【文字工具】选择要更改的段落文本，单击工具选项栏中的色块，在弹出的【选择文本颜色】对话框中选择所需的文本颜色。

## 3.4.4　更改文字的外观

文字的方向决定对于文档或者定界框的方向。当文字图层垂直时，文字行上下排列；当文字图层水平时，文字行左右排列。更改文字的方向只需单击工具选项栏中的【更改文本方向】按钮即可。

在【消除锯齿】列表中，可以选择不同的文字效果。选择【无】选项可以产生一种锯齿状字符；选择【锐利】和【犀利】选项可以产生清晰的字符；选择【深厚】选项可以产生厚重的字符；选择【平滑】选项可以产生一种较柔和的字符。

在排版过程中，为了方便对文字进行编辑，可以将点文本转换为段落文本，执行【图层】|【文字】|【转换为段落文本】命令即可。反之，可以将段落文本转换为点文本，如图 3-24 所示。

使用【创建文字变形】可以对文字进行各种各样的变形。选择【文字工具】后，单击工具选项框中的【创建文字变形】按钮，在弹出的对话框中即可为文字选择适当的变形样式。

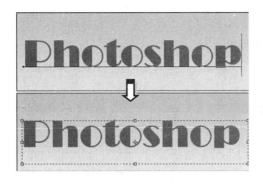

图 3-24 转换为段落文本

# 3.5 应用蒙版

Photoshop 中的蒙版包括快速蒙版、剪贴蒙版、图层蒙版和矢量蒙版等，可以控制图像的局部显示和隐藏，是合成网页图像的重要途径。本节主要讲述了 Photoshop 中蒙版的应用，用户通过对内容知识的熟悉掌握，可以更加得心应手地处理图片。

## 3.5.1 快速蒙版

快速蒙版主要用来创建、编辑和修改选区。单击【工具】面板中的【以快速蒙版模式编辑】按钮■，进入快速蒙版，然后使用【画笔工具】在想要创建选区的区域外面涂抹。再次单击【工具】面板中的【以标准模式编辑】按钮■，返回正常模式，这时画笔没有绘制到的区域形成选区，如图 3-25 所示。

## 3.5.2 剪贴蒙版

剪贴蒙版通过下面图层中图像的形状，来控制其上面图层图像的显示区域。在下面的图层中需要的是边缘轮廓，而不是图像内容。在【图层】面板中选择一个图层，执行【图层】|【创建剪贴蒙版】命令，该图层会与其下方图层创建剪贴蒙版，如图 3-26 所示。

图 3-25 快速蒙版

图 3-26 创建剪贴蒙版

创建剪贴蒙版后，发现蒙版下方图层的名称带有下画线，内容图层的缩览图是缩进的，并且显示一个剪贴蒙版图标 ，画布中的图像也会随之发生变化。创建剪贴蒙版后，蒙版中两个图层的图像均可以随意移动。如果是移动下方图层中的图像，那么会在不同位置显示上方图层中的不同区域图像；如果是移动上方图层中的图像，那么会在同一位置显示该图层中的不同区域图像，并且可能会显示出下方图层中的图像。剪贴蒙版的优势就是形状图层可以应用于多个图层，只要将其他图层拖至蒙版中即可。

### 3.5.3  图层蒙版

图层蒙版是与分辨率相关的位图图像，它用来显示或者隐藏图层的部分内容，也可以保护图像的区域以免被编辑。图层蒙版是一张 256 级色阶的灰度图像，蒙版中的纯黑色区域可以遮罩当前图层中的图像，从而显示出下方图层中的内容；蒙版中的纯白色区域可以显示当前图层中的图像；蒙版中的灰色区域会根据其灰度值呈现出不同层次的半透明效果，如图 3-27 所示。

图 3-27  图层蒙版

在【图层】面板底部有一个【添加图层蒙版】按钮 ，直接单击该按钮可以创建一个白色的图层蒙版，相当于执行【图层】|【图层蒙版】|【显示全部】命令；结合 Alt 键单击该按钮可以创建一个黑色的图层蒙版，相当于执行【图层】|【图层蒙版】|【隐藏全部】命令。创建图层蒙版后，既可以在图像中操作，也可以在蒙版中操作。

以白色蒙版为例，蒙版缩览图显示一个矩形框，说明该蒙版处于编辑状态，这时在画布中绘制黑色图像后，绘制的区域将图像隐藏。当画布中存在选区时，单击【图层】底部的【添加图层蒙版】按钮 ，会直接在选区中填充白色显示、在选区外填充黑色遮罩，使选区外的图像隐藏。

### 3.5.4  矢量蒙版

矢量蒙版与图层蒙版在形式上比较类似，然而矢量蒙版并非以图像控制蒙版区域，而是以 Photoshop 中的矢量路径来控制的，因此与分辨率无关。

创建矢量蒙版与创建图层蒙版的方式类似，都可以通过单击【图层面板】中的【添加图层蒙版】按钮 来实现。但如果通过【蒙版】面板创建矢量蒙版，则需要单击【选择矢量蒙版】按钮 。除了可以创建空矢量蒙版后，还可以在有路径的前提下创建矢量蒙版。

再选中路径所在图层，结合 Ctrl 键单击【图层】底部的【添加图层蒙版】按钮 来实现，或者执行【图层】|【矢量蒙版】|【当前路径】命令，创建带有路径的矢量蒙版。

## 3.6  应用滤镜

模糊滤镜、高斯模糊滤镜、USM 锐化滤镜、镜头光晕滤镜和添加杂色滤镜是网页设计中常用的几种滤镜，可以自动对一幅图像添加各种效果。通过对本节的学习，用户可以轻松地完成很多图像的特效，大大简化了创建复杂效果的复杂性，让图像更具吸引力。

### 3.6.1　模糊滤镜

模糊滤镜的作用是使选区或图像更加柔和，淡化图像中不同色彩的边界，以掩盖图像的缺陷，例如，抠取图像造成的锯齿边缘等。模糊滤镜的效果非常轻微，而且没有任何选项，适用于对图像进行简单处理。对于某个网页图像而言，可以多次使用模糊滤镜，以进一步增强模糊度，如图 3-28 所示。与模糊滤镜类似的是进一步模糊滤镜。该滤镜的使用方法与【模糊】滤镜相同，但强度更大一些。

### 3.6.2　高斯模糊滤镜

高斯模糊滤镜可以进行不同程度的模糊调节，主要应用于精度要求较高的图像。选择选区或图层后，执行【滤镜】|【模糊】|【高斯模糊】命令后，即可打开【高斯模糊】对话框。

通过【半径】下方的滑块或右侧的输入文本域都可以调节高斯模糊的精度，其范围为 0.1～250px，如图 3-29 所示。

### 3.6.3　USM 锐化滤镜

锐化滤镜通过增加相邻像素的对比度来使模糊图像变清晰，主要用于修复一些模糊不清的图像。USM 锐化滤镜所提供

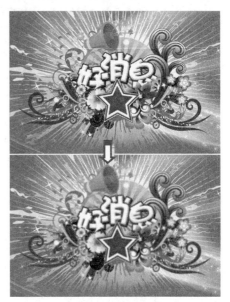

图 3-28　模糊滤镜

的锐化功能，不管它是否发现了图像边缘，都可以使图像边缘清晰，或者根据指令使图像的任意一部分清晰。选中相应的选区或图层，然后执行【滤镜】|【锐化】|【USM 锐化】命令，即可打开【USM 锐化】对话框，调整数据，如图 3-30 所示。

图 3-29　高斯模糊滤镜

图 3-30　锐化滤镜

【USM 锐化】对话框中包含三种锐化强度设置。

数量：该属性控制总体锐化的强度，数值越大，则图像边缘锐化的强度越大。

半径：该属性设置图像轮廓被锐化的范围，数值越大，在锐化时图像边缘的细节被忽略得越多。

阈值：该属性控制相邻的像素间达到的色阶差值限度，超过该限度则视为图像的边缘。该数值越高，则锐化过程中忽略的像素也越多。

### 3.6.4 镜头光晕滤镜

在制作网页中的各种图像时，经常会需要创造各种相机或摄影机镜头产生的光晕，此时可使用
Photoshop CC 的镜头光晕滤镜。选择相应的图层或选区，执行【滤镜】|【渲染】|【镜头光晕】命令，即可打开【镜头光晕】对话框进行数据设置，如图 3-31 所示。

### 3.6.5 添加杂色滤镜

杂色是随机分布的彩色像素点。使用添加杂色滤镜可以在图像中增加一些随机的像素点。执行【滤镜】|【杂色】|【添加杂色】命令，打开【添加杂色】对话框。默认情况下，在【平均分布】中添加【数量】为"12.5%"。

图 3-31　镜头光晕滤镜

## 3.7 制作切片

在 Photoshop 中可以进行切片的制作、存储和输出，【切片工具】✦和【切片选择工具】✦是 Photoshop 中提供的两种制作网页切片的工具。本节主要讲述切片工具、切片选择工具、存储为 Web 所用格式、输出设置。通过对本节的学习，可以制作出网站设计所需的切片。

### 3.7.1 切片工具

【切片工具】✦是最基本的绘制切片的工具，其提供了 4 种绘制切片的方式。在工具箱中选中【切片工具】✦后，即可在工具选项栏中选择绘制切片的三种样式。

正常：该样式允许用户使用光标绘制任意大小的切片。

固定长宽比：该样式允许用户在右侧的【宽度】和【高度】等输入文本域中输入指定的大小比例，然后再通过【切片工具】✦根据该比例绘制切片。

固定大小：该样式允许用户在右侧的【宽度】和【高度】等输入文本域中输入指定的大小，然后通过【切片工具】✦根据该大小绘制切片。

除了以上三种样式外，【切片工具】✦的工具选项栏还有【基于参考线的切片】按钮。如果图像包含参考线，则单击该按钮后，Photoshop 会根据参考线绘制切片。

### 3.7.2 切片选择工具

除了【切片工具】✦外，Photoshop 还提供了【切片选择工具】✦，允许用户选中切片，然后对切片进行编辑。在工具箱中选择【切片选择工具】✦后，即可单击图像中已存在的切片，通过右键快捷菜单进行编辑。编辑切片的命令共有以下 9 条。

删除切片：执行该命令可将选中的切片删除。

编辑切片选项：执行该命令将打开【切片选项】对话框，该对话框允许用户设置切片类型、切片名称、链接的 URL、目标打开方式、信息文本、图片置换文本、切片的大小、坐标位置以及背景颜色等

选项。

　　提升到用户切片：将非切片区域转换为切片。

　　组合切片：将两个或更多的切片组合为一个切片。

　　划分切片：执行该命令将打开【划分切片】对话框，将一个独立的切片划分为多个切片。划分切片时，既可以水平方式划分，又可以垂直方式划分。

　　置为顶层：当多个切片重叠时，将某个切片设置在切片最上方。

　　前移一层：当多个切片重叠时，将某个切片的层叠顺序提高 1 层。

　　后移一层：当多个切片重叠时，将某个切片的层叠顺序降低 1 层。

　　置为底层：当多个切片重叠时，设置某个切片在最底层。

　　制作切片的最终目的是将图像切片导出为网页。在 Photoshop 中，按照指定的步骤即可导出切片网页。

## 3.7.3　存储为 Web 所用格式

　　执行【文件】|【导出】|【存储为 Web 所用格式】命令，打开【存储为 Web 所用格式】对话框，如图 3-32 所示，可以选择优化选项以及预览优化的图稿。

图 3-32　【存储为 Web 所用格式】对话框

　　【存储为 Web 所用格式】对话框的左侧是预览图像窗口，包含 4 个选项卡，它们的功能如表 3-2 所示，而位于右侧的是用于设置切片图像仿色的选项。

表 3-2　选项卡的名称和功能

| 名　　称 | 功　　能 |
| --- | --- |
| 原稿 | 单击该选项卡，可以显示没有优化的图像 |
| 优化 | 单击该选项卡，可以显示应用了当前优化设置的图像 |
| 双联 | 单击该选项卡，可以并排显示图像的两个版本 |
| 四联 | 单击该选项卡，可以半掩显示图像的四个版本 |

### 3.7.4 输出设置

在设置图像的优化属性后，单击对话框右上角的【优化菜单】按钮，在弹出的菜单中执行【编辑输出设置】命令，即可打开【输出设置】对话框。在该对话框的【设置】下拉列表中，可进行 4 项设置。

切片

【切片】选项的作用是设置输出切片的属性，包括设置切片代码以表格的形式存在还是以层的形式存在。另外，该对话框还提供了为切片命名的选项，允许设置切片的命名方式。选择以表格的方式创建切片，则可以设置 3 种表格属性。

**HTML**

HTML 选项用于创建满足 XHTML 导出标准的 Web 页。如果启用【输出 XHTML】复选框，则会禁用可以与此标准冲突的其他输出选项，并自动设置【标签大小写】和【属性大小写】选项。

背景

【背景】选项的作用是为整个页面提供一张整体的背景图像，或为页面设置背景颜色。选择【颜色】列表，可以设置背景为无色、杂边、吸管颜色、白色、黑色以及其他颜色。

**存储文件**

【存储文件】选项的作用是定义保存的切片图片属性，包括为图片文件命名、设置图片文件名的兼容性（字符集）以及设置图片保存的路径和存储的方式等。

【文件名兼容性】的作用是规定命名的文件名包括哪些字符。其中，Windows 允许长文件名，Mac OS 9 则使用 utf-8-mac 的文件名编码方式，UNIX 的文件名区分大小写。

【将图像放进文件夹】选项可以设定保存图像的子目录名称，通常网站会使用 images。

【存储时拷贝背景图像】选项可为切片图像保留在【背景】设置中定义的图像背景。

## 3.8 综合实战

本章概要性地介绍了图像设计软件 Photoshop 的一些常用工具，为本书后续的学习打下一个坚实的基础。本章从网页界面概述开始，讲述了选择选取、图层、文本、蒙版、滤镜和切片工具的基本用法，制作吸引人的网页的一些方法和相关技术，接下来我们通过两个实例来对本章的内容进行实践。

### 3.8.1 实战：设计网站进入页界面

网站的进入页是进入网站之前过渡的页面，是给网站访问者留下第一印象的网页。设计成功的进入页可以为浏览者留下一个深刻而美好的印象，促使浏览者继续浏览网站，提高浏览者对网站的兴趣。本例将使用 Photoshop 设计并制作一个网站的进入页，主要练习参考线的应用、【切片工具】和【多边形工具】的应用，如图 3-33 所示。

**STEP|01** 绘制并复制三角形。执行【图像】|【画布大小】命令，打开【画布大小】对话框，设置【高度】为 "550 像素"、【画布扩展颜色】为 "黑色"，选择【多边形工具】按钮，并在工具选项栏中选择【像素】，设置前景色为 "棕色（#884606）"，【边】为 "3"。新建 "图层 1"，在画布中绘制一个三角形，复制 "图层 1" 图层，自动命名图层为 "图层 1 拷贝" 图层，如图 3-34 所示。

图 3-33　大自然户外游网站进入页界面

图 3-34　绘制并复制三角形

**STEP|02** 输入文字。选择【移动工具】 ，按 Ctrl 键并单击"图层 1 拷贝"图层，创建该图层的选区。然后，使用【油漆桶工具】 填充颜色为"黑色（#000000）"。并按 Ctrl+D 组合键取消选区。使用【横排文字工具】 在画布左上角输入"大自然户外游"并执行【窗口】|【字符】命令，在弹出的【字符】面板中设置参数。使用相同的方法，分别在画布中间和下方输入广告和版权等文本，如图 3-35 所示。

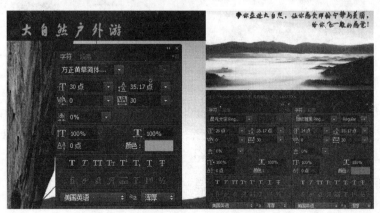

图 3-35　输入文字

**STEP|03** 添加素材。分别将素材"边框.png"和"墨迹按钮.png"拖动至该文档。选择【横排文字工具】
**T**，在墨迹按钮上输入"进入"并在工具选项栏中选择合适的【字体】、【字体大小】和【颜色】。然后，
在【图层】面板中复制边框，使用【移动工具】移动 2 个边框的位置，如图 3-36 所示。

图 3-36　添加素材

**STEP|04** 创建切片。在【图层】面板中，同时选择版权、墨迹按钮、"进入"和背景图层，并在工具选
项栏中单击【水平居中对齐】按钮，相对居中对齐。按 Ctrl+R 组合键显示标尺。拖动参考线，然后，
选择【切片工具】，单击【基于参考线的切片】按钮，基于参考线创建 5 个切片。设置切片。右击第
1 个切片，执行【划分切片】命令，在弹出的【划分切片】对话框中，设置【垂直划分】为 2 个横向切片
均匀分隔。然后双击第 1 个切片，在弹出的【切片选项】对话框中设置指定切片的【宽度】为"234"，
如图 3-37 所示。

图 3-37　创建切片

**STEP|05** 执行【文件】|【导出】|【存储为 Web 和设备所用格式】命令，在【存储为 Web 和设备所用格
式（100%）】对话框中分别设置各个切片【优化的文件格式】为"gif"。单击【存储】按钮。在【将优化
结果存储为】对话框中设置【保存类型】为"HTML 和图像（*.html）"。

## 3.8.2　实战：设计化妆品广告网幅

随着互联网的普及，网络广告正处于蓬勃发展之中，网幅广告（Banner）是目前最常见的广告形式

之一。一个好的 Banner 往往会吸引更多的访问者，以及增加网站的知名度。本例将使用 Photoshop 设计化妆品广告网幅，主要练习用【矩形工具】■、【渐变工具】■、【横排文字工具】T 及图层样式制作一个化妆品广告，如图 3-38 所示。

图 3-38　化妆品广告网幅

**STEP|01** 新建文档填充颜色。新建空白文档，设置画布的【尺寸】为 950px×120px、【分辨率】为 "72 像素/英寸"，选择【矩形工具】■，在画布中绘制一个矩形。然后，选择【渐变工具】■ 为矩形填充粉红色渐变，如图 3-39 所示。

图 3-39　新建文档填充颜色

**STEP|02** 对素材进行编辑。将素材拖动至 Banner 文档中，使用【移动工具】┡╋移动图像至指定位置。选择 "水图层"，执行【编辑】|【自由变换】命令，选择右下方的控制点并开始拖动，直至与图层一样大小。然后按照相同的方法，对 "水滴图层"，进行旋转操作，如图 3-40 所示。

图 3-40　对素材进行编辑

**STEP|03** 输入文本 "M" 和 "美迪凯"。单击【横排文字工具】T，在图像左侧输入文本 "M" 和 "美迪凯"，然后执行【窗口】|【字符】命令，打开【字符】面板，设置【字体大小】和【字体间距】等参数，如图 3-41 所示。

图 3-41　输入文本 "M" 和 "美迪凯"

**STEP|04** 为文本 "M" 和 "美迪凯" 添加效果。在【图层】面板中双击 M 文字图层，打开【图层样式】对话框。然后，启用投影、外发光、内发光、渐变叠加、描边选项添加效果，使用相同的方法为 "美迪

凯"设置与文本"M"相同的参数，如图 3-42 所示。

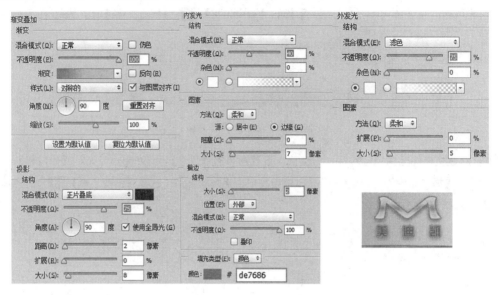

图 3-42　为文本"M"和"美迪凯"添加效果

**STEP|05** 输入文字并设置参数。在图像右侧输入文本"水润娇颜，水漾盈润"，打开【字符】面板，分别设置文本大小、颜色、消除锯齿。其中，文本"水润"和"水漾"设置相同，文本"娇颜"和"盈润"设置相同，如图 3-43 所示。

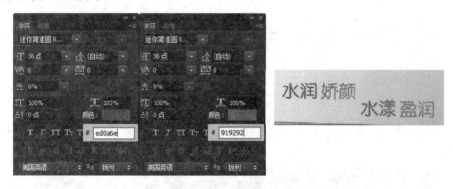

图 3-43　输入文字并设置参数

# 第 **4** 章

## 制作网页动画 Flash

　　Flash 是用于动画制作和多媒体创作及交互式设计网站的强大的顶级创作平台。在网站的开发中，各种网站的进入动画、导航条、图像轮换动画、按钮动画等都可使用 Flash 制作。Flash 可以将音乐、声效、动画及富有新意的界面融合在一起，通过提供高品质的声音和动画的效果来提升网页的吸引力。Flash 创建的动画在输出为网页可用的格式后，将产生一个扩展名为.swf 的文件，当将 swf 文件嵌入到网页中时，目前大多数浏览器都能够正常播放。

　　本章主要讲述导入动画素材、管理库资源、绘制动画图形、处理动画文本、网页动画类型、Flash 滤镜效果和综合实战。通过对本章的学习，可以制作出网站建设过程中所需要的网页动画效果。

# 4.1 导入动画素材

Flash 不仅可以使用绘图工具创建各种图形和文本，还能将其他软件创建的矢量图形和位图图像等素材导入文档中。本节主要包括三方面的内容，即导入到舞台、导入到库、打开外部库。用户通过对本节的学习，了解导入动画素材的方法，方便在 Flash 软件中添加各种动画素材。

## 4.1.1 导入到舞台

导入到舞台是指将其他软件中创建或者编辑的文件导入到当前场景舞台中。执行【文件】|【导入】|【导入到舞台】命令（或按 Ctrl+R 组合键），然后在弹出的【导入】对话框中选择所要导入的图像即可，如图 4-1 所示。

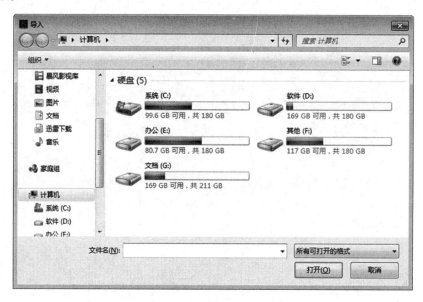

图 4-1　导入到舞台

## 4.1.2 导入到库

可以将素材文件导入到【库】面板以便重复使用。另外，当导入多个文件时，如果将其导入到舞台中，那么这些文件将重叠在一起，不利于修改。因此可以将其导入到【库】中，再分别进行编辑。执行【文件】|【导入】|【导入到库】命令，在弹出的【导入到库】对话框中选择所要导入的图像即可，如图 4-2 所示。

## 4.1.3 打开外部库

如果想要使用其他 Flash 源文件素材，可以执行【文件】|【导入】|【打开外部库】命令（或按 Ctrl+Shift+O 组合键），在弹出的【打开】对话框中，选择当前文档所需的素材，如图 4-3 所示。

图 4-2 导入到库

图 4-3 打开外部库

# 4.2 管理库资源

在 Flash 中，所有的制作部分基本上都在"舞台"面板中进行，而在现实生活中，每一个舞台都会有后台，这个后台在 Flash 中就是"库"面板。"库"面板是 Flash 中存储和组织元件、位图、矢量图形、声音、视频等文件的容器，方便在制作过程中随时调用。元件是一种特殊的对象，可以有效地管理和整合 Flash 中的各种素材文档，提高 Flash 中资源的重用性。

本节主要包括三方面的内容，即 Flash 元件概述、创建元件、编辑元件。通过对本节的学习，对管理库资源有所了解，方便在 Flash 软件中创建各种动画元件。

## 4.2.1　Flash 元件概述

元件是 Flash 中最基本的对象单位。Flash 中的元件包括三种，即影片剪辑、按钮以及图形。

### 1．影片剪辑元件

影片剪辑元件是 Flash 动画中最常用的元件类型。影片剪辑元件中包含了一个独立的时间轴，允许用户在其中创建动画片段、交互式组件、视频、声音甚至其他的影片剪辑元件。

### 2．按钮元件

按钮元件是一种基于组件的元件。按钮元件中同样包含一个独立的时间轴，但是该时间轴并非以帧为单位，而是以 4 个独立的状态作为单位。基于这 4 种单位，用户可以创建用于响应鼠标的弹起、指针滑过、按下和单击 4 种事件的帧。

### 3．图形元件

图形元件可用于静态图像，并可用来创建连接到主时间轴的可重用动画片段。交互式控件和声音在图形元件的动画序列中不起作用，如图 4-4 所示。

图 4-4　图形元件

## 4.2.2　创建元件

在 Flash 中新建空白文档，然后打开【库】面板，单击其下方的【新建元件】按钮，打开【创建新元件】对话框，如图 4-5 所示。

在该对话框中，用户可设置元件的【名称】，并在【类型】下拉列表中选择元件的类型。在单击【文件夹】右侧的链接文本后，可打开【移至文件夹】对话框，在其中设置元件所存储的位置，如图 4-6 所示。

最后，即可在元件中制作内容，单击【场景 1】按钮，完成元件的创建并返回舞台。

图4-5 【创建新元件】对话框　　　　　图4-6 【移至文件夹】对话框

## 4.2.3 编辑元件

在 Flash 中，不仅可以创建元件，还可以对已创建的元件进行编辑。对于已添加到舞台的元件，可以直接在舞台选中该元件，双击进入编辑模式，对元件内部进行修改。修改后，Flash 将自动把修改的结果应用到元件中。

对于尚未使用过的元件，则需要在【库】面板中双击所要编辑的元件名称，进入该元件的编辑模式，对元件内容进行添加、修改等操作，如图 4-7 所示。

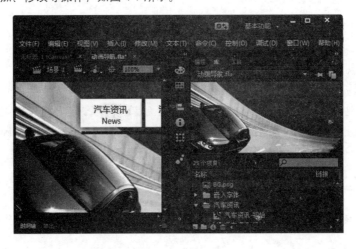

图4-7 编辑元件

## 4.3 绘制动画图形

在 Flash 中，可以用笔触绘制普通的矢量线段，也可以绘制复杂的矢量图形。本节主要讲述线条工具和钢笔工具、椭圆工具和基本椭圆工具、矩形工具和基本矩形工具、多角星形工具、填充颜色 5 方面的内容。用户通过对本节的学习，就可以在 Flash 舞台区域中按自己的想象，自由创作各种基本图形，为后续章节的内容学习奠定基础。

## 4.3.1　线条工具和钢笔工具

使用【线条工具】 可以用来绘制各种角度的直线，它没有辅助选项，其笔触格式的调整可以在【属性】面板中完成。单击工具箱中的【线条工具】按钮 ，在【属性】面板中根据所需设置线条的【笔触颜色】、【笔触高度】和【笔触样式】等。然后，在舞台中拖动鼠标绘制线条即可。

【钢笔工具】 是利用贝塞尔曲线绘制矢量图形的重要工具，是 Flash 矢量图形的基础，其主要用于绘制精确的路径。通过该工具，可以建立直线或者平滑流畅的曲线，其主要用于绘制比较精细且复杂的动画对象。除此之外，还常常用于抠图和描绘位图图像。单击工具箱中的【钢笔工具】按钮 ，在舞台中单击可以在直线段上创建点，拖动可以在曲线段上创建点。用户可以通过调整线条上的点来调整直线段和曲线段。

【线条工具】 与【钢笔工具】 的区别在于：【钢笔工具】 通过锚点绘制线条，而【线条工具】 则是以拉出直线的方式绘制线条；【钢笔工具】 可以绘制单条直线，也可以绘制多个锚点构成的折线，但【线条工具】 只能绘制简单的直线。

## 4.3.2　椭圆工具和基本椭圆工具

使用【椭圆工具】 和【基本椭圆工具】 可以绘制正圆和椭圆，这些圆形可以用来修饰图像、制作按钮、组合图形等。

### 1．椭圆工具

按住工具箱中的【矩形工具】按钮 ，在弹出的菜单中选择【椭圆工具】 。然后，在【属性】检查器中设置图形的【填充颜色】、【笔触颜色】、【笔触高度】和【样式】等。设置完成后，在舞台中单击并拖动鼠标，即可绘制圆形。

### 2．基本椭圆工具

在工具箱中按住【椭圆工具】 ，选择【基本椭圆工具】 ，该工具与【椭圆工具】 类似，只是通过该工具绘制出的图形上包含有图元节点。用户可以在【属性】检查器中设置圆形的【开始角度】和【结束角度】，也可以在启用【选择工具】后，直接使用鼠标指针拖动节点来调整。

## 4.3.3　矩形工具和基本矩形工具

使用【矩形工具】 和【基本矩形工具】 可以绘制矩形和正方形，绘制矩形的方法与绘制椭圆的方法基本相同。

### 1．矩形工具

选择【矩形工具】 ，在【属性】检查器中设置图形的【填充颜色】、【笔触颜色】，以及【矩形边角半径】等。然后，当舞台中的光标变成十字形时，单击并拖动鼠标即可绘制所需的矩形。

### 2．基本矩形工具

使用【基本矩形工具】 的方法与【矩形工具】 相同。不同的是，在绘制矩形后，【矩形工具】 无法修改其边角半径，【基本矩形工具】 则可以进行手工调整。

## 4.3.4　多角星形工具

使用【多角星形工具】 ![icon] 可以方便地在舞台中绘制多边形和星形。选择【多角星形工具】 ![icon]，单击【属性】检查器中的【选项】按钮，在弹出的【工具设置】对话框中设置图形的【样式】、【边数】和【星形顶点大小】。然后，在舞台中拖动鼠标绘制所需的图形。

【工具设置】对话框中包含两种【样式】属性，即多边形和星形。【星形顶点大小】属性的作用是定义星形角尖与角尖和凹角差之间的比例。例如通常所见的正五角星，其角尖为 36°、凹角为 108°，那么角尖与角尖和凹角差的比例为：36/（108-36）=0.5。因此，在绘制正五角星时，应设置【星形顶点大小】的属性值为 0.5。该属性最小值为 0，最大值为 1。

## 4.3.5　填充颜色

在 Flash 绘制的网页中，各种矢量图形由矢量笔触与填充构成。因此在用 Flash 绘制矢量图形时，应先了解矢量图形笔触与填充的使用方法。笔触是矢量图形中线条的总称。在之前的小节中已经介绍了使用【线条工具】 ![icon]、【钢笔工具】 ![icon]、【椭圆工具】 ![icon]、【多角星形工具】 ![icon] 等一系列工具绘制各种矢量笔触的方法。

填充是填入到闭合矢量笔触内的色块。Flash 允许用户创建单色、渐变色的填充色彩，或将位图分离为矢量图，填入到矢量图形中。在绘制各种矢量图形时，用户往往首先需要设置笔触和填充的各种属性。这些属性是所有矢量图形工具共有的属性，因此放在这一小节进行整体介绍。在选中任意一种矢量工具后，即可在【属性】检查器的【填充与笔触】选项卡中设置矢量工具所使用的笔触与填充属性，从而将这些属性应用到绘制的矢量图形上。顾名思义，【填充和笔触】的选项卡中包含了填充和笔触两类属性设置，如表 4-1 所示。

表 4-1　【填充和笔触】的选项卡

| 属　性 | 作　用 |
| --- | --- |
| 笔触颜色 | 单击其右侧的颜色拾取器，可在弹出的颜色框中选择笔触的颜色 |
| 填充颜色 | 单击其右侧的颜色拾取器，可在弹出的颜色框中选择填充的颜色 |
| 笔触大小 | 拖动滑块可以调节笔触的高度 |
| 笔触高度 | 输入笔触高度像素值以调节笔触的高度 |
| 样式 | 选择笔触的线条类型，包括极细线、实线、虚线等 7 种 |
| 编辑笔触样式 | 单击此按钮，可编辑自定义的线条样式 |
| 缩放 | 设置 Flash 动画播放时笔触缩放的效果 |
| 提示 | 选中该选项，将笔触锚记点保持为全像素以防止出现模糊线 |
| 端点 | 用于定义矢量线条的端点处样式 |
| 接合 | 用于定义两个矢量线条之间接合处的样式 |
| 尖角 | 在设置【接合】为尖角后，可设置尖角的像素大小 |

在单击【笔触颜色】或【填充颜色】的颜色拾取器后，将打开 Flash 颜色拾取框。在该框中，用户可选择纯色或渐变色，将其应用到矢量图形上，也可以在颜色预览右侧单击颜色的代码，设置自定义颜色。右侧的 Alpha 属性和作用是设置颜色的透明度。在单击【编辑笔触样式】按钮后，将打开【笔触样式】对话框，除了可编辑笔触的样式外，还可以浏览已设置的样式。

## 4.4 处理动画文本

Flash 在文字处理方面有着出色的表现，且功能非常强大，不但可以输入静态文本，更可以制作交互式文本及绚丽的文字动画。在一些成功的网页上，经常会看到利用文字制作的特效动画，因此文本是 Flash 动画中不可缺少的重要组成部分。

本节主要讲述创建静态文本和动态文本、输入文本和 TLF 文本。用户通过对本节的学习，就可以按自己的要求处理动画文本，为学习后续章节的内容奠定基础。

### 4.4.1 创建静态文本和动态文本

静态文本用于显示最普通的内容文本。这些文本内容在 Flash 中是固定的，不允许在动画播放时更改。选择工具箱中的【文本工具】 T，在【属性】检查器中设置【文本引擎】为"传统文本"，并设置【文本类型】为"静态文本"。

然后，单击舞台中要插入文本的位置，即可创建一个矩形文本框，并在该文本框中输入文本内容。动态文本是可以显示动态更新的文本。单击工具箱中的【文本工具】 T，在【属性】检查器中设置【文本引擎】为"传统文本"，并设置【文本类型】为"动态文本"。然后，在舞台中单击直接创建标准大小的动态文本框，或拖动鼠标，绘制一个矩形区域，作为自定义大小的动态文本框。为动态文本框输入文本内容的方法与输入静态文本类似。

### 4.4.2 输入文本和 TLF 文本

输入文本也是一种特殊的文本。为文档插入输入文本后，用户在浏览动画时，可以直接单击输入文本的区域，在其中输入文本信息。输入文本通常和 ActionScript 脚本结合，被添加到各种集成动态技术的网页动画中。

单击工具箱中的【文本工具】 T，在【属性】检查器中设置【文本引擎】为【传统文本】，并设置【文本类型】为【动态文本】。然后，在舞台中单击或拖动鼠标即可创建动态文本框。与动态文本类似，输入文本也可以设置实例名称并供各种脚本程序调用。同时，输入文本最大的优势在于允许用户自行编辑内容，从而完善 Flash 的交互性。TLF 是 Flash 新增的一种文本排版引擎。相比传统文本，TLF 文本拥有更多、更丰富的文本布局功能以及文本的精确属性。单击工具箱中的【文本工具】 T，在【属性】检查器中【传统文本】下拉列表中选择【TLF 文本】选项，即可为网页添加 TLF 文本。

在选择【TLF 文本】后，即可在下方选择具体的 TLF 文本类型。TLF 文本有三种主要的基本类型，即只读、可选以及可编辑。只读文本与普通的文本类似，用户只能查看，而不能通过鼠标选择或编辑。可选文本同样不能编辑，但允许用户通过鼠标选择文本内容，复制到其他位置。可编辑文本与传统的输入文本类似，允许用户编辑文本容器中的内容。在文本类型右侧，用户可单击【改变文本方向】按钮，设置文本以水平方向流动或以垂直方向流动。

## 4.5 网页动画类型

Flash 动画具有适用范围广、占用空间小、支持跨平台播放以及强大的交互性等优点。正因为这些优点，Flash 不仅是网页动画的制作软件，也是网页多媒体的承载者。

　　本节主要讲述创建补间动画、引导动画、遮罩动画、逐帧动画、补间形状动画和传统补间动画。用户通过对本节的学习，就可以制作符合自己要求的动画，为学习后续章节的内容奠定基础。

## 4.5.1　创建补间动画

　　在 Flash 中，用户可以用简便的方式创建和编辑丰富的动画。同时，还允许用户以可视化的方式编辑动画。网页中常见的动画形式，如表 4-2 所示。

表 4-2　网页中常见的动画形式

| 动画形式 | 描　　述 |
| --- | --- |
| 进入动画 | 访问者进入网站前播放的动画。进入动画设计的好坏直接影响到网站给访问者的第一印象，所以越来越多的网站开始重视进入动画的设计 |
| Logo 图标 | 通常所见的 Logo 图标为静态的图片，其实也可以制作成动画。但是，目前采用这种形式 Logo 的网站较少 |
| 导航菜单 | 导航菜单可以引导访问者浏览网站内的信息。与传统的导航条相比，Flash 导航菜单的表现效果更加丰富，从而给访问者一种新颖的感觉 |
| 按钮 | 按钮为跳转网页或执行某些任务（如提交表单）起到了不可替代的作用。为了能够表现更强的动画效果，也可以将按钮制作成 Flash 动画 |
| Banner | Banner 是最常见的网络广告形式之一，通常是静态图像、GIF 动态图像或 Flash 动画。其中 Flash 动画的表现能力最强，因此也受到大部分网站的青睐 |
| 图片展示 | 在很多网站中都可以看到自动切换的图片展示 Flash，它在指定的区域内可以循环展示多个图片，正因为此通常用于宣传广告图片的展示 |
| 透明 Flash | 透明 Flash 通常添加到网页的静态图像上面，由于其背景可以设置为透明，所以能够快速地让静态图像具有动画效果，为网页图像起到了很好的点缀效果 |
| Flash 整站 | 除了可以将 Flash 作为元素融入到网页中，还可以将整个网站制作成 Flash。虽然在加载过程中需要更长的时间，但是所表现的整体效果却是传统网站无法比拟的 |

　　补间动画以元件对象为核心，一切补间的动作都是基于元件的。因此，在创建补间动画之前，首先要在舞台中创建元件，作为起始关键帧中的内容。例如，新建"瓢虫"图层，将"瓢虫"素材图像拖入到舞台中，并将其转换为影片剪辑元件。右击第 1 帧，在弹出的快捷菜单中执行【创建补间动画】命令。此时，Flash 将包含补间对象的图层转换为补间图层，并在该图层中创建补间范围。右击补间范围内的最后一帧，执行【插入关键帧】|【位置】命令，在补间范围内插入一个菱形的属性关键帧。然后，将对象拖动至舞台的右侧，并显示补间动画的运动路径。最后按 Ctrl+Enter 组合键，即可预览"瓢虫"从左边爬到右边的补间动画，如图 4-8 所示。

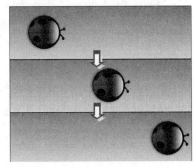

图 4-8　创建补间动画

　　当然，也可以在单个帧中定义多个属性，而每个属性都会驻留在该帧中。其中，属性关键帧包含的各个属性说明如下。

　　位置：对象的 $x$ 坐标或 $y$ 坐标。

　　缩放：对象的宽度或高度。

　　倾斜：倾斜对象的 $x$ 轴或 $y$ 轴。

　　旋转：以 $x$、$y$ 和 $z$ 轴为中心旋转。

颜色：颜色效果，包括亮度、色调、Alpha 透明度和高级颜色设置等。

滤镜：所有滤镜属性，包括阴影、发光、斜角等。

## 4.5.2　引导动画

运动引导动画是传统补间动画的一种延伸，用户可以在舞台中绘制一条辅助线作为运动路径，设置让某个对象沿着该路径运动。创建运动引导动画至少需要两个图层：一个是普通图层，用于存放运动的对象；另一个是运动引导层，用于绘制作为对象运动路径的辅助线。

首先在文档中新建一个图层，将作为运动引导的对象拖入到舞台中，并将其转换为影片剪辑。右击该图层，在弹出的快捷菜单中执行【添加传统运动引导层】命令，即会在该图层的上面创建一个运动引导层。选择运动引导层，单击工具箱中的【铅笔工具】，在舞台中绘制一条曲线，作为"瓢虫"运动的路径。选择"瓢虫"图层的第 1 帧，将"瓢虫"影片剪辑拖入到曲线的开始处，使中心点吸附到开始端点。

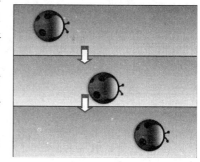

选择图层的最后 1 帧，插入关键帧。然后，将"瓢虫"影片剪辑拖动到曲线的结尾处，同样将中心点吸附到结尾端点。右击图层中的任意一帧，在弹出的快捷菜单中执行【创建传统补间】命令，创建"瓢虫"沿路径运动的补间动画。最后按 Ctrl+Enter 组合键，即可预览"瓢虫"沿指定路径移动的补间动画，如图 4-9 所示。

图 4-9　引导动画

## 4.5.3　遮罩动画

遮罩动画是传统补间动画的一种扩展和延伸。在制作遮罩动画时，需要在动画图层上创建一个遮罩层，然后在遮罩层上绘制图形，并将图层打散。在播放动画时，只有被遮罩层遮住的内容才会显示，而其他部分将被隐藏起来。遮罩层本身在影片中是不可见的。

Flash 中的遮罩可分为静态遮罩和动画遮罩两种。

### 1．静态遮罩

静态遮罩的作用类似 Photoshop 中的蒙版，可以帮助用户控制图层的显示区域。在 Flash 中，在需要被遮罩的图层上方创建图层，即可在新建的图层中绘制图形，将需要显示的图层部分遮罩住。在绘制完成遮罩层中的内容之后，用户即可右击该图层，执行【遮罩层】命令，将图层转换为遮罩层。

### 2．动画遮罩

动画遮罩即在动画中的遮罩层，其既可以是遮罩层制作的动画，又可以是被遮罩层制作的动画。例如，通过遮罩层控制被遮罩层逐渐显示等。

## 4.5.4　逐帧动画

用户可以在时间轴中通过更改连续帧中的内容来创建逐帧动画，还可以在舞台中创建移动、缩放、旋转、更改颜色和形状等效果。创建逐帧动画的方法有两种：一种是通过在时间轴中更改连续帧的内容；另一种是通过导入图像序列来完成，该方法需要导入不同内容的连贯性图像。

下面将通过更改连贯帧中的内容创建逐帧动画。新建空白文档，将素材矢量图像导入到舞台中。在图层的第 2 帧处插入关键帧，修改人物腿部的姿势。使用相同的方法，在第 3 帧和第 4 帧处分别插入关

键帧，并继续修改腿部的姿势，使其呈现跑步的连续动作。修改完成后，执行【控制】|【测试影片】命令即可预览动画效果，如图 4-10 所示。

图 4-10　逐帧动画

## 4.5.5　补间形状动画

补间形状动画是对矢量图形的各关键节点位置进行操作而制作成的动画。在补间形状动画中，用户需要提供补间的初始形状和结束形状，从而为 Flash 的补间提供依据。

选择图层的第 1 帧作为开始关键帧，输入文本"湛蓝天空"，执行【修改】|【分离】命令两次，将其转换为图形。然后，在第 30 帧处插入空白关键帧，输入文本"Blue Sky"，用同样的方式将其转换为图形。然后，右击两个关键帧之间的任意一个普通帧，执行【创建补间形状】命令，制作补间形状动画，如图 4-11 所示。

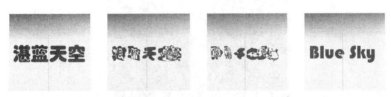

图 4-11　补间形状动画

## 4.5.6　传统补间动画

与补间形状动画类似，传统补间动画的作用是根据用户提供的一个元件在两个关键帧中的位置差异，生成该元件移动的动画。在补间动作动画中，用户需要提供元件的初始位置和结束位置以为 Flash 提供补间的依据。

选择图层的第 1 帧作为开始关键帧，导入太阳的图像素材。然后，在第 30 帧处插入关键帧。右击两个关键帧之间的任意一个普通帧，执行【创建传统补间】命令，即可拖动第 2 个关键帧，制作补间动作动画，如图 4-12 所示。

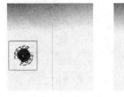

图 4-12　传统补间动画

## 4.6　Flash 滤镜效果

Flash 与 Photoshop 的滤镜在本质上有所不同，在 Photoshop 中，滤镜的作用对象是图层，一切滤镜特效都是围绕着图层实现的，而在 Flash 中，滤镜的作用对象是文本、按钮元件和影片剪辑元件。本节主要讲述投影、模糊、发光和斜角、渐变发光和渐变斜角、调整颜色、动画预设。用户通过对本节的学习，就可以制作符合自己要求的 Flash 滤镜效果，为学习后续章节的内容奠定基础。

### 4.6.1　投影

要使用滤镜功能，首先在舞台上选择文本、按钮或影片剪辑对象，然后进入【属性】检查器的【滤镜】选项卡，单击【添加滤镜】按钮，从弹出的菜单中选择相应的滤镜，如图 4-13 所示。

图 4-13　投影

在【滤镜】选项卡的下方有 6 个按钮，其作用如表 4-3 所示。

表 4-3　【滤镜】选项卡的图标、名称和作用

| 按钮图标 | 按钮名称 | 作　　用 |
|---|---|---|
| | 添加滤镜 | 单击该按钮，可在弹出的滤镜菜单中为选中的舞台对象添加滤镜 |
| | 预设 | 单击该按钮，可将已修改的滤镜保存为预设滤镜，也可重命名、删除或为舞台对象应用预设滤镜 |
| | 剪贴板 | 单击该按钮，可在弹出的菜单中对滤镜进行复制和粘贴操作 |
| | 启用或禁用滤镜 | 选择滤镜后，可单击该按钮，禁止滤镜显示或允许滤镜显示 |
| | 重置滤镜 | 选择滤镜后，单击该按钮，可将已修改的滤镜属性重置为默认属性 |
| | 删除滤镜 | 选择滤镜后，单击该按钮，可将滤镜删除 |

Flash 允许用户为同一个文本、按钮元件或影片剪辑元件应用多个相同或不同的滤镜，以实现复杂的效果，同时允许对某个舞台对象的所有滤镜进行复制或粘贴、删除等操作。在滤镜菜单中共包含 7 种效果，这些效果可以分为两类：一类是在原对象的基础上直接添加样式，其中有投影、模糊、发光、渐变发光、斜角、渐变斜角滤镜；另一类是通过调整颜色滤镜改变原对象的色调。投影给人一种目标对象上方有独立光源的印象，它能够模拟对象投影到一个表面的效果。在投影滤镜选项中，可以设置【距离】、【角度】和【强度】等参数，使其产生不同的投影效果。在添加投影滤镜后，可以在选项卡中设置以下参数。

模糊：该选项用于控制投影的宽度和高度。

强度：该选项用于设置阴影的明暗度，数值越大，阴影就越暗。

品质：该选项用于控制投影的质量级别，设置为【高】则近似于高斯模糊，设置为【低】可以实现最佳的回放性能。

颜色：单击此处的色块，可以打开【颜色拾取器】，设置阴影的颜色。

角度：该选项用于控制阴影的角度，在其中输入一个值或单击角度选取器并拖动角度盘。

距离：该选项用于控制阴影与对象之间的距离。

挖空：选择此复选框，可以从视觉上隐藏源对象，并在挖空图像上只显示投影。

内侧阴影：启用此复选框，可以在对象边界内应用阴影。

隐藏对象：启用此复选框，可以隐藏对象并只显示其阴影，从而更轻松地创建逼真的阴影。

## 4.6.2　模糊、发光和斜角

模糊滤镜可以柔化对象的边缘和细节，消除图像的锯齿。将模糊应用于对象，可以让它看起来好像位于其他对象的后面，或者使对象看起来好像是运动的。模糊滤镜的选项只有三种，包括【模糊 X】、【模糊 Y】以及【品质】，其作用与投影滤镜中的同名选项相同。

发光滤镜的作用是为对象应用颜色，模拟光晕效果。发光滤镜包括【模糊 X】、【模糊 Y】、【强度】、【品质】、【颜色】、【挖空】以及【内发光】7 种选项，其选项作用与投影滤镜中的各选项作用类似。斜角滤镜可以向对象应用局部加亮效果，使其看起来凸出于背景表面。在 Flash 中，此滤镜功能多用于按钮元件。斜角滤镜的选项大部分与投影滤镜重复，然而有些选项属于斜角滤镜独有，如下所示。

（1）加亮显示：单击右侧的色块，即可打开颜色拾取器，选择为斜角加亮的颜色。

（2）类型：设置斜角滤镜出现的位置，包括内侧、外侧和全部三种。

## 4.6.3　渐变发光和渐变斜角

渐变发光滤镜是发光滤镜的扩展，其可以把渐变色作为发光的颜色，实现多彩的光晕。渐变发光滤镜的选项比发光滤镜多了两个，包括【类型】和【渐变】。【类型】选项可设置渐变发光的位置，而【渐变】选项则用于设置渐变发光的颜色。

应用渐变斜角可以产生一种凸起效果，使得对象看起来好像从背景上凸起，且斜角表面有渐变颜色。渐变斜角要求渐变中间有一种颜色的 Alpha 值为 0。渐变斜角滤镜中的参数只是将斜角滤镜中的【阴影】和【加亮显示】颜色控件，替换为【渐变颜色】控件，所以渐变斜角立体效果是通过渐变颜色来实现的。

### 4.6.4　调整颜色

调整颜色滤镜的作用是设置对象的各种色彩属性，在不破坏对象本身填充色的情况下，转换对象的颜色，以满足动画的需求。调整颜色滤镜中包含4个选项，其详细介绍如下。

亮度：调整对象的明亮程度，其值范围是–100～100，默认值为0。当亮度为–100时，对象被显示为全黑色。而当亮度为100时，对象被显示为白色。

对比度：调整对象颜色中黑到白的渐变层次，其值范围是–100～100，默认值为0。对比度越大，则从黑到白的渐变层次就越多，色彩越丰富。反之，则会使对象给人一种灰蒙蒙的感觉。

饱和度：调整对象颜色的纯度，其值范围是–100～100，默认值为0。饱和度越大，则色彩越丰富，如饱和度为–100，则图像将转换为灰度图。

色相是色彩的相貌，用于调整色彩的光谱，使对象产生不同的色彩，其值范围是–180～180，默认值为0。例如，原对象为红色，将对象的色相增加60，即可转换为黄色。

### 4.6.5　动画预设

使用动画预设，用户可以通过简单的鼠标单击，为元件应用各种补间动画，快速创建动画内容，提高动画设计的效率。动画预设可应用于各种文本字段、影片剪辑元件和按钮元件。在为元件应用动画预设之前，需要先执行【窗口】|【动画预设】命令，打开【动画预设】面板。

动画预设面板中包括【预设浏览】、【预设列表】等区域以及下方的一些按钮等。在工作区中选择要添加动画预设的元件或文本后，即可在【动画预设】面板中选择相应的预设项目，查看【预设浏览】。Flash提供了32种自带的动画预设，可供用户调用，几乎所有自带的预设都是由缓动和缩放以及模糊等滤镜制作而成的。例如，名为"脉搏"的动画预设，可使元件按照一定的规律缩放，模仿心脏跳动的效果。用户可自定义动画预设。例如，制作一段动画，然后用鼠标选择时间轴中的帧，单击【动画预设】面板下方的【将选区另存为预设】按钮，即可创建新的动画预设，如图4-14所示。

除此之外，用户还可选中补间动画的元件，然后右击，执行【另存为动画预设】命令，同样可以将补间动画保存为新的动画预设。在保存动画预设时，Flash将打开【将预设另存为】对话框，用户可

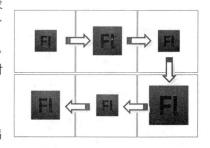

图4-14　动画预设

在对话框中设置这些自定义动画预设的名称。用户自定义的预设是没有预设预览的。在【动画预设】面板中单击【删除项目】按钮，可将已添加的动画预设从列表中删除。

## 4.7　综合实战

本章概要性地介绍了制作网页动画Flash的一些常用工具，为本书后续的学习打下坚实的基础。本章从导入动画素材开始，讲述了管理库资源、绘制动画图形、处理动画文本、网页动画类型、Flash滤镜效果工具的基本用法，制作吸引人的网页的一些方法和相关技术，接下来我们通过两个实例来对本章的内容进行实践。

## 4.7.1　实战：制作网站进入动画

　　首先通过渐显的方式在指定的圆形区域展示室内背景图像，然后再利用缓动补间动画逐步显示室内家居图像以及动画文字，使整个动画具有较强的连贯性。本例将使用 Flash 设计并制作网站进入动画，主要练习创建补间动画、设置缓动、设置 Alpha 透明度、设置透明度、设置动画缓动、输入文本、添加发光滤镜，如图 4-15 所示。

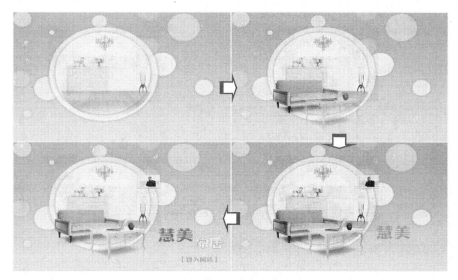

图 4-15　制作网站进入动画

**STEP|01** 设置家居图层。在"图形动画 2"图层的上面新建"家居"图层，在第 60 帧处插入关键帧。执行【文件】|【导入】|【打开外部库】命令，在弹出的对话框中打开"素材.fla"文档，然后将【外部库】面板的"家居"图像拖入到舞台的圆形区域中，并将其转换为"家居"影片剪辑。右击第 60 帧，在弹出的快捷菜单中创建补间动画，在【属性】检查器中设置"家居"影片剪辑的 Alpha 值为"10%"。然后在第 70 帧处插入关键帧，设置影片剪辑的 Alpha 值为"100%"，如图 4-16 所示。

图 4-16　设置家居图层

**STEP|02** 设置沙发图层。新建"沙发"图层，在第70帧处插入关键帧，将"沙发"图像拖入到舞台中，并将其转换为影片剪辑，设置其Alpha值为"25%"。然后创建补间动画，选择第80帧，将"沙发"影片剪辑向左移动，并设置Alpha值为"100%"。选择补间范围中的任意一帧，在【属性】检查器中设置补间动画的【缓动】为"50输出"。然后新建"茶几"图层，使用相同的方法制作"茶几"向右渐显的补间动画，并在【属性】检查器中设置【缓动】同样为"50输出"，如图4-17所示。

图4-17 设置沙发图层

**STEP|03** 设置相片图层。新建"相片"图层，在第80帧处插入关键帧，将"相片"图像拖入到舞台中，并转换为影片剪辑，设置其Alpha值为"25%"。然后创建补间动画，选择第90帧，向左移动该影片剪辑，并更改Alpha值为"100%"。新建"慧美"图层，在第85帧处插入关键帧，在舞台中输入文字"慧美"，并执行【修改】|【分离】命令将其分离成图形。然后，选择【颜料桶工具】，在【颜色】面板中设置桔红渐变色，并填充文字，如图4-18所示。

图4-18 设置相片图层

**STEP|04** 设置家居文字图层。将文字图形转换为影片剪辑，创建补间动画，在【属性】检查器中设置其 Alpha 值为 "25%"。然后选择第 95 帧，向下移动该影片剪辑，并更改 Alpha 值为 "100%"。新建 "家居" 图层，在第 90 帧处插入关键帧，在舞台中输入文字 "家居"，并在【属性】检查器中为其添加 "发光" 滤镜，设置其【颜色】为 "灰色（#999999）"。然后创建补间动画，选择第 100 帧，向上移动该文字，如图 4-19 所示。

图 4-19　设置家居文字图层

**STEP|05** 设置进入网站图层。新建 "进入网站" 图层，在第 105 帧处插入关键帧，在舞台中输入文本 "进入网站"，将其转换为按钮元件，并设置 Alpha 值为 "15%"。然后创建补间动画，选择第 110 帧，向上移动该按钮元件，并更改 Alpha 值为 "100%"。在 "遮罩" 层上面新建 ActionScript 图层，在最后 1 帧处插入关键帧，打开【动作】面板，并输入停止动画命令 "stop();"，如图 4-20 所示。

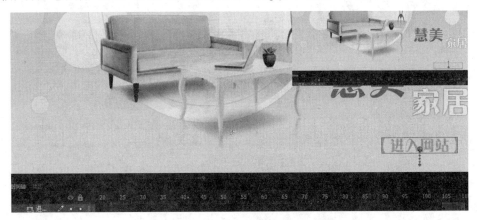

图 4-20　设置进入网站图层

## 4.7.2　实战：制作动画导航条

导航条的目的是让网站的层次结构以一种有条理的方式清晰展示，并引导用户毫不费力地找到并管理信息，让用户在浏览网站过程中不至迷失。为了让网站信息可以有效地传递给用户，导航一定要简洁、直观、明确。本例将使用 Flash 制作快速链接文字和 Banner 文字的显示动画，主要练习绘制矩形、创建补间形状、创建补间动画、创建遮罩动画、输入文本、设置文本属性，如图 4-21 所示。

图 4-21　制作动画导航条

**STEP|01** 设置线条图层。新建"线条"图层，在第 100 帧处插入关键帧，使用【矩形工具】在舞台的右侧绘制一个深蓝色（#003366）的矩形。然后，在第 115 帧处插入关键帧，使用【任意变形工具】向左拉伸该矩形，与导航条的左边线相对齐，并在这两关键帧之间创建补间形状动画，如图 4-22 所示。

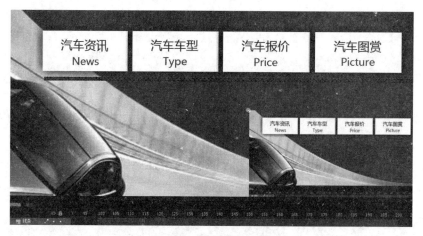

图 4-22　设置线条图层

**STEP|02** 设置进入网站图层。新建"快速链接"图层，在第 120 帧插入关键帧，使用【文本工具】在舞台的右上角输入文字，并在【属性】检查器中设置其【系列】为"宋体"、【大小】为 12、【颜色】为"白色"（#FFFFFF）。然后右击该帧，创建补间动画。选择舞台上的文字，在【属性】检查器中为其添加【投影】滤镜，并设置【模糊 X】、【模糊 Y】和【距离】均为"0 像素"。然后选择第 125 帧，向下移动文字，并在【属性】检查器中更改【模糊 X】、【模糊 Y】和【距离】均为"5 像素"，如图 4-23 所示。

**STEP|03** 设置文字图层。新建"文字"图层，在第 140 帧插入关键帧，在导航条的下面输入文本"安全·稳定·快速"，并在【属性】检查器中设置文本样式。然后，为文本添加"投影"滤镜。新建"遮罩"图层，在第 140 帧插入关键帧，使用【矩形工具】在文本的左侧绘制一个矩形，并使用【选择工具】调整矩形

的右下角，使其向左偏移。然后，在第 160 帧处插入关键帧，使用【任意变形工具】更改图形的形状，使其完全遮挡住文字，如图 4-24 所示。

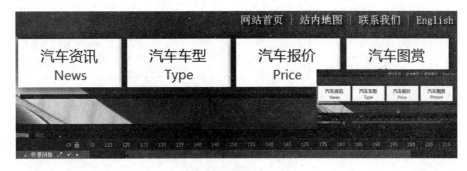

图 4-23 设置进入网站图层

图 4-24 设置文字图层

**STEP|04** 设置 ActionScript 图层。右击第 140 帧～第 160 帧之间的任意一帧，在弹出的快捷菜单中执行【创建形状补间】命令，创建补间形状动画。右击该图层，在弹出的快捷菜单中执行【遮罩图】命令，将其转换为遮罩图层。然后新建 ActionScript 图层，在第 200 帧处插入关键帧，打开【动作】面板，并输入停止播放动画代码"stop();"，如图 4-25 所示。

图 4-25 设置 ActionScript 图层

# 第**5**章

## 网页代码软件 Dreamweaver

　　Dreamweaver 是目前最流行的网站开发工具，它具有所见即所得的网页设计功能，同时又可以编辑 HTML 代码。对于代码开发人员，它提供了强大的代码编辑器，支持 PHP、JSP、ASP、ASP.NET 等服务器端语言的编辑；对于网页设计人员，它的可视化设计器简单易用，灵活而又强大，主要用于对站点、页面和应用程序进行设计、编码和开发，还在界面整合和易用性方面更加贴近用户。

　　本章主要讲述创建与管理站点、Web 文件操作、插入网页图像、创建各种链接和综合实战。通过对本章的学习，了解网页代码软件 Dreamweaver 工具的使用方法后，就已经可以开始做一些简单的网站了。

## 5.1　创建与管理站点

站点是管理网页文档的场所，Dreamweaver 是一个站点创建和管理的工具，使用它不仅可以创建单独的文档，还可以创建完整的站点。站点主要分为两种，一种是基于 Web 发布系统的发布站点；另一种是基于网页设计软件的本地调试站点。本节主要讲述了解站点、建立站点、管理站点、复制与修改站点。用户通过对本节的学习，可以了解到如何进行站点的编辑。

### 5.1.1　了解站点

Dreamweaver 站点提供了一种方法，使用户可以组织和管理所有的 Web 文档，将站点上传到 Web 服务器，跟踪和维护站点的链接，以及管理和共享文件。站点由三个部分（或文件夹）组成，具体取决于开发环境和所开发的 Web 站点类型。

#### 1．本地根文件夹

存储正在处理的文件，Dreamweaver 将此文件夹称为"本地站点"。此文件夹通常位于本地计算机上，但也可能位于网络服务器上。

#### 2．远程文件夹

存储用于测试、生产和协作等用途的文件，Dreamweaver 在【文件】面板中将此文件夹称为"远程站点"。远程文件夹通常位于运行 Web 服务器的计算机上，包含用户从 Internet 访问的文件。通过本地文件夹和远程文件夹的结合使用，用户可以在本地硬盘和 Web 服务器之间传输文件，这将帮助用户轻松地管理 Dreamweaver 站点中的文件。用户可以在本地文件夹中处理文件，希望其他人查看时，再将它们发布到远程文件夹。

#### 3．测试服务器文件夹

Dreamweaver 在其中处理动态页的文件夹，若要定义 Dreamweaver 站点，只需设置一个本地文件夹；若要向 Web 服务器传输文件或开发 Web 应用程序，还必须添加远程站点和测试服务器信息。

### 5.1.2　建立站点

站点是一种虚拟文件夹，是 Dreamweaver 管理本地网页及各种素材的一种工具。使用 Dreamweaver 制作网页，首先应建立站点。

站点的目录可以是本地计算机中的某个目录，也可以是远端服务器中的虚拟文件夹。建立站点可以通过 Dreamweaver 自带的新建站点向导来进行，在 Dreamweaver 中执行【站点】|【新建站点】命令，即可打开【XNML 的站点定义为】对话框，进行向导的第一步，将站点名改为 XNML，并设置站点的 HTTP 地址为"http://localhost/xnml/site"。

#### 1．设置站点使用的技术

单击【下一步】按钮，即可选择站点使用的服务器技术，例如，选择 ASP VBScript 技术。Dreamweaver 站点共支持 6 种常见的服务器技术，如表 5-1 所示。

表5-1  6种常见的服务器技术

| 技术名称 | 说明 |
| --- | --- |
| ASP JavaScript | 由 JavaScript 编写的 ASP 程序 |
| ASP VBScript | 由 VBScript 编写的 ASP 程序 |
| ASP.net C# | 由 C#编写的 ASP.NET 程序 |
| ASP.net VB | 由 VB 编写的 ASP.NET 程序 |
| ColdFusion | 由 CFML 或 Java 编写的 ColdFusion 程序 |
| PHP MySQL | 以 MySQL 为数据库的 PHP 程序 |

## 2．设置站点及文件位置

单击【下一步】按钮，即可设置站点文件的位置。Dreamweaver 会自动检测本地计算机是否安装有 IIS（Internet Information Server，微软开发的用于 Windows 系统发布网页的系统）。如果本地计算机安装有 IIS，则 Dreamweaver 将允许用户以本地计算机作为测试服务器。在设置完成站点文件的目录后，即可单击【下一步】按钮，设置浏览本地站点所使用的 URL，并单击【测试 URL】按钮，测试本地站点的链接是否有效。

## 3．远程服务器设置

Dreamweaver 允许设置远程服务器的种类。单击【下一步】按钮后，即可选择【是的，我要使用远程服务器】，并进入下一步设置，在下拉列表中选择远程服务器种类。

## 4．存回和取出设置

存回和取出设置的作用是防止多人同时编辑一个网页文档，因而造成重复覆盖的问题。用户可根据实际情况选择是否启用存回和取出，完成站点定义。Dreamweaver 支持 5 种远程服务器方式，用户可根据实际情况进行选择，如表 5-2 所示。

表5-2  5种远程服务器方式

| 远程服务器方式 | 说明 |
| --- | --- |
| FTP | 文件传输协议，互联网中最常见的传输协议 |
| 本地/网络 | 本地计算机或本地局域网内计算机作为远端服务器的方式 |
| WebDAV | Web-based Distributed Authoring and Versioning，Web 分布式创作与版本管理，是一种基于 HTTP 1.1 的通信协议，支持以 HTTP 方式发布数据 |
| RDS | Remote Data Services，远程数据服务，Windows 使用的远程通信方式 |
| Microsoft Visual SourceSafe(R) | SourceSafe 是微软公司的 Visual Studio 系列编程工具中的一种，主要用于软件或 Web 程序在开发过程中的版本管理 |

（1）Web 站点：一组位于服务器上的页，使用 Web 浏览器访问该站点的访问者可以对其进行浏览。

（2）远程站点：服务器上组成 Web 站点的文件，这是从创建者的角度而不是访问者的角度来看的。

（3）本地站点：与远程站点的文件对应的本地磁盘上的文件，创建者在本地磁盘上编辑文件，然后上传到远程站点。

在开始制作网页之前，最好先定义一个站点，这是为了更好地利用站点对文件进行管理，也可以尽可能地减少错误，如路径出错、链接出错。新手做网页条理性、结构性需要加强，往往这一个文件放这里、另一个文件放那里，或者所有文件都放在同一文件夹内，这样显得很乱。建议用一个文件夹存放网站的所有文件，再在文件夹内建立几个子文件夹，将文件分类，如图片文件放在 images 文件夹内、HTML

文件放在根目录下。如果站点比较大，文件比较多，可以先按栏目分类，在栏目里再分类。

## 5.1.3　管理站点

【管理站点】对话框是进入许多 Dreamweaver 站点功能的通路。在这个对话框中，可以启动创建新站点、编辑现有站点、复制站点、删除站点或者导入或导出站点设置的过程。例如，执行【站点】|【管理站点】命令，即可在对话框中显示一个站点列表。但是，如果还未创建任何站点，站点列表将是空白的，如图 5-1 所示。

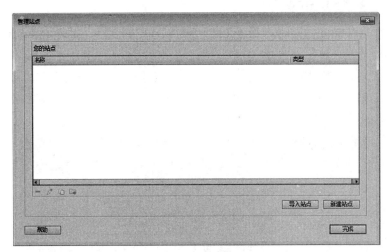

图 5-1　【管理站点】对话框

在该对话框中，用户可以执行下列操作。

### 1．新建站点

单击【新建站点】按钮创建新的站点，然后在【站点设置】对话框中指定新站点的名称和位置。

### 2．导入站点

单击【导入站点】按钮导入站点，导入功能仅导入以前从 Dreamweaver 导出的站点设置，它不会导入站点文件以创建新的 Dreamweaver 站点。

### 3．新建 Business Catalyst 站点

单击【新建 Business Catalyst 站点】按钮创建新的 Business Catalyst 站点。

### 4．导入 Business Catalyst 站点

单击【导入 Business Catalyst 站点】按钮导入现有的 Business Catalyst 站点。对于现有站点，用户可以进行如下操作。

（1）【删除】按钮

从 Dreamweaver 站点列表中删除选定的站点及其所有设置信息；这并不会删除实际站点文件。

若要从 Dreamweaver 中删除站点，在站点列表中选择该站点，然后单击【删除】按钮图标。而当执行该操作后，则无法进行撤销。

（2）【编辑】按钮

该按钮可以让用户编辑用户名、口令等信息，以及现有 Dreamweaver 站点的服务器信息。在站点列表中选择现有站点，然后单击【编辑】按钮，对该网站进行编辑操作。

（3）【复制】按钮

单击该按钮，即可创建现有站点的副本。例如，在站点列表中选择该站点，然后单击【复制】按钮图标。复制的站点将会显示在站点列表中，站点名称后面会附加 copy 字样。若要更改复制站点的名称，可以选中该站点，然后单击【编辑】按钮，即可更改站点的名称。

（4）【导出】按钮

在导出站点内容时，用户可以将选定站点的设置导出为 XML 文件 (*.ste)。

### 5.1.4　复制与修改站点

执行【站点】|【管理站点】命令，弹出【管理站点】对话框，在对话框中选中要复制的站点，单击【复制】按钮即可将该站点复制。新复制出的站点名称会出现在【管理站点】对话框的站点列表中。单击【完成】按钮，完成对站点的复制。执行【站点】|【管理站点】命令，弹出【管理站点】对话框，在对话框中单击【编辑】按钮，即可弹出【站点设置对象 实例素材】对话框，在【高级设置】选项卡中可以编辑站点的信息，如图 5-2 所示。

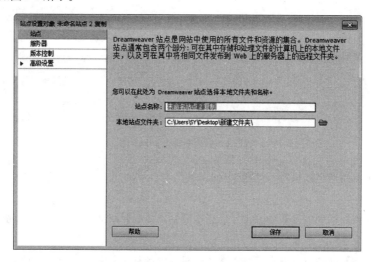

图 5-2　复制与修改站点

## 5.2　Web 文件操作

在【文件】面板中，用户可以打开本地文件夹中的文件、对文件进行更名，还可以添加或删除文件。Dreamweaver 不仅可以在文本的字符与行之间插入额外的空格，还能插入特殊字符和水平线等，通过直接输入、复制和粘贴的方法将文本插入到文档中。本节主要讲述了解文件夹的结构、文件面板、删除文件或文件夹、复制与修改站点。用户通过对本节的学习，可以了解到如何进行站点的编辑。

### 5.2.1　了解文件夹的结构

如果用户希望使用 Dreamweaver 连接某个远程文件夹，可在【站点设置对象】对话框的【服务器】类别中指定该远程文件夹。

指定的远程文件夹（也称为"主机目录"）应该对应于 Dreamweaver 站点的本地根文件夹。与本地文件夹一样，远程文件夹可以具有任意名称，但 Internet 服务提供商（ISP）通常会将各个用户账户的顶级远程文件夹命名为 public_html、pub_html 或者与此类似的其他名称。

如果用户亲自管理自己的远程服务器，并且可以将远程文件夹命名为所需的任意名称，则最好使本地根文件夹与远程文件夹同名。

例如，图 5-3 中左侧为一个本地根文件夹示例，右侧为一个远程文件夹示例。本地计算机上的本地根文件夹直接映射到 Web 服务器上的远程文件夹，而不是映射到远程文件夹的任何子文件夹或目录结构中位于远程文件夹之上的文件夹，如图 5-3 所示。

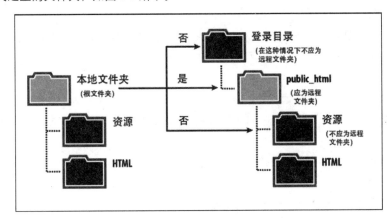

图 5-3　本地根文件夹

远程文件夹应始终与本地根文件夹具有相同的目录结构。如果远程文件夹的结构与本地根文件夹的结构不匹配，会将文件上传到错误的位置，站点访问者可能无法看到这些文件。

## 5.2.2　文件面板

Dreamweaver 包含【文件】面板，可帮助用户管理文件，并在本地和远程服务器之间传输文件。当用户在本地和远程站点之间传输文件时，会在这两种站点之间维持平行的文件和文件夹结构。用户可以使用【文件】面板查看文件和文件夹（无论这些文件和文件夹是否与 Dreamweaver 站点相关联），以及执行标准文件维护操作（如打开和移动文件）。用户可以根据需要移动【文件】面板，并为该面板设置首选参数。例如，设置访问站点、服务器和本地驱动器，查看文件和文件夹等，如图 5-4 所示。

图 5-4　【文件】面板

### 1．站点弹出菜单

用于使用户可以选择站点并显示该站点的文件，还可以使用【站点】菜单访问本地磁盘上的全部文件。

### 2．连接/断开

用于连接到远程站点，或断开与远程站点的连接。默认情况下，如果已空闲 30 分钟以上，则将断开与远程站点的连接（仅限 FTP）。

### 3．刷新

用于刷新本地和远程目录列表。如果用户已取消选择【站点定义】对话框中的【自动刷新本地文件列表】或【自动刷新远程文件列表】，则可以使用此按钮手动刷新目录列表。

### 4．文件视图

在【文件】面板的窗格中显示远程和本地站点的文件结构。【文件视图】也称为【站点文件视图】。

### 5．上传文件

用于将选定的文件从本地站点复制到远程站点。

### 6．取出文件

用于将文件的副本从远程服务器传输到本地站点，并且在服务器上将该文件标记为取出。如果对当前站点禁用【站点定义】对话框中的【启用存回和取出】选项，则此选项不可用。

### 7．存回文件

用于将本地文件的副本传输到远程服务器，并且使该文件可供他人编辑。本地文件变为只读。如果对当前站点禁用了【站点定义】对话框中的【启用存回和取出】选项，则此选项不可用。

### 8．同步

可以同步本地和远程文件夹之间的文件。

### 9．扩展/折叠按钮

展开或折叠【文件】面板以显示一个或两个窗格。

## 5.2.3　删除文件或文件夹

在【文件】面板（可执行【窗口】|【文件】命令打开）中，在【站点弹出】菜单（其中显示当前站点、服务器或驱动器）中选择站点、服务器或驱动器。

然后，在显示的站点文件结构列表中双击需要打开的文件，文件将在 Dreamweaver 中打开。也可以右击需要打开的文件，并执行【打开】命令。

在【文件】面板中，用户可以右击列表中的任意文件或者文件夹，并执行【新建文件】命令，即可创建一个 HTML 文件，并修改其名称。

当然，用户也可以右击列表任务位置，并执行【新建文件夹】命令创建一个文件夹，并修改文件夹名称。

右击所要删除的文件或文件夹，并执行【编辑】|【删除】命令。然后，在弹出的对话框中单击【是】按钮。用户也可以直接选择需要删除的文件或者文件夹，并按 Delete 键直接删除。

## 5.2.4　文件的复制和粘贴

选择要重命名的文件或文件夹，右击该文件的图标，执行【编辑】|【重命名】命令，即可更改文件名称。或者在选择文件后，稍停片刻，然后再次单击，修改文件名即可。

右击需要复制的文件或文件夹，并执行【编辑】|【拷贝】命令。然后，右击任意文件或者文件夹，并执行【编辑】|【粘贴】命令，即可将文件或者文件夹移动到列表最下面。并且，在所粘贴的文件或者文件夹名称后面将显示"拷贝"内容。

右击任意文件或文件夹，然后执行【刷新】命令，或者单击【文件】面板工具栏上的【刷新】按钮可以进行刷新操作。在刷新【文件】面板中的文件列表时，列表中的文件将以文件名的第 1 个字母进行重新排列，而文件夹则排列在文件的前面。

## 5.2.5　存回和取出文件

用户除了可对本地站点进行操作以外，还可以对远程站点文件进行操作。Dreamweaver 为用户提供协作工作的环境，即存回和取出文件。如果要对远程服务器中的站点文件进行存回和取出操作，则必须先将本地站点与远程服务器相关联，然后才能使用存回/取出系统。

例如，执行【站点】|【管理站点】命令，选择一个站点，并单击【导入站点】按钮。然后，在左侧的【分类】列表中选择【服务器】选项，并在列表中查看已经创建的服务器列表。如果没有连接服务器，则列表中将显示空白。此时，可以单击【添加新服务器】按钮，并添加服务器。

在弹出的对话框中，用户可以输入【服务器名称】、【FTP 地址】、【用户名】、【密码】等内容，单击【保存】按钮。另外，用户还可以单击【高级】按钮，并在显示的面板中设置 FTP 远程连接服务的相关参数。在该对话框的面板中，用户可以设置"远程服务器"相关内容，还可以设置"测试服务器"相关内容。其中，当用户启用【启用文件取出功能】复选框后，即可激活下面的选项及文本框，其含义如下。

### 1．打开文件之前取出

当用户打开该站点文件时，即启动取出功能，并将远程服务器连接的网站内容取回到本地文本夹中。

### 2．取出名称

取出名称显示在【文件】面板中已取出文件的旁边；这使开发人员在其需要的文件已被取出时可以和相关的人员联系。

### 3．电子邮件地址

如果用户取出文件时输入了电子邮件地址，则姓名会以链接（蓝色并且带下画线）形式出现在【文件】面板中的该文件旁边。如果开发人员单击该链接，则其默认电子邮件程序将打开一个新邮件，该邮件使用该用户的电子邮件地址以及与该文件和站点名称对应的主题。

## 5.2.6　添加普通文本及特殊字符

文本是基本的信息载体，是网页中的基本元素。浏览网页时，获取信息最直接、最直观的方式就是通过文本。在 Dreamweaver 中添加文本的方法非常简单，打开网页文档，将光标置于要输入文本的位置输入文本，如图 5-5 所示。

图 5-5　添加文本

制作网页时，有时要输入一些键盘上没有的特殊字符，如日元符号、注册商标等，这就需要使用 Dreamweaver 的特殊字符功能。打开网页文档，将光标置于要插入特殊字符的位置，执行【插入】|【字符】|【版权】命令，选择命令后就可插入特殊字符，效果如图 5-6 所示。

Copyright © 2007-2009 www.xxskybluexx.com.cn All Rights Reserved

图 5-6 特殊字符的添加效果

在做网页的时候，有时需要输入空格，但有时却无法输入。导致无法正确输入空格的原因可能是输入法错误，只有正确使用输入法才能够解决这个问题。在字符之间添加空格的方法非常简单，打开网页文档，将光标置于要添加空格的位置，切换到拆分视图，输入代码 " "。

很多网页在其下方会显示一条水平线，以分割网页主题内容和底端的版权声明等，根据设计需要，也可以在网页任意位置添加水平线，达到区分网页中不同内容的目的。打开网页文档，将光标置于要插入水平线的位置。执行【插入】|【水平线】命令，插入水平线。列表有项目列表和编号列表两种，列表常应用在条款或列举等类型的文件中，用列表的方式进行罗列可使内容更直观。项目列表又称无序列表，这种列表的项目之间没有先后顺序。项目列表前面一般用项目符号作为前导字符。

打开网页文档，将光标置于要创建项目列表的位置。执行【结构】|【项目列表】命令，即可创建项目列表。编号列表又称有序列表，其文本前面通常有数字前导字符，其中的数字可以是英文字母、阿拉伯数字或罗马数字等符号。将光标置于要创建编号列表的位置，执行【结构】|【列表】|【编号列表】命令，即可创建编号列表。

# 5.3 插入网页图像

在 Dreamweaver 中，用户可以在【设计】视图或【代码】视图中将图像插入网页文档。在设计包含图像的网页时，Dreamweaver 会自动在 HTML 源代码中生成对图像文件的引用。为了确保引用的正确性，该图像文件必须位于当前站点中。如果图像文件不在站点中，Dreamweaver 会询问是否要将文件复制到当前站点中。

## 5.3.1 在【设计】视图中插入图片

在 Dreamweaver 的【设计】视图中直接为网页插入图片是一种比较快捷的方法。用户在文档窗口中找到网页上需要插入图片的位置后，选择【插入】|【图像】命令，然后在打开的【选择图像源文件】对话框中选中计算机中的图片文件，并单击【确定】按钮。

当用户在【选择图像源文件】对话框中选中一个图片文件后，该对话框右侧的【图像预览】区域中将显示图片的预览效果以及选中图片的尺寸、格式和大小信息。单击【确定】按钮后，Dreamweaver 将打开【图像标签辅助功能属性】对话框提示用户输入图像替换文本。替换文本是当鼠标指针位于网页图像上显示的文字，当图片无法在网页中显示时，将显示替换文本内容。

另外，若用户在网页中插入的图片位于站点的图片文件夹中，那么在插入图片时，Dreamweaver 将打开对话框，提示用户是否将图片复制到本地站点的根目录文件夹中。

## 5.3.2　通过【资源】面板插入图片

在 Dreamweaver 中，用户可以选择【窗口】|【资源】命令，使用【资源】面板在网页中插入图片。【资源】面板中显示本地站点所包含的 GIF、JPEG 和 PNG 文件，选中某个图片文件后，面板的上方将显示图片的缩略图，将图片拖动至网页中适当的位置，即可插入图片。

用户在使用【资源】面板插入网页图像之前，需要对站点的内容进行整理，在【资源】面板中单击【刷新站点列表】按钮 ↻，可以检查当前站点并创建所有图像的列表，包括尺寸、文件类型和完整路径等。

## 5.3.3　在网页的源代码中插入图片

在 Dreamweaver 设计视图中进行的任何设置都会在代码视图中以代码的形式显示，对代码视图的任何编辑也都会在设计视图中表现。将视图切换至 Dreamweaver 代码视图，通常情况下会另起一行编写图片代码，首先输入"<"，然后在后面输入"img"，在输入图片的代码标签时，软件会提供常用的标签选项。<img>标签的常用属性如下所示。

src：图像的源文件。

alt：图像无法显示时的替换文本。

name：图像的名称。

width/height：图像的宽度/高度。

在【选择文件】对话框中单击【确定】按钮后，即可将选中图像文件的 URL 添加至<img>标签中。随后，使用键盘输入"/>"，完成的图像插入代码如下：

```
<img src="p3.png"/>
```

此时，切换至 Dreamweaver 设计视图即可查看插入的图片效果。若用户需要为网页中插入的图片添加文本，可以在代码视图中的图像插入代码后按空格键，在弹出的列表框中选中 alt 属性并按回车键，将其添加至<img>标签中。在【代码】视图中完成插入网页图像的代码编写后，按 F12 键即可在浏览器中查看网页中插入图像的效果。

## 5.3.4　使用图像热区

用户在浏览网页时，将鼠标指针放在一个图片上，鼠标指针出现像是放置在按钮上的状态。此时，若单击图片上的区域就会打开相应的链接，这就是图像热区的设置效果。图像热区的设置位于图像【属性】面板的左下角，Dreamweaver 将其称为"地图"，包括矩形热区、圆形热区和多边形热区三种样式。

### 1．绘制矩形热区

在 Dreamweaver 中选中网页上的某张图片后，使用【属性】面板上的【矩形热区工具】按钮，可以在图片上绘制如图 5-7 所示的矩形热区。矩形热区的 4 个角上有控

图 5-7　绘制矩形热区

制点，对控制点进行拖动可以调整热区的大小(在调整矩形热区之前应在【属性】面板中单击【指针热点工具】按钮 ，该按钮的功能与选择工具一样)，如图5-7所示。

### 2．绘制圆形热区

在【属性】面板中使用【圆形热点工具】按钮可以在图片上绘制如图5-8所示的圆形热点区域，该热点区域上有4个控制点，对控制点进行拖动调整时无论怎样拖动，绘制出的热区都是一个圆形，如图5-8所示。

### 3．绘制多边形热区

在【属性】面板中使用【多边形热点工具】按钮可以在网页图像上绘制如图5-9所示的多边形区域。多边形热区相比矩形热区和圆形热区更加自由，用户在使用【指针热点工具】按钮 调整多边形热区时，可以单独调整热区周围的控制点，直到热区的大小符合网页设计的需求为止。

图 5-8　绘制圆形热区

图 5-9　绘制多边形热区

## 5.4　创建各种链接

前面讲述了超级链接的基本概念和创建超级链接的路径，通过前面的学习我们已经对超级链接有了大概的了解，下面将讲述各种类型超链接的创建。本节主要讲述相对路径和绝对路径、创建图像热点链接、创建 E-mail 链接、创建脚本链接、创建下载文件链接。用户通过对本节的学习，可以了解到如何创建各种链接。

### 5.4.1　相对路径和绝对路径

链接是从一个网页或文件到另一个网页或文件的访问路径，不但可以指向图像或多媒体文件，还可以指向电子邮件地址或程序等。当网站访问者单击链接时，将根据目标的类型执行相应的操作，即在 Web 浏览器中打开或运行。

要正确地创建链接，就必须了解链接与被链接文档之间的路径，每一个网页都有一个唯一的地址，称为统一资源定位符（URL）。网页中的超级链接按照链接路径的不同，可以分为相对路径和绝对路径两种链接形式。

相对路径对于大多数的本地链接来说，是最适用的路径。当前文档与所链接的文档处于同一文件夹内时，文档相对路径特别有用。文档相对路径还可用来链接到其他文件夹中的文档，方法是利用文件夹层次结构，指定从当前文档到所链接的文档的路径，文档相对路径省略掉对于当前文档和所链接的文档都相同的绝对 URL 部分，而只提供不同的路径部分。

使用相对路径的好处在于，可以将整个网站移植到另一个地址的网站中，而不需要修改文档中的链接路径。

绝对路径是包括服务器规范在内的完全路径，绝对路径不管源文件在什么位置，都可以非常精确地找到，除非目标文档的位置发生变化，否则链接不会失败。采用绝对路径的好处是，它同链接的源端点无关，只要网站的地址不变，则无论文档在站点中如何移动，都可以正常实现跳转而不会发生错误。另外，如果希望链接到其他站点上的文件，就必须用绝对路径。

采用绝对路径的缺点在于，这种方式的链接不利于测试，如果在站点中使用绝对地址，要想测试链接是否有效，就必须在 Internet 服务器端对链接进行测试，它的另一个缺点是不利于站点的移植。

## 5.4.2　创建图像热点链接

创建过程中，首先选中图像，然后在【属性】面板中选择热点工具在图像上绘制热区，创建图像热点链接后，当单击图像"网站首页"时，效果如图 5-10 所示，会出现一个首页。

图 5-10　图像热点链接效果

打开网页文档，选中创建热点链接的图像。执行【窗口】|【属性】命令，打开【属性】面板，在【属性】面板中单击【矩形热点工具】按钮，选择【矩形热点工具】。打开网页文档，选中创建热点链接的图像。将鼠标置于图像上要创建热点的部分，绘制一个矩形热点。重复以上步骤绘制其他的热点，并设置热点链接。

## 5.4.3　创建 E-mail 链接

E-mail 链接也叫电子邮件链接，电子邮件地址作为超链接的链接目标与其他链接目标不同。当用户在浏览器上单击指向电子邮件地址的超链接时，将会打开默认的邮件管理器的新邮件窗口，其中会提示用户输入信息，并将该信息传送给指定的 E-mail 地址。下面对文字"联系我们"创建电子邮件链接，当单击文字"联系我们"时，如图 5-11 所示。

图 5-11 创建电子邮件链接的效果

打开网页文档，将光标置于要创建电子邮件链接的位置，执行【插入】|【电子邮件链接】命令。弹出【电子邮件链接】对话框，在对话框的【文本】文本框中输入【联系我们】，在【电子邮件】文本框中输入"mailto：sdhzgw@163.com"，单击"确定"按钮，创建电子邮件链接。

### 5.4.4 创建脚本链接

脚本超链接执行 JavaScript 代码或调用 JavaScript 函数，它非常有用，能够在不离开当前网页文档的情况下为访问者提供有关某项的附加信息。脚本超链接还可以用于在访问者单击特定项时，执行计算、表单验证和其他处理任务，打开网页文档，选中选项【关闭窗口】，在【属性】面板中的【链接】文本框中输入"javascript:window.close()"。

### 5.4.5 创建下载文件链接

如果要在网站中提供下载资料，就需要为文件提供下载链接，如果超级链接指向的不是一个网页文件，而是其他文件，例如 zip、mp3、exe 文件等，单击链接的时候就会下载文件。

打开网页文档，选中要创建链接的文字，执行【窗口】|【属性】命令，在面板中单击【链接】文本框右边的按钮，弹出【选择文件】对话框，在对话框中选择要下载的文件，单击【确定】按钮，添加到【链接】文本框中。

## 5.5 综合实战

本章概要性地介绍了网页代码软件 Dreamweaver 的一些常用工具，为本书后续的学习打下一个坚实的基础。本章从创建与管理站点开始，进行 Web 文件操作、插入网页图像、创建各种链接，制作吸引人的网站的一些方法和相关技术，接下来我们通过两个实例来对本章的内容进行实践。

## 5.5.1　实战：制作化妆品网页

在互联网上，项目列表被广泛应用于网站的定位制作导航条、友情链接以及产品分类页面等。应用项目列表的网页可以给人更加简洁和整齐的感觉。本例将使用 Dreamweaver 制作化妆品网页，主要使用浮动定位、普通流定位、无序列表 UL 和定义列表 DL，练习 CSS 普通流和浮动布局，无序列表 ul、li 标签的应用，定义列表 dl、dt、dd 标签的应用，CSSfloat 属性的应用，如图 5-12 所示。

图 5-12　创建电子邮件链接的效果

**STEP|01** 单击【页面属性】按钮。新建空白文档，在【属性】面板中单击【页面属性】按钮，如图 5-13 所示。

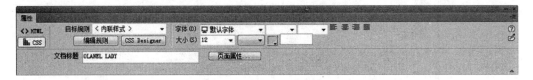

图 5-13　单击【页面属性】按钮

**STEP|02** 设置【页面属性】对话框。打开【页面属性】对话框，设置页面字体大小、背景颜色以及超链接的样式和网页的标题等参数。【页面属性】对话框中外观（CSS）的设置如图 5-14 所示，由于浏览器的宽度为 1003px，本练习页面宽度为 775px，所以在【外观（CSS）】选项卡中设置左、右边距各为 114px，页面在浏览器中显示为水平居中。

【页面属性】对话框中链接（CSS）的设置如图 5-15 所示。

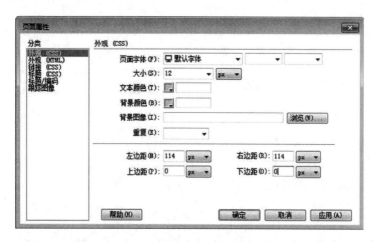

图 5-14  设置【外观（CSS）】对话框

图 5-15  链接（CSS）

【页面属性】对话框中标题/编码的设置如图 5-16 所示。

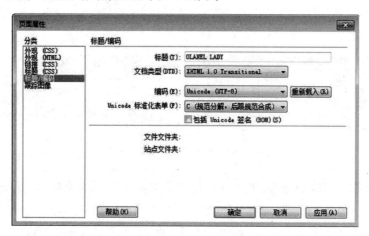

图 5-16  【页面属性】对话框

**STEP|03**  设置 ID 为 header。执行【插入】|Div 命令，在弹出的【插入 Div】对话框中设置 ID 为 header，

如图 5-17 所示。

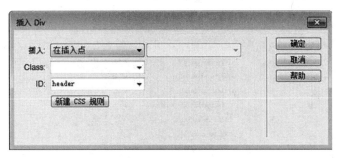

图 5-17　设置 ID 为 header

**STEP|04** 在【插入 Div】对话框中单击【新建 CSS 规则】按钮，在弹出的【新建 CSS 规则】对话框中单击【确定】按钮，即可打开【#header 的 CSS 规则定义】对话框，设置参数并在该层中输入文本，如图 5-18 所示。

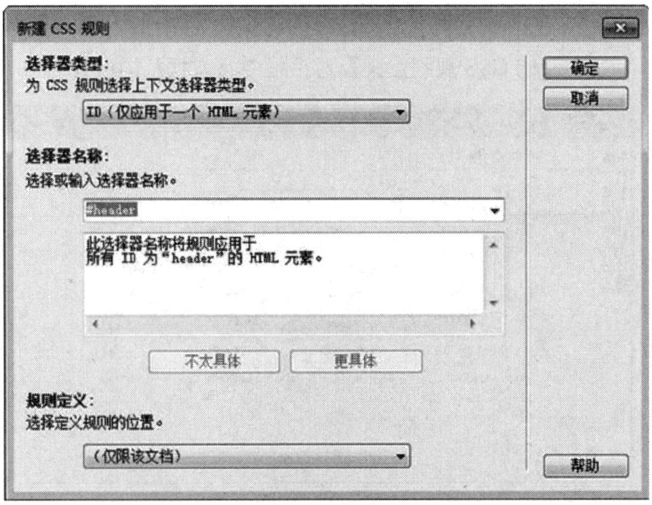

图 5-18　【新建 CSS 规则】对话框

如图 5-19 所示为【#header 的 CSS 规则定义】对话框中【类型】的设置。

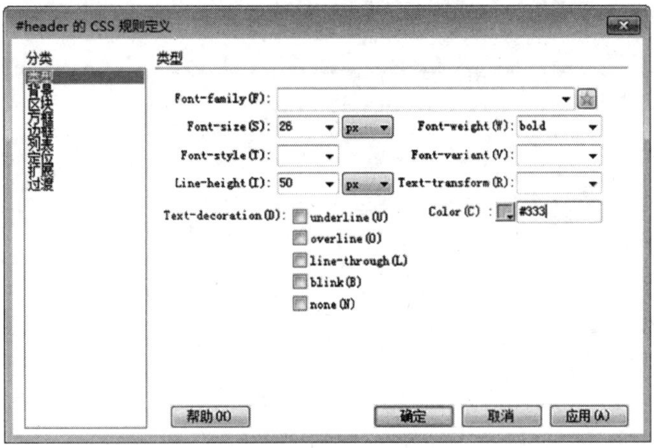

图 5-19　类型的设置

如图 5-20 所示为【#header 的 CSS 规则定义】对话框中【区块】的设置。

图 5-20　区块的设置

如图 5-21 所示为【#header 的 CSS 规则定义】对话框中【方框】的设置。

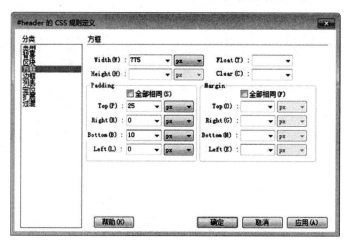

图 5-21　方框的设置

插入一个 ID 为 header 的层并定义其 CSS 样式后的效果如图 5-22 所示。

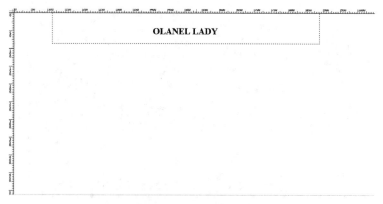

图 5-22　页面效果

**STEP|05** 使用相同的方法在页面中插入一个 ID 为 nav 的层并定义其 CSS 样式，如图 5-23～图 5-26
所示。

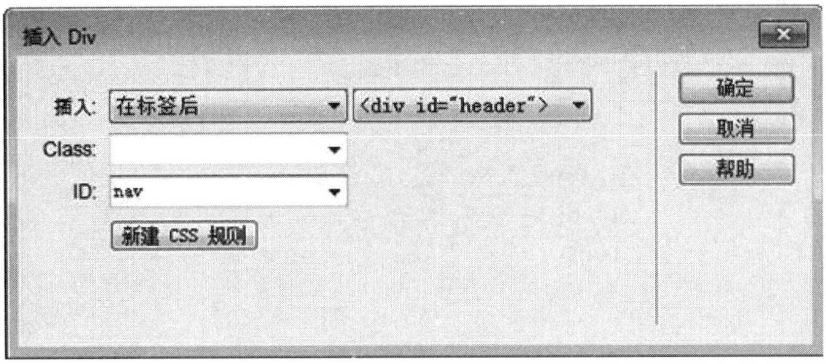

图 5-23　【插入 Div】对话框

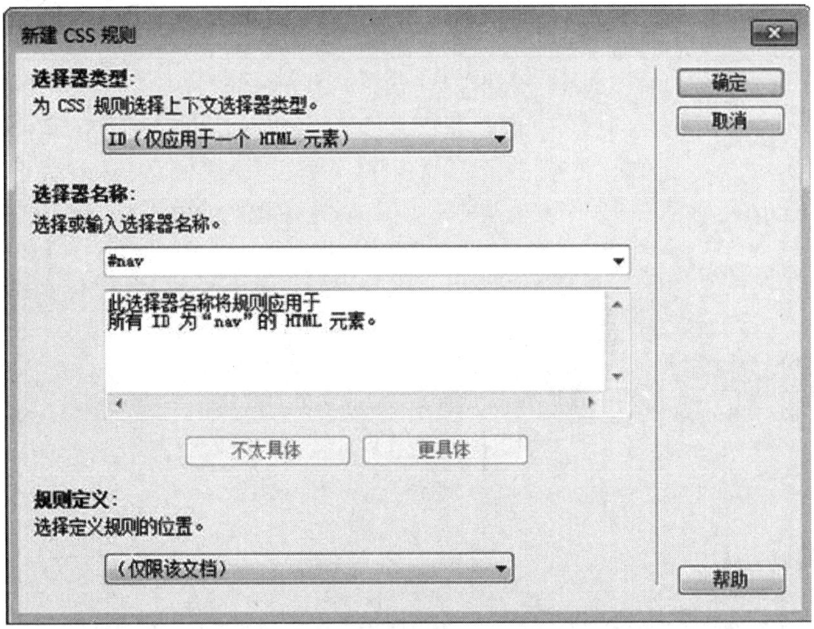

图 5-24　【新建 CSS 规则】对话框

```
#nav {
    BACKGROUND-IMAGE: url(images/nav.jpg);
    WIDTH: 775px;
    HEIGHT: 35px
}
```

图 5-25　CSS 样式代码

**STEP|06** 然后单击【属性】面板中的【项目列表】按钮，在 ID 为 nav 的层中插入有关导航文本的列表，
并定义其 CSS 样式，如图 5-27 和图 5-28 所示。

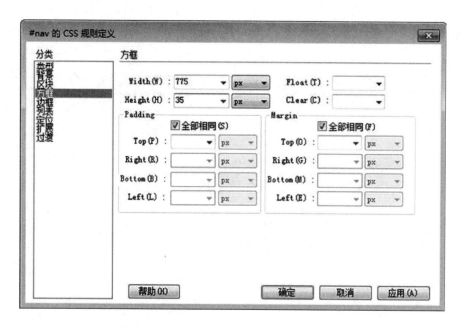

图 5-26 【#nav 的 CSS 规则定义】对话框

```
#nav ul li {
    DISPLAY: inline;
    PADDING-LEFT: 10px;
    FONT-SIZE: 14px;
    LINE-HEIGHT: 20px
}
#nav ul {
    PADDING-RIGHT: 6px;
    PADDING-LEFT: 6px;
    PADDING-BOTTOM: 4px;
    MARGIN: 4px;
    PADDING-TOP: 4px
}
```

图 5-27 CSS 样式代码

**OLANEL LADY**

· 灵感来源
· 护肤
· 彩妆
· 香水
· 护体
· 新品系列
· 缤纷体验
· 品牌故事
· 明星家族产品
· 时尚风暴
· 专业搭配建议

图 5-28 插入项目列表

**STEP|07** 输入护肤及护肤下的产品目录。使用相同的方法在页面中插入一个 ID 为 main 的层并定义其 CSS 样式。单击菜单栏中的【格式】|【列表】|【定义列表】按钮和【定义术语】按钮，输入文本"护肤"。单击【定义说明】按钮，依次输入"护肤"下的产品目录，如图 5-29 和图 5-30 所示。

```
#main {
    BACKGROUND-IMAGE: url(images/index.jpg);
    WIDTH: 775px;
    PADDING-TOP: 10px;
    HEIGHT: 382px
}
```

图 5-29 CSS 样式代码

图 5-30　输入护肤及护肤下的产品目录

**STEP|08** 输入香水及香水下的产品目录。在【CSS 样式】面板中分别新建 "#main dl" 和 "·.tit" 规则并设置参数。使用相同的方法设置 "香水" 下的产品目录。然后在页面中插入一个 ID 为 main 的层并定义其 CSS 样式，输入版权信息，如图 5-31 和图 5-32 所示。

```
.tit {
    DISPLAY: block;
    PADDING-LEFT: 5px;
    FONT-WEIGHT: bold;
    FONT-SIZE: 14px;
    MARGIN-LEFT: 35px;
    WIDTH: 150px;
    COLOR: #4484be;
    BORDER-BOTTOM: #7aabc2 1px solid;
    HEIGHT: 30px
}
#main dl {
    FONT-SIZE: 12px;
    MARGIN-LEFT: 550px;
    LINE-HEIGHT: 30px
}
```

图 5-31　CSS 样式代码

图 5-32　输入香水及香水下的产品目录

## 5.5.2 实战：制作服装时尚页

浮动框架是一种特殊的框架。它与普通框架区别在于，浮动框架不需要通过标签加载，而是直接嵌入到页面内部，在页面中显示其他页面内容，因此它又被称作嵌入帧。本例将使用 Dreamweaver 制作服装时尚页，主要使用以 XHTML+CSS 的方式制作一个网页，并在网页中嵌入浮动框架，练习 a 标签 Target属性的使用方法、插入浮动框架、设置浮动框架的属性，如图 5-33 所示。

图 5-33　制作服装时尚页

**STEP|01** 插入 ID 为 container 的层。新建空白文档，在【属性】面板中打开【页面属性】对话框，在各个选项卡中设置页面字体大小、上边距、下边距和链接样式等属性。在【布局】选项卡中单击【插入 Div标签】按钮，在文档中插入一个 ID 为 container 的层，然后在【CSS 样式】面板中打开【#container 的 CSS规则定义】对话框，分别在【方框】、【边框】和【定位】选项卡中设置参数，如图 5-34 和图 5-35 所示。

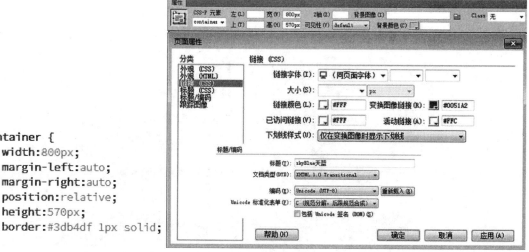

```
#container {
    width:800px;
    margin-left:auto;
    margin-right:auto;
    position:relative;
    height:570px;
    border:#3db4df 1px solid;
}
```

图 5-34　CSS 样式代码　　　　　　　　　　　　图 5-35　插入 ID 为 container 的层

**STEP|02** 插入 ID 为 logo、mainleft、main 的层。在 ID 为 container 的层中插入一个 ID 为 logo 的层并定义其 CSS 样式，然后在【属性】面板中单击【项目列表】按钮，在该层中插入一个项目列表，并分别为各个项目创建链接及定义链接的样式。在 ID 为 logo 的层下面插入一个 ID 为 mainleft 的层，并定义其 CSS 样式。在【属性】面板中单击【项目列表】按钮，在该层中插入一个列表并定义其 CSS 样式。然后依次为各个项目创建链接和目标框架。在【CSS 样式】面板中定义列表中文本链接的样式。然后在 ID 为 mainleft 的层下面插入一个 ID 为 main 的层并定义其 CSS 样式，如图 5-36 所示。

**STEP|03** 设置【#footer 的 CSS 规则定义】对话框。在【布局】选项卡中单击 IFRAME 按钮，在 ID 为 main 的层中插入一个浮动框架。然后执行【窗口】|【标签检查器】命令，打开【标签检查器】面板，在【常规】选项卡中设置框架的高度、边距等参数。在 ID 为 main 的层下面插入一个 ID 为 footer 的层，并在【CSS 样式】面板中打开【#footer 的 CSS 规则定义】对话框，设置大小、左右边距等参数，其最终的设置代码如图 5-37 所示。

```
#logo {
    background-image:url(images/nav.jpg);
}
#logo ul {
    margin-left:260px;
    padding-top:15px;
    line-height:27px;
}
#logo ul li {
    display:inline;
    margin:0px;
    padding:5px;
}
#mainleft {
    float:left;
    width:120px;
    margin:0px;
    height:520px;
    padding:0px;
}
#main {
    height:520px;
    float:right;
    width:650px;
    margin:0px; padding-right:30px;
}
```

```
#footer {
    width:800px;
    margin-left:auto;
    margin-right:auto;
    position:relative;
    height:30px;
    text-align:center;
    line-height:30px;
    color:#000
}
```

图 5-36　插入 ID 为 logo、mainleft、main 的层　　图 5-37　设置【#footer 的 CSS 规则定义】对话框

**STEP|04** 然后在 ID 为 footer 的层中插入一个 ID 为 left 的层，并打开【#left 的 CSS 规则定义】对话框，在【方框】选项卡中设置 Float 为 left，并输入版权信息文本。在 ID 为 left 的层下面插入一个 ID 为 right 的层，在【CSS 样式】面板中打开【#right 的 CSS 规则定义】对话框，在【方框】选项卡中设置 Float 为 right，然后在该层中输入并为文本创建链接。在【CSS 样式】面板中定义文本已被访问状态、未被访问状态和鼠标悬停状态时的链接样式。

# 第 **6** 章

## 添加网页中的文本

　　文本是网页中的重要内容，是表述内容的载体，如果没有吸引人的文本内容，网页做得再漂亮也会显得太空洞。Dreamweaver 可以方便地为网页插入各种文本内容，并对文本进行排版设置。在 Dreamweaver 中添加文本和图像就好像在 Word 中操作一样，可以直接输入文本，也可以通过复制和粘贴的方式复制文本，或者从 Word 或 Excel 中导入文本内容。

　　本章主要介绍网页文本概述、插入文本、项目列表和综合实战。通过对本章的学习，我们可以知道怎样处理网页中的文本元素、如何在网页中插入水平线以及特殊符号等。

## 6.1　网页文本概述

页面属性是网页文档的基本属性。Dreamweaver 秉承了之前版本的特色，提供可视化的界面，帮助用户设置网页的基本属性，包括网页的整体外观、统一的超链接样式及标题样式等。

本节主要讲述页面对话框和外观（CSS）属性、设置外观（HTML）属性、设置链接和标题（CSS）属性、设置标题/编码属性、设置跟踪图像属性。通过对本节的学习，为后期的网站建设奠定基础。

### 6.1.1　页面对话框和外观（CSS）属性

在 Dreamweaver 中打开已创建的网页或新建空白网页，然后即可在空白处右击，执行【页面属性】命令，打开【页面属性】对话框。该对话框中主要包含三个部分，即【分类】列表菜单、设置区域，以及下方的按钮组等。

用户可在【分类】列表中选择相应的项目，然后根据右侧更新的设置区域，设置网页的全局属性。然后，即可单击下方的【应用】按钮，将更改的设置应用到网页中。用户也可单击【确定】按钮，在应用更改的同时关闭【页面属性】对话框。

【外观（CSS）】属性的作用是通过可视化界面为网页创建 CSS 样式规则，定义网页中的文本、背景以及边距等基本属性。在打开【页面属性】对话框后，默认显示的就是外观（CSS）属性的设置项目，其主要包括 12 种设置。在设置网页背景图像的重复显示时，用户可选择 4 种属性。

### 6.1.2　设置外观（HTML）属性

【外观（HTML）】属性的作用是以 HTML 语言的属性来设置页面的外观，其中的一些项目功能与【外观（CSS）】属性相同，但实现的方法不同，如表 6-1 所示。

表 6-1　【外观（CSS）】属性

| 属　性　名 | 作　　　　　用 |
| --- | --- |
| 页面字体 | 在其右侧的下拉列表菜单中，用户可为网页中的基本文本选择字体类型 |
| **B** | 单击该按钮可设置网页中的基本文本为粗体 |
| *I* | 单击该按钮可设置网页中的基本文本为斜体 |
| 大小 | 在其右侧输入数值并选择单位，可设置网页中的基本文本字体的尺寸 |
| 文本颜色 | 通过颜色拾取器或输入颜色数值设置网页基本文本的前景色 |
| 背景颜色 | 通过颜色拾取器或输入颜色数值设置网页背景颜色 |
| 背景图像 | 单击【浏览】按钮，即可选择背景图像文件。直接输入图像文件的 URL 地址也可以设置背景图像文件 |
| 重复 | 如果用户为网页设置了背景图像，则可在此设置背景图像小于网页时产生的重复显示 |
| 左边距 | 定义网页内容与左侧浏览器边框的距离 |
| 右边距 | 定义网页内容与右侧浏览器边框的距离 |
| 上边距 | 定义网页内容与顶部浏览器边框的距离 |
| 下边距 | 定义网页内容与底部浏览器边框的距离 |

【外观（HTML）】属性中主要包括以下设置，如表 6-2 所示。

表 6-2 【外观（HTML）】属性

| 属 性 名 | 作 用 |
| --- | --- |
| 背景图像 | 定义网页背景图像的 URL 地址 |
| 背景 | 定义网页背景颜色 |
| 文本 | 定义普通网页文本的前景色 |
| 已访问链接 | 定义已访问的超链接文本的前景色 |
| 链接 | 定义普通链接文本的前景色 |
| 活动链接 | 定义鼠标单击链接文本时的前景色 |
| 左边距 | 定义网页内容与左侧浏览器边框的距离 |
| 上边距 | 定义网页内容与上方浏览器边框的距离 |
| 边距宽度 | 翻译错误，应为右边距。定义网页内容与右侧浏览器边框的距离 |
| 边距高度 | 翻译错误，应为下边距。定义网页内容与底部浏览器边框的距离 |

## 6.1.3 设置链接和标题（CSS）属性

【链接（CSS）】属性的作用是用可视化的方式定义网页文档中超链接的样式，其属性设置，如表 6-3 所示。

表 6-3 【链接（CSS）】属性

| 属 性 名 | 作 用 |
| --- | --- |
| 链接字体 | 设置超链接文本的字体 |
| **B** | 选中该按钮，可为超链接文本应用粗体 |
| *I* | 选中该按钮，可为超链接文本应用斜体 |
| 大小 | 设置超链接文本的尺寸 |
| 链接颜色 | 设置普通超链接文本的前景色 |
| 变换图像链接 | 设置鼠标滑过超链接文本的前景色 |
| 已访问链接 | 设置已访问的超链接文本的前景色 |
| 活动链接 | 设置鼠标单击超链接文本的前景色 |
| 下画线样式 | 设置超链接文本的其他样式 |

Dreamweaver 根据 CSS 样式，定义了 4 种基本的下画线样式供用户选择，【链接（CSS）】属性所定义的超链接文本样式是全局样式，因此，除非用户为某一个超链接单独设置样式，否则所有超链接文本的样式都将遵从这一属性，如表 6-4 所示。

表 6-4 【链接（CSS）】属性下画线样式

| 下画线样式 | 作 用 |
| --- | --- |
| 始终有下画线 | 为所有超链接文本添加始终显示的下画线 |
| 始终无下画线 | 始终隐藏所有超链接文本的下画线 |
| 仅在变换图像时显示下画线 | 定义只在光标滑过超链接文本时显示下画线 |
| 变换图像时隐藏下画线 | 定义只在光标滑过超链接文本时隐藏下画线 |

标题是标明文章、作品等内容的简短语句。在网页的各种文章中，标题是不可缺少的内容，是用于标识文章主要内容的重要文本。在 XHTML 语言中，用户可定义 6 种级别的标题文本。【标题（CSS）】属性的作用就是设置这 6 级标题的样式，包括使用的字体、加粗、倾斜等样式，以及分级的标题尺寸、颜色等。

## 6.1.4 设置标题/编码属性

在使用浏览器打开网页文档时，浏览器的标题栏会显示网页文档的名称，这一名称就是网页的标题。【标题/编码】属性可以方便地设置这一标题内容，如图 6-1 所示。

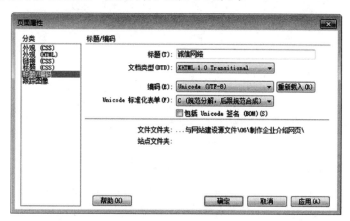

图 6-1 标题/编码

除此之外，【标题/编码】属性还可以设置网页文档所使用的语言规范、字符编码等多种属性，如表 6-5 所示。

表 6-5 【标题/编码】属性

| 属　　性 | 作　　用 |
| --- | --- |
| 标题 | 定义浏览器标题栏中显示的文本内容 |
| 文档类型 | 定义网页文档所使用的结构语言 |
| 编码 | 定义文档中字符使用的编码 |
| Unicode 标准化表单 | 当选择 UTF-8 编码时，可选择编码的字符模型 |
| 包括 Unicode 签名 | 在文档中包含一个字节顺序标记 |
| 文件文件夹 | 显示文档所在的目录 |
| 站点文件夹 | 显示本地站点所在的目录 |

编码是网页所使用的语言编码。目前国内使用较广泛的编码主要包括以下几种，如表 6-6 所示。

表 6-6 常用的编码方式

| 编　　码 | 说　　明 |
| --- | --- |
| Unicode（UTF-8） | 使用最广泛的万国码，可以显示包括中文在内的多种语言 |
| 简体中文（GB2312） | 1981 年发布的汉字计算机编码 |
| 简体中文（GB18030） | 2000 年发布的汉字计算机编码 |

### 6.1.5　设置跟踪图像属性

在设计网页时，往往需要先使用 Photoshop 或 Fireworks 等图像设计软件制作一个网页的界面图，然后再使用 Dreamweaver 对网页进行制作。【跟踪图像】属性的作用是将网页的界面图作为网页的半透明背景，插入到网页中。然后，用户在制作网页时即可根据界面图，决定网页对象的位置等，如图 6-2 所示。

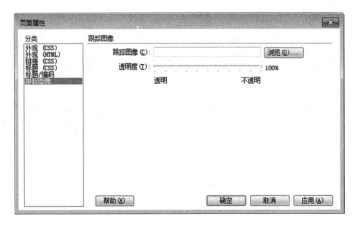

图 6-2　跟踪图像

在【跟踪图像】属性中，主要包括两种属性设置，如表 6-7 所示。

表 6-7　【跟踪图像】属性设置

| 属　　性 | 作　　用 |
| --- | --- |
| 跟踪图像 | 单击【浏览】按钮，即可在弹出的对话框中选择跟踪图像的路径和文件名。除此之外，用户还可直接在其后的输入文本域中输入跟踪图像的 URL 地址 |
| 透明度 | 定义跟踪图像在网页中的透明度，取值范围为 0%~100%。当选中 0% 时，跟踪图像完全透明，当选中 100% 时，跟踪图像完全不透明 |

## 6.2　插入文本

使用 Dreamweaver，用户可以方便地为网页插入文本，Dreamweaver 提供了三种插入文本的方式，包括直接输入、从外部文件中粘贴，以及从外部文件中导入。本节主要讲述直接输入文本和从外部文件中粘贴、从外部文件中导入和插入特殊符号、插入水平线和日期、段落的创建和格式设置。用户通过对本节的学习，为后期的网站建设奠定基础。

### 6.2.1　直接输入文本和从外部文件中粘贴

直接输入是最常用的插入文本的方式。在 Dreamweaver 中创建一个网页文档，即可直接在【设计视图】中输入英文字母，或切换到中文输入法，输入中文字符。

除直接输入外，用户还可以从其他软件或文档中将文本复制到剪贴板中，然后再切换至 Dreamweaver，右击执行【粘贴】命令或按 Ctrl+V 组合键,将文本粘贴到网页文档中。除了直接粘贴外,Dreamweaver 还提供了选择性粘贴功能,允许用户在复制了文本的情况下,选择性地粘贴文本中的某一个部分,如图 6-3 所示。

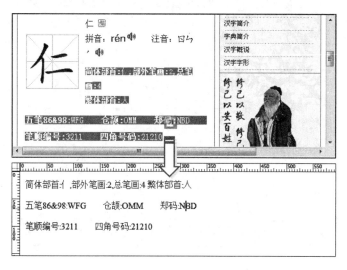

图 6-3 选择性粘贴

在复制内容后,用户可在 Dreamweaver 打开的网页文档中右击,执行【选择性粘贴】命令,打开【选择性粘贴】对话框。在弹出的【选择性粘贴】对话框中,用户可对多种属性进行设置,如表 6-8 所示。

表 6-8 【选择性粘贴】对话框中的属性

| 属　　性 | 作　　用 |
| --- | --- |
| 仅文本 | 仅粘贴文本字符,不保留任何格式 |
| 带结构的文本 | 包含段落、列表和表格等结构的文本 |
| 带结构的文本以及基本格式 | 包含段落、列表、表格以及粗体和斜体的文本 |
| 带结构的文本以及全部格式 | 包含段落、列表、表格以及粗体、斜体和色彩等所有样式的文本 |
| 保留换行符 | 选中该选项后,在粘贴文本时将自动添加换行符号 |
| 清理 Word 段落间距 | 选中该选项后,在复制 Word 文本后将自动清除段落间距 |
| 粘贴首选参数 | 更改选择性粘贴的默认设置 |

## 6.2.2　从外部文件中导入和插入特殊符号

Dreamweaver 还允许用户从 Word 文档或 Excel 文档中导入文本内容。在 Dreamweaver 中,将光标定位到导入文本的位置,然后执行【文件】|【导入】|【Word 文档】命令(或【文件】|【导入】|【Excel 文档】命令),选择要导入的 Word 文档或 Excel 文档,即可将文档中的内容导入到网页文档中。

符号也是文本的一个重要组成部分。使用 Dreamweaver 除了可以插入键盘允许输入的符号外,还可以插入一些特殊的符号。在 Dreamweaver 中,执行【插入】|【特殊字符】命令,即可在弹出的菜单中选择各种特殊符号。或者在【插入】面板中,在列表菜单中选择【文本】,然后单击面板最下方的按钮右侧箭头,也可在弹出的菜单中选择各种特殊符号。Dreamweaver 允许为网页文档插入 12 种基本的特殊符号,

如表 6-9 所示。

表6-9　12种基本的特殊符号

| 图　　标 | 显　　示 |
|---|---|
| 字符：换行符（Shift + Enter） | 两段间距较小的空格 |
| 字符：不换行空格 | 非间断性的空格 |
| 字符：左引号 | 左引号" |
| 字符：右引号 | 右引号" |
| 字符：破折线 | 破折线—— |
| 字符：短破折线 | 短破折线— |
| 字符：英镑符号 | 英镑符号£ |
| 字符：欧元符号 | 欧元符号€ |
| 字符：日元符号 | 日元符号¥ |
| 字符：版权 | 版权符号© |
| 字符：注册商标 | 注册商标符号® |
| 字符：商标 | 商标符号™ |

## 6.2.3　插入水平线和日期

水平线和日期是较为特殊的文本对象，Dreamweaver 允许用户方便地为网页文档插入这两种对象。很多网页都使用水平线以将不同类的内容隔开。在 Dreamweaver 中，用户也可方便地插入水平线。执行【插入】|HTML|【水平线】命令，Dreamweaver 就会在光标所在的位置插入水平线。在选中水平线后，即可在【属性】检查器中设置水平线的各种属性。水平线的属性并不复杂，主要包括以下种类，如表 6-10 所示。

表6-10　水平线的属性

| 属　性　名 | 作　　用 |
|---|---|
| 水平线 | 设置水平线的ID |
| 宽和高 | 设置水平线的宽度和高度，单位可以是像素或百分比 |
| 对齐 | 指定水平线的对齐方式，包括默认、左对齐、居中对齐和右对齐 |
| 阴影 | 可为水平线添加投影 |

Dreamweaver 还支持为网页插入本地计算机当前的时间和日期。执行【插入】|【日期】命令，或在【插入】面板中的列表菜单中选择【常用】，然后单击【日期】，即可打开【插入日期】对话框。在【插入日期】对话框中，允许用户设置各种格式，如表 6-11 所示。

表6-11　【插入日期】中允许设置的格式

| 选　项　名　称 | 作　　用 |
|---|---|
| 星期格式 | 在选项的下拉列表中可选择中文或英文的星期格式，也可选择不要星期 |
| 日期格式 | 在选项框中可选择要插入的日期格式 |
| 时间格式 | 在该项的下拉列表中可选择时间格式或者不要时间 |
| 存储时自动更新 | 如果选中该复选框，则每次保存网页文档时都会自动更新插入的日期时间 |

## 6.2.4　段落的创建和格式设置

对于文字信息较多的网页，可创建段落，使文本以段落的形式显示，更加美观，也更易于阅读。段落是指一段格式统一的文本。在网页文档的设计视图中，每输入一段文本，按 Enter 键后，Dreamweaver 会自动为文本插入段落，如图 6-4 所示。

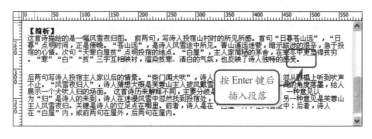

图 6-4　为文本插入段落

在 Dreamweaver 中，允许用户使用【属性】面板设置段落的格式，缩进和凸出某个段落时，整个段落都会相应地缩进或凸出，而并非只有段落的首行缩进和凸出。设置段落的缩进和凸出可通过 CSS 样式表或手动输入全角空格来实现。关于 CSS 样式表，请参考"设计网页元素样式"的相关章节。

在【属性】面板中，用户可在【格式】下拉列表中将段落转换为普通文本、预先格式化的文本（不换行的普通文本）以及 6 种标题文本。单击【文本凸出】按钮，可将整个段落向左平移一个制表位。而单击【文本缩进】按钮，可将整个段落向右平移一个制表位。

自 Dreamweaver 开始，将原【属性】面板中的各种设置选项分为了 HTML 和 CSS 两个选项卡。【属性】面板中的大部分功能都以 CSS 样式的形式实现。关于 CSS 样式，请参考"设计网页元素样式"的相关章节。

## 6.3　项目列表

项目列表，又被称作无序列表，是网页文档中最基本的列表形式。列表类似于 Word 中的项目符号和编号，可以给文本添加项目符号或编号，目前列表和 CSS 相结合，可以创造出非常漂亮的效果。本节主要讲述创建项目列表、嵌套项目列表、列表项目的样式。用户通过对本节的学习，为后期的网站建设奠定基础。

### 6.3.1　创建项目列表

在 Dreamweaver 中，用户可以通过可视化的操作插入项目列表。执行【插入】|HTML|【项目列表】命令，即可插入一个空的项目列表，如图 6-5 所示。

默认情况下，项目列表的每个列表项目之前都会带有一个圆点"·"作为项目符号。在输入第一个列表项目后，用户可直接按 Enter 键创建下一个列表项目，并依次输入列表项目的内容。

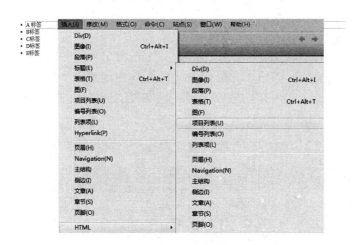

图 6-5　创建项目列表

## 6.3.2　嵌套项目列表

项目列表是可嵌套的。用户可以方便地将一个新的项目列表作为已有项目列表的列表项目，插入到网页文档中。在已有项目列表中创建一个空列表项目，即可选中该列表项目，右击执行【格式】|【缩进】命令，创建子项目列表。为子项目列表添加列表项目的方法与直接添加列表项目类似，用户只需要按 Enter 键即可，如图 6-6 所示。

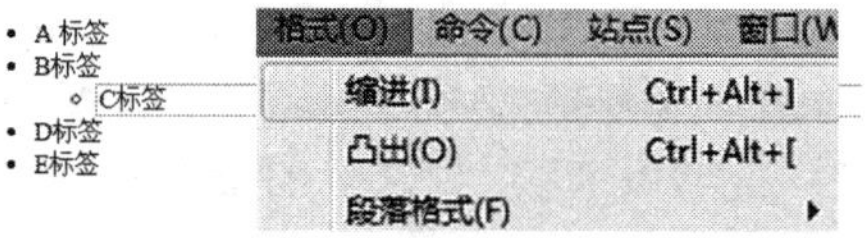

根据实际需要，用户也可将子项目列表提升级别，将其转换为父级的项目列表。选中子项目列表的列表项目，然后右击鼠标，执行【格式】|【凸出】命令，实现列表项目级别的转换。

图 6-6　嵌套项目列表

## 6.3.3　列表项目的样式

项目列表中的文本内容，其格式设置与普通的段落文本类似。用户可直接选中项目列表内的文本，在【属性】检查器中设置这些文本的粗体或斜体等功能。除了设置项目列表中文本的样式，Dreamweaver还允许用户设置项目列表中列表项目本身的样式。在选中项目列表的某一个列表项目后，即可在【属性】检查器中单击【列表项目】按钮，在弹出的【列表属性】对话框中设置整个列表或某个列表项目的样式，如图 6-7 所示。

图 6-7　列表属性

在【列表属性】对话框中，允许设置项目列表的三种属性。在默认情况下，项目列表的列表项目符号为圆形的"项目符号"，用户可方便地设置整个列表或列表中某个项目的符号为"方形"，如表 6-12 所示。

表 6-12　项目列表的属性

| 属 性 名 | 作 用 |
|---|---|
| 列表类型 | 用于将项目列表转换为其他类型的列表 |
| 样式 | 定义项目列表中所有的列表项目符号样式 |
| 新建样式 | 定义当前选择的列表项目符号样式 |

# 6.4　综合实战

本章概要性地介绍了在网页代码软件 Dreamweaver 中如何为网页添加文本，为本书后续的学习打下一个坚实的基础。本章从网页文本概述开始，讲述了插入文本、项目列表、制作吸引人的网站的一些方法和相关技术，接下来我们通过两个实例来对本章的内容进行实践。

## 6.4.1　实战：制作企业介绍网页

企业介绍网页是介绍企业基本情况、展示企业文化、企业团队精神以及企业最新动态的网页。在设计企业介绍网页时，往往需要使用大量的文本来描述这些内容。本例通过 Dreamweaver 软件运用标题、段落、特殊字符、文本元素等文本对象，实现企业内容的介绍，主要练习输入文本、设置标题、设置段落、设置链接、插入特殊字符，如图 6-8 所示。

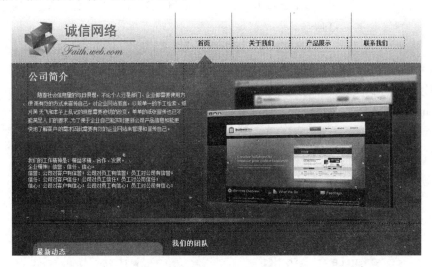

图 6-8　企业介绍网页

**STEP|01** 新建文档，在标题栏输入文本"诚信网络"。单击【属性】检查器中的【页面属性】按钮，在弹出的【页面属性】对话框中设置其参数。然后单击【插入】面板中的 HTML|Div 按钮，创建 ID 为 header 的 Div 层，并设置其 CSS 样式，如图 6-9 所示。

**STEP|02** 单击 Div 按钮，创建 ID 为 content 的 Div 层，并设置其 CSS 样式属性，如图 6-10 所示。

```
#header {
    background-image: url(images/qiye_01.png);    #content {
    background-repeat: no-repeat;                     background-image: url(images/qiye_02.png);
    height: 80px;                                     background-repeat: repeat;
    width: 1003px;                                    height: 869px;
    padding-top: 40px;                                width: 1003px;
}                                                 }
```

图 6-9　创建 ID 为 header 的 Div 层　　　　图 6-10　创建 ID 为 content 的 Div 层

**STEP|03** 按照相同的方法创建 ID 为 footer 的 Div 层，并设置其 CSS 样式属性，如图 6-11 所示。

**STEP|04** 设置 ul 标签将光标置于 ID 为 header 的 Div 层中，输入文本"首页"，单击【属性】检查器中的【项目列表】按钮，出现项目列表符号，然后按 Enter 键，出现下一个项目列表符号，然后再输入文本，以此类推。在标签栏选择 ul 标签，文本被选中，然后定义其列表类型、宽、左边距、填充、块元素的 CSS 样式属性，如图 6-12 所示。

```
#footer {                                   #header ul {
    background-repeat: no-repeat;               width: 560px;
    height: 90px;                               margin-left: 400px;
    width: 1003px;                              padding: 0px;
    background-color: #eeeeee;                  display: block;
    line-height: 20px;                          list-style-type: none;
    text-align: center;                     }
    padding-top: 10px;
}
```

图 6-11　创建 ID 为 footer 的 Div 层　　　　图 6-12　ul 标签

**STEP|05** 按照相同的方法，在标签栏选择 li 标签，定义其宽、高、浮动、边距、填充、块元素、文本居中的 CSS 样式属性，如图 6-13 所示。

**STEP|06** 选择文本"首页"，在【属性】检查器中设置【链接】为"javascript:void(null);"，在【标题】中输入"首页"。然后在标签栏选择 a 标签，在 CSS 样式属性中设置其 CSS 样式属性。按照相同的方法依次在【属性】检查器中设置文本【链接】和【标题】。将光标置于 ID 为 content 的 Div 层中，分别创建 ID 为 topHome、buttomHome 的 Div 层，并设置其 CSS 样式属性，如图 6-14 和图 6-15 所示。

```
#header ul li {
    float: left;
    height: 25px;
    width: 140px;
    text-align: center;
    margin: 0px;                        #content #topHome {
    padding: 0px;                           height: 380px;
    display: block;                         width: 1003px;
}                                       }
```

图 6-13　li 标签　　　　图 6-14　创建 ID 为 topHome 的 Div 层

**STEP|07** 将光标置于 ID 为 topHome 的 Div 层中，创建 ID 为 gsjj 的 Div 层并设置其 CSS 样式属性，如图 6-16 所示。

```
#content #buttomHome {
    height: 489px;
    width: 1003px;
}
```

图 6-15　创建 ID 为 buttomHome 的 Div 层

```
#content #topHome #gsjj {
    float: left;
    width: 380px;
    height: 380px;
    margin-left: 40px;
    color: #FFF;
}
```

图 6-16　创建 ID 为 gsjj 的 Div 层

**STEP|08** 将光标置于 ID 为 gsjj 的 Div 层中，输入文本 "公司简介"，在【属性】检查器中设置【格式】为 "标题 1"。按 Enter 键，将自动编辑段落，然后输入文本。在标签栏选择 p 标签，并定义其行高、文本缩进的 CSS 样式属性，如图 6-17 所示。

**STEP|09** 将光标置于 ID 为 buttomHome 的 Div 层中，分别创建 ID 为 leftmain、rightmain 的 Div 层，并设置其 CSS 样式属性，如图 6-18 和图 6-19 所示。

```
#content #topHome #gsjj p {
    line-height: 20px;
    text-indent: 2em;
}
```

图 6-17　P 标签

```
#content #buttomHome #leftmain {
    float: left;
    width: 310px;
    margin-right: 20px;
    margin-left: 60px;
    height: 340px;
    margin-top: 40px;
    color: #FFF;
}
```

图 6-18　创建 ID 为 leftmain 的 Div 层

**STEP|10** 然后在 ID 为 leftmain 的 Div 层中输入文本，在【属性】检查器中设置【格式】为 "标题 2"。按 Enter 键，然后输入文本，以此类推。在标签栏选择 p 标签，然后定义其块元素、高、行高、左边距的 CSS 样式属性，如图 6-20 所示。

```
#content #buttomHome #rightmain {
    float: left;
    height: 460px;
    width: 580px;
    margin-top: 20px;
    color: #FFF;
}
```

图 6-19　创建 ID 为 rightmain 的 Div 层

```
#content #buttomHome #leftmain p {
    margin-left: 40px;
    line-height: 22px;
    height: 22px;
    display: block;
}
```

图 6-20　p 标签

**STEP|11** 选择每一个段落，在【属性】检查器中设置【链接】为 "javascript:void(null);"，然后在标签栏选择 a 标签并设置其 CSS 样式属性，如图 6-21 所示。

**STEP|12** 将光标置于 ID 为 rightmain 的 Div 层中，输入文本，设置文本 "我们的团队"、"精英团队" 的【格式】为 "标题 2"。在标签栏选择 p 标签，设置其行高、文本缩进的 CSS 样式属性，如图 6-22 所示。

```
#content #buttomHome #leftmain p a {          #content #buttomHome #rightmain p {
    color: #FFF;                                   line-height: 20px;
    text-decoration: none;                         text-indent: 2em;
}                                              }
```

图 6-21　a 标签　　　　　　　　　　　　　　　　图 6-22　p 标签

**STEP|13** 将光标置于 ID 为 footer 的 Div 层中输入文本并对文本进行换行。然后，将光标置于文本 Copyright 之后，执行【插入】|HTML|【特殊字符】|【版权】命令，如图 6-23 和图 6-24 所示。

```
<div id="footer">关于我们 | 版权声明 | 合作联系 | 网站地图 | 友情链接
    <br />
    客服总机: 010-8425065X 8342063x 8344063x 8475562x 8425055x   周末/假期值班电话:8141036x   传真:8145058x
企<br />
    业在线服务QQ: 383447636x  4445275559x  305677613x<br />
    版权所有: 北京诚信网络有限公司  Copyright © 003-2010 京ICP证050081X  </div>
</body>
</html>
```

图 6-23　版权代码

关于我们 | 版权声明 | 合作联系 | 网站地图 | 友情链接
客服总机: 010-8425065X 8342063x 8344063x 8475562x 8425055x 周末/假期值班电话:8141036x 传真: 8145058x 企
业在线服务QQ: 383447636x 4445275559x 305677613x
版权所有: 北京诚信网络有限公司　Copyright © 003-2010 京ICP证050081X

图 6-24　版权

## 6.4.2　实战：设计人物介绍网页

列表在网页中有广泛的应用，例如，列举大量同级别内容等。本例就将使用 Dreamweaver 软件中的项目列表技术，设计和制作一个著名诗人杜甫的个人简介网页，并列举杜甫的各种作品，主要练习设置外观属性、插入标题、插入项目列表、特殊字符，如图 6-25 所示。

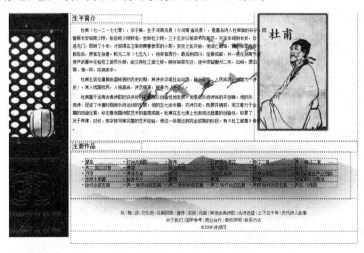

图 6-25　设计人物介绍网页

**STEP|01** 打开素材页面 "sucai.html"，在标题栏输入 "诗人介绍"。然后单击【属性】检查器中的【页面

属性】按钮，在弹出的【页面属性】对话框中设置文字【大小】为 12px，如图 6-26 所示。

**STEP|02** 分别选择文本"生平简介"和"主要作品"，设置【属性】检查器中的【格式】为"标题 3"。"生平简介"栏目中，在标签栏选择 h3 标签，通过 CSS 样式定义字体浮动、大小、加粗、宽、高等样式，如图 6-27 所示。

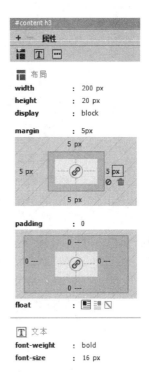

图 6-26　【页面属性】对话框　　　　　　　　　图 6-27　h3 标签

**STEP|03** 分别在文本"……贫病而卒"、"……被奉为「诗圣」"后按 Enter 键，将自动编辑段落。然后，在标签栏选择 p 标签，通过 CSS 样式定义文本缩进、边距、行高等样式，如图 6-28 所示。

**STEP|04** 在"主要作品"栏目下方的 Div 层中输入文本"望岳"，然后单击【属性】检查器中的【项目列表】按钮，然后按 Enter 键依次输入文本，如图 6-29 所示。

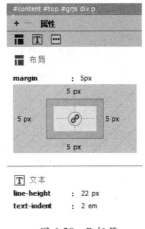

- 望岳
- 饮中八仙歌
- 登高
- 江畔独步寻花
- 曲江二首
- 其一 曲江二首
- 其二 曲江对酒
- 春望
- 登岳阳楼
- 春夜喜雨
- 佳人

图 6-28　P 标签　　　　　　　　　图 6-29　输入文本

**STEP|05** 在标签栏中选择 ul 标签，通过 CSS 样式定义该层呈现块状，如图 6-30 所示。

**STEP|06** 然后选择标签栏 li 标签，通过 CSS 样式定义向左浮动、【行高】为 16px、文本【对齐】方式为【左对齐】、【宽度】为 120px 等样式，如图 6-31 所示。

图 6-30　ul 标签　　　　　图 6-31　li 标签

**STEP|07** 在 ID 为 footer 的 Div 层中，将光标置于数字 2009 的前面，然后执行【插入】|HTML|【特殊字符】|【版权】命令，插入一个版权符号，如图 6-32 和图 6-33 所示。

```
<div id="footer">
  <p>风 | 雅 | 颂 | 汉乐府 | 北朝民歌 | 唐诗 | 宋词 | 元曲 | 其他古典诗歌 | 古诗选鉴 |　上下五千年 | 历代诗人故事<br />
  关于我们 | 国学参考 | 商业合作 | 版权声明 | 联系方式<br />
  &copy;2009 诗词网</p>
```

图 6-32　版权代码

风 | 雅 | 颂 | 汉乐府 | 北朝民歌 | 唐诗 | 宋词 | 元曲 | 其他古典诗歌 | 古诗选鉴 | 上下五千年 | 历代诗人故事
关于我们 | 国学参考 | 商业合作 | 版权声明 | 联系方式
©2009 诗词网

图 6-33　版权

# 第7章

## 添加网页图像

  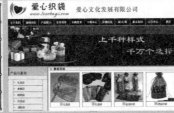 

若网页是大树，那么图像就是花叶，树因花叶而健康瞩目，网页因图像而丰富多彩。在网页中插入图像可以更好地将该网页中的内容展现在浏览者的眼前，给浏览者过目不忘的效果，但是由于网络的速度和效率问题，放在网页上的图片应该尽可能小。在之前的章节中已经介绍了如何使用图像设计软件Photoshop 处理各种网页图像，以及制作网页切片等知识，那么本章就来介绍如何为网页添加图像。

本章将详细介绍如何使用 Photoshop 为网页插入图像，以及如何设置这些图像的属性等知识。通过对本章的学习我们可以知道怎样使用 Photoshop 为网页添加图像，为制作网站奠定基础。

# 7.1 添加图像

使用 Dreamweaver, 可以方便地为网页直接插入各种图像, 也可以插入图像占位符。在网页中插入图像可以有效地提高网页的观赏性, 并且可以反映出网站的主题, 使用 Dreamweaver 可以方便地为网页直接插入各种图像。本节主要讲述添加普通图像、插入图像占位符、添加鼠标经过图像、插入导航条、插入 Fireworks.HTML、插入 Photoshop 图像。用户通过对本节的学习, 可以为后期的网站建设奠定基础。

## 7.1.1 添加普通图像

在 Dreamweaver 中, 将光标放置到文档的空白位置即可插入图像, 执行【插入】|【图像】命令, 或按 Ctrl+Alt+I 组合键, 即可在弹出的【选择图像源文件】对话框中选择图像, 单击【确定】按钮将选择的图像插入到网页文档中, 如图 7-1～图 7-3 所示。

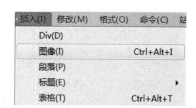

图 7-1 【插入】|【图像】命令          图 7-2 "选择图像源文件"对话框

图 7-3 页面效果

## 7.1.2　插入图像占位符

在设计网页过程中，并非总能找到合适的图像素材。因此，Dreamweaver 允许用户先插入一个空的图像，等找到合适的图像素材后再将其改为真正的图像。这样的空图像叫做图像占位符。

如果在插入图像之前未将文档保存到站点中，则 Dreamweaver 会生成一个对图像文件的"file://"绝对路径引用，而非相对路径。只有将文档保存到站点中，Dreamweaver 才会将该绝对路径转换为相对路径。

使用图像占位符可以帮助用户在没有图像素材之前先为网页布局。

插入图像占位符的方式与插入普通图像类似，用户可执行【插入】|【图像对象】|【图像占位符】命令，在弹出的【图像占位符】对话框中设置各种属性，然后单击【确定】按钮。

【图像占位符】对话框中有多种选项，如表 7-1 所示。

表 7-1　【图像占位符】对话框中的选项

| 选 项 名 称 | 作　　　用 |
| --- | --- |
| 名称 | 设置图像占位符的名称 |
| 宽度 | 设置图像占位符的宽度，单位为像素 |
| 高度 | 设置图像占位符的高度，单位为像素 |
| 颜色 | 设置图像占位符的颜色，默认为灰色（#d6d6d6） |
| 替换文本 | 设置图像占位符在网页浏览器中显示的文本 |

在插入图像占位符后，用户可以随时在 Dreamweaver 中单击图像占位符，在弹出的【选择图像源文件】对话框中选择图像，将其替换。

虽然插入的图像占位符可以在网页中显示，但为保持网页美观，在发布网页之前应将所有图像占位符替换为图像。

## 7.1.3　添加鼠标经过图像

鼠标经过图像是一种在浏览器中查看并可在鼠标经过时发生变化的图像。鼠标经过图像实际上由两个图像组成，即主图像（当首次载入页面时显示的图像）和次图像（当鼠标指针经过主图像时显示的图像）。鼠标经过图像中的这两幅图像应该大小相等，如果这两幅图像大小不同，Dreamweaver 将自动调整第 2 幅图像的大小匹配第 1 幅图像。

Dreamweaver 可以通过可视化的方式插入鼠标经过图像。在 Dreamweaver 中，执行【插入】|HTML|【鼠标经过图像】命令，即可打开【插入鼠标经过图像】对话框，设置如图 7-4 所示，设置完成后，单击【确定】按钮，即可在光标所在位置插入鼠标经过图像，如图 7-5 所示。

将光标移至刚插入的鼠标经过图像后，使用相同的制作方法，可以在页面中插入其他的鼠标经过图像，效果如图 7-6 所示。

执行【文件】|【保存】命令，保存该页面，在浏览器中预览该页面的效果，当鼠标移至设置的鼠标经过图像上时，效果如图 7-7 和图 7-8 所示。

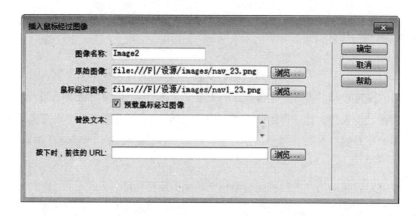

图 7-4 【插入鼠标经过图像】对话框

图 7-5 页面效果

图 7-6 页面效果

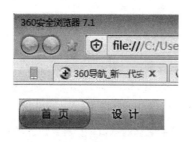

图 7-7 页面效果

图 7-8 页面效果

该对话框中包含多种选项，可设置鼠标经过图像的各种属性，如表 7-2 所示。

表 7-2 鼠标经过图像的各种属性

| 选 项 名 称 | 作 用 |
|---|---|
| 图像名称 | 鼠标经过图像的名称，可由用户自定义，但不能与同页面其他网页对象的名称相同 |
| 原始图像 | 页面加载时显示的图像 |
| 鼠标经过图像 | 鼠标经过时显示的图像 |
| 预载鼠标经过图像 | 选中该选项后，浏览网页时原始图像和鼠标经过图像都将被显示出来 |
| 替换文本 | 当图像无法正常显示或鼠标经过图像时出现的文本注释 |
| 按下时，前往的 URL | 单击该图像后转向的目标 |

在制作网页时，将网页的导航栏设置为具有动态效果往往会更具有吸引力，而鼠标经过图像就有这样的特性。

## 7.1.4 插入 Fireworks.HTML

Fireworks 是除 Photoshop 之外的另一种图像处理软件，主要用于处理各种 Web、RIA 应用程序中的图像，以及生成各种简单的网页脚本。

在 Fireworks 中，可执行【导出】命令，将生成的网页脚本及优化后的图像保存为网页。

Dreamweaver 提供了简单的功能，允许用户直接将 Fireworks 生成的 HTML 代码和 JavaScript 脚本插入到网页中，增强了两个软件之间的契合度。

在 Dreamweaver 中，执行【插入】|【图像对象】|Fireworks HTML 命令，即可在弹出的【插入 Fireworks HTML】对话框中单击【浏览】按钮，在弹出的对话框中选择 Fireworks 导出的文件。单击【确定】按钮之后，即可将在 Fireworks 中制作的各种网页图像插入到网页中，同时应用一些 Fireworks 生成的脚本。

## 7.1.5 插入 Photoshop 图像

除了 Fireworks 外，Dreamweaver 还可以与 Photoshop 进行紧密的结合，直接为网页插入 PSD 格式的文档。同时，还能动态监控 PSD 文档的更新状态。

在以往的 Dreamweaver 版本中，也可插入 Photoshop 的图像，但是需要将其转换为可用于网页的各种图像，例如 JPEG、JPG、GIF 和 PNG 等。已插入网页的各种图像将与源 PSD 图像完全断开联系。修改源 PSD 图像后，用户还需要将 PSD 图像转换为 JPEG、JPG、GIF 或 PNG 图像，并重新替换网页中的图像。

Dreamweaver 中借鉴了 Photoshop 中的智能对象概念，即允许用户插入智能的 PSD 图像，并维护网页图像与其源 PSD 图像之间的实时连接。在 Dreamweaver 中，执行【插入】|【图像】命令，在弹出的【选择图像源文件】对话框中选择 PSD 源文件，然后单击【确定】按钮，打开【图像预览】对话框。在【图像预览】对话框的【选项】选项卡中，可设置图像的压缩处理设置，包括设置压缩图像的格式、品质等属性。在【图像预览】对话框的【文件】选项卡中，可设置图像的缩放比例、宽度、高度和选择导出图像的区域等属性。

在完成各项设置后，即可单击【确定】按钮，将临时产生的镜像图像保存，并插入到网页中。此时，网页中的图像将显示出智能对象的标志。

## 7.2 设置网页图像属性

插入网页中的图像，在默认状态下通常是原图像的大小、颜色等属性。Dreamweaver 允许用户根据不同网页的要求，对这些图像的属性进行简单的修改。本节主要讲述图像基本属性、设置图像大小、设置图像对齐方式、设置图像位置。用户通过对本节内容的学习，为后期的网站建设奠定基础。

### 7.2.1 图像基本属性

在 Dreamweaver 中，【属性】面板是最重要的面板之一。选中不同的网页对象，【属性】面板会自动

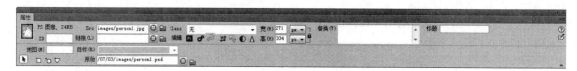
改变为该网页对象的参数。例如，选中普通的网页图像，【属性】面板就将改变为图像的各属性参数。【属性】面板中的各种图像属性，如图 7-9 所示。

图 7-9　【属性】面板

（1）图像信息：在【属性】面板的左上角显示了所选图像的缩略图，并且在缩略图的右侧显示该对象的信息，如图 7-10 所示。在信息中可以看到该对象为图片文件，大小为 24KB。

（2）ID：信息内容的下面有一个 ID 文本框，可以在该文本框中定义图像的名称，它主要是为了在脚本语言（如 JavaScript 或 VBScript）中便于引用图像而设置的。

（3）Src：选中页面中的图像，在【属性】面板上的 Src 文本框中可以输入图像的源文件位置，如图 7-11 所示。

图 7-10　图像信息

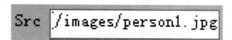

图 7-11　Src 文本框

（4）链接：选中页面中的图像，在【属性】面板上的【链接】文本框中可以输入图像的链接地址。

（5）目标：图像超链接的打开方式，在【目标】下拉列表中可以设置图像链接文件显示的目标位置。

（6）Class：在 Class 下拉列表中可以选择应用已经定义好的类 CSS 样式，或者进行【重命名】和【附加样式表】的操作。

（7）宽和高：图像在网页中的宽度和高度，默认情况下单位为 px。单击【切换尺寸约束】按钮可以约束图像缩放的比例，当修改图像的宽度时，则高度也会进行等比例的修改。

（8）替换：单击选中页面中的图像，在【属性】面板上的【替换】文本框中可以输入图像的替换说明文字，如图 7-9 所示。在浏览网页时，当该图像因丢失或者其他原因不能正确显示时，在其相应的区域就会显示设置的替换说明文字。

（9）标题：用于设置图像的提示信息，在网页中，将鼠标停在图片上时会有信息提示。

（10）地图：图像上的热点区域绘制工具。在【属性】面板上的【地图】文本框中可以创建图像热点集，其下面则是创建热点区域的三种不同的形状工具，如图 7-12 所示。

（11）原始：该选项用于设置所选中图像的低分辨率图像。低分辨率图像在网页中显示速度比较快，可以在高分辨率图像还没有下载完成之前先显示低分辨率图像。

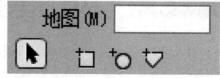

图 7-12　地图

（12）编辑：选中页面中相应的图像，可以在【编辑】属性后单击相应的按钮对图像进行编辑。

（13）编辑左边第一个按钮 编辑 Ps：单击该按钮，将启动外部图像编辑软件对所选中的图像进行编辑操作。

（14）【编辑图像设置】按钮 ✂️：单击该按钮，将弹出【图像优化】对话框。在该对话框中可以对图像进行优化设置，在【预置】选项下拉列表中可以选择 Dreamweaver 预设的图像优化选项，如图 7-13 和图 7-14 所示。

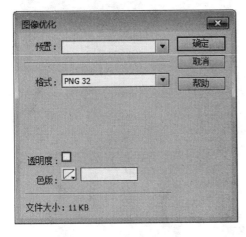

图 7-13 【图像优化】对话框

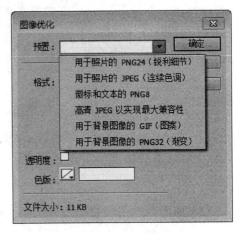

图 7-14 【图像优化】对话框

（15）【从源文件更新】按钮：单击该按钮，在更新智能对象时网页图像会根据原始文件的当前内容和原始优化设置以新的大小、无损方式重新呈现图像。

（16）【裁剪】按钮：单击该按钮，图像上会出现虚线区域，拖动该虚线区域的 8 个角点至合适的位置，按 Enter 键即可完成图像裁切操作，如图 7-15 和图 7-16 所示。

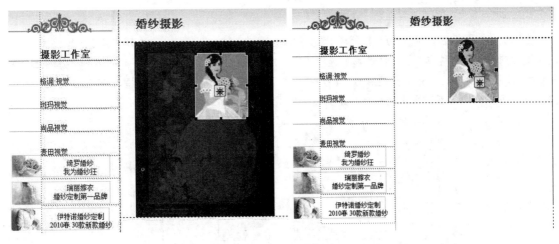

图 7-15 裁剪前　　　　　　　　　　　　　　　　图 7-16 裁剪后

（17）【重新取样】按钮：对已经插入到页面中的图像进行编辑操作后，可以单击该按钮，重新读取该图像文件的信息。

（18）【亮度】和【对比度】按钮：选中图像，单击该按钮，弹出【亮度/对比度】对话框，可以通过拖动滑块或者在后面的文本框中输入数值来设置图像的亮度和对比度，如图 7-17 所示。选中【预览】复选框，可以在调节的同时在 Dreamweaver 的设计视图中看到图像调节的效果，如图 7-18 所示。

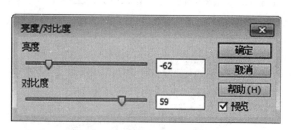

图 7-17 【亮度/对比度】对话框

图 7-18 亮度/对比度效果

(19)【锐化】按钮：选中图像，在【属性】面板上单击【锐化】按钮，弹出【锐化】对话框，如图 7-19 所示。输入数值或拖动滑块调整锐化效果，如图 7-20 所示。

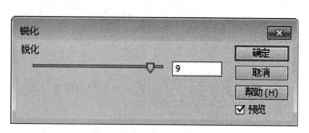

图 7-19 【锐化】对话框

图 7-20 页面效果

## 7.2.2 设置图像大小

在图像插入网页后，显示的尺寸默认为图像的原始尺寸。Dreamweaver 允许用户自定义图像的尺寸。定义图像的尺寸有两种方式，一种是单击选择图像，然后通过拖曳图像右侧、下方以及右下方的三个控制点调节图像的大小。在拖动控制点时，用户不仅可以拖动某一个控制点，只以垂直或水平方向缩放图像，还可按住 Shift 键锁定图像宽和高的比例关系，成比例地缩放图像，如图 7-21 所示。

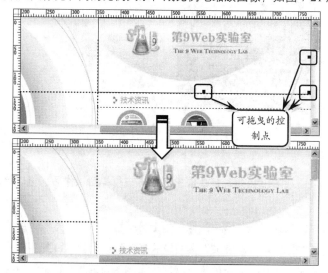

图 7-21 设置图像大小

另一种方法是在【属性】面板中直接设置图像的【宽】和【高】，通过输入数值精确地改变图像的大小，如图 7-22 所示。

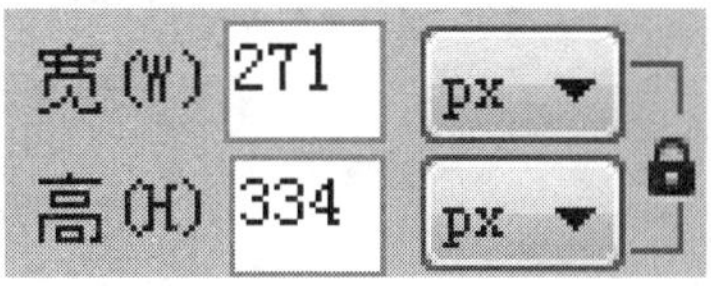

用任何一种方式修改图像的大小，在【属性】面板的【宽】和【高】右侧都会出现【切换尺寸约束】按钮。单击该按钮，可以约束图像缩放的比例，当修改图像的宽度，则高度也会进行等比例的修改。

宽 (W) 271 px ▼
高 (H) 334 px ▼

图 7-22 设置【宽】和【高】

## 7.2.3 设置图像位置

当图像与文本混合排列时，图像与文本之间是没有空隙的，这将使页面显得十分拥挤。Dreamweaver 可以帮助用户设置图像与文本之间的距离，在【属性】面板中，设置【垂直边距】与【水平边距】，可以方便地增加图像与文本之间的距离。在网页中，经常需要将图像和文本混排，以节省网页空间，Dreamweaver 可以帮助用户设置网页图像在容器中的对齐方式。为图像应用对齐方式，可以使图像与文本紧密结合，实现文本与图像的环绕效果。例如，将文本左对齐等。

# 7.3 综合实战

本章概要性地介绍了在网页代码软件 Dreamweaver 中如何添加网页图像，为本书后续的学习打下一个坚实的基础。本章主要讲述两方面的内容，添加图像和设置网页图像属性，制作吸引人的网站的一些方法和相关技术，接下来我们通过两个实例来对本章的内容进行实践。

## 7.3.1 实战：制作相册展示网页

相册展示网页也是一种互联网中常见的网页类型。在这种网页中，往往展示了个人或一些专业摄影师拍摄的各种照片，很多摄影师使用这种网页来宣传自我的形象。本例通过 Dreamweaver 软件运用插入图像、插入背景图像、插入 Photoshop 图像等功能，制作一个婚纱摄影师的相册网页，主要练习插入图像、插入背景图像、插入 Photoshop 图像，如图 7-23 所示。

图 7-23 制作相册展示网页

**STEP|01** 新建文档，在标题栏输入文字"婚纱相册"。单击【属性】检查器中的【页面属性】按钮，在弹出的【页面属性】对话框中设置其参数，如图 7-24 所示。

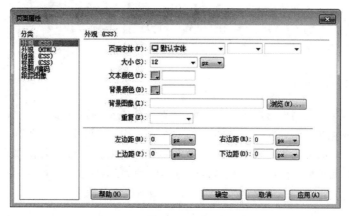

图 7-24 【页面属性】对话框

**STEP|02** 然后单击【插入】|HTML|Div 按钮，创建 ID 为 header 的 Div 层，并设置其 CSS 样式，如图 7-25～图 7-30 所示。

图 7-25 【插入】|HTML|Div 按钮

图 7-26 【插入 Div】对话框

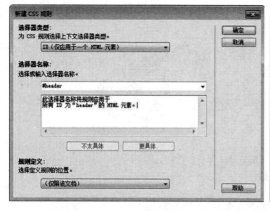

图 7-27 【新建 CSS 规则】对话框

图 7-28 【#header 的 CSS 规则定义】对话框

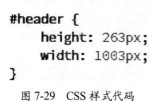

```
#header {
    height: 263px;
    width: 1003px;
}
```

图 7-29 CSS 样式代码

图 7-30 页面效果

**STEP|03** 在 ID 为 header 的 Div 层中，分别嵌套 ID 为 logo、banner 的 Div 层，并设置其 CSS 样式，如图 7-31 所示。

**STEP|04** 然后将光标置于 ID 为 logo 的 Div 层中，单击【插入】面板中的【图像】按钮，如图 7-32 所示。

```
#logo {
    display: block;
    float: left;
    height: 263px;
    width: 200px;
}
#banner {
    display: block;
    float: left;
    height: 263px;
    width: 801px;
}
```

图 7-31  CSS 样式代码

图 7-32  【选择图像源文件】对话框

**STEP|05** 在弹出的【选择图像源文件】对话框中选择图像 "logo.psd"，单击【确定】按钮后，弹出【图像预览】对话框，图像格式转换为 ".jpg"，单击【确定】按钮，弹出【保存 Web 图像】对话框进行保存。按照相同的方法，在 ID 为 banner 的 Div 层中插入图像 "banner.psd"。单击【插入 Div 标签】按钮，创建 ID 为 content 的 Div 层，并设置其 CSS 样式，如图 7-33 所示。

**STEP|06** 然后在该 Div 层中分别嵌套 ID 为 leftmain、rightmaim 的 Div 层，并设置其 CSS 样式，如图 7-34 所示。

```
#content {
    height: 430px;
    width: 1003px;
}
```

```
#leftmain {
    background-image: url(images/h_03.png);
    float: left;
    height: 419px;
    width: 198px;
}
#rightmain {
    background-image: url(images/h_04.png);
    float: left;
    height: 419px;
    width: 801px;
}
```

图 7-33  CSS 样式代码

图 7-34  CSS 样式代码

**STEP|07** 将光标置于 ID 为 leftmain 的 Div 层中，单击【插入】│HTML│Table 按钮，在弹出的 Table 对话框中设置【行数】为 8、【列】为 1、【表格宽度】为"190 像素"、【边框粗细】为"0 像素"、【单元格边距】和【单元格间距】为 0，如图 7-35 和图 7-36 所示。

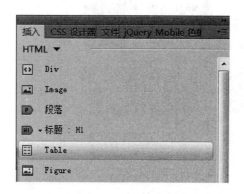

图 7-35 【插入】│HTML│Table 按钮

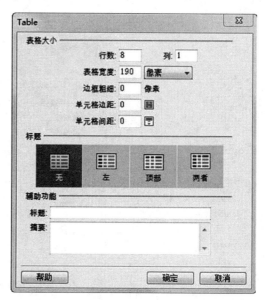

图 7-36 Table 对话框

**STEP|08** 选择表格，设置【属性】检查器中的【对齐】方式为【右对齐】，第 1 行~第 5 行单元格的【水平】对齐方式为【左对齐】、【垂直】对齐方式为【底部】，设置第 6 行~第 8 行的【水平】对齐方式为【居中对齐】。设置第 1 行【格式】为标题 2，并输入文字，并在每个单元格中输入相应的文本，在【属性】检查器中设置第 1 行高度为 94、第 2 行为 43、第 3 行为 44、第 4 行为 40、第 5 行为 42、第 6 行为 40、第 7 行为 46、第 8 行为 54，如图 7-37~图 7-39 所示。

图 7-37 第 1 行~第 5 行单元格的设置

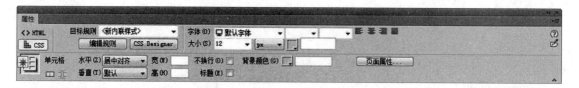

图 7-38 第 6 行~第 8 行单元格的设置

**STEP|09** 将光标置于 ID 为 rightmain 的 Div 层中，分别嵌套 ID 为 bigPic、smallpic 的 Div 层，设置其 CSS 样式，如图 7-40 所示。

图 7-39 页面效果

```
#bigPic {
    float: left;
    height: 419px;
    width: 300px;
}
#smallPic {
    float: left;
    height: 419px;
    width: 350px;
    margin-left: 20px;
}
```

图 7-40 CSS 样式代码

**STEP|10** 按照相同的方法，将光标置于 ID 为 bigPic 的 Div 层中，分别嵌套 ID 为 bigTitle、bPic 的 Div 层，并设置其 CSS 样式，如图 7-41 所示。

**STEP|11** 将光标置于 ID 为 bigTitle 的 Div 层中输入文本。在 ID 为 bPic 的 Div 层中插入图像"person1.psd"，如图 7-42 所示。

```
#bigTitle {
    font-size: 20px;
    font-weight: bold;
    color: #602624;
    display: block;
    padding-top: 20px;
    padding-right: 30px;
    padding-bottom: 20px;
    padding-left: 30px;
}
#bPic {
    text-align: center;
}
```

图 7-41 CSS 样式代码

图 7-42 页面效果

**STEP|12** 在 ID 为 smallPic 的 Div 层中，插入一个 3 行×1 列、【宽】为"350 像素"的表格，并在【属性】检查器中进行设置，如图 7-43 所示。

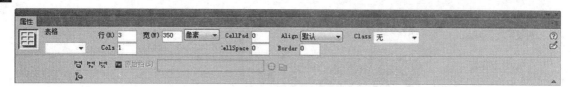

图 7-43 【属性】对话框

**STEP|13** 在第 1、3 行输入文本，第 2 行嵌套一个 2 行×2 列、【宽】为"350 像素"的表格。然后在【属性】检查器中，设置第 1 行单元格【水平】对齐方式为【右对齐】、【高】为 50，第 3 行【格式】为"标题 4"、【水平】对齐方式为【居中对齐】、【高】为 40，第 2 行插入的表格【填充】为 4、【间距】为 10、【边距】为 0，如图 7-44～图 7-47 所示。

图 7-44 第 1 行单元格设置

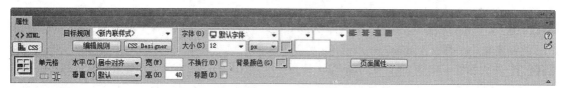

图 7-45 第 3 行单元格设置

图 7-46 第 2 行插入的表格

图 7-47 页面效果

**STEP|14** 在文档最底部，创建 ID 为 footer 的 Div 标签，并设置其 CSS 样式，如图 7-48 所示。

**STEP|15** 然后，将光标置于 footer 的 Div 标签中，输入版权信息内容的文本，完成版尾部分内容的制作过程，如图 7-49 所示。

```
#footer {
    line-height: 20px;
    background-image: url(images/footer.jpg);
    text-align: center;
    height: 54px;
    width: 1003px;
    margin-top: 10px;
}
```

图 7-48　CSS 样式代码

相爱婚纱摄影 版权所有
Copyright © 2005 All rights reserved

图 7-49　页面效果

**STEP|16** 在制作完成版尾部分的内容后，即可完成整个相册展示网页的制作。保存网页，然后使用网页浏览器查看最终的页面效果。

## 7.3.2　实战：制作图像导航条

使用 Dreamweaver，用户可以方便地制作出精美的网页图像导航条。在制作图像导航条时，需要使用到 Dreamweaver 的【插入鼠标经过图像】功能，依次将导航条各按钮的各种状态图像插入到相应的位置，主要练习插入背景图像、插入图像、插入光标经过图像，如图 7-50 所示。

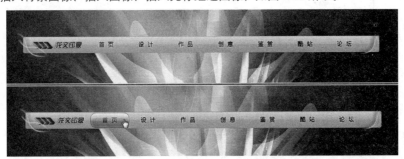

图 7-50　制作图像导航条

**STEP|01** 新建文档，在标题栏输入文本"龙文印象"，然后在【属性】检查器中单击【页面属性】按钮，在弹出的【页面属性】对话框中设置【背景图像】、【重复】以及 4 个边距，如图 7-51 所示。

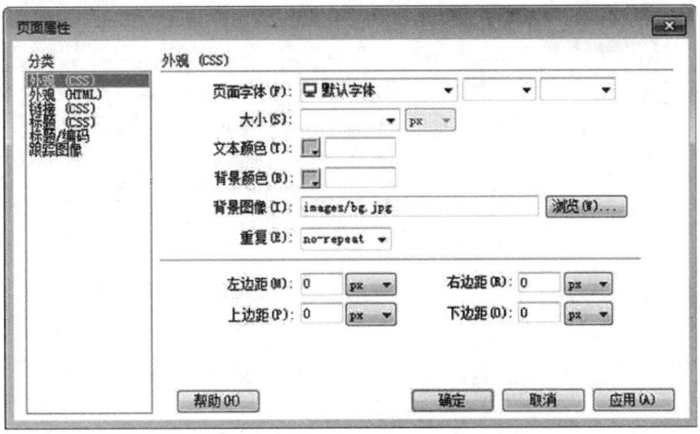

图 7-51　【页面属性】对话框

**STEP|02** 单击【插入】│HTML│Div 按钮，创建 ID 为 nav 的 Div 层，并在弹出的【#nav 的 CSS 规则定义】对话框中设置其 CSS 样式，如图 7-52～图 7-54 所示。

图 7-52 【插入 Div】对话框

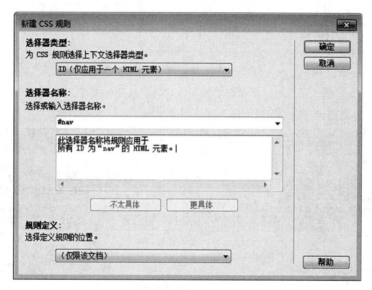

图 7-53 【新建 CSS 规则】对话框

图 7-54 【#nav 的 CSS 规则定义】对话框

**STEP|03** 将光标置于 ID 为 nav 的 Div 层中，执行【插入】|【图像】命令，在弹出的【选择图像源文件】对话框中选择图像 nav_22，单击【确定】按钮，如图 7-55 所示。

图 7-55　【选择图像源文件】对话框

**STEP|04** 将光标置于图像后，然后单击【插入】|HTML|【鼠标经过图像】按钮，在弹出的【插入鼠标经过图像】对话框中，设置【原始图像】、【鼠标经过图像】、【替换文本】、【按下时，前往的 URL】等属性，如图 7-56～图 7-58 所示。

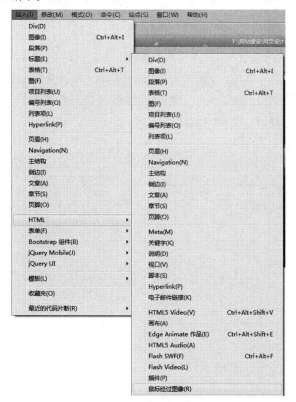

图 7-56　【插入】|HTML|【鼠标经过图像】

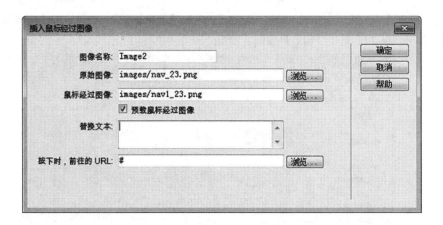

图 7-57 【插入鼠标经过图像】对话框

图 7-58 页面效果

**STEP|05** 用同样的方式，为导航条中其他 6 个同类的按钮添加按钮的基本图像，并添加鼠标经过按钮时显示的【鼠标经过图像】等几个属性。在为所有导航条按钮添加原始图像、鼠标经过图像，并设置替换文本之后，即可完成整个图像导航条的制作。使用网页浏览器浏览图像导航条所在的页面，用户可以使用鼠标滑过导航条中的各个按钮，查看光标滑过的效果。

# 第 **8** 章

## 网页中的链接

　　链接是网页非常重要的一部分，可以用文字、图像、动画、视频等做链接来导航到不同的网页。在网页中，超链接可以帮助用户从一个页面跳转到另一个页面，也可以帮助用户跳转到当前页面指定的标记位置。可以说，超链接是连接网站中所有内容的桥梁，是网页最重要的组成部分。Dreamweaver 提供了多种创建和编辑超链接的方法，设计者可以通过可视化界面为网页添加各种类型的超链接。

　　本章主要讲述超级链接类型、插入链接、绘制热点区域、编辑热点区域和综合实战。通过对本章的学习，我们可以知道怎样创建网页中的链接，为制作网站奠定基础。

## 8.1 超级链接类型

在互联网中，几乎所有的资源都是通过超链接连接在一起的。合理使用的超链接可以使网页更有条理和灵活性，也可以使用户更方便地找到所需的资源。根据超链接的载体，可以将超链接分为两大类，即文本链接和图像链接。

文本链接是以文本作为载体的超链接。当用户单击超链接的载体文本时，网页浏览器将自动跳转到链接所指向的路径。在各种网页浏览器中，文本链接包括 4 种状态，如下所示。

（1）普通：最普通的超链接状态，所有新打开的网页中超链接最基本的状态。在 IE 浏览器中，默认显示为蓝色带下画线。

（2）光标滑过：当光标滑过该超链接文本时的状态。虽然多数浏览器不会为光标滑过的超链接添加样式，但用户可以对其进行修改，使之变为新的样式。

（3）鼠标单击：当鼠标在超链接文本上按下时，超链接文本的状态。在 IE 浏览器中，默认为无下画线的橙色。

（4）已访问：当鼠标已单击访问过该超链接，且在浏览器的历史记录中可找到访问记录时的状态。在 IE 浏览器中，默认为紫红色带下画线。

以图像为载体的超链接，叫做图像链接。在 IE 浏览器中，默认会为所有带超链接的图像增加一个 2px 宽的边框。如果该超链接已被访问过，且可在浏览器的历史记录中查到访问记录，则 IE 浏览器默认会为该图像链接添加一个紫红色的 2px 边框，如图 8-1 所示。

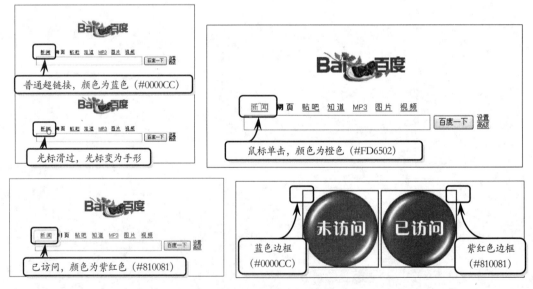

图 8-1 超级链接类型

## 8.2 插入链接

插入链接是制作网站的重要一环，通过插入链接我们可以从当前 Web 页定义的位置跳转到其他位置，还可以获得不同形态的服务，如文件传输、资料查询、电子函件、远程访问等。本节主要讲述插入文本和图像链接、插入邮件和锚记链接。用户通过对本节的学习，为后期的网站建设奠定基础。

## 8.2.1 插入文本和图像链接

创建文本链接时，首先应选择文本，然后在【插入】面板中单击 Hyperlink 按钮，打开【超级链接】对话框，如图 8-2 所示。

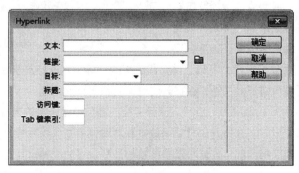

图 8-2 【超级链接】对话框

Hyperlink 对话框中包含 6 种参数设置，如表 8-1 所示。

表 8-1 Hyperlink 对话框中的 6 种参数设置

| 参 数 名 | 作 用 |
| --- | --- |
| 文本 | 显示在设置超链接时选择的文本，是要设置的超链接文本内容 |
| 链接 | 显示链接的文件路径，单击后面的【文件】按钮，可以从打开的对话框中选择要链接的文件 |
| 目标 | 单击其后面的下三角按钮，在弹出的下拉列表中可以选择链接到的目标框架 |
| 标题 | 显示光标经过链接文本所显示的文字信息 |
| 访问键 | 在其中设置键盘快捷键以便在浏览器中选择该超级链接 |
| Tab 键索引 | 设置 Tab 键顺序的编号 |

在 Hyperlink 对话框中，根据需求进行相关的参数设置，然后单击右侧的【确定】按钮即可。此时，被选中的文本将变成带下画线的蓝色文字。

除此之外，用户在 Dreamweaver 中执行【插入】|Hyperlink 命令，也可以打开 Hyperlink 对话框，对文本进行设置，添加超级链接。在为文本添加超级链接后，用户还可在【属性】面板中选择 HTML 选项卡，然后修改【链接】右侧的输入文本框，对超级链接的地址进行修改，或修改超级链接的【标题】、【目标】等属性。单击【属性】检查器的【页面属性】按钮，在弹出的对话框中可以修改网页中超级链接的样式。

在 Dreamweaver 中，除了允许用户为文本添加超级链接外，还允许用户为图像添加超级链接。为图像添加链接，可先选中图像，然后在【属性】面板中【链接】右侧的输入文本框中输入超链接的地址。

在为图像添加超级链接后，即可看到超级链接所拥有的蓝色边框。通常用户可以在【属性】面板的【边框】右侧输入文本框中设置 0，以消除该边框。

## 8.2.2 插入邮件和锚记链接

电子邮件链接也是超链接的一种形式。与普通的超链接相比，当用户单击电子邮件链接后，打开链接的并非网页浏览器，而是本地计算机的邮件收发软件。选中需要插入电子邮件地址的文本，然后，在

【插入】面板中单击【电子邮件链接】按钮，打开【电子邮件链接】对话框。然后，在【电子邮件】文本框中输入电子邮件地址，如图8-3所示。

与插入其他类型的链接类似，用户也可以执行【插入】|【电子邮件链接】命令，打开【电子邮件链接】对话框，进行相关的设置。

锚记链接是网页中一种特殊的超链接形式。普通的超链接只能链接到互联网或本地计算机中的某一个文件，而锚记链接则常常被用来实现到特定的主题或者文档顶部的跳转链接。创建锚记

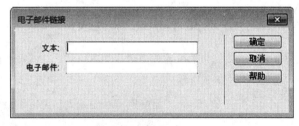

图8-3　插入邮件链接

链接时，首先需要在文档中创建一个命名锚记作为超链接的目标。将光标放置在网页文档的选定位置，单击【插入】面板中的【命名锚记】按钮，在打开的【命名锚记】对话框输入锚记的名称。

在创建命名锚记之后，即可为网页文档添加锚记链接。添加锚记链接的方式与插入文本链接相同，执行【插入】|【超级链接】命令，在打开的【超级链接】对话框中输入以井号"#"开头的锚记名称。由于创建的锚记链接属于当前文档内部，因此可以将链接的目标设置为"_self"。

# 8.3　绘制热点区域

热点链接是一种特殊的超链接形式，又被称作热区链接、图像地图，其作用是为图像的某一部分添加超链接，实现一个图像多个链接的效果。本节主要讲述矩形热点链接、圆形热点链接和多边形热点链接。用户通过对本节的学习，为后期的网站建设奠定基础。

## 8.3.1　矩形热点链接

矩形热点链接是最常见的热点链接，在文档中选择图像，单击【属性】检查器中的【矩形热点工具】按钮，当鼠标光标变为十字形"十"之后，即可在图像上绘制热点区域。在绘制完成热点区域后，用户即可在【属性】检查器中设置热点区域的各种属性，包括链接、目标、替换以及地图等，如图8-4所示。

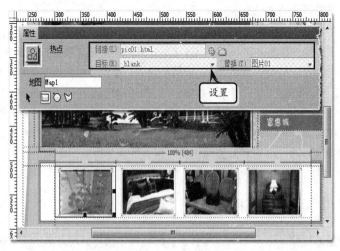

图8-4　矩形热点链接

其中，【地图】参数的作用是为热区设置一个唯一的 ID，以供脚本调用。

## 8.3.2　圆形热点链接

Dreamweaver 允许用户为网页中的图像绘制椭圆形热点链接。在文档中选择图像，然后在【属性】检查器中单击【圆形热点工具】按钮 ○，当鼠标光标转变为十字形"十"后，即可绘制圆形热点链接，如图 8-5 所示。

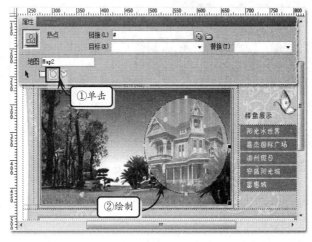

图 8-5　圆形热点链接

与矩形热点链接类似，用户也可以在【属性】检查器中对圆形热点链接进行编辑。

## 8.3.3　多边形热点链接

对于一些复杂的图形，Dreamweaver 提供了多边形热点链接，帮助用户绘制不规则的热点链接区域。在文档中选择图像，然后在【属性】检查器中单击【多边形热点工具】按钮 ▽，当鼠标光标变为十字形"十"后，即可在图像上绘制不规则形状的热点链接。

其绘制方法类似一些矢量图像绘制软件（例如 Flash 等）中的钢笔工具。首先单击鼠标，在图像中绘制第一个调节点。然后，继续在图像上绘制第 2 个、第 3 个调节点，Dreamweaver 会自动将这些调节点连接成一个闭合的图形，如图 8-6 所示。

图 8-6　多边形热点链接

当不再需要绘制调节点时，右击鼠标，退出多边形热点绘制状态。此时，鼠标光标将变回普通的样式，如图8-7所示。

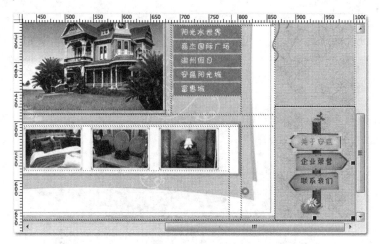

图 8-7　多边形热点链接

也可以在【属性】检查器中单击【指针热点工具】按钮 ▶，同样可以退出多边形热点区域的绘制。

# 8.4　编辑热点区域

在绘制热点区域之后，可以对其进行编辑，Dreamweaver提供了移动热点区域位置、对齐热点区域、调节热点区域大小和设置重叠热点区域层次等多种编辑热点区域的方式。本节主要讲述移动和对齐热点区域、调节热点区域大小和设置重叠热点区域层次。用户通过对本节的学习，为后期的网站建设奠定基础。

## 8.4.1　移动和对齐热点区域

图像中的热点区域，其位置并非固定不可变的，用户可以对其进行更改。在文档中选择图像后，单击【属性】检查器中的【指针热点工具】按钮 ▶，使用鼠标拖动热点区域即可。或者在选中热点区域后，使用键盘上的方向键 ←、↑、↓、→，同样可以改变其位置。

Dreamweaver提供了一些简单的命令，可以对齐图像中两个或更多的热点区域。在文档中选择图像，单击【属性】检查器中的【指针热点工具】按钮 ▶，按住Shift键后连续选择图像中的多个热点区域。然后右击图像，在弹出的快捷菜单中可执行4种对齐命令。这4种对齐命令的作用如表8-2所示。

表8-2　4种对齐命令的作用

| 命　令 | 作　用 |
| --- | --- |
| 左对齐 | 将两个或更多的热区以最左侧的调节点为准，进行对齐 |
| 右对齐 | 将两个或更多的热区以最右侧的调节点为准，进行对齐 |
| 顶对齐 | 将两个或更多的热区以最顶部的调节点为准，进行对齐 |
| 对齐下缘 | 将两个或更多的热区以最底部的调节点为准，进行对齐 |

### 8.4.2 调节热点区域大小和设置重叠热点区域层次

Dreamweaver 提供了便捷的工具，允许用户调节热点区域的大小。在文档中选择图像，单击【属性】检查器中的【指针热点工具】按钮，将鼠标光标放置在热点区域的调节点上方，当转换为黑色时，按住鼠标左键并拖动调节点，即可改变热点区域的大小。

当图像中有两个或两个以上的热点区域时，Dreamweaver 允许用户在选中这些热点区域后，右击执行【设成宽度相同】或【设成高度相同】等命令，将其宽度或高度设置为相同大小。

在同一个图像中，经常会遇到重叠的热点区域，Dreamweaver 允许用户为重叠的热点区域设置简单的层次。选择文档中的图像，单击【属性】检查器中的【指针热点工具】按钮，然后右击热点区域。

## **8.5** 综合实战

本章概要性地介绍了在网页代码软件 Dreamweaver 中如何添加网页中的链接，为本书后续的学习打下坚实的基础。本章主要讲述 4 个方面的内容，即超级链接类型、插入链接、绘制热点区域、编辑热点区域，其中包括制作吸引人的网站的一些方法和相关技术，接下来我们通过两个实例来对本章的内容进行实践。

### 8.5.1 实战：制作木森壁纸酷网站

壁纸网站中包含有大量的图片和文字信息。用户通过单击其中的小图像可以链接到新的网页，以查看大图像。本例运用插入文本链接、图像链接制作木森壁纸酷网站，主要练习插入文本链接、插入图像、插入图片链接，如图 8-8 所示。

图 8-8 制作木森壁纸酷网站

**STEP|01** 新建文档，在标题栏输入"木森壁纸酷"，如图 8-9 所示。

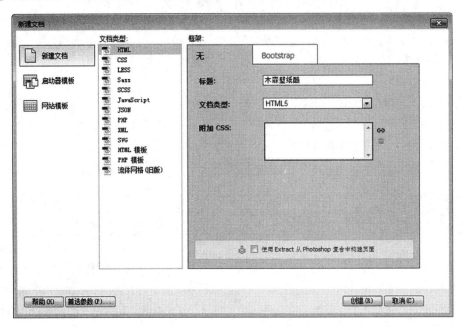

图 8-9 【新建文档】对话框

单击【属性】面板中的【页面属性】按钮，在弹出的【页面属性】对话框中设置其参数，如图 8-10 和图 8-11 所示。

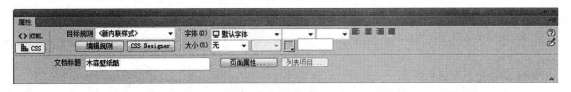

图 8-10 【属性】面板

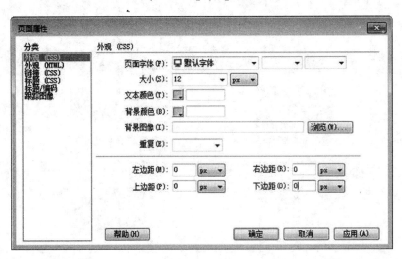

图 8-11 【页面属性】对话框

然后单击【插入】面板 HTML 选项中的 Div 按钮，在弹出的【插入 Div】对话框中创建 ID 为 header 的 Div 层，然后单击【新建 CSS 规则】并设置其 CSS 样式，如图 8-12～图 8-15 所示。

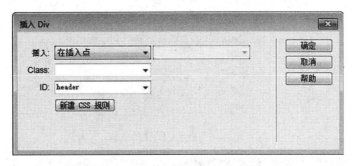

图 8-12 【插入 Div】对话框

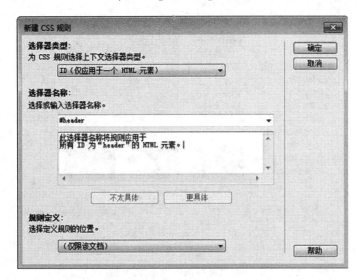

图 8-13 【新建 CSS 规则】对话框

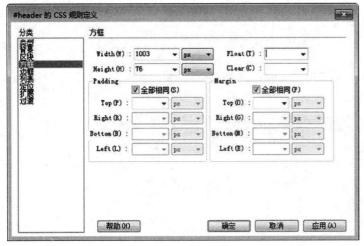

图 8-14 【#header 的 CSS 规则定义】对话框

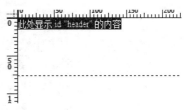

图 8-15 页面效果

**STEP|02** 将光标置于 ID 为 header 的 Div 层中，单击【插入】|【图像】按钮，在弹出的【选择图像源文件】对话框中选择图像"one_01.png"，如图 8-16~图 8-18 所示。

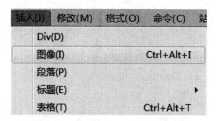

图 8-16 【插入】|【图像】

图 8-17 【选择图像源文件】对话框

图 8-18 页面效果

按照相同的方法，单击 Div 按钮，创建 ID 为 banner 的 Div 层并设置 CSS 样式。通过 CSS 样式定义 ID 为 banner 的 Div 层的宽度为 1003px、高度为 188px，如图 8-19~图 8-22 所示。

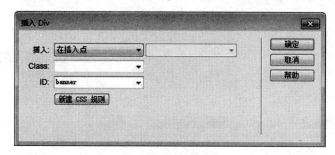

图 8-19 【插入 Div】对话框

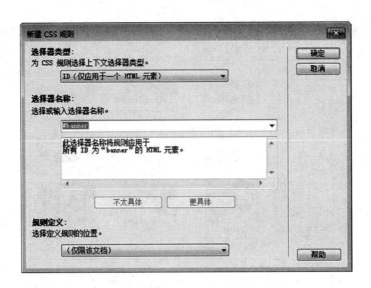

图 8-20 【新建 CSS 规则】对话框

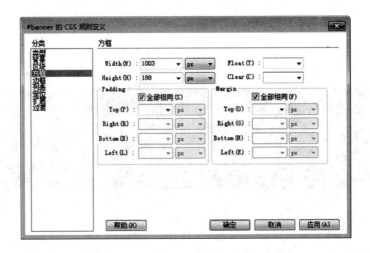

图 8-21 【#banner 的 CSS 规则定义】对话框

图 8-22 页面效果

然后，单击【插入】|【图像】按钮，在 Div 层中插入素材图像 "one_02.png"，如图 8-23 和图 8-24 所示。

图 8-23　【选择图像源文件】对话框

图 8-24　页面效果

**STEP|03** 单击 Div 按钮，创建 ID 为 content 的 Div 层，并设置 CSS 样式属性，如图 8-25～图 8-29 所示。

图 8-25　【插入 Div】对话框

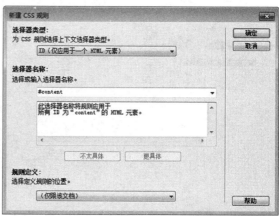

图 8-26　【新建 CSS 规则】对话框

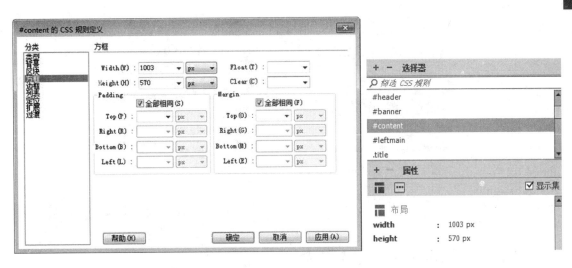

图 8-27　【#content 的 CSS 规则定义】对话框　　　　　图 8-28　CSS 属性

图 8-29　页面效果

然后，分别嵌套 ID 为 leftmain、rightmain 的 Div 层，并设置其 CSS 样式属性，如图 8-30 和图 8-31 所示。

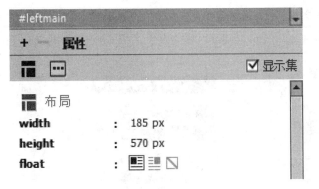

图 8-30　leftmain 层 CSS 属性

图 8-31　rightmain 层 CSS 属性

在 ID 为 leftmain 的 Div 层中，嵌套类名称为 title 的 Div 层，并设置其 CSS 样式属性。创建类的方法与创建 ID 的方法是一样的，如图 8-32～图 8-34 所示。

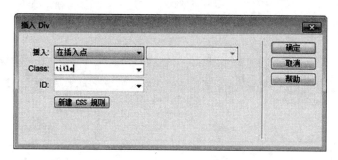

图 8-32 【插入 Div】对话框

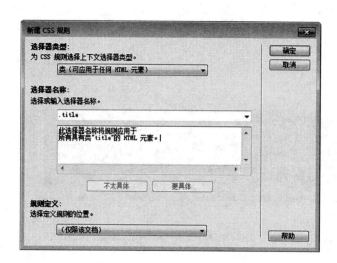

图 8-33 【新建 CSS 规则】对话框

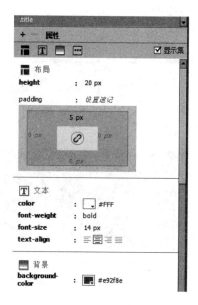

图 8-34 CSS 属性

　　然后，创建 ID 为 febianlv 的 Div 层并设置其 CSS 样式属性。将光标置于类名称为 title 的 Div 层中，重新输入文本，如图 8-35 所示。

**STEP|04** 在 ID 为 febianlv 的 Div 层中输入文本，并单击【属性】检查器中的【项目列表】按钮，在项目列表中输入<li>标签，设置文本【链接】为 "javascript:void(null)"。然后利用相同的方法创建其他几个标签，如图 8-36 和图 8-37 所示。

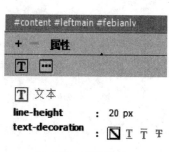

图 8-35 CSS 属性

图 8-36 页面效果

图 8-37 【属性】面板

单击 Div 按钮，在弹出的【插入 Div】对话框中，选择【类】名称为 title，单击【确定】按钮。然后，
创建 ID 为 neirong 的 Div 层，并设置其 CSS 样式，如图 8-38 和图 8-39 所示。

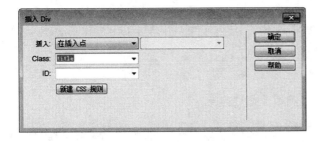

图 8-38 【插入 Div】对话框

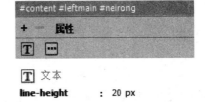

图 8-39 CSS 属性

**STEP|05** 在 ID 为 rightmain 的 Div 层中，嵌套类名称为 rows 的 Div 层并设置其 CSS 样式属性，如图 8-40
所示。

然后，在 rows 的 Div 层中，分别嵌套类名称为 pic、declare 的 Div 层，并设置其 CSS 样式属性，如
图 8-41 和图 8-42 所示。

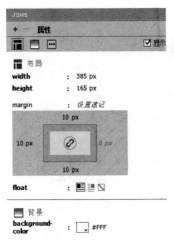

图 8-40 CSS 属性

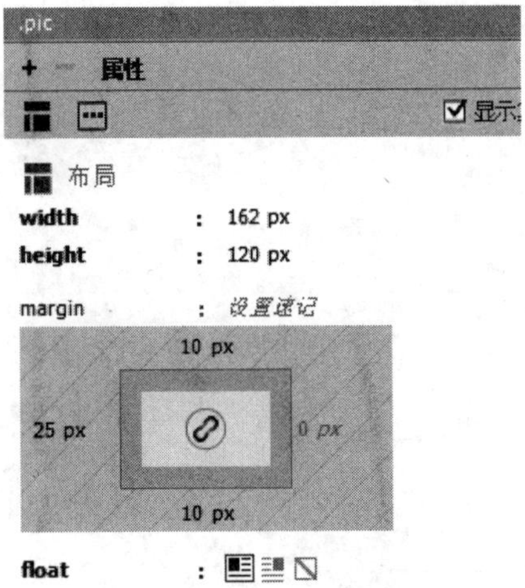

图 8-41 名为 pic 的 Div 层

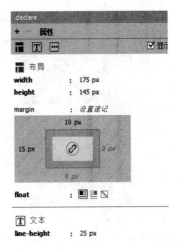

图 8-42 名为 declare 的 Div 层

将光标置于类名称为 pic 的 Div 层中，插入图像 "small1.jpg"；在【类】名称为 declare 的 Div 层中输
入文本。然后选择图像，在【属性】检查器中设置【链接】为 "1.jpg"、【边框】为 0，设置文本【链接】
为 "javascript:void(null);"，如图 8-43～图 8-45 所示。

图 8-43　页面效果

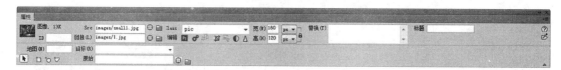

图 8-44　图像【属性】面板

图 8-45　设置文本【链接】

**STEP|06** 按照相同的方法，创建类名称为 rows 的 Div 层，并在 rows 类中嵌套类名称为 pic、declare 的 Div 层，在其中分别插入图像及输入文本，并进行图像链接和文本链接，如图 8-46 所示。

图 8-46　页面效果

将光标置于文档底部，单击 Div 按钮，创建 ID 为 footer 的 Div 层，并设置其 CSS 样式属性，然后输入文本，如图 8-47 和图 8-48 所示。

设为首页 | 加入收藏 | 联系我们 | 地图索引 | 常见问题 | 图酷论坛 | 资料来源于网络

1998-2010 © Copyright Respective Musen.com

图 8-47　CSS 属性　　　　　　　　　　　图 8-48　页面效果

## 8.5.2　实战：制作百科网页

现实社会千姿百态，好比一本百科全书。互联网走进日常生活势不可挡，越来越多现实社会中的信息都可以在相关的网站中看到缩影，越来越多的人正在使用网站百科功能来解答自己生活中遇到的各种问题。本例将通过文本链接和图像链接等技术，制作一个生活百科网页，主要练习文本链接的使用、图像链接的使用，如图 8-49 所示。

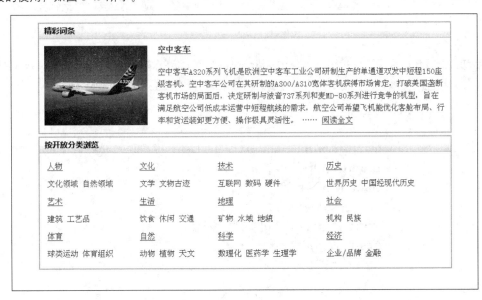

图 8-49　制作百科网页

**STEP|01** 新建空白文档，在页面中插入一个【宽度】为"800 像素"的 2 行×2 列的表格。然后，添加 ID 为"tb01"，设置其【填充】为 0，【间距】为 0，【边框】为 0、【对齐】为【居中对齐】，如图 8-50 和图 8-51 所示。

图 8-50　Table 对话框

图 8-51　【属性】面板

然后切换到【代码视图】，在<style type="css/javasript"></style>标签对之间添加代码，并设置第 1 行单元格中输入相应的文本并设置该单元格的【类】为 tdtitle，如图 8-52 所示。

```
.tdtitle
{
    background-image:url(Images/02.JPG);
    background-repeat:repeat-x;
    padding-left:10px;
    font-size:15px;
    font-family:"微软雅黑";
    font-weight:bold;
    height:29px;
}
```

图 8-52　CSS 样式代码

在 ID 为 "tb01" 的表格第 2 行第 1 列插入图像 "feiji.jpg"，第 2 列输入相应的文本，并为图像和特定的文本设置超链接。然后，切换到【代码视图】，在<style type="text/css"></style>标签对之间添加用于控制第 2 行第 1 列的 CSS 类 tdleft、用于控制第 2 行第 2 列的 CSS 类 tdright、用于控制超级链接样式的 a 和 a：hover，如图 8-53 所示。

```
.tdleft
{
    padding:10px;
}
.tdright
{
    padding:10px;
    color:#666;
    font-family:"宋体";
    font-size:15px;line-height:1.5em;
}
.bluetext
{
    color:#3366cc;
    font-weight:bold;
    font-size:15px;
}
a
{
    color:#3366cc;
    text-decoration:underline;
}
a:hover
{
    text-decoration:none;
}
```

图 8-53　CSS 样式代码

**STEP|02** 在页面中插入一个【宽度】为 "800 像素" 的 2 行×1 列的表格，然后，添加 ID 为 "tb02"，设置其【填充】为 0、【间距】为 0、【边框】为 0，如图 8-54 所示。

图 8-54　【属性】面板

在第 1 行单元格中输入相应的文本，在第 2 行单元格中插入一个【宽度】为 "100%" 的 6 行×4 列表格，并设置其【填充】为 5、【间距】为 0。在表格各单元格中输入相应的文字，并选择表格第 1 行、第 3 行和第 5 行单元格中的文字，为其设置【链接】为 "#"，如图 8-55 和图 8-56 所示。

图 8-55 【属性】面板

| 按开放分类浏览 | | | |
|---|---|---|---|
| 人物 | 文化 | 技术 | 历史 |
| 文化领域 自然领域 | 文学 文物古迹 | 互联网 数码 硬件 | 世界历史 中国经现代历史 |
| 艺术 | 生活 | 地理 | 社会 |
| 建筑 工艺品 | 饮食 休闲 交通 | 矿物 水域 地貌 | 机构 民族 |
| 体育 | 自然 | 科学 | 经济 |
| 球类运动 体育组织 | 动物 植物 天文 | 数理化 医药学 生理学 | 企业/品牌 金融 |

图 8-56 页面效果

# 第 9 章

## 设计多媒体网页

在网页中适当地添加一些多媒体元素，可以给浏览者的听觉或视觉带来强烈的震撼，从而能够留下深刻的印象。在网页中可以插入的多媒体元素有很多种，如网页中的背景音乐或 MTV 等。另外，还可以向网页中添加使用 Shockwave 的影片以及各种插件，通过使用这些元素来增强页面的可视性。

本章节主要讲述插入 Flash 动画、插入 FLV 视频、多媒体网页制作和综合实战。通过对本章的学习我们可以知道，如何插入多媒体元素以及各种多媒体的应用，创建自己的多媒体网页。

## 9.1 插入 Flash 动画

网页元素除了文本和图像外，还包括 Flash 动画，其扩展名为 swf，具有体积小、形式多，并且可以添加声音等优点。本节主要讲述两个方面的内容，插入普通 Flash 动画和透明 Flash 动画。用户通过对本节的学习，为后期的网站建设奠定基础。

### 9.1.1 插入普通 Flash 动画

普通 Flash 动画的插入方法非常简单，将光标置于插入 Flash 动画的位置，单击【插入】面板中的 Flash SWF 按钮，在弹出的对话框中选择 Flash 文件，如图 9-1 所示。

图 9-1 插入普通 Flash 动画

单击【确定】按钮后，即可在弹出的【对象标签辅助功能属性】对话框中设置 Flash 动画的【标题】等属性，单击【确定】按钮为文档插入 Flash。此时，文档中将显示一个灰色的方框，其中有 Flash 标志。在文档中选择该 Flash 文件，【属性】面板中将显示该文件的各个参数，如大小、路径、品质等，如图 9-2 所示。

图 9-2 【对象标签辅助功能属性】对话框

SWF【属性】面板中各个选项及其作用的详细介绍如表 9-1 所示。

表 9-1 SWF【属性】面板中的各选项及作用

| 名　　称 | 功　能　描　述 |
|---|---|
| ID | 为 SWF 文件指定唯一 ID |
| 宽和高 | 以像素为单位指定影片的高度和宽度 |
| 文件 | 指定 SWF 或 Shockwave 文件的路径 |
| 背景 | 指定影片区域的背景颜色 |
| 编辑 | 启动 Flash 以及更新 FLA 文件 |
| 循环 | 使影片连续播放 |
| 自动播放 | 在加载页面时自动播放影片 |
| 垂直边距 | 指定影片上、下空白的像素数 |
| 水平边距 | 指定影片左、右空白的像素数 |
| 品质 | 在影片播放期间控制抗失真，分为低品质、自动低品质、自动高品质和高品质 |
| 比例 | 确定影片如何适合在宽度和高度文本框中设置的尺寸。默认为显示整个影片 |
| 对齐 | 确定影片在页面中的对齐方式 |
| Wmode | 为 SWF 文件设置 Wmode 参数以避免与 DHTML 元素（例如 Spry 构件）相冲突。默认值为不透明 |
| 播放 | 在【文档】窗口中播放影片 |
| 参数 | 打开一个对话框，可在其中输入传递给影片的附加参数 |

## 9.1.2　透明 Flash 动画

当插入的 Flash 动画没有背景图像时，就可以通过【属性】面板中的 Wmode 选项将其设置为透明 Flash 动画。

在文档中插入一个没有背景的 Flash 动画，方法与插入普通 Flash 动画相同。然后，单击【属性】面板中的【播放】按钮预览效果，可以发现该 Flash 动画并未显示为透明动画。

停止动画预览后，在【属性】面板中选择 Wmode 选项为【透明】。然后保存文档后预览网页，可以发现该 Flash 动画中的黑色背景被隐藏，网页的背景图像完全显示。

# 9.2 插入 FLV 视频

FLV 是一种新的视频格式，全称为 Flash Video，用户可以向网页中轻松添加 FLV 视频，而无须使用 Flash 创作工具。由于它形成的文件极小、加载速度极快，使得网络观看视频文件成为可能，它的出现有效地解决了视频文件导入 Flash 后，使导出的 SWF 文件体积庞大、不能在网络上很好地使用等问题。本节主要讲述两个方面的内容，累进式下载视频和流视频。用户通过对本节的学习，为后期的网站建设奠定基础。

## 9.2.1　累进式下载视频

累进式下载视频即允许用户下载到本地计算机中播放的视频。相比传统的视频，Flash 允许用户在下载的过程中播放视频已下载的部分。

在 Dreamweaver 中创建空白网页，然后即可单击【插入】面板中的 Flash Video 按钮，在弹出的【插入 FLV】对话框中选择 FLV 视频文件，并设置播放器的外观、视频显示的尺寸等参数，如图 9-3 所示。

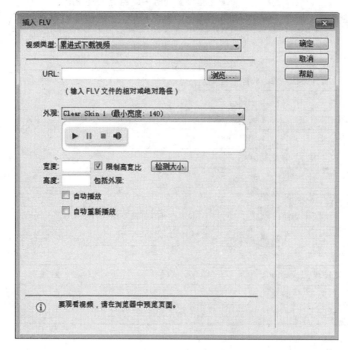

图 9-3　【插入 FLV】对话框

【累进式下载视频】类型的各个选项名称及作用详细介绍如表 9-2 所示。

表 9-2　【累进式下载视频】类型的各个选项名称及作用

| 选 项 名 称 | 作　　用 |
| --- | --- |
| URL | 指定 FLV 文件的相对路径或绝对路径 |
| 外观 | 指定视频组件的外观 |
| 宽度 | 以像素为单位指定 FLV 文件的宽度 |
| 高度 | 以像素为单位指定 FLV 文件的高度 |
| 限制高宽比 | 保持视频组件的宽度和高度之间的比例不变 |
| 自动播放 | 指定在 Web 页面打开时是否播放视频 |
| 自动重新播放 | 指定播放控件在视频播放完之后是否返回起始位置 |

设置完成后，文档中将会出现一个带有 Flash Video 图标的灰色方框，此时还可以在【属性】面板中重新设置 FLV 视频的尺寸、文件 URL 地址、外观等参数，如图 9-4 所示。

图 9-4　在【属性】面板中重新设置参数

保存该文档并预览效果，可以发现一个生动的多媒体视频显示在网页中。当光标经过该视频时，将显示播放控制条；反之离开该视频，则隐藏播放控制条，如图 9-5 所示。

图 9-5 显示播放控制条

## 9.2.2 流视频

流视频是比累进式下载视频安全性更好，更适合版权管理的一种视频发布方式。相比累进式下载的视频，流视频的用户无法通过完成下载，将视频保存到本地计算机中。然而使用流视频需要建立相应的流视频服务器，通过特殊的协议提供视频来源。

使用 Dreamweaver CC，用户也可以方便地插入流视频。单击【插入】面板中的【媒体：FLV】按钮，在弹出的【插入 FLV】对话框中选择【视频类型】为【流视频】，然后在该对话框的下面将显示相应的选项，如图 9-6 所示。

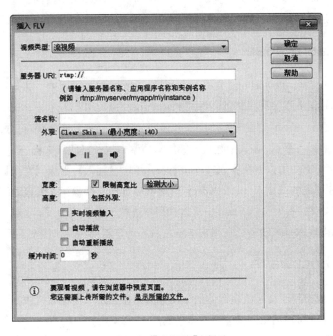

图 9-6 【流视频】类型

【流视频】类型的各个选项名称及作用详细介绍如表 9-3 所示。

表9-3 【流视频】类型的各个选项名称及作用

| 选项名称 | 作用 |
| --- | --- |
| 服务器 URI | 指定服务器名称、应用程序名称和实例名称 |
| 流名称 | 指定想要播放的 FLV 文件的名称。扩展名 flv 是可选的 |
| 外观 | 指定视频组件的外观，所选外观的预览会显示在【外观】弹出菜单的下方 |
| 宽度 | 以像素为单位指定 FLV 文件的宽度 |
| 高度 | 以像素为单位指定 FLV 文件的高度 |
| 限制高宽比 | 保持视频组件的宽度和高度之间的比例不变，默认情况下会选择此选项 |
| 实时视频输入 | 指定视频内容是否是实时的 |
| 自动播放 | 指定在 Web 页面打开时是否播放视频 |
| 自动重新播放 | 指定播放控件在视频播放完之后是否返回起始位置 |
| 缓冲时间 | 指定在视频开始播放之前进行缓冲处理所需的时间（以秒为单位） |

设置完成后，文档中同样会出现一个带有 Flash Video 图标的灰色方框，此时还可以在【属性】面板中重新设置 FLV 视频的尺寸、服务器 URI、外观等参数。

# 9.3 多媒体网页制作

多媒体网页是指在网页中添加了声音、视频和 Flash 电影等多媒体内容的页面。声音和视频这些多媒体内容，使得原来的静态网页变得活色生香，目前主流的动画文件格式是 Flash 动画文件。本节介绍如何在网页中插入 FlashPaper、Shockwave 视频、Java Applet 程序、ActiveX 控件和插件。用户通过对本节的学习，为后期的网站建设奠定基础。

## 9.3.1 插入 FlashPaper

如果想要将 Word 文档、PowerPoint 文档或者 Excel 文档发布到网页中，并且希望禁止其他用户编辑修改，以保护自己的知识产权，可以将其制作成 FlashPaper。

FlashPaper 与普通的 Flash 动画有所不同，普通的 Flash 动画只能够观看，或者添加超级链接，而FlashPaper 不仅能够观看，还可以在其中翻页、缩放、搜索，以及打印该文档。

在 Dreamweaver CC 中可以直接插入 FlashPaper。单击【插入】面板【常用】选项卡中的【媒体：FlashPaper】按钮，在弹出的【插入 FlashPaper】对话框中选择文件源，并设置动画显示的尺寸。

保存文档后预览效果，在网页的 Flash 中可以使用右边的滚动条滚动页面。当放大 FlashPaper 中的内容时，其底部会自动出现水平滚动条，让用户能够左右拖动查看内容，如图 9-7 所示。

## 9.3.2 插入 Shockwave 视频

Shockwave 是 Web 上用于交互式多媒体的一种标准，并且是一种压缩格式，可使在 Director 中创建的媒体文件能够被大多数常用浏览器快速下载和播放。

将光标置于要插入 Shockwave 影片的位置，单击【媒体：Shockwave】按钮，在弹出的【选择文件】

对话框中选择要播放的视频文件，即可在文档中插入一个带有 Shockwave 图标的灰色方框。

图 9-7　插入 FlashPaper

选择文档中的 Shockwave 文件，在【属性】面板中可以设置视频文件的尺寸、垂直边距、水平边距和对齐方式等参数。Shockwave 格式文件的各种属性设置与 Flash 动画十分类似，在此将不再赘述。

## 9.3.3　插入 Java Applet 程序

Java Applet 是一种镶嵌在 HTML 网页中，然后由支持 Java 的浏览器，例如 Netscape Navigator、IE 以及现在流行的 FireFox 等下载并且启动运行的 Java 程序。将光标置于要插入 Java Applet 程序的位置，单击【媒体：APPLET】按钮，在弹出的【选择文件】对话框中选择包含有 Java Applet 程序的文件，此时文档中将插入一个带有 APPLET 图标的灰色方框。

在文档中选择该方框，可以在【属性】面板中设置其显示的区域尺寸、垂直边距以及水平边距等参数。Applet【属性】面板中各个选项及作用详细介绍如表 9-3 所示。

表 9-3　【属性】面板中各个选项及作用

| 选 项 名 称 | 作　用 |
| --- | --- |
| 名称 | 指定用来标识 Applet 以撰写脚本的名称 |
| 宽和高 | 以像素为单位指定 Applet 的宽度和高度 |
| 代码 | 指定包含该 Applet 的 Java 代码的文件 |
| 基址 | 标识包含选定 Applet 的文件夹。在用户选择了一个 Applet 后，此文本框将自动填充 |
| 对齐 | 确定对象在页面上的对齐方式 |
| 替换 | 指定在用户的浏览器不支持 JavaApplet 或者已禁用 Java 的情况下要显示的替代内容 |
| 垂直边距 | 以像素为单位指定 Applet 上、下的空白量 |
| 水平边距 | 以像素为单位指定 Applet 左、右的空白量 |
| 参数 | 打开一个用于输入要传递给 Applet 的其他参数的对话框 |

## 9.3.4　插入 ActiveX 控件

ActiveX 控件（以前称作 OLE 控件）是功能类似于浏览器插件的可复用组件。Dreamweaver 中的 ActiveX 对象允许用户在网页访问者的浏览器中为 ActiveX 控件设置属性和参数。

将光标置于要插入 ActiveX 控件的位置，单击【媒体：ActiveX】按钮，即可在文档中插入一个带有

ActiveX 图标的灰色方框。在文档中选择该方框，可以在【属性】面板中设置 ActiveX 控件的尺寸、ClassID、源文件等参数。在选择源文件之前，首先要启用【嵌入】复选框。ActiveX【属性】面板中各个选项及作用详细介绍如表 9-4 所示。

表 9-4　ActiveX【属性】面板中各个选项及作用

| 选项名称 | 作　用 |
| --- | --- |
| 名称 | 指定用来标识 ActiveX 对象以撰写脚本的名称 |
| 宽和高 | 以像素为单位指定对象的宽度和高度 |
| ClassID | 为浏览器标识 ActiveX 控件，输入一个值或从下拉列表中选择一个值 |
| 嵌入 | 为该 ActiveX 控件在 object 标签内添加 embed 标签 |
| 对齐 | 确定对象在页面上的对齐方式 |
| 参数 | 打开一个用于输入要传递给 ActiveX 对象的其他参数的对话框 |
| 源文件 | 定义在启用了【嵌入】复选框时用于 Netscape Navigator 插件的数据文件 |
| 垂直边距 | 以像素为单位指定 ActiveX 控件上、下的空白量 |
| 水平边距 | 以像素为单位指定 ActiveX 控件左、右的空白量 |
| 基址 | 指定包含该 ActiveX 控件的 URL |
| 替换图像 | 指定在浏览器不支持 object 标签的情况下要显示的图像，只有在取消选中【嵌入】复选框后此选项才可用 |
| 数据 | 为要加载的 ActiveX 控件指定数据文件 |

设置完成后保存文档，预览页面即可查看，ActiveX 控件中添加的内容。在这里添加一个 WMV 格式的视频文件如图 9-8 所示。

图 9-8　添加 WMV 格式的视频文件

## 9.3.5　插入插件

网页浏览器作为一种综合的多媒体播放平台，可以播放多种类型的多媒体文档，包括音频、视频、动画等。使用 Dreamweaver CC，用户可以方便地将这些媒体类型插入到网页文档中。

将光标置于要插入影片的位置，单击【插件】按钮，在弹出的对话框中选择 WMV 视频文件，此时文档中将插入一个带有插件图标的灰色方框。选择该方框，可以在【属性】面板中设置其尺寸、源文件和插件的 URL 等参数，如图 9-9 所示。

图 9-9 插入插件

插件【属性】面板中各个选项及作用详细介绍如表 9-5 所示。

表 9-5 【属性】面板中各个选项及作用

| 选 项 名 称 | 作 用 |
|---|---|
| 名称 | 指定用来标识插件以撰写脚本的名称 |
| 宽和高 | 以像素为单位指定在页面上分配给对象的宽度和高度 |
| 源文件 | 指定源数据文件。单击文件夹图标以浏览某一文件,或者输入文件名 |
| 插件 URL | 指定 pluginspace 属性的 URL |
| 对齐 | 确定对象在页面上的对齐方式 |
| 垂直边距 | 以像素为单位指定插件上、下的空白量 |
| 水平边距 | 以像素为单位指定插件左、右的空白量 |
| 边框 | 指定环绕插件四周的边框的宽度 |
| 参数 | 打开一个用于输入要传递给 Netscape Navigator 插件的其他参数的对话框 |

# 9.4 综合实战

本章概要性地介绍了插入 Flash 动画、插入 FLV 视频、多媒体网页制作,为本书后续的学习打下坚实的基础。本章主要讲述插入 Flash 动画、插入 FLV 视频、多媒体网页制作,其中包括制作吸引人的网站的一些方法和相关技术,接下来我们通过两个实例来对本章的内容进行实践。

## 9.4.1 实战:制作导航条板块

在许多博客、个人空间和网站的页面中都喜欢插入透明 Flash 动画,这样可以使原本静止的图片产生 Flash 动感效果。本例将制作一个具有水滴效果的导航条版块,主要练习插入 Div、定义 CSS 样式、插入 Flash 动画、设置 Flash 动画的透明度,如图 9-10 所示。

图 9-10 制作导航条板块

**STEP|01** 在 Dreamweaver 中新建空白网页文档，设置其【标题】为"蒲公英十字绣"，并将其保存，如图 9-11 所示。

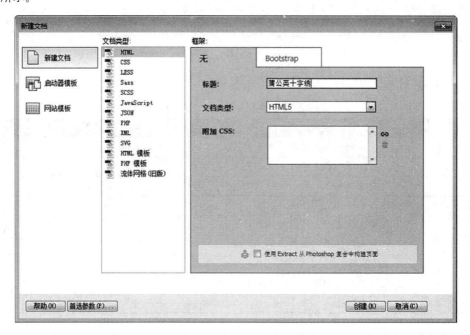

图 9-11 【新建文档】对话框

**STEP|02** 单击【页面属性】按钮，在弹出的对话框中设置页面【背景图像】、【大小】和【文本颜色】等属性，如图 9-12～图 9-14 所示。

图 9-12 单击【页面属性】按钮

图 9-13 【页面属性】对话框【外观（CSS）】选项卡

图 9-14　【页面属性】对话框【链接（CSS）】选项卡

**STEP|03** 单击【插入】|HTML|Div 按钮，在弹出的【插入 Div】对话框中插入一个 ID 为 container 的层，在弹出的【#container 的 CSS 规则定义】对话框中设置参数，如图 9-15～图 9-19 所示。

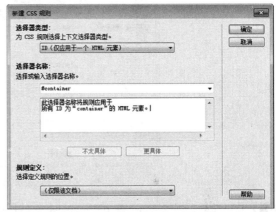

图 9-15　【插入 Div】对话框　　　　　　图 9-16　【新建 CSS 规则】对话框

图 9-17　【#container 的 CSS 规则定义】对话框 1

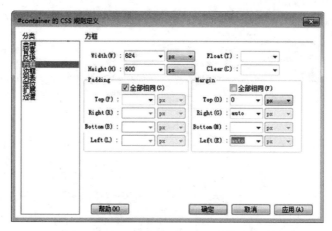

图 9-18 【#container 的 CSS 规则定义】对话框 2

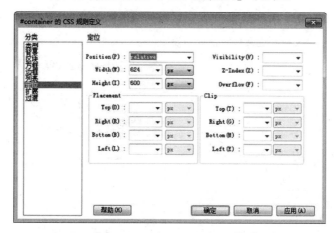

图 9-19 【#container 的 CSS 规则定义】对话框 3

**STEP|04** 使用相同的方法，在 ID 为 container 的层中插入两个 ID 分别为 title 和 banner 的层，以及一个 class 为 container 的层，并定义它们的样式，如图 9-20～图 9-22 所示。

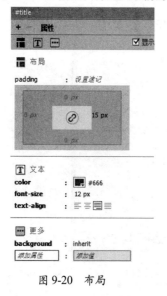

图 9-20 布局

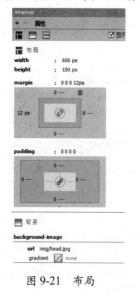

图 9-21 布局

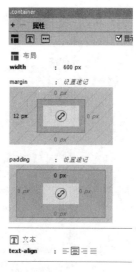

图 9-22 布局

**STEP|05** 在 ID 为 title 的层中输入文本，在 ID 为 banner 的层中设置背景图像，效果如图 9-23 所示。

图 9-23 页面效果

**STEP|06** 单击【插入】| HTML | Flash SWF 按钮，弹出【选择 SWF】对话框，在 ID 为 banner 的层中插入准备好的 Flash 文件，如图 9-24 所示。

图 9-24 【选择 SWF】对话框

**STEP|07** 然后，在【属性】面板中单击【项目列表】按钮，在 class 为 container 的层中插入列表并定义该列表的样式，如图 9-25 和图 9-26 所示。

图 9-25 【属性】面板

```
<div class="container">
    <ul id="top-nav">
        <li><a href="#">网站首页</a></li>
        <li><a href="#">关于我们</a></li>
        <li><a href="#">产品服务</a></li>
        <li><a href="#">服务理念</a></li>
        <li><a href="#l">再线购买</a></li>
        <li><a href="#">加盟连锁</a></li>
    </ul>
</div>
```

图 9-26　CSS 样式代码

**STEP|08** 选择该 Flash 文件，在【属性】面板中设置该文件的 Wmode 的值为【透明】，如图 9-27 和图 9-28 所示。

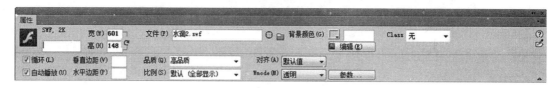

图 9-27　设置 Wmode 的值为【透明】

图 9-28　页面效果

## 9.4.2　实战：制作音乐播放网页

在很多休闲和娱乐的网站中都添加有 Flash 音乐，可以实现播放、暂停、快进和后退等功能，使网站给访问者一种轻松舒适的感觉。本例将制作一个带有音乐播放的个人空间，主要练习插入表格、设置单元格的背景图像、使用【绘制 AP Div】、创建热点区域、插入 Flash 插件，如图 9-29 所示。

图 9-29　制作音乐播放网页

**STEP|01** 在 Dreamweaver 中新建空白网页文档，单击【页面属性】按钮，在弹出的【页面属性】对话框中设置页面【大小】、【文本颜色】、【左边距】、【右边距】和【标题】等属性，如图 9-30～图 9-32 所示。

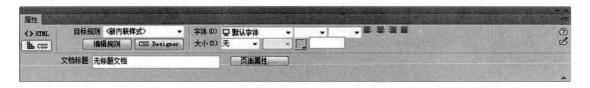

图 9-30　单击【页面属性】按钮

图 9-31　【页面属性】对话框

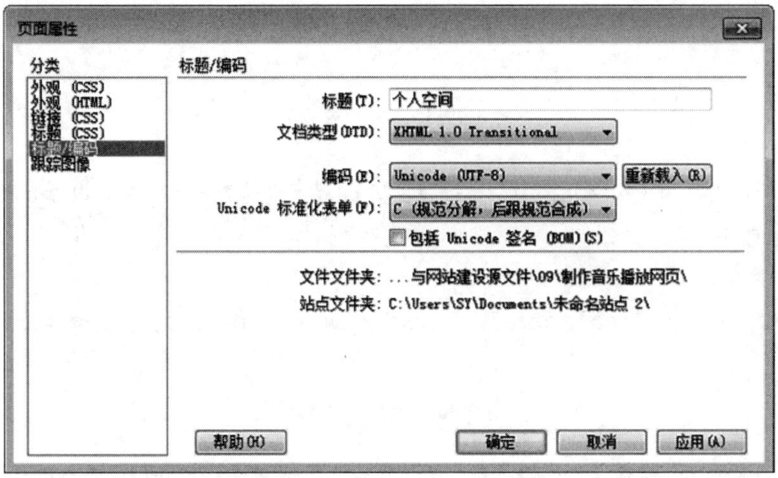

图 9-32　【页面属性】对话框

**STEP|02** 执行【插入】|HTML|Table 命令，在弹出的 Table 对话框中创建 3 行×3 列的表格，分别合并第 1 行和第 3 行单元格，如图 9-33～图 9-35 所示。

图 9-33　Table 对话框

图 9-34　表格设置

图 9-35　页面效果

**STEP|03** 将光标放置在第 1 行单元格中，执行【窗口】|【标签检查器】命令，设置 height、background 参数，如图 9-36 所示。

```
<tr>
    <td height="121" colspan="3" background="images/1.jpg"> </td>
</tr>
```

图 9-36　CSS 样式代码

**STEP|04** 用相同的方法，设置第 2 行第 2 列、第 2 行第 3 列和第 3 行单元格的背景图像。然后将光标放置在第 2 行第 1 列单元格中，执行【插入】|【图像】命令，在第 2 行第 1 列中插入图像，如图 9-37 所示。

**STEP|05** 选择第 2 行第 1 列单元格的图像，在【属性】面板中单击【圆形热点工具】按钮，分别在"主页"和"博客"等文本创建 5 个热点区域。然后，在【布局】选项卡中单击【绘制 AP Div】按钮，在第 2 列单元格中插入一个 ID 为 apDiv1 的层并定义其样式，如图 9-38 所示。

图 9-37 部分页面效果

```
#apDiv1{
    position:absolute;
    visibility:visible;
    left: 250px;
    top: 150px;
    width: 559px;
    height: 394px;
}
```

图 9-38 CSS 样式代码

**STEP|06** 在 ID 为 apDiv1 的层中输入文本，然后，在【CSS 样式】面板中定义标题和段落的样式，如图 9-39 和图 9-40 所示。

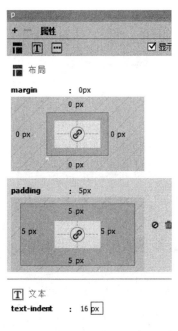

图 9-39 布局

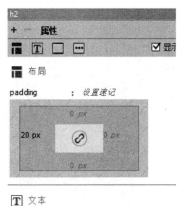

图 9-40 布局

**STEP|07** 执行【插入】|【布局对象】|【绘制 AP Div】命令，在表格第 1 行单元格中绘制一个 ID 为 apDiv2 的层，并定义该层样式。然后，执行【插入】|【媒体】|【插件】命令，在 ID 为 apDiv2 的层中插入 mp3 音乐，并在【属性】面板中设置该插件的属性，如图 9-41～图 9-43 所示。

```
#apDiv2{
    position:absolute;
    left:737px;
    top:54px;
    width:228px;
    height:40px;
    z-index:1;
    border:#B0B82C 1px solid;
    background-color: #FFFFCC;
}
```

图 9-41 CSS 样式代码

图 9-42　插件的属性

图 9-43　页面效果

# 第 **10** 章

## 设计数据表格

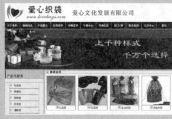

在网页设计过程中，为了将网页元素按照一定的序列或位置进行排列，首先需要对页面进行布局，而最简单的布局方式就是使用表格。表格是由行和列组成的，而每一行或每一列又包含一个或多个单元格，网页元素可以放置在任意一个单元格中。通过这些数据表格的设置，能够大大地提高外观显示的效果，而且能够更加直观地展现数据。

本章主要介绍创建表格、编辑表格、Spry 框架、Spry 菜单栏和综合实战。通过本章的学习我们可以知道表格的创建和操作方法，以及如何编辑表格中的单元格，在 Dreamweaver 中进行简单的页面布局。

# 10.1 创建表格

表格通常用于在 HTML 页面上显示表格式数据，以及对文本和图像进行布局，通过表格可以将网页元素放置在指定的位置。本节主要讲述两方面的内容，即插入表格和嵌套表格、设置表格属性。用户通过对本节的学习，可以了解到如何在网页中插入表格和嵌套表格、设置表格属性。

## 10.1.1 插入表格和嵌套表格

在插入表格之前，首先将鼠标光标置于要插入表格的位置。在新建的空白网页中，光标默认在文档的左上角。在菜单栏中单击【插入】|【表格】，在弹出的【表格】对话框中设置相应的参数，即可在文档中插入一个表格，如图 10-1 所示。

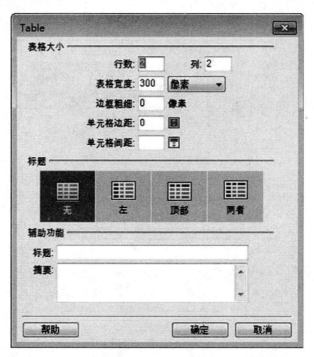

图 10-1 插入表格

嵌套表格是在另一个表格单元格中插入的表格，设置其属性的方法与任何其他表格相同。将光标置于表格中的任意一个单元格，单击【插入】面板中的【表格】按钮，在弹出的【表格】对话框中设置相应的参数，即可在该表格中插入一个嵌套表格。

## 10.1.2 设置表格属性

对于文档中已创建的表格，可以通过设置【属性】面板来更改表格的结构、大小和样式等。单击表格的任意一个边框，可以选择该表格。此时，【属性】面板中将显示该表格的基本属性，如图 10-2 所示。

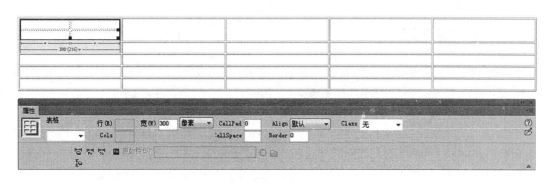

图 10-2 设置表格属性

表格【属性】面板中的各个选项及作用介绍如下。

### 1.表格 ID

表格 ID 用来设置表格的标识名称，也就是表格的 ID。选择表格，在 ID 文本框中直接输入即可设置。

### 2.行和列

行和列用来设置表格的行数和列数。选择文档中的表格，即可在【属性】面板中重新设置该表格的行数和列数。

### 3.宽

宽用来设置表格的宽度，以像素为单位或者按照所占浏览器窗口宽度的百分比进行计算。在通常情况下，表格的宽度以像素为单位，这样可以防止网页中的元素随着浏览器窗口的变化而发生错位或变形。

### 4.填充

填充用来设置表格中单元格内容与单元格边框之间的距离，以像素为单位。

### 5.间距

间距用于设置表格中相邻单元格之间的距离，以像素为单位。

### 6.边框

边框用来设置表格四周边框的宽度，以像素为单位。

如表 10-1 所示为图标的名称和功能。

表 10-1 图标的名称和功能

| 图标 | 名 称 | 功 能 |
|---|---|---|
| | 清除列宽 | 清除表格中已设置的列宽 |
| | 清除行高 | 清除表格中已设置的行高 |
| | 将表格宽度转换为像素 | 将表格的宽度转换为以像素为单位 |
| | 将表格宽度转换为百分比 | 将表格的宽度转换为以表格占文档窗口的百分比为单位 |

## 10.2 编辑表格

网页的要求是多样化的，如果创建的表格不符合网页的设计要求，那么就需要对该表格进行编辑。本节主要讲述选择表格元素、调整表格的大小、添加或删除表格行与列、合并及拆分单元格、复制及粘贴单元格。用户通过对本节的学习，可以了解到如何编辑表格。

## 10.2.1 选择表格元素

在对整个表格以及表格中行、列或单元格进行编辑时，首先需要选择指定的对象。可以一次选择整个表格、行或列，也可以选择一个或多个单独的单元格。

### 1．选择整个表格

将鼠标移动到表格的左上角、上边框或者下边框的任意位置，或者行和列的边框，当鼠标光标变成表格网格图标🔲时（行和列的边框除外），单击即可选择整个表格。将光标置于表格中的任意一个单元格中，单击状态栏中标签选择器上的<table>标签，也可以选择整个表格，如图10-3所示。

图 10-3　选择整个表格

### 2．选择行或列

选择表格中的行或列，就是选择行中所有连续单元格或者列中所有连续单元格。将光标移动到行的最左端或者列的最上端，当鼠标光标变成选择箭头 ➡ 或 ⬇ 时，单击即可选择单个行或列，如图 10-4 和图 10-5 所示。

图 10-4　表格选择行

图 10-5　表格选择列

### 3．选择单元格

将鼠标光标置于表格中的某个单元格，即可选择该单元格。如果想要选择多个连续的单元格，将光标置于单元格中，沿任意方向拖动即可选择。将鼠标光标置于任意单元格中，按住 Ctrl 键并同时单击其他单元格，即可以选择多个不连续的单元格，如图10-6所示。

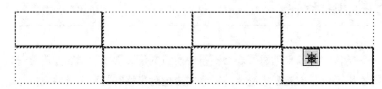

图 10-6　选择多个不连续的单元格

## 10.2.2 调整表格的大小

当选择整个表格后，在表格的右边框、下边框和右下角会出现三个控制点。通过鼠标拖动这三个控制点，可以使表格横向、纵向或者整体放大或缩小，如图 10-7～图 10-10 所示。

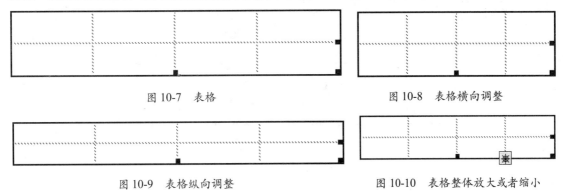

图 10-7 表格 　　　　　　　　　　　　　　　图 10-8 表格横向调整

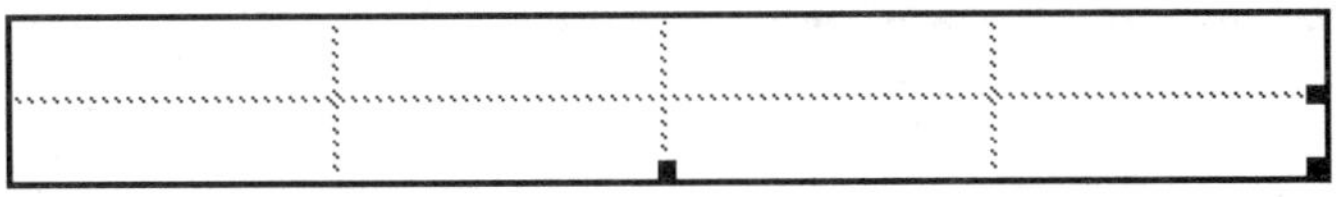

图 10-9 表格纵向调整 　　　　　　　　　　　图 10-10 表格整体放大或者缩小

除了可以在【属性】面板中调整行或列的大小外，还可以通过拖动方式来调整其大小。将鼠标移动到单元格的边框上，当光标变成左右箭头 ┿ 或者上下箭头 ┿ 时，单击并横向或纵向拖动鼠标即可改变行或列的大小。

## 10.2.3 添加或删除表格行与列

为了使表格根据数据的多少改变为适当的结构，通常需要对表格添加或删除行或者列。

### 1．添加行与列

想要在某行的上面或者下面添加一行，首先将光标置于该行的某个单元格中，单击【插入】面板【布局】选项卡中的【在上面插入行】按钮或【在下面插入行】按钮，即可在该行的上面或下面插入一行。

想要在某列的左侧或右侧添加一列，首先将光标置于该列的某个单元格中，单击【布局】选项卡中的【在左边插入列】按钮或【在右边插入列】按钮，即可在该列的左侧或右侧插入一列。

### 2．删除行与列

如果想要删除表格中的某行，而不影响其他行中的单元格，可以将光标置于该行的某个单元格中，然后执行【修改】|【表格】|【删除行】命令即可。

## 10.2.4 合并及拆分单元格

对于不规则的数据排列，可以通过合并或拆分表格中的单元格来满足不同的需求。

### 1．合并单元格

合并单元格可以将同行或同列中的多个连续单元格合并为一个单元格。选择两个或两个以上连续的单元格，单击【属性】面板中的【合并所选单元格】按钮，即可将所选的多个单元格合并为一个单元格，如图 10-11～图 10-13 所示。

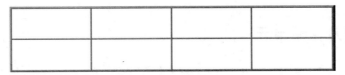

图 10-11 表格合并前

图 10-12 【合并所选单元格】按钮

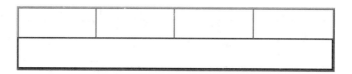

图 10-13 表格合并后

## 2．拆分单元格

拆分单元格可以将一个单元格以行或列的形式拆分为多个单元格。将光标置于要拆分的单元格中，单击【属性】面板中的【拆分单元格为行或列】按钮，在弹出的对话框中启用【行】或【列】选项，并设置行数或列数，如图 10-14～图 10-17 所示。

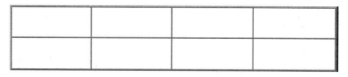

图 10-14 表格拆分前

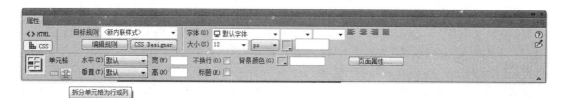

图 10-15 【拆分单元格】按钮

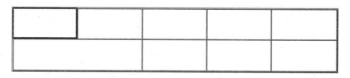

图 10-16 【拆分单元格】对话框    图 10-17 表格拆分后

## 10.2.5 复制及粘贴单元格

与网页中的元素相同，表格中的单元格也可以复制与粘贴，并且可以在保留单元格设置的情况下复制及粘贴多个单元格。

选择要复制的一个或多个单元格，执行【编辑】|【拷贝】命令（或按 Ctrl+C 组合键），即可复制所选的单元格及其内容，如图 10-18 所示。

选择要粘贴单元格的位置，执行【编辑】|【粘贴】命令（或按 Ctrl+V 组合键），即可将源单元格的设置及内容粘贴到所选的位置，如图 10-19 和图 10-20 所示。

| | | | 1 | 2 | 3 | 4 |
| --- | --- | | --- | --- | --- | --- |
| | | | 5 | 6 | 7 | 8 |

图 10-18　复制单元格　　　　　　　　　　　图 10-19　表格

| | | 3 | 4 |
| --- | --- | --- | --- |
| 5 | 6 | 7 | 8 |

图 10-20　粘贴表格

# 10.3　Spry 框架和 Spry 菜单栏

Spry 框架支持一组用标准 HTML、CSS 和 JavaScript 编写的可重用构件。Spry 构件是一个页面元素，通过启用用户交互来提供更丰富的用户体验。本节主要讲述 Spry 选项卡式面板、Spry 折叠式、Spry 可折叠面板和 Spry 工具提示。用户通过对本节的学习，可以了解到什么是 Spry 框架和 Spry 菜单栏。

## 10.3.1　Spry 选项卡式面板

菜单栏构件是一组可导航的菜单按钮，当站点访问者将光标悬停在其中的某个按钮上时，将显示相应的子菜单。Dreamweaver 提供两种菜单栏构件，即垂直构件和水平构件。

### 1．插入菜单栏构件

在文档中，单击【插入】面板中的【Spry 菜单栏】按钮，在弹出的对话框中启用【水平】或【垂直】单选按钮，即可创建水平或垂直菜单构件。

### 2．添加菜单项

在【文档】窗口中选择一个菜单栏构件，在【属性】检查器中单击第 1 列上方的【添加菜单项】按钮，即可添加一个新的菜单项。然后，在右侧的【文本】文本框中可以重命名该菜单项。

在【文档】窗口中选择菜单栏构件，在【属性】检查器中选择任意主菜单项的名称。单击第 2 列上方的【添加菜单项】按钮，即可向该主菜单项中添加一个子菜单项。在右侧的【文本】文本框中可以重命名该子菜单项。

要向子菜单中添加子菜单，首先选择要向其中添加另一个子菜单项的子菜单项名称，然后在【属性】检查器中单击第 3 列上方的【添加菜单项】按钮。

### 3．删除菜单项

在【文档】窗口中选择一个菜单栏构件，在【属性】检查器中选择要删除的主菜单项或子菜单项的名称，然后单击【删除菜单项】按钮 ▬ 即可。

Spry 选项卡式面板构件是一组面板，用户可通过单击面板上的选项卡来隐藏或显示存储在选项卡式面板中的内容。当访问者单击不同的选项卡时，构件的面板会相应地打开。

### 4．插入选项卡式面板

将光标置于要插入选项卡式面板构件的位置，单击【插入】面板中的【Spry 选项卡式面板】按钮，即可在该位置插入一个 Spry 选项卡式面板。

### 5．添加选项卡式面板

选择文档中的选项卡式面板，在【属性】检查器中单击列表上面的【添加面板】按钮 ✚，即可添加一个新的选项卡式面板。然后，在文档中可以直接修改该选项卡式面板的名称。

### 6．删除选项卡式面板

选择文档中的选项卡式面板构件，在【属性】检查器的列表中选择要删除的选项卡式面板名称，然后单击列表上面的【删除面板】按钮 ▬，即可将该选项卡式面板删除。

## 10.3.2　Spry 折叠式

Spry 折叠式面板是一组可折叠的面板，用户可通过单击面板上的选项卡来隐藏或显示存储在折叠构件中的内容。当单击不同的选项卡时，可折叠面板会相应地展开或收缩。在折叠构件中，每次只能有一个内容面板处于打开且可见的状态。

### 1．插入折叠式面板

将光标置于要插入折叠式面板的位置，单击【插入】面板中的【Spry 折叠式】按钮，即可在该位置插入一个 Spry 折叠式面板。

### 2．添加选项面板

在文档中选择折叠式面板构件，单击【属性】检查器中列表上面的【添加面板】按钮 ✚，即可添加一个新的选项面板。

### 3．删除选项面板

在文档中选择折叠式面板，在【属性】检查器的列表中选择要删除的选项面板的名称，然后单击上面的【删除面板】按钮 ▬ 即可。

### 4．打开选项面板

将光标指针移到要在文档中打开的选项面板的选项卡上，然后单击出现在该选项卡右侧的眼睛图标，即可将该选项面板打开。

## 10.3.3　Spry 可折叠面板和 Spry 工具提示

用户单击可折叠面板的选项卡即可隐藏或显示存储在可折叠面板中的内容。

### 1．插入可折叠面板

将光标置于要插入折叠式面板的位置，单击【插入】面板中的【Spry 可折叠面板】按钮，即可在该位置插入一个 Spry 可折叠式面板。

### 2．打开或关闭可折叠面板

在文档中，将光标指针移到可折叠面板的选项卡上，然后单击出现在该选项卡右侧中的眼睛图标，即可打开或关闭可折叠面板。

在文档中选择可折叠面板，然后在【属性】检查器的【显示】下拉列表中选择【打开】或【已关闭】选项，也可打开或关闭可折叠面板。

当用户将光标移动至网页的特定元素上时，Spry 工具提示会显示预设的提示信息。选择要添加提示的元素，单击 Spry 选项卡中的【Spry 工具提示】按钮，即可创建一个 Spry 工具提示，此时可以在面板中更改提示信息内容。

在【属性】面板中，可以设置 Spry 工具提示与鼠标指针的相对位置、显示和隐藏工具提示的延迟时间，以及显示和隐藏工具提示时的过渡。

# 10.4 综合实战

本章概要性地介绍如何在网页中设计数据表格，为本书后续的学习打下一个坚实的基础。本章主要讲述如何创建表格、编辑表格、Spry 框架和 Spry 菜单栏，其中包括制作吸引人的网站的一些方法和相关技术，接下来我们通过两个实例来对本章的内容进行实践。

## 10.4.1  实战：制作购物车页

在网络商城购物时，当选择某一商品后，该商品将会自动放在购物车中，然后用户可以继续购物。当选择完所有所需的商品后，网站将会将这些商品以表格的形式逐个列举出来。本练习将使用表格制作购物车页面，主要练习插入表格、设置表格属性、设置单元格属性、嵌套表格、设置文本属性，如图 10-21 所示。

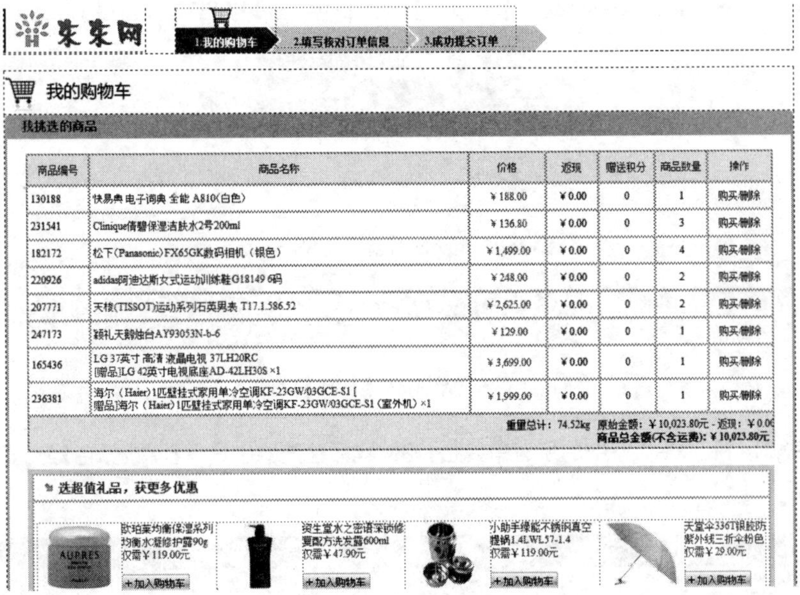

图 10-21  制作购物车页

**STEP|01** 打开素材页面 "index.html"，将光标置于 ID 为 carList 的 Div 层中，单击【插入】面板中的 Table

按钮，创建一个 10 行×7 列、【宽】为"880 像素"的表格，并在【属性】检查器中设置【填充】为 4、【间距】为 1、【对齐】方式为【居中对齐】，如图 10-22～图 10-24 所示。

```
<div id="carList">

</div>
```

图 10-22　CSS 样式代码　　　　　　　　　　图 10-23　Table 对话框

图 10-24　【属性】面板

**STEP|02** 在标签栏选择 table 标签，在 CSS 样式中设置表格【背景颜色】为"蓝色"（#aacded）。然后选择所有单元格，在【属性】面板中设置【背景颜色】为"白色"（#FFFFFF），如图 10-25 和图 10-26 所示。

图 10-25　table 标签的 CSS 样式

图 10-26　单元格【属性】面板

**STEP|03** 选择第 1 行和最后 1 行中的所有单元格，在【属性】检查器中设置【背景颜色】为"蓝色"（#ebf4fb），如图 10-27 所示。

图 10-27　单元格【属性】面板

**STEP|04** 设置第 1 行单元格的【高】为 35、最后 1 行单元格的【高】为 40。在第 1 行输入文本，设置【水平】对齐方式为【居中对齐】，最后 1 行单元格【水平】对齐方式为【右对齐】，如图 10-28 和图 10-29 所示。

图 10-28　第 1 行单元格的【属性】面板

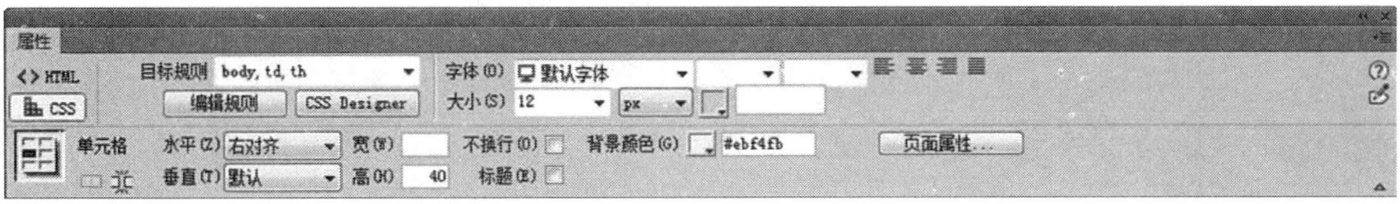

图 10-29　最后 1 行的【属性】面板

**STEP|05** 合并最后 1 行单元格，然后分别在单元格中输入相应的文本，在【属性】检查器中设置第 2～9 行的第 3～7 列单元格【水平】对齐方式为【居中对齐】、【高】为 30，如图 10-30 和图 10-31 所示。

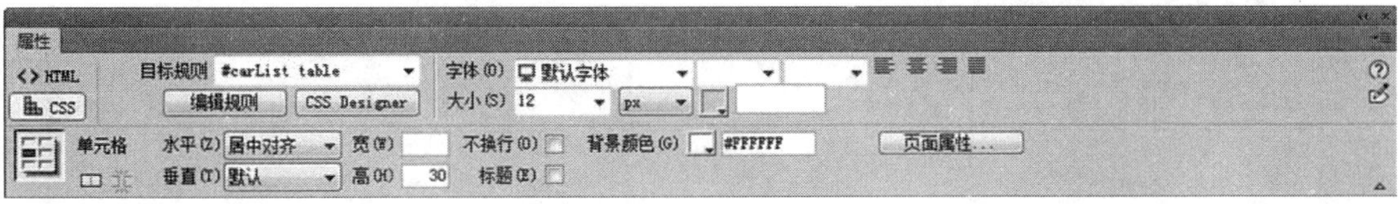

图 10-30　【属性】面板

| 商品编号 | 商品名称 | 价格 | 返现 | 赠送积分 | 商品数量 | 操作 |
|---|---|---|---|---|---|---|
| 130188 | 快易典 电子词典 全能 A810（白色） | ￥188.00 | ￥0.00 | 0 | 1 | 购买/删除 |
| 231541 | Clinique倩碧保湿洁肤水2号200ml | ￥136.80 | ￥0.00 | 0 | 3 | 购买/删除 |
| 182172 | 松下（Panasonic）FX65GK数码相机（银色） | ￥1,499.00 | ￥0.00 | 0 | 4 | 购买/删除 |
| 220926 | adidas阿迪达斯女式运动训练鞋G18149 6码 | ￥248.00 | ￥0.00 | 0 | 2 | 购买/删除 |
| 207771 | 天梭(TISSOT)运动系列石英男表 T17.1.586.52 | ￥2,625.00 | ￥0.00 | 0 | 2 | 购买/删除 |
| 247173 | 颖礼天鹅烛台AY93053N-b-6 | ￥129.00 | ￥0.00 | 0 | 1 | 购买/删除 |
| 165436 | LG 37英寸 高清 液晶电视 37LH20RC<br>囤品LG 42英寸电视底座 AD-42LH30S ×1 | ￥3,699.00 | ￥0.00 | 0 | 1 | 购买/删除 |
| 236381 | 海尔（Haier）1匹壁挂式家用单冷空调KF-23GW/03GCE-S1 [<br>赠品海尔（Haier）1匹壁挂式家用单冷空调KF-23GW/03GCE-S1（室外机）×1 | ￥1,999.00 | ￥0.00 | 0 | 1 | 购买/删除 |

重量总计：74.52kg　原始金额：￥10,023.80元 · 返现：￥0.00元
商品总金额(不含运费)：　￥10,023.80元

图 10-31　页面效果

**STEP|06** 在 CSS 样式属性中，分别创建类名称为 font3、font4、font5 的文本样式。然后选择第 1 行所有单元格，在【属性】检查器中设置【类】为 font3，选择第 2～9 行的第 2 列设置【类】为 font5，选择第 3 列设置【类】为 font4，如图 10-32～图 10-34 所示。

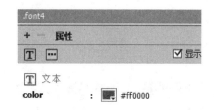

图 10-32　第 1 行所有单元格设置【类】为 font3　　　　图 10-33　第 3 列设置【类】为 font4

**STEP|07** 将光标置于表格外部，单击【插入】| HTML | Table 按钮，弹出 Table 对话框，创建一个 2 行×1 列、【宽】为 "870 像素" 的表格，如图 10-35 所示。

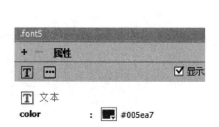

图 10-34　第 2～9 行的第 2 列设置【类】为 font5　　　　图 10-35　Table 对话框

**STEP|08** 然后在【属性】面板中设置表格【水平】对齐方式为【居中对齐】；【填充】为 4；【间距】为 1、单元格的【背景颜色】为 "白色" （#FFFFFF）以及第 1 行单元格【高】为 30。在 CSS 样式属性中设置 ID 为 table2 样式，选择表格在【属性】面板中设置【类】为 table2，如图 10-36 和图 10-37 所示。

图 10-36　表格【属性】面板

图 10-37　设置第 1 行单元格【高】为 30

**STEP|09** 然后，在第一行插入图像并输入文本，在 CSS 样式属性中设置类名称为 font6 的样式，并选择文本添加，如图 10-38 和图 10-39 所示。

**选超值礼品，获更多优惠**

图 10-38　页面效果　　　　　　　　　　　　　图 10-39　font6 样式

**STEP|10** 将光标置于第 2 行单元格中，单击【插入】面板中的【表格】按钮，创建一个 1 行×8 列、【宽】为 "860 像素" 的表格，并在【属性】检查器中设置【水平】对齐方式为【居中对齐】，并设置每个单元格的【背景颜色】为 "白色"。然后在单元格中插入图像，在<td>标签中，插入<span></span>标签，并输入文本。最后再插入<img>标签。如图 10-40～图 10-42 所示。

图 10-40　表格【属性】面板

```
<td width="100" bgcolor="#FFFFFF"><img src="images/bc64d3bd-9ccb-4c4f-bedf-5f210f9bfb7e.jpg" width="100" height="75" /></td>
<td width="137" bgcolor="#FFFFFF"><span class="font5">小助手绿能不锈钢真空提锅1.4LWL57-1.4</span><br />
 <span class="font4">仅需￥119.00元</span><br />
 <br />
 <a href="#"><img src="images/addcart2.gif" width="80" height="20" border="0" /></a></td>
```

图 10-41　CSS 样式代码

图 10-42　页面效果

## 10.4.2　实战：制作产品展示页

产品展示页为了尽可能地展示较多的产品，通常会将其设计得较长，这样就导致用户浏览起来非常不方便。如果在网页中使用 Spry 折叠式面板，则可以解决这个问题，既节约空间，又可以展示大量的产品。本例将运用 Spry 折叠式来制作产品展示页面，主要练习插入 Spry 折叠式、设置 Spry 折叠式、设置 Spry 折叠式的 CSS 样式，如图 10-43 所示。

**STEP|01** 新建文档，在标题栏输入 "户外度假网"，如图 10-44 所示。

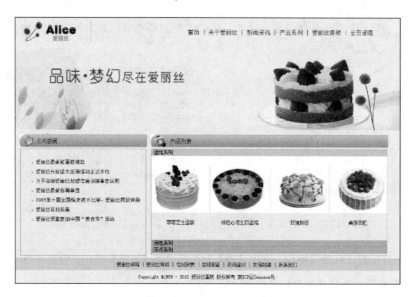

图 10-43　制作产品展示页

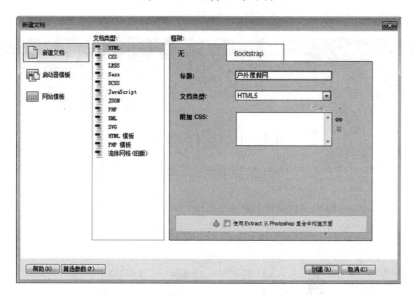

图 10-44　【新建文档】对话框

**STEP|02** 单击【属性】面板中的【页面属性】按钮，在弹出的【页面属性】对话框中设置参数，如图 10-45 和图 10-46 所示。

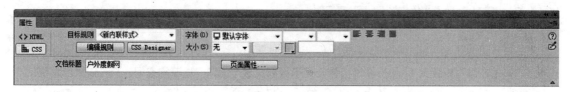

图 10-45　【属性】面板

**STEP|03** 然后，单击【插入】| HTML | Div 按钮，弹出【插入 Div】对话框，创建 ID 为 top 的 Div 层，

并设置其 CSS 样式属性，如图 10-47 所示。

```
#top {
    background-image: url(images/top.png);
    height: 285px;
    width: 1003px;
    display: block;
}
```

图 10-46 【页面属性】对话框          图 10-47 top 层 CSS 样式

**STEP|04** 将光标置于 ID 为 top 的 Div 层的下方，单击【插入 Div 标签】按钮，分别创建 ID 为 main、footer、copyright 的 Div 层，并设置其 CSS 样式属性，如图 10-48～图 10-50 所示。

```
#main {
    display: block;
    height: 300px;
    width: 960px;
    float: left;
    margin-left: 11px;
    margin-top: 10px;
}
```

```
#footer {
    background-color: #e6e6e6;
    display: block;
    float: left;
    height: 20px;
    width: 1003px;
    margin-top: 13px;
    text-align: center;
    padding-top: 10px;
}
```

```
#copyright {
    display: block;
    height: 30px;
    width: 1003px;
    float: left;
    padding-top:10px;
    text-align:center;
}
```

图 10-48 main 层 CSS 样式       图 10-49 footer 层 CSS 样式     图 10-50 copyright 层 CSS 样式

**STEP|05** 将光标置于 ID 为 top 的 Div 层中，单击【插入 Div 标签】按钮，创建 ID 为 menu 的 Div 层，并设置其 CSS 样式。然后，将光标置于该层中并输入文本，如图 10-51 所示。

**STEP|06** 选择文本并在【属性】检查器中设置【链接】为"#"。将光标置于 ID 为 main 的 Div 层中，分别创建 ID 为 left、right 的 Div 层，并设置其 CSS 样式，如图 10-52 所示。

```
#top #menu {
    display: block;
    float: right;
    height: 15px;
    width: 550px;
    margin-top: 30px;
    font-family: "宋体";
    letter-spacing: 1px;
    font-size: 14px;
}
```

```
#left {
    display: block;
    height: 300px;
    width: 335px;
    float: left;
}
#right {
    display: block;
    float: left;
    height: 300px;
    width: 616px;
    margin-left: 9px;
}
```

图 10-51 menu 层 CSS 样式          图 10-52 left 层、right 层 CSS 样式

**STEP|07** 然后，将光标置于 ID 为 left 的 Div 层中，嵌套 ID 为 leftcolumn 的 Div 层，并设置其 CSS 样式属性，如图 10-53 所示。

**STEP|08** 将光标置于 ID 为 leftcolumn 的 Div 层中并输入文本，然后选择文本，在【属性】检查器中设置文本链接。在该层下方嵌套 ID 为 news 的 Div 层，并设置其 CSS 样式属性，如图 10-54 所示。

```
#leftcolumn {
    background-image: url(images/leftcolumn.png);
    display: block;
    height: 22px;
    width: 290px;
    float: left;
    padding-top: 10px;
    padding-left: 45px;
    font-size: 14px;
}
```

图 10-53  leftcolumn 层 CSS 样式

```
#news {
    float: left;
    height: 254px;
    width: 329px;
    margin-top: 4px;
        line-height:30px;
    margin-left: 2px;
    border: 1px solid #f3c1bc;
    font-size: 12px;
    list-style-image: url(images/fh.jpg);
    list-style-type: none;
    letter-spacing: 1px;
    padding-top: 15px;
    display: block;
}
```

图 10-54  news 层 CSS 样式

**STEP|09** 将光标置于 ID 为 news 的 Div 层中，输入文本。单击【属性】检查器中的【项目列表】按钮，然后按 Enter 键，在项目列表符号后输入文本，以此类推。选择 ID 为 news 中的文本，依次设置文本链接。然后，将光标置于 ID 为 right 的 Div 层中，分别嵌套 ID 为 rightcolumn、rightlist 的 Div 层，并设置其 CSS 样式属性，如图 10-55 和图 10-56 所示。

```
#rightcolumn {
    background-image: url(images/rightcolumn.png);
    display: block;
    height: 22px;
    width: 571px;
    padding-top: 10px;
    padding-left: 45px;
    font-size: 14px;
}
```

图 10-55  rightcolumn 层 CSS 样式

```
#rightlist {
    display: block;
    height: 267px;
    width: 610px;
    border: 1px solid #f3c1bc;
    float: left;
    margin-top: 4px;
    margin-left: 2px;
}
```

图 10-56  rightlist 层 CSS 样式

**STEP|10** 在 ID 为 rightcolumn 的 Div 层中输入文本，并在【属性】检查器中设置文本链接。将光标置于 ID 为 rightlist 的 Div 层中，单击【插入】面板【布局】选项中的【Spry 折叠式】按钮，插入 Spry 折叠式面板，如图 10-57 所示。

图 10-57  页面效果

**STEP|11** 单击【Spry 折叠式】蓝色区域，在【属性】检查器中单击【添加面板】按钮。然后，依次选择标签进行修改，如图 10-58 所示。

图 10-58　页面效果

　　单击"蛋糕系列"的折叠式面板右侧的【显示面板内容】按钮，将光标置于内容 1 中，插入一个 2 行×4 列且【宽】为"100 像素"的表格，如图 10-59 所示。

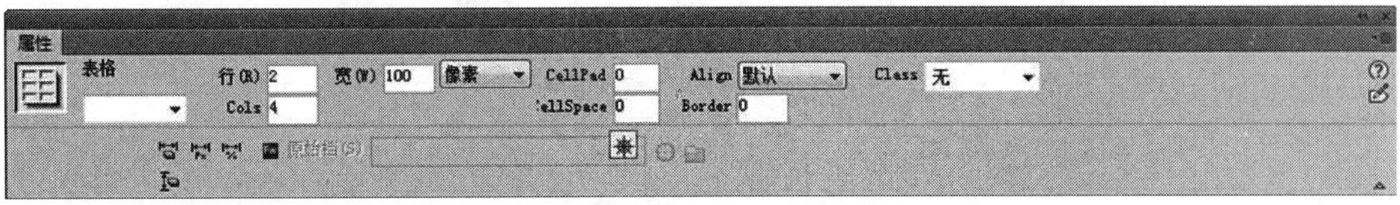

图 10-59　表格【属性】面板

**STEP|12** 然后，在第 1 行单元格中插入图像，在第 2 行单元格中输入相应的文本并设置链接。按照相同的方法，设置面板"面包系列"、"茶点系列"内容，如图 10-60 所示。

图 10-60　页面效果

**STEP|13** 打开【CSS 样式】面板，设置 SpryAccordion.css 中的样式。将光标置于 ID 为 footer 的 Div 层中，输入文本并设置文本链接。然后，将光标置于 ID 为 copyright 的 Div 层中，输入文本。在 CSS 样式中定义 a 标签的文本颜色、去掉下画线及 a：hover 的复合标签文本颜色，添加下划线属性，如图 10-61 所示。

```
a:hover {
    color: #990000;
    text-decoration: underline;
}
```

图 10-61　CSS 样式代码

# 第 11 章

## XHTML 标记语言

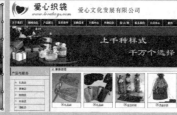

　　XHTML 是可扩展超文本标记语言，是一种置标语言，表现方式与超文本标记语言（HTML）类似，不过语法上更加严格。HTML 是一种基本的 Web 网页设计语言，XHTML 是一个基于可扩展标记语言的标记语言，本质上说，XHTML 是一个过渡技术，结合了部分 XML 的强大功能及大多数 HTML 的简单特性。在 Dreamweaver 软件中设计网页，除了可以通过可视化的界面操作，还可以在【代码】视图中使用标记语言。网页文档中每一个可视的元素都与 XHTML 中的标记相对应，例如图像元素可以用 img 标记表示、表格元素可以用 table 标记表示。

　　本章主要介绍 XHTML 概述、XHTML 基本语法、元素分类、常用元素和综合实战。通过本章的学习我们可以知道，在网站建设中怎样运用 XHTML 基本语法、元素分类和常用元素，以及如何在 Dreamweaver 中进行简单的页面布局。

# 11.1　XHTML 概述

XHTML（The Extensible HyperText Markup Language，可扩展的超文本标记语言）是由 HTML（Hyper Text Markup Language，超文本标记语言）发展而来的一种网页编写语言，也是目前网络中最常见的网页编写语言。

XHTML 用标记来表示网页文档中的文本及图像等元素，并规定浏览器如何显示这些元素，以及如何响应用户的行为。例如，<img>标记表示网页中的一个图像元素，也就是说，除了执行【插入】|【图像】命令，或者单击【插入】面板中的【图像】按钮可以在网页中插入图像外，还可以直接在【代码】视图中要显示图像的位置输入<img>标记。

在 Dreamweaver 中，用户通常使用【属性】面板来设置网页元素的尺寸、样式等属性，而在标记中同样可以设置网页元素的属性。例如设置图像的大小，通常的做法是在【属性】面板的【宽度】和【高度】文本框中输入像素值，而在<img>标记中只需加入 width 和 height 属性，并指定相应的值即可，如"<img width = "300px" height = "200px">"。

与其他的标记语言 HTML 和 XML 相比，XHTML 兼顾了两者的实际需要，具有如下特点。

（1）用户可以扩展元素，从而可以扩展功能，但目前用户只能够使用固定的预定义元素，这些元素基本上与 HTML 的元素相同，但删除了描述性元素的使用。

（2）能够与 HTML 很好地沟通，可以兼容当前不同的网页浏览器，实现正确浏览 XHTML 网页。

总之，XHTML 是一种标准化的语言，不仅拥有强大的可扩展性，还可以向下兼容各种仅支持 HTML 的浏览器，已经成为当今主流的网页设计语言。

# 11.2　XHTML 基本语法

相比传统的 HTML 4.0 语言，XHTML 语言的语法更加严谨和规范，更易于各种程序解析和判读。本节主要讲述 XHTML 基本语法，其中包括 XHTML 文档结构、XHTML 文档类型声明、XHTML 语法规范和 XHTML 标准属性。用户通过对本节的学习，可以了解 XHTML 标记语言。

## 11.2.1　XHTML 文档结构

作为一种有序的结构性文档，XHTML 文档需要遵循指定的文档结构。一个 XHTML 文档应包含两个部分，即文档类型声明和 XHTML 根元素部分。

在根元素<html>中，还应包含 XHTML 的头部元素<head>与主体元素<body>。在 XHTML 文档中，内容主要分为三级，即标签、属性和属性值。

### 1．标签

标签是 XHTML 文档中的元素，其作用是为文档添加指定的各种内容。例如，输入一个文本段落，可使用段落标签<p>等。XHTML 文档的根元素<html>、头部元素<head>和主体元素<body>等都是特殊的标签。

### 2．属性

属性是标签的定义，其可以为标签添加某个功能。几乎所有的标签都可以添加各种属性。例如，为某个标签添加 CSS 样式，可为标签添加 style 属性。

### 3．属性值

属性值是属性的表述，用于为标签的定义设置具体的数值或内容程度。例如，为图像标签<img>设置图像的 URL 地址，就可以将 URL 地址作为属性值，添加到 src 属性中。

## 11.2.2 XHTML 文档类型声明

文档类型声明是 XHTML 语言的基本声明，其作用是说明当前文档的类型以及文档标签、属性等的使用范本。文档类型声明的代码应放置在 XHTML 文档的最前端，XHTML 语言的文档类型声明主要包括三种，即过渡型、严格型和框架型。

### 1．过渡型声明

过渡型的 XHTML 文档在语法规则上最为宽松，允许用户使用部分描述性的标签和属性。其声明的代码如下：

```
<!DOCTYPE html PUBLIC "-//W3C//DTD  XHTML 1.0 Transitional//EN" "http:
//www.w3.org/TR/xhtml1/DTD/xhtml   1-transitional.dtd">
```

### 2．严格型声明

严格型的 XHTML 文档在语法规则上最为严格，其不允许用户使用任何描述性的标签和属性。其声明的代码如下：

```
<!DOCTYPE html PUBLIC "-//W3C//DTD  XHTML 1.0 Strict//EN" "http://
www.w3.org/TR/xhtml1/DTD/xhtml1-   strict.dtd">
```

### 3．框架型声明

框架的功能是将多个 XHTML 文档嵌入到一个 XHTML 文档中，并根据超链接确定文档打开的框架位置。框架型的 XHTML 文档具有独特的文档类型声明如下所示：

```
<!DOCTYPE html PUBLIC "-//W3C//DTD
XHTML 1.0 Frameset//EN" "http://
www.w3.org/TR/xhtml1/DTD/xhtml1-   frameset.dtd">
```

## 11.2.3 XHTML 语法规范

XHTML 是根据 XML 语法简化而成的，因此它遵循 XML 的文档规范。虽然某些浏览器(例如 Internet Explorer 浏览器) 可以正常解析一些错误的代码，但仍然推荐使用规范的语法编写 XHTML 文档。因此，在编写 XHTML 文档时应该遵循以下几点。

### 1．声明命名空间

在 XHTML 文档的根元素<html>中应该定义命名空间，即设置其 xmlns 属性，将 XHTML 各种标签的规范文档 URL 地址作为 xmlns 属性的值。

## 2．闭合所有标签

在 HTML 中，通常习惯使用一些独立的标签，例如\<p\>、\<li\>等，而不会使用相对应的\</p\>和\</li\>标签对其进行闭合。在 XHTML 文档中，这样做是不符合语法规范的。

如果是单独不成对的标签，应该在标签的最后加一个"/"对其进行闭合，例如\<br /\>、\<img /\>。

## 3．所有元素和属性必须小写

与 HTML 不同，XHTML 对大小写十分敏感，所有的元素和属性必须是小写的英文字母。例如，\<html\>和\<HTML\>表示不同的标签。

## 4．所有属性必须用引号括起来

在 HTML 中，可以不为属性值加引号，但是在 XHTML 中则必须加引号，例如"\<table width = "120"\>\</table\>"。

另外，在某些特殊情况下（例如，引号的嵌套），可以在属性值中使用双引号""或单引号"'"。

## 5．合理嵌套标签

XHTML 要求具有严谨的文档结构，因此所有的嵌套标签都应该按顺序。也就是说，元素是严格按照对称的原则一层一层地嵌套在一起的。

错误嵌套示例如下：

```
<div><span></div></span>
```

正确嵌套示例如下：

```
<div><span></span></div>
```

在 XHTML 的语法规范中还有一些严格的嵌套要求，例如，某些标签中严禁嵌套一些类型的标签，如表 11-1 所示。

表 11-1　嵌套要求

| 标　签　名 | 禁止嵌套的标签 |
| --- | --- |
| a | a |
| pre | object、big、img、small、sub、sup |
| button | input、textarea、label、select、button、form、iframe、fieldset、isindex |
| label | label |
| form | form |

## 6．所有属性都必须被赋值

在 HTML 中，允许没有属性值的属性存在，例如\<td nowrop\>。但在 XHTML 中，这种情况是不允许的，如果属性没有值，则需要使用自身来赋值，例如：

```
<td nowrop = "nowrop">
```

## 7．所有特殊符号用编码表示

在 XHTML 中，必须使用编码来表示特殊符号。例如，小于号"\<"不是元素的一部分，必须被编码为"\&lt;"；大于号"\>"也不是元素的一部分，必须被编码为"\&gt;"。不要在注释内容中使用"--"。"--"只能出现在 XHTML 注释的开头和结束，也就是说，在内容中它们不再有效。

错误写法示例如下：

```
<!--注释------------------注释-->
```

正确写法示例如下：

```
<!--注释—————————注释-->
```

### 8．使用 id 属性作为统一的名称

XHTML 规范废除了 name 属性，而使用 id 属性作为统一的名称。在 IE 4.0 及以下版本中应该保留 name 属性，使用时可以同时使用 name 和 id 属性。

## 11.2.4　XHTML 标准属性

标准属性是绝大多数 XHTML 标签可使用的属性。在 XHTML 的语法规范中，有三类标准属性，即核心属性、语言属性和键盘属性。

### 1．核心属性

核心属性的作用是为 XHTML 标签提供样式或提示的信息。其主要包括以下 4 种，如表 11-2 所示。

表 11-2　核心属性

| 属　性　名 | 作　　用 |
|---|---|
| class | 为 XHTML 标签添加类，供脚本或 CSS 样式引用 |
| id | 为 XHTML 标签添加编号名，供脚本或 CSS 样式引用 |
| style | 为 XHTML 标签编写内联的 CSS 样式表代码 |
| title | 为 XHTML 标签提供工具提示信息文本 |

在上面的 4 种属性中，class 属性的值为以字母和下画线开头的字母、下画线与数字的集合；id 属性的值与 class 属性类似，但其在同一 XHTML 文档中是唯一的，不允许发生重复；syle 属性的值为 CSS 代码。

### 2．语言属性

XHTML 语言的语言属性主要包括两种，即 dir 属性和 lang 属性。

dir 属性的作用是设置标签中文本的方向，其属性值主要包括 ltr（自左至右）和 rtl（自右至左）两种。

lang 属性的作用是设置标签所使用的自然语言，其属性值包括 en-us（美国英语）、zh-cn（标准中文）和 zh-tw（繁体中文）等多种。

### 3．键盘属性

XHTML 语言的键盘属性主要用于为 XHTML 标签定义响应键盘按键的各种参数，其同样包括两种，即 accesskey 和 tabindex。其中，accesskey 属性的作用是设置访问 XHTML 标签所使用的快捷键，tabindex 属性则是用户在访问 XHTML 文档时使用 Tab 键的顺序。

## 11.3　元素分类

在传统布局中，网页设计者通常使用布局三元素：<table>、<tr>和<td>。而在标准网页下，还需要使用更多的元素。根据这些元素的显示状况，XHTML 元素被分为三种类型。本节主要讲述元素的三种类

型，其中包括块状元素、内联元素、可变元素。用户通过对本节的学习，可以了解元素有几种类型、都是什么元素。

### 11.3.1　块状元素

块状元素（Block Element）在网页中以块的形式显示，所谓块状也就是元素显示为矩形区域。常见的块状元素包括 div、h1～h6、p、table 和 ul 等。

在默认情况下，块状元素都会占据一行，也就是说，相邻的两个块状元素不会并列显示，它们会按照从上至下的顺序进行排列。但是，用 CSS 可以改变这种分布方式，并且可以定义它们的宽度和高度。

块状元素一般都作为其他元素的容器，它可以容纳内联元素和其他块状元素，这样可以方便为网页布局。

### 11.3.2　内联元素

内联元素一般都是基于语义级（Semantic）的基本元素。任何不是块状元素的可见元素都可以称为内联元素。

内联元素的表现特性就是行内布局的形式，也就是说其表现形式始终以行内逐个进行显示。例如，设置一个内联元素为多行显示，则每一行的下面都会有一条空白。如果是块状元素，那么所显示的空白只会在块的最下方出现。

内联元素较为灵活，可以随行移动、嵌入行内，不会排斥同行其他元素，也没有自己的形状，它会随包含内容的形状变化而变化。常用的内联元素包括 span、a、img 等。

### 11.3.3　可变元素

可变元素是根据上下文关系来确定元素是以块状元素显示，还是以内联元素显示。不过可变元素仍然属于上述两种元素类型，一旦上下文关系确定了它的类别，它就会遵循块状元素或者内联元素的规则限制。

常见的可变元素包括 applet（Java Applet）、button（按钮）、del（删除文本）、iframe（内嵌框架）、ins（插入文本）、map（图像映射）、object（Object 对象）、script（客户端脚本）。

## 11.4　常用元素

XHTML 网页是由块状元素、内联元素和可变元素组合在一起的，在设计网页之前，首先需要了解这些常用元素。本节主要讲述三种常用元素，其中包括常用的块状元素、常见的内联元素、常见的可变元素。用户通过对本节的学习，可以了解都有哪些常见元素、都是什么元素。

### 11.4.1　常用的块状元素

块状标签顾名思义，就是以块的方式（即矩形的方式）显示的标签。在默认情况下，块状标签占据一行的位置。相邻的两个块状标签无法显示在同一行中。

块状标签在 XHTML 文档中的主要用途是作为网页各种内容的容器标签，为这些内容规范位置和尺寸。基于块状标签的用途，人们又将块状标签称作容器标签或布局标签，常见的块状标签主要包括以下几种。

## 1. div

div 作为通用块状元素，在标准网页布局中是最常用的结构化元素。div 元素表示文档结构块，它可以把文档划分为多个有意义的区域或模块。因此，使用 div 可以实现网页的总体布局，并且是网页总体布局的首选元素。

例如，用三个 div 元素划分了三大块区域，这些区域分别属于版头、主体和版尾。然后，在版头和主体区域分别又用了多个 div 元素再次细分为更小的单元区域，这样便可以把一个网页划分为多个功能模块：

```
<div><!--[版头区域]-->
<div><!--[Logo]--></div>
    <div><!--[导航]--></div>
    ...
</div>
<div><!--[主体区域]-->
<div><!--[模块1]--></div>
    <div><!--[模块2]--></div>
    ...
</div>
<div>
<!--[版尾区域]-->
</div>
```

## 2. ul、ol 和 li

ul、ol 和 li 元素用来实现普通的项目列表，它们分别表示无顺序列表、有顺序列表和列表中的项目。但在通常情况下，结合使用 ul 和 li 定义无序列表，结合使用 ol 和 li 定义有序列表。列表元素全是块状元素，其中的 li 元素显示为列表项，即 display：list-item，这种显示样式也是块状元素的一种特殊形式。

列表元素能够实现网页结构化列表，对于常常需要排列显示的导航菜单、新闻信息、标题列表等，使用它们具有较为明显的优势。

无序列表：

```
<ul>
  <li>项目</li>
  <li>项目</li>
  <li>项目</li>
    ...
</ul>
```

效果如图 11-1 所示。

有序列表：

```
<ol>
<li>项目</li>
 <li>项目</li>
 <li>项目</li>
 …
</ol>
```

效果如图 11-2 所示。

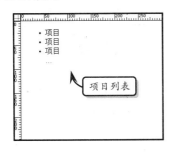

图 11-1　无序列表

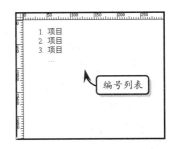

图 11-2　有序列表

### 3．dl、dt 和 dd

dl、dt 和 dd 元素用来实现定义项目列表。定义项目列表原本是为了呈现术语解释而专门定义的一组元素，术语顶格显示，术语的解释缩进显示，这样多个术语排列时，显得规整有序，但后来被扩展应用到网页的结构布局中。

dl 表示定义列表；dt 表示定义术语，即定义列表的标题；dd 表示对术语的解释，即定义列表中的项目：

```
<dl>
 <dt>标题列表项</dt>
 <dd>标题说明</dd>
 <dt>标题列表项</dt>
 <dd>标题说明</dd>
 …
</dl>
```

效果如图 11-3 所示。

### 4．p

网页中的文本，绝大多数都是以段落的方式显示的。在为网页添加段落文本时，即可使用段落文本标签<p>：

```
<p>关于"香港"地名的由来，有两种流传较广的说法。</p>
<p>说法一：香港的得名与香料有关。……，被人们称为"香港"。</p>
<p>说法二：……，也就开始被称为"香港"。</p>
```

效果如图 11-4 所示。

图 11-3　dl、dt 和 dd 元素

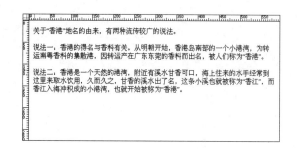

图 11-4　p 标签

段落文本标签<p>除了显示段落文本外，也可以实现类似<div>标签的功能。

## 5．h1、h2、h3、h4、h5、h6

<h1>到<h6>6 个标签的作用是作为网页中的标题内容，着重显示这些文本。在绝大多数网页浏览器中，都预置了这 6 个标签的样式，包括字号以及字体加粗等。使用 CSS 样式表，可以方便地对这些样式进行重定义。例如，使用<h2>标题定义一首古诗：

```
<div align="center">
  <h2>静夜思 </h2>
  <p>床 前 明 月 光,
     疑 是 地 上 霜。</p>
  <p>举 头 望 明 月,
     低 头 思 故 乡。</p>
</div>
```

效果如图 11-5 所示。

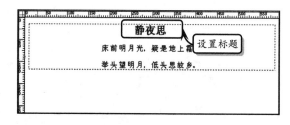

图 11-5　h1、h2、h3、h4、h5、h6 标签

## 6．table、tr 和 td

table、tr 和 td 元素被用来实现表格化数据显示，它们都是块状元素。

table 表示表格，它主要用来定义数据表格的包含框。如果要定义数据表整体样式应该选择该元素来实现，而数据表中数据的显示样式则应通过 td 元素来实现。

tr 表示表格中的一行，由于它的内部还需要包含单元格，所以在定义数据表格样式上，该元素的作用并不太明显。

td 表示表格中的一个方格。该元素作为表格中最小的容器元素，可以放置任何数据和元素。但在标准布局中不再建议用 td 放置其他元素来实现嵌套布局，而仅作为数据最小单元格来使用：

```
<table width="580">
```

```
      <tr>
         <td> </td>
         <td >一班</td>
         <td >二班</td>
         <td >三班</td>
         <td >四班</td>
         <td >五班</td>
      </tr>
      <tr>
         <td >评分</td>
         <td >A</td>
         <td >C</td>
         <td >B</td>
         <td >E</td>
         <td >D</td>
      </tr>
   </table>
```

效果如图 11-6 所示。

## 11.4.2　常见的内联元素

内联标签通常用于定义"语义级"的网页内容，其特性表现为没有固定的形状、没有预置的宽度和高度等。

内联标签通常处于行内布局的形式，相邻的多个内联标签可显示于同一行内。常用的内联标签主要包括以下几种。

图 11-6　table、tr 和 td 元素

### 1．a

<a>标签的作用是为网页的文本、图像等媒体内容添加超级链接。作为一种典型的内联标签，<a>标签没有固定的形状，也没有固定的大小。在行内，<a>标签根据内容扩展尺寸。

### 2．br

<br />标签的作用是为网页的内容添加一个换行元素，扩展到下一行。

### 3．img

img 元素用于表示在网页中的图像元素。与 br 元素相同，在 HTML 中，img 元素可以单独使用。但在 XHTML 中，img 元素必须在结尾处关闭：

图 11-7　img 元素

```
<img alt="图像元素" src="image.jpg" />
```

效果如图 11-7 所示。

另外，在 XHTML 中，所有的 img 元素必须添加 alt 属性，也就是图像元素的提示信息文本。

#### 4．span

span 用于表示范围，是一个通用内联元素。该元素可以作为文本或内联元素的容器，通常为文本或者内联元素定义特殊的样式、辅助并完善排版、修饰特定内容或局部区域等。

```
<div>
  <span><!--设置字体大小-->
  <span title="标题">带标题的文本    </span>
  <span><strong>加粗显示</strong>
  </span>
  <span><em>斜体显示</em></span>
  </span>
</div>
```

效果如图 11-8 所示。

### 11.4.3　常见的可变元素

可变元素是一种特殊的元素，在某些情况下可以是块状元素，也可以是内联元素。常见的可变元素有以下几种。

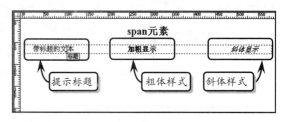

图 11-8　span

#### 1．button

在网页中，button 元素主要用于定义按钮。该元素可以作为容器，允许在其中放置文本或图像。制作文本按钮和图像按钮的方法如下所示。

文本按钮：

```
<button name="btn" type="submit">   提交</button>
```

图像按钮：

```
<button name="btn" type="submit">
<img src="image.jpg" /></button>
```

效果如图 11-9 所示。

#### 2．iframe

iframe 元素在网页中用于创建包含另外一个网页文档的内联框架。使用 iframe 标签嵌入必应搜索引擎：

```
<iframe width="550" height="300" src
="http://www.bing.com"></iframe>
```

图 11-9　button 元素

## 11.5　综合实战

本章概要性地介绍了 XHTML 标记语言，为本书后续的学习打下坚实的基础。本章主要讲述 XHTML 概述、XHTML 基本语法、元素分类、常用元素，其中包括制作吸引人的网站的一些方法和相关技术，接下来我们通过两个实例来对本章的内容进行实践。

## 11.5.1　制作小说阅读页面

　　在 Dreamweaver 软件中，不仅可以通过视图界面操作，还可以通过编写代码制作出精美的网页。编写代码使用 XHTML 标记语言，该标记语言具有严格的语法规则。本练习通过编写代码制作一个小说阅读页面，主要练习使用 table、tr 和 td 标签布局，添加 table 和 td 标签的属性并赋值，段落标签 p 的应用，标题标签 h3 和 h4 的应用，超链接标签 a 的应用，如图 11-10 所示。

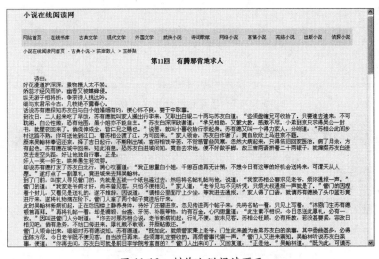

图 11-10　制作小说阅读页面

**STEP|01** 新建空白文档，在【属性】面板中单击【页面属性】按钮，在弹出的对话框中设置页面字体大小、文本颜色、背景，如图 11-11～图 11-14 所示。

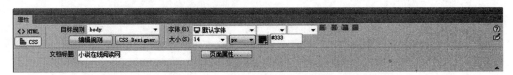

图 11-11　【属性】面板

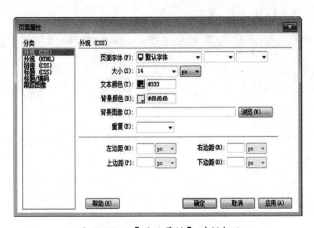

图 11-12　【页面属性】对话框 1

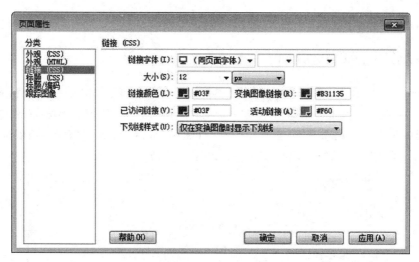

图 11-13 【页面属性】对话框 2

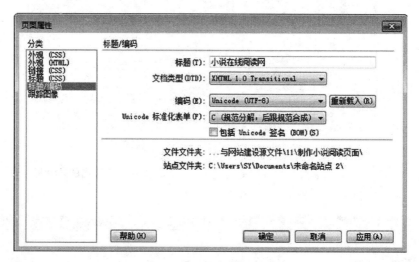

图 11-14 【页面属性】对话框 3

**STEP|02** 切换至【代码】视图，将光标放置在<body></body>之间，通过插入<table>、<tr>和<td>标签创建一个 7 行×1 列的表格，如图 11-15 所示。

图 11-15 【属性】面板

**STEP|03** 然后，在<table>标签中添加 width、align、cellpadding 和 cellspacing 属性并设置相应的值，如图 11-16 所示。

```
<table width="850" align="center" cellpadding="4" cellspacing="0" >
```

图 11-16 CSS 样式代码

**STEP|04**　将光标放置在第 1 行单元格<td></td>之间，输入文字"在线小说阅读网"并使用<h3></h3>标题标签，如图 11-17 所示。

<td><h3>小说在线阅读网 </h3></td>

图 11-17　CSS 样式代码

**STEP|05**　然后，将光标放置在第 2 行单元格<td>标签中，添加 height 和 bgcolor 属性并设置相应的值，以设置该单元格的高度和背景颜色，如图 11-18 所示。

height="35" bgcolor="#ECECEA"

图 11-18　CSS 样式代码

**STEP|06**　将光标放置在第 3 行单元格<td></td>之间，输入导航栏目文本，为每个文本的前后插入超链接代码"<a href="#"></a>"。然后，在每个文本前插入 6 个空格符" "，使各个栏目之间有空格，如图 11-19 所示。

<td><a href="#">小说在线阅读网首页</a> - <a href="#">古典小说</a>-&gt; <a href="#"> 荻岸散人</a>
&gt; <a href="#">玉娇梨</a></td>

图 11-19　CSS 样式代码

**STEP|07**　使用同样的方法，在第 3 行单元格中输入文本，并在每个文本的前后插入超链接代码。将光标放置在第 4 行单元格<td></td>之间，输入标题"第 11 回 有腾那背地求人"并使用<h4></h4>标题标签。在该单元格<td>标签中添加"align="center""，以设置该单元格【水平】为【居中对齐】，如图 11-20 所示。

<td align="center"><h4>第11回　有腾那背地求人</h4></td>

图 11-20　CSS 样式代码

**STEP|08**　然后，将光标放置在第 5 行单元格<td></td>之间，切换至【设计】视图，粘贴文本。切换至【代码】视图，将光标放置在第 6 行单元格<td></td>标签之间，输入文本"（快捷键←）上一页回目录（快捷键 Enter）下一页（快捷键→）"，并分别为每个文本插入超链接代码。然后，将光标放置在该单元格<td>标签中添加 align 属性并设置值为 center，如图 11-21 所示。

<td align="center"><a href="#">（快捷键←）上一页</a>　　　<a href="#">回目录（快捷键Enter）</a>
<a href="#">下一页（快捷键→）</a></td>

图 11-21　CSS 样式代码

**STEP|09**　将光标放置在第 7 行单元格<td></td>标签之间，插入标签</hr>，在该单元格插入一条分割线。然后，输入版权信息。在段落开头插入标签<p>、段落结尾插入段落结束标签</p>，在<td>标签中添加 align 属性并设置值为 center，如图 11-22 所示。

<td align="center"><hr />
<p> Copyright © 2004-2009 小说在线阅读网版权所有，言情都市、奇幻玄幻等小说在线阅读和博客服务
京ICP证012345号</p>
<p>有问题请联系管理员：举报电话: 010-12345678 客服电话: 010-12345678</p></td>

图 11-22　CSS 样式代码

## 11.5.2 制作友情链接页面

友情链接一般是以列表的形式直观地展现在互联网上，它可以提高网站的知名度、增加网站的访问量。有的列表前有序号，有的没有序号。本练习将使用 Dreamweaver 软件制作一个有序列表的友情链接页面，主要练习添加 table 和 td 标签的属性并赋值、段落标签 p 的应用、用 ol li 标签定义有序列表、用 ul li 标签定义无序列表、img 标签的使用、a 标签定义超链接，如图 11-23 所示。

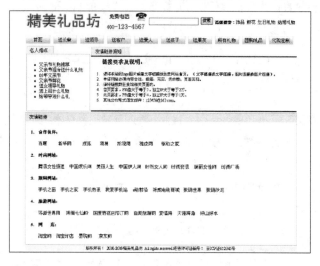

图 11-23 制作友情链接页面

**STEP|01** 新建空白文档，在【属性】面板中单击【页面属性】按钮，在弹出的【页面属性】对话框中设置页面字体大小、文本颜色、超链接的样式和标题，如图 11-24～图 11-27 所示。

图 11-24 【属性】面板

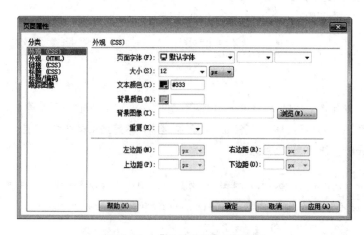

图 11-25 【页面属性】对话框 1

图 11-26　【页面属性】对话框 2

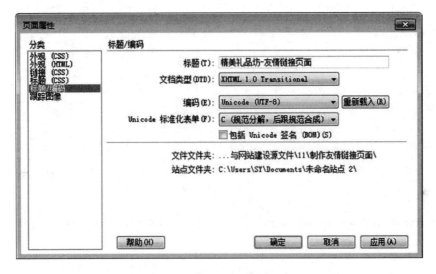

图 11-27　【页面属性】对话框 3

**STEP|02** 切换至【代码】视图，将光标放置在<body></body>之间，通过插入<table>、<tr>和<td>标签创建一个 5 行 ×2 列的表格。然后，在<table>标签中添加 width、align、cellpadding 和 cellspacing 属性并设置相应的值，如图 11-28 和图 11-29 所示。

图 11-28　创建表格

```
<table width="843"  cellspacing="2" cellpadding="0" align="center">
```

图 11-29　CSS 样式代码

**STEP|03** <!-- cellspacing="2"定义表格中各个单元格之间的间距为 2。cellpadding="0"定义单元格的内间距。align="center"定义表格水平对齐方式为居中。-->

```
  <tr>
    <td></td><!---->
    <td></td>
  </tr>
  <tr>
    <td></td>
    <td></td>
  </tr>
  <tr>
    <td></td>
    <td></td>
  </tr>
  <tr>
    <td></td>
    <td></td>
  </tr>
  <tr>
    <td></td>
    <td></td>
  </tr>
</table>
```

**STEP|04** 将光标放置在第 1 行第 1 列单元格<td></td>标签之间，分别插入两个<img>标签并设置图像的高和宽，如图 11-30 所示。

```
<td ><img src="logo.jpg" width="248" height="52" /><img src="tel.jpg" width="133" height="52" /></td>
```

图 11-30　CSS 样式代码

**STEP|05** 在第 1 行第 2 列单元格<td>标签中添加 width 属性及值，在<td></td>标签之间插入<input>和<button>标签并在标签中添加属性及值。然后，输入文本并在每个文本的前后插入超链接代码"<a href="#"></a>"，如图 11-31 和图 11-32 所示。

```
<img src="tel.jpg" width="133" height="52" /></td>
```

图 11-31　CSS 样式代码

```
<td width="470"><input type="text"  width="130"/>
    <button name="btn" type="submit">搜索</button>
    <strong>高级搜索: </strong><a href="#">饰品</a> <a href="#">鲜花</a>
<a href="#">生日礼物</a> <a href="#">结婚礼物</a></td>
```

图 11-32　CSS 样式代码

**STEP|06**　将光标放置在第 2 行第 1 列单元格<td>标签中，添加 colspan 属性及值，并删除第 2 行第 2 列 <td></td>标签，以及合并第 3 行单元格，如图 11-33 所示。

```
<td colspan="2"><table width="850" align="center" cellpadding="2" cellspacing="0">
```

图 11-33　CSS 样式代码

**STEP|07**　然后，在<td></td>标签之间，通过插入<table>、<tr>和<td>标签创建一个 1 行×10 列的表格，在每个单元格中插入<img>标签，设置图像属性，如图 11-34 和图 11-35 所示。

图 11-34　制作友情链接页面

```
<tr>
<td><img src="1.jpg" width="75" height="25"/></td>
<td><img src="2.jpg" width="75" height="25"/></td>
<td><img src="3.jpg" width="75" height="25"/></td>
<td><img src="4.jpg" width="75" height="25"/></td>
<td><img src="5.jpg" width="75" height="25"/></td>
<td><img src="6.jpg" width="75" height="25"/></td>
<td><img src="7.jpg" width="75" height="25"/></td>
<td><img src="8.jpg" width="75" height="25"/></td>
<td><img src="9.jpg" width="75" height="25"/></td>
<td><img src="10.jpg" width="75" height="25"/></td>
</tr>
```

图 11-35　CSS 样式代码

**STEP|08**　使用同样的方法，合并第 3 行单元格，在合并后的单元格中插入标签创建一个 1 行×2 列的表格，如图 11-36 和图 11-37 所示。

```
<td colspan="2"><table width="850" cellpadding="0" cellspacing="2">
```

图 11-36　CSS 样式代码

图 11-37　创建表格

**STEP|09**　在第 1 行第 1 列单元格<td>标签中，添加 width、height 和 background 的属性及相应的值，并通过插入<ul>和<li>标签创建一个无序列表，如图 11-38 所示。

**STEP|10**　使用同样的方法，在第 1 行第 2 列单元格通过插入<ol>和<li>标签创建一个有序列表，如图 11-39 所示。

```
<td width="200" height="200" background="名人.jpg"><br />
  <br />
  <ul>
    <li><a href="#">父亲节礼物推荐</a></li>
    <li><a href="#">父亲节适合送什么礼物</a></li>
    <li><a href="#">09年父亲节 </a></li>
    <li><a href="#">父亲节鲜花 </a></li>
    <li><a href="#">送女领导礼物 </a></li>
    <li><a href="#">送上司什么礼物 </a></li>
    <li><a href="#">给领导送什么礼</a></li>
  </ul></td>
```

图 11-38　无序列表

```
链接要求及说明: </h4>
        <ol>
          <li>请将本站的logo图片或者文字链接放到贵网站首页。
（文字链接换文字连接，图片连接换图片连接）。</li>
              <li> 申请网站必须内容合法、健康、充实、无作弊、页面美观。
</li>
            <li> 请将链接放在贵站相关页面内。</li>
            <li> 首页要求，PR值大于等于5，独立IP大于等于2万。</li>
            <li> 内页要求，PR值大于等于4，独立IP大于等于1万。</li>
            <li>其他合作形式请发邮件：123456@163.com。</li>
        </ol></td>
```

图 11-39　有序列表

**STEP|11** 将光标放置在第 4 行第 1 列单元格<td>标签中，添加该单元格 height、colspan 和 background 属性及值，并删除第 4 行第 2 列单元格，如图 11-40 所示。

```
<td height="424" colspan="2" background="bg.jpg"><br />
  <br />
```

图 11-40　CSS 样式代码

**STEP|12** 然后，在<td></td>标签之间插入一个有序列表，输入友情链接文本并在每个文本的前后插入超链接代码 "<a href="#"></a>"，如图 11-41 所示。

```
      <li>合作伙伴：
      </h5>
      <a href="#">百度</a>
         <a href=
"#">新华网 </a>
        <a href="#"
>搜狐</a>        <a
href="#">网易</a>
        <a href="#"
>新浪网</a>        
<a href="#">雅虎网</a>      
<a href="#">驱动之家</a>
      </li>
      <h5>
```

图 11-41　CSS 样式代码

# 第 12 章

# 设计网页元素样式

　　为网页元素设计样式，可以使网页更加美观。在设计网页元素样式时，就需要使用到 CSS 技术。CSS 技术为网页提供了一种新的设计方式，通过简洁、标准化和规范性的代码，提供了丰富的表现形式。目前编写 CSS 代码最便捷的工具就是 Dreamweaver。其提供了大量可视化的编辑工具，以及详细的代码提示功能和规范化验证功能。

　　本章主要介绍 CSS 概述、CSS 样式分类、CSS 基本语法、CSS 选择器、CSS 选择方法、使用 CSS 样式表、编辑 CSS 规则和综合实战。通过本章的学习我们可以知道，在网站建设中如何设计网页元素样式，以及如何在 Dreamweaver 中进行简单的页面布局。

## 12.1 CSS 概述

CSS（Cascading Style Sheets，层叠样式表）是一种标准化的网页语言，其作用是为 HTML、XHTML 以及 XML 等标记语言提供样式描述。

当网页浏览器读取 HTML、XHTML 或 XML 文档并加载这些文档的 CSS 时，可以将描述的样式显示出来。

CSS 不需要编译，可直接通过网页浏览器执行。由 CSS 文件控制样式的网页，仅仅需要修改 CSS 文件即可改变网页的样式。

使用 CSS 定义网页的样式，可以大为降低网页设计者的工作量，提高网页设计的效率。

例如，在传统 HTML 网页文档中制作一个红色的粗体斜体文本，需要使用 font 标签、b 标签以及 i 标签等，同时还需要调用 font 标签的 color 属性，代码如下：

```
<font color=red><b><i>红色粗体斜体       文本</i></b></font>
```

在某个网页中，如有 100 个这样的红色粗体斜体文本，那么用户需要为这 100 个红色粗体斜体文本都添加这样的标签代码如下：

```
<font color=red><b><i>红色粗体斜体       文本</i></b></font>
<font color=red><b><i>红色粗体斜体       文本</i></b></font>
<!--……-->
<font color=red><b><i>红色粗体斜体文本</i></b></font>
```

如果用户需要修改这 100 个红色粗体斜体文本为蓝色，则需要再修改这个标签 100 次，效率十分低下。在标准化的 XHTML 文档中，可以通过 span 标签将文本放在一个虚拟的容器中，然后使用 CSS 技术设计一个统一的样式，并通过 span 标签的 class 属性将样式应用到 span 标签所囊括的文本中。代码如下：

```
<style type="text/css">
<!--
.styles{
  color:#f00;
  font-weight:bold;
  font-style:italic;
}
-->
</style>
<span class="styles">红色粗体斜体文本</span>
```

虽然使用 CSS+XHTML 需要比 HTML 多写许多代码，但是假如网页中有 100 个这样的文本，那么每个这样的文本都只需要通过 class 属性即可应用该样式。如果用户需要修改这 100 个红色粗体斜体的文本，则只需要修改 style 标签中的 CSS 样式即可，无须再去修改 XHTML 中的语句。这就是结构与表现分离的优点。

## 12.2 CSS 样式分类

CSS 代码在网页中主要有三种存在的方式, 即外部 CSS、内部 CSS 和内联 CSS。本节主要讲述 CSS 样式分类, 其中包括外部 CSS、内部 CSS、内联 CSS。用户通过对本节的学习, 可以了解 CSS 样式有几种分类、都是哪些内容, 为后面的几章内容奠定基础。

### 12.2.1　外部 CSS

外部 CSS 是一种独立的 CSS 样式, 其一般将 CSS 代码存放在一个独立的文本文件中, 扩展名为.css。这种外部的 CSS 文件与网页文档并没有什么直接的关系。如果需要通过这些文件控制网页文档, 则需要在网页文档中使用 link 标签导入。例如, 使用 CSS 文档来定义一个网页的大小和边距的代码如下:

```
@charset "gb2312";
/* CSS Document */
body{
  width:1003px;
  margin:0px;
  padding:0px;
}
```

将 CSS 代码保存为文件后, 即可通过 link 标签将其导入到网页文档中。例如, CSS 代码的文件名为"main.css", 代码如下:

```
<!DOCTYPE html PUBLIC "-//W3C//DTD
XHTML 1.0 Transitional//EN" "http:
//www.w3.org/TR/xhtml1/DTD/xhtml  1-transitional.dtd">
<html xmlns="http://www.w3.org/
1999/xhtml">
<head>
<meta http-equiv="Content-Type"
content="text/html; charset=
gb2312" />
<title>导入 CSS 文档</title>
<link href="main.css" rel=
"stylesheet" type="text/css" />
<!--导入名为 main.css 的 CSS 文档-->
</head>
<body>
</body>
</html>
```

### 12.2.2　内部 CSS

内部 CSS 是位于 XHTML 文档内部的 CSS。使用内部 CSS 的好处在于可以将整个页面中所有的 CSS

样式集中管理，以选择器为接口供网页浏览器调用。例如，使用内部 CSS 定义网页的宽度以及超链接的下划线等的代码如下：

```
<!DOCTYPE html PUBLIC "-//W3C//DTD  XHTML 1.0 Transitional//EN" "http:
//www.w3.org/TR/xhtml1/DTD/xhtml  1-transitional.dtd">
<html xmlns="http://www.w3.org/
1999/xhtml">
<head>
<meta http-equiv="Content-Type"
content="text/html; charset=
gb2312" />
<title>测试网页文档</title>
<!--开始定义CSS文档-->
<style type="text/css">
<!--
body {
  width:1003px;
}
a {
  text-decoration:none;
}
-->
</style>
<!--内部CSS完成-->
</head>
<!--..............-->
```

## 12.2.3  内联 CSS

内联 CSS 是利用 XHTML 标签的 style 属性设置的 CSS 样式，又称嵌入式样式。内联式 CSS 与 HTML 的描述性标签一样，只能定义某一个网页元素的样式，是一种过渡型的 CSS 使用方法，在 XHTML 中并不推荐使用。内部样式不需要使用选择器。例如，使用内联式 CSS 设置一个表格的宽度：

```
<table style="width:100px;">
  <tr>
    <td>宽度为100px的表格</td>
  </tr>
</table>
```

# 12.3  CSS 基本语法

作为一种网页的标准化语言，CSS 有着严格的书写规范和格式。本节主要讲述了 4 个方面的内容，其中包括基本构成、书写规范、注释、文档的声明。用户通过对本节的学习，可以了解 CSS 有几种基本语法、都是哪些内容，为后面的几章内容奠定基础。

## 12.3.1　基本构成

一条完整的 CSS 样式语句包括以下几个部分：

```
selector{
  property:value
}
```

在上面的代码中，各关键词的含义如下所示。

selector（选择器）：其作用是为网页中的标签提供一个标识，以供其调用。

property（属性）：其作用是定义网页标签样式的具体类型。

value（属性值）：属性值是属性所接受的具体参数。

在任意一条 CSS 代码中，通常都需要包括选择器、属性以及属性值这三个关键词（内联式 CSS 除外）。

## 12.3.2　书写规范

虽然杂乱的代码同样可被浏览器判读，但是书写简洁、规范的 CSS 代码可以给修改和编辑网页带来很大的便利。在书写 CSS 代码时，需要注意以下几点。

### 1．单位的使用

在 CSS 中，如果属性值是一个数字，那么用户必须为这个数字安排一个具体的单位。除非该数字是由百分比组成的比例，或者数字为 0。例如，分别定义两个层，其中第 1 个层为父容器，以数字属性值为宽度，而第 2 个层为子容器，以百分比为宽度，代码如下：

```
#parentContainer{
  width:1003px
}
#childrenContainer{
  width:50%
}
```

### 2．引号的使用

多数 CSS 的属性值都是数字值或预先定义好的关键字。然而，有一些属性值则是含有特殊意义的字符串。这时，引用这样的属性值就需要为其添加引号。典型的字符串属性值就是各种字体的名称，举例如下：

```
span{
  font-family:"微软雅黑"
}
```

### 3．多重属性

如果在这条 CSS 代码中有多个属性并存，则每个属性之间需要以分号 ";" 隔开，例如：

```
.content{
  color:#999999;
```

```
    font-family:"新宋体";
    font-size:14px;
}
```

### 4．大小写敏感和空格

CSS 与 VBScript 不同，对大小写十分敏感。mainText 和 MainText 在 CSS 中是两个完全不同的选择器。除了一些字符串式的属性值（例如英文字体 MS Serf 等）以外，CSS 中的属性和属性值必须小写。为了便于判读和纠错，建议在编写 CSS 代码时在每个属性值之前添加一个空格。这样，如果某条 CSS 属性有多个属性值，则阅读代码的用户可方便地将其区分开。

## 12.3.3　注释

与多数编程语言类似，用户也可以为 CSS 代码进行注释，但与同样用于网页的 XHTML 语言注释方式有所区别。在 CSS 中，注释以斜杠"/"和星号"*"开头，以星号"*"和斜杠"/"结尾，例如：

```
.text{
    font-family:"微软雅黑";
    font-size:12px;
    /*color:#ffcc00;*/
}
```

## 12.3.4　文档的声明

在外部 CSS 文件中，通常需要在文件的头部创建 CSS 的文档声明，以定义 CSS 文档的一些基本属性。常用的文档声明包括 6 种，如表 12-1 所示。

表 12-1　常用的文档声明

| 声 明 类 型 | 作　　用 |
| --- | --- |
| @import | 导入外部 CSS 文件 |
| @charset | 定义当前 CSS 文件的字符集 |
| @font-face | 定义嵌入 XHTML 文档的字体 |
| @fontdef | 定义嵌入的字体定义文件 |
| @page | 定义页面的版式 |
| @media | 定义设备类型 |

在多数 CSS 文档中，都会使用"@charset"声明文档所使用的字符集。除"@charset"声明以外，其他的声明多数可使用 CSS 样式来替代。

# 12.4　CSS 选择器

选择器是 CSS 代码的对外接口，网页浏览器就是根据 CSS 代码的选择器来实现和 XHTML 代码的匹配。然后读取 CSS 代码的属性、属性值，将其应用到网页文档中。本节主要讲述在 CSS 的语法规则中主要包括的 5 种选择器，即标签选择器、类选择器、ID 选择器、伪类选择器、伪对象选择器。用户通过对本节的学习，可以了解 CSS 有几种基本语法、都是哪些内容，为后面的几章内容奠定基础。

## 12.4.1 标签选择器

CSS 的选择器名称只允许包括字母、数字以及下画线，其中，不允许将数字放在选择器的第 1 位，也不允许选择器名称与 XHTML 标签重复，以免出现混乱。在 CSS 的语法规则中主要包括 5 种选择器，即标签选择器、类选择器、ID 选择器、伪类选择器、伪对象选择器。

在 XHTML 1.0 中，共包括 94 种基本标签。CSS 提供了标签选择器，允许用户直接定义多数 XHTML 标签的样式。例如，定义网页中所有无序列表的符号为空，可直接使用项目列表的标签选择器 ol：

```
ol{
    list-style:none;
}
```

## 12.4.2 类选择器

在使用 CSS 定义网页样式时，经常需要对某一些不同的标签进行定义，使之呈现相同的样式。在实现这种功能时就需要使用类选择器。

类选择器可以把不同类型的网页标签归为一类，为其定义相同的样式，简化 CSS 代码。在使用类选择器时，需要在类选择器的名称前加类符号"."。而在调用类的样式时，则需要为 XHTML 标签添加 class 属性，并将类选择器的名称作为 class 属性的值。

例如，网页文档中有三个不同的标签，一个是层（div），一个是段落（p），还有一个是无序列表（ul）。如果使用标签选择器为这三个标签定义样式，使其中的文本变为红色，需要编写三条 CSS 代码：

```
div{/*定义网页文档中所有层的样式*/
    color: #ff0000;
}
p{/*定义网页文档中所有段落的样式*/
    color: #ff0000;
}
ul{/*定义网页文档中所有无序列表的样式*/
    color: #ff0000;
}
```

使用类选择器，则可将以上三条 CSS 代码合并为一条：

```
.redText{
    color: #ff0000;
}
```

然后，即可为 div、p 和 ul 等标签添加 class 属性，应用类选择器的样式：

```
<div class="redText">红色文本
</div>
<p class="redText">红色文本</div>
<ul class="redText">
```

```
    <li>红色文本</li>
  </ul>
```

一个类选择器可以对应文档中的多种标签或多个标签，体现了 CSS 代码的可重用性。其余标签选择器都有其各自的用途。

## 12.4.3　ID 选择器

ID 选择器也是一种 CSS 的选择器。之前介绍的标签选择器和类选择器都是一种范围性的选择器，可设定多个标签的 CSS 样式。而 ID 选择器则是只针对某一个标签的，唯一性的选择器。

在 XHTML 文档中，允许用户为任意一个标签设定 ID，并通过该 ID 定义 CSS 样式。但是，不允许两个标签使用相同的 ID。使用 ID 选择器，用户可更加精密地控制网页文档的样式。在创建 ID 选择器时，需要为选择器名称使用 ID 符号 "#"。在为 XHTML 标签调用 ID 选择器时，需要使用其 id 属性。例如，通过 ID 选择器，分别定义某个无序列表中三个列表项的样式，代码如下：

```
#listLeft{
  float:left;
}
#listMiddle{
  float: inherit;
}
#listRight{
  float:right;
}
```

然后，即可使用标签的 id 属性，应用三个列表项的样式：

```
<ul>
  <li id="listLeft">左侧列表</li>
  <li id="listMiddle">中部列表
  </li>
  <li id="listRight">右侧列表</li>
</ul>
```

## 12.4.4　伪类选择器

之前介绍的三种选择器都是直接应用于网页标签的选择器。除了这些选择器外，CSS 还有另一类选择器，即伪选择器。

与普通的选择器不同，伪选择器通常不能应用于某个可见的标签，只能应用于一些特殊标签的状态。其中，最常见的伪选择器就是伪类选择器。在定义伪类选择器之前，必须首先声明定义的是哪一类网页元素，将这类网页元素的选择器写在伪类选择器之前，中间用冒号 ":" 隔开，例如：

```
selector:pseudo-class {property:    value}
/*选择器: 伪类 {属性: 属性值; }*/
```

CSS2.1 标准中共包括 7 种伪类选择器。在 IE 浏览器中，可使用其中的 4 种，如表 12-2 所示。

表 12-2　IE 浏览器可使用的伪类选择器

| 伪类选择器 | 作　用 |
| --- | --- |
| :link | 未被访问过的超链接 |
| :hover | 鼠标滑过超链接 |
| :active | 被激活的超链接 |
| :visited | 已被访问过的超链接 |

例如，要去除网页中所有超链接在默认状态下的下画线，就需要使用到伪类选择器：

```
a:link {
/*定义超链接文本的样式*/
text-decoration: none;
/*去除文本下画线*/
}
```

## 12.4.5　伪对象选择器

伪对象选择器也是一种伪选择器，其主要作用是为某些特定的选择器添加效果。在 CSS 2.1 标准中共包括 4 种伪对象选择器，在 IE 5.0 及之后的版本中支持其中的两种。

表 12-3　IE5.0 之后支持的伪对象选择器

| 伪对象选择器 | 作　用 |
| --- | --- |
| :first-letter | 定义选择器所控制的文本第一个字或字母 |
| :first-line | 定义选择器所控制的文本第一行 |

伪对象选择器的使用方式与伪类选择器类似，都需要先声明定义的是哪一类网页元素，将这类网页元素的选择器写在伪类选择器之前，中间用冒号":"隔开。例如，定义某一个段落文本中第 1 个字为 2em，即可使用伪对象选择器：

```
p{
  font-size: 12px;
}
p:first-letter{
  font-size: 2em;
}
```

## 12.5　CSS 选择方法

选择方法是使用选择器的方法。通过选择方法，用户可以对各种网页标签进行复杂的选择操作，提高 CSS 代码的效率。在 CSS 语法中允许用户使用的选择方法有 10 多种，其中常用的主要包括三种，即包含选择、分组选择和通用选择。本节主要讲述在 CSS 选择方法中主要包括的这三种选择方法。用户通过对本节的学习，可以了解 CSS 有几种选择方法、都是哪些内容，为后面的几章内容奠定基础。

## 12.5.1 包含选择

包含选择是一种被广泛应用于 Web 标准化网页中的选择方法，其通常应用于定义各种多层嵌套网页元素标签的样式，可根据网页元素标签的嵌套关系，帮助浏览器精确地查找该元素的位置。

在使用包含选择方法时，需要将具有包含选择关系的各种标签按照指定的顺序写在选择器中，同时，用空格将这些选择器分开。例如，在网页中，有三个标签的嵌套关系如下所示：

```
<tagName1>
 <tagName2>
  <tagName3>innerText.</tagName3>
 </tagName2>
</tagName1>
<tagName3>outerText</tagName3>
```

在上面的代码中，tagName1、tagName2 以及 tagName3 表示三种各不相同的网页标签。其中，tagName3 标签在网页中出现两次。如果直接通过 tagName3 的标签选择器定义 innerText 文本的样式，则势必会影响外部 outerText 文本的样式。

因此，用户如果需要定义 innerText 的样式且不影响 tagName3 以外的文本样式，就可以通过包含选择方法进行定义，代码如下所示：

```
tagName1 tagName2 tagName3
{Property: value;}
```

在上面的代码中，以包含选择的方式定义了包含在 tagName1 和 tagName2 标签中的 tagName3 标签的 CSS 样式。同时，不影响 tagName1 标签外的 tagName3 标签的样式。

包含选择方法不仅可以将多个标签选择器组合起来使用，同时也适用于 id 选择器、类选择器等多种选择器。例如，在本节实例及之前章节的实例中，就使用了大量的包含选择方法，如下所示：

```
#mainFrame #copyright
#copyrightText{
 line-height:40px;
 color:#444652;
 text-align:center;
}
```

包含选择方法在各种 Web 标准化的网页中都得到了广泛的应用。使用包含选择方法，可以使 CSS 代码的结构更加清晰，同时使 CSS 代码的可维护性更强。在更改 CSS 代码时，用户只需要根据包含选择的各种标签，按照包含选择的顺序进行查找，即可方便地找到相关语义的代码进行修改。

## 12.5.2 分组选择

分组选择是一种用于同时定义多个相同 CSS 样式的标签时使用的一种选择方法，其可以通过一个选择器组，将组中包含的选择器定义为同样的样式。在定义这些选择器时，需要将这些选择器以逗号"，"隔开，如下所示：

```
selector1 , selector2 { Property:   value ; }
```

在上面的代码中，selector1 和 selector2 分别表示应用相同样式的两个选择器，而 Property 表示 CSS 样式属性，value 表示 CSS 样式属性的值。在一个 CSS 的分组选择方式中，允许用户定义任意数量的选择器，例如，在定义网页中 body 标签以及所有的段落、列表的行高均为 18px，其代码如下所示：

```
body , p , ul , li , ol {
  line-height : 18px ;
}
```

在许多网页中，分组选择符通常用于定义一些语义特殊的标签或伪选择器。例如，在本节实例中，定义超链接的样式时，就将超链接在普通状态下以及已访问状态下时的样式通过之前介绍过的包含选择、分组选择两种方法，定义在同一条 CSS 规则中：

```
#mainFrame #newsBlock .blocks .
newsList .newsListBlock ul li
a:link , #mainFrame #newsBlock .
blocks .newsList .newsListBlock ul
li a:visited {
  font-size:12px;
  color:#444652;
  text-decoration:none;
}
```

在编写网页的 CSS 样式时，使用分组选择方法可以方便地定义多个 XHTML 元素标签的相同样式，提高代码的重用性。但是，分组选择方法不宜使用过滥，否则将降低代码的可读性和结构性，使代码的判读相对困难。

## 12.5.3  通用选择

通用选择方法的作用是通过通配符 "*"，对网页标签进行选择操作。使用通用选择方法，用户可以方便地定义网页中所有元素的样式，代码如下所示：

```
* { property: value ; }
```

在上面的代码中，通配符星号 "*" 可以替代网页中所有的元素标签。因此，设置星号 "*" 的样式属性，就是设置网页中所有标签的属性。例如，定义网页中所有标签的内联文本字体大小为 12px，其代码如下：

```
* { font-size : 12 px ;}
```

同理，通配符也可以结合选择方法，定义某一个网页标签中嵌套的所有标签样式。例如，定义 id 为 testDiv 的层中所有文本的行高为 30px，其代码如下：

```
#testDiv * { line-height : 30 px ; }
```

## 12.6 使用 CSS 样式表

使用 Dreamweaver, 用户可以方便地为网页添加 CSS 样式表, 并对 CSS 样式表进行编辑。本节主要讲述如何使用 CSS 样式表, 主要包括两种使用方法, 即链接外部 CSS 和创建 CSS 规则。用户通过对本节的学习, 可以了解如何使用 CSS 样式表、什么是链接外部 CSS 和怎样创建 CSS 规则, 为后面的几章内容奠定基础。

### 12.6.1 链接外部 CSS

使用外部 CSS 的优点是用户可以在多个 XHTML 文档中使用同一个 CSS 文件, 通过一个文件控制这些 XHTML 文档的样式。在 Dreamweaver 中打开网页文档,, 然后执行【窗口】|【CSS 样式】命令, 打开【CSS 样式】面板。在该面板中单击【附加样式表】按钮, 即可打开【链接外部样式表】对话框。

在对话框中, 用户可设置 CSS 文件的 URL 地址, 以及添加的方式和 CSS 文件的媒体类型。其中, 【添加为】选项包括两个单选按钮。当选择【链接】时, Dreamweaver 会将外部的 CSS 文档以 link 标签导入到网页中; 而当选择【导入】时, Dreamweaver 则会将外部 CSS 文档中的所有内容复制到网页中, 作为内部 CSS。

【媒体】选项的作用是根据打开网页的设备类型, 判断使用哪一个 CSS 文档。在 Dreamweaver 中提供了 9 种媒体类型。

表 12-4　媒体类型

| 媒 体 类 型 | 说　　明 |
| --- | --- |
| all | 用于所有设备类型 |
| aural | 用于语音和音乐合成器 |
| braille | 用于触觉反馈设备 |
| handheld | 用于小型或手提设备 |
| print | 用于打印机 |
| projection | 用于投影图像, 如幻灯片 |
| screen | 用于计算机显示器 |
| tty | 用于使用固定间距字符格的设备, 如电传打字机和终端 |
| tv | 用于电视类设备 |

用户可以通过【链接外部样式表】为同一网页导入多个 CSS 样式规则文档, 然后指定不同的媒体。这样, 当用户以不同的设备访问网页时, 将呈现各自不同的样式效果。

### 12.6.2 创建 CSS 规则

在 Dreamweaver 中, 允许用户为任何网页标签、类或 ID 等创建 CSS 规则。在【CSS 样式】面板中单击【新建 CSS 规则】按钮, 即可打开【新建 CSS 规则】对话框。

【新建 CSS 规则】对话框中主要包含三种属性设置, 分别介绍如下。

【选择器类型】的设置主要用于为创建的 CSS 规则定义选择器的类型, 其主要包括如表 12-5 所示的几个选项。

表 12-5  选择器类型

| 选 项 名 | 说 明 |
| --- | --- |
| 类 | 定义创建的选择器为类选择器 |
| ID | 定义创建的选择器为 ID 选择器 |
| 标签 | 定义创建的选择器为标签选择器 |
| 复合内容 | 定义创建的选择器为带选择方法的选择器或伪类选择器 |

【选择器名称】选项的作用是设置 CSS 规则中选择器的名称，其与【选择器类型】选项相关联。当用户选择的【选择器类型】为【类】或 ID 时，用户可在【选择器名称】的输入文本框中输入类选择器或 ID 选择器的名称；当选择【标签】时，在【选择器名称】中将出现 XHTML 标签的列表；而如果选择【复合内容】，在【选择器名称】中将出现 4 种伪类选择器。

【规则定义】项的作用是帮助用户选择创建的 CSS 规则属于内部 CSS 还是外部 CSS。如果网页文档中没有链接外部 CSS，则该项中将包含两个选项，即【仅限该文档】和【新建样式表文件】。如果用户选择【仅限该文档】，那么创建的 CSS 规则将是内部 CSS；而如果用户选择【新建样式表文件】，那么创建的 CSS 规则将是外部 CSS。

## 12.7  编辑 CSS 规则

Dreamweaver 提供了可视化的方式，帮助用户定义各种 CSS 规则。在 CSS 面板中选择已定义的 CSS 规则，即可在其下方的【属性】列表中单击其属性，在右侧的文本框中编辑 CSS 规则中已有的各种属性。本节主要讲述 CSS 的 7 种规则，主要包括类型规则、背景规则、区块规则、方框规则、边框规则、列表规则和定位规则。用户通过对本节的学习，可以了解 CSS 的规则，为后面的几章内容奠定基础。

### 12.7.1  类型规则

如果需要为 CSS 规则添加新的属性，则可以单击【属性】列表最下方的【添加属性】文本，在弹出的下拉列表中选择相应的属性，将其添加到 CSS 规则中。除此之外，还可以单击【CSS 样式】面板中的【编辑样式】按钮，打开【CSS 规则定义】对话框，为 CSS 规则添加、编辑和删除属性。【CSS 规则定义】对话框的列表菜单中包括 8 种 CSS 的分类，单击分类，即可打开相应的属性。

类型规则的作用是定义文档中所有文本的各种属性。在【CSS 规则定义】对话框中选择【分类】列表中的【类型】，即可打开类型规则，如图 12-1 所示。

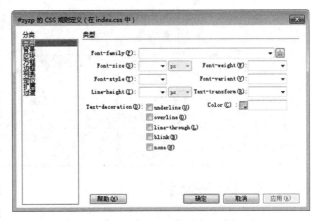

图 12-1  类型规则

### 12.7.2　背景规则

背景规则的作用是设置网页中各种容器对象的背景属性。如图 12-2 所示，在该规则所在的列表对话框中，可以设置网页容器对象的背景颜色、图像以及其重复的方式和位置等，共包含 6 种基本属性，如表 12-6 所示。

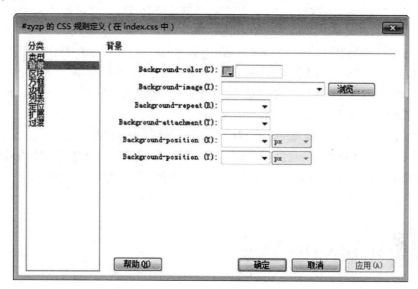

图 12-2　背景规则

表 12-6　背景规则的基本属性

| 属 性 名 | 作　　用 | 典型属性值及解释 |
| --- | --- | --- |
| Background-color | 定义网页容器对象的背景颜色 | 以十六进制数字为基础的颜色值，可通过颜色拾取器进行选择 |
| Background-image | 定义网页容器对象的背景图像 | 以 URL 地址为属性值，扩展名为 jpeg、gif 或 png |
| Background-repeat | 定义网页容器对象的背景图像重复方式 | no-repeat（不重复）、repeat（默认值，重复）、repeat-x（水平方向重复）、repeat-y（垂直方向重复）等 |
| Background-attachment | 定义网页容器对象的背景图像滚动方式 | scroll（默认值，定义背景图像随对象内容滚动）、fixed（背景图像固定） |
| Background-position(X) | 定义网页容器对象的背景图像水平坐标位置 | 长度值（默认为 0）或 left（居左）、center（居中）和 right（居右） |
| Background-position(Y) | 定义网页容器对象的背景图像垂直坐标位置 | 长度值（默认为 0）或 top（顶对齐）、center（中线对齐）和 bottom（底部对齐） |

### 12.7.3　区块规则

区块规则是一种重要的规则，其作用是定义文本段落及网页容器对象的各种属性。在区块规则中，用户可设置单词、字母之间插入的间隔宽度、垂直或水平对齐方式、段首缩进值以及空格字符的处理方式和网页容器对象的显示方式等，如图 12-3 所示。

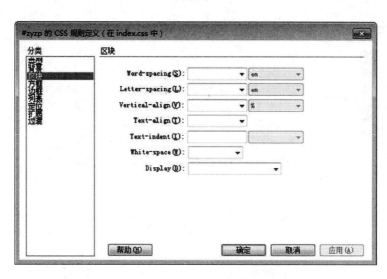

图 12-3　区块规则

## 12.7.4　方框规则

　　方框规则的作用是定义网页中各种容器对象的属性和显示方式。在方框规则中，用户可设置网页容器对象的宽度、高度、浮动方式、禁止浮动方式，以及网页容器内部和外部的补丁等。根据这些属性，用户可方便地定制网页容器对象的位置，如图 12-4 所示。

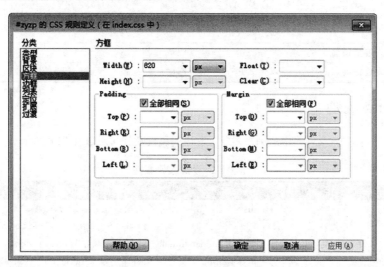

图 12-4　方框规则

## 12.7.5　边框规则

　　边框规则的作用是定义网页容器对象的 4 条边框线样式。在边框规则中，Top 代表顶部的边框线，Right 代表右侧的边框线，Bottom 代表底部的边框线，而 Left 代表左侧的边框线。如果选择【全部相同】，则 4 条边框线将被设置为相同的属性值，如图 12-5 所示。

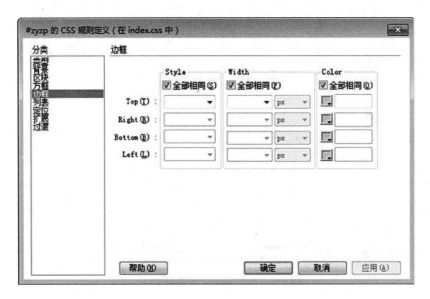

图 12-5 边框规则

其【边框】规则中的各选项组的具体含义如表 12-7 所示。

表 12-7 边框规则属性

| 属性名 | 作 用 | 典型属性值及解释 |
| --- | --- | --- |
| Style | 定义边框线的样式 | none（默认值，无边框线）、dotted（点划线）、dashed（虚线）、solid（实线）、double（双实线）、groove（3D 凹槽）、ridge（3D 凸槽）、inset（3D 凹边）、outset（3D 凸边） |
| Width | 定义边框线的宽度 | 由浮点数字和单位组成的长度值，默认值为 0 |
| Color | 定义边框线的颜色 | 以十六进制数字为基础的颜色值，可通过颜色拾取器进行选择 |

## 12.7.6 列表规则

列表规则的作用是定义网页中的列表对象，其中的属性及其作用如表 12-8 所示。

表 12-8 列表规则属性

| 属 性 名 | 作 用 | 典型属性值及解释 |
| --- | --- | --- |
| List-style-type | 定义列表的项目符号类型 | disc（实心圆项目符号，默认值）、circle（空心圆项目符号）、square（矩形项目符号）、decimal（阿拉伯数字）、lower-roman（小写罗马数字）、upper-roman（大写罗马数字）、lower-alpha（小写英文字母）、upper-alpha（大写英文字母）以及 none（无项目列表符号） |
| List-style-image | 自定义列表的项目符号图像 | none（默认值，不指定图像作为项目列表符号），url(file)（指定路径和文件名的图像地址） |
| List-style-position | 定义列表的项目符号所在位置 | outside（将列表项符号放在列表之外，且环绕文本，不与符号对齐，默认值）、inside（将列表项目符号放在列表之内，且环绕文本根据标记对齐） |

属性与方框规则中的同名属性完全相同，Placement 属性用于设置 AP 元素的定位方式，Clip 属性用于设置 AP 元素的剪切方式，如图 12-6 所示。

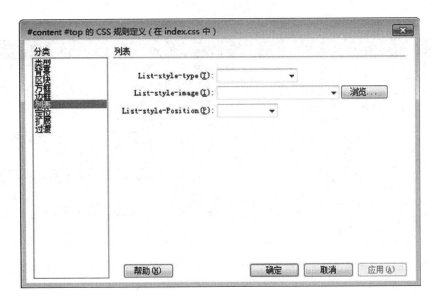

图 12-6 列表规则

## 12.7.7 定位规则

定位规则多用于 CSS 布局的网页，可设置各种 AP 元素、层的布局属性。在【定位】规则中，Width 和 Height 等两个属性与【方框】规则中的同名属性完全相同，Placement 属性用于设置 AP 元素的定位方式，Clip 属性用于设置 AP 元素的剪切方式。其【定位】规则中的一些属性和作用，如表 12-9 所述。

表 12-9 定位规则属性

| 属 性 名 | | 作 用 | 典型属性值及解释 |
|---|---|---|---|
| Position | | 定义网页容器对象的定位方式 | absolute（绝对定位方式，以 Placement 属性的值定义网页容器对象的位置）、fixed（IE 7 以上版本支持，遵从绝对定位方式，但需要遵守一些规则）、relative（遵从绝对定位方式，但对象不可层叠）、static（默认值，无特殊定位，遵从 XHTML 定位规则） |
| Visibility | | 定义网页容器对象的显示方式 | inherite（默认值，继承父容器的可见性）、visible（对象可视）、hidden（对象隐藏） |
| Z-Index | | 定义网页容器对象的层叠顺序 | auto（默认值，根据容器在网页中的排列顺序指定层叠顺序）以及整型数值（可为负值，数值越大则层叠优先级越高） |
| Overflow | | 定义网页容器对象的溢出设置 | visible（默认值，溢出部分可见）、hidden（溢出部分隐藏）、scroll（总是以滚动条的方式显示溢出部分）、auto（在必要时自动裁切对象或显示滚动条） |
| Placement | Top | 定义网页容器对象与父容器的顶部距离 | auto（默认值，无特殊定位）以及由浮点数字和单位组成的长度值，可为负数 |
| | Right | 定义网页容器对象与父容器的右侧距离 | auto（默认值，无特殊定位）以及由浮点数字和单位组成的长度值，可为负数 |
| | Bottom | 定义网页容器对象与父容器的左侧距离 | auto（默认值，无特殊定位）以及由浮点数字和单位组成的长度值，可为负数 |

续表

| 属 性 名 | | 作 用 | 典型属性值及解释 |
|---|---|---|---|
| Placement | Left | 定义网页容器对象与父容器的底部距离 | auto（默认值，无特殊定位）以及由浮点数字和单位组成的长度值，可为负数 |
| Clip | Top | 定义网页容器对象顶部剪切的高度 | auto（默认值，无特殊定位）以及由浮点数字和单位组成的长度值，可为负数 |
| | Right | 定义网页容器对象右侧剪切的宽度 | auto（默认值，无特殊定位）以及由浮点数字和单位组成的长度值，可为负数 |
| | Bottom | 定义网页容器对象底部剪切的高度 | auto（默认值，无特殊定位）以及由浮点数字和单位组成的长度值，可为负数 |
| | Left | 定义网页容器对象左侧剪切的宽度 | auto（默认值，无特殊定位）以及由浮点数字和单位组成的长度值，可为负数 |

扩展效果规则的作用是设置一些不常见的 CSS 规则属性，例如打印时的分页设置以及 CSS 的滤镜效果等，如图 12-7 所示。

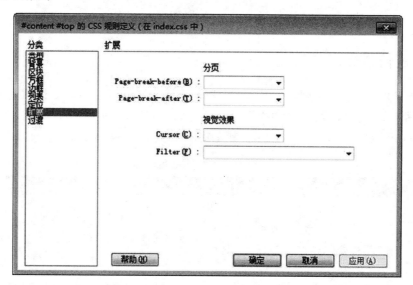

图 12-7　扩展规则

# 12.8　综合实战

本章概要性地介绍了设计网页元素样式，内容包括 CSS 概述、CSS 样式分类、CSS 基本语法、CSS 选择器、CSS 选择方法、使用 CSS 样式表和编辑 CSS 规则，为本书后续的学习打下坚实的基础，接下来我们通过两个实例来对本章的内容进行实践。

## 12.8.1　实战：制作企业介绍页面

随着互联网的普及和不断发展，很多企业都意识到网络营销的必要性和重要性，纷纷建立企业网站和网络营销体系。企业网站在设计风格上给人感觉简洁，突出重点。本例使用 CSS 技术制作一个索利亚豪华宾馆的介绍页，主要使用 CSS+DIV 布局、ID 选择器、类选择器、派生选择器、4 种 CSS 伪类选择器、CSS 中的 padding 和 margin 属性，练习 CSS+DIV 布局、ID 选择器的应用、类选择器的应用、派生选择器的应用、4 种 CSS 伪类选择器的应用、CSS 中 padding 和 margin 属性的设置，如图 12-8 所示。

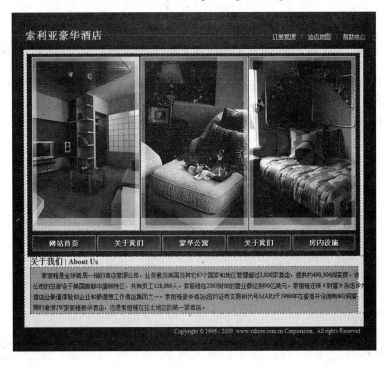

图 12-8　制作企业介绍页面

**STEP|01** 新建空白文档，在【页面属性】对话框中设置大小、文本颜色、左边距和标题等参数值，如图 12-9～图 12-12 所示。

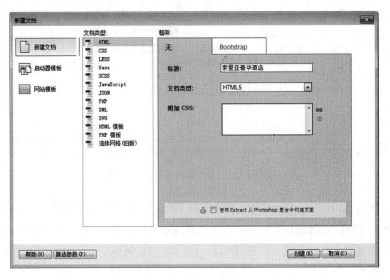

图 12-9　【新建文档】对话框

图 12-10 【属性】对话框

图 12-11 【页面属性】对话框 1

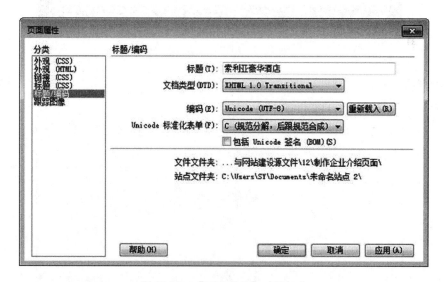

图 12-12 【页面属性】对话框 2

**STEP|02** 单击【插入】| HTML | Div 按钮，在弹出的【插入 Div】对话框中设置 ID 为 container。在【CSS 样式】面板中单击【新建 CSS 规则】按钮，在弹出的【新建 CSS 规则】对话框中设置【选择器名称】为 "#container"，单击【确定】按钮后，打开【#container 的 CSS 规则定义】对话框，设置相关参数，如图 12-13～图 12-17 所示。

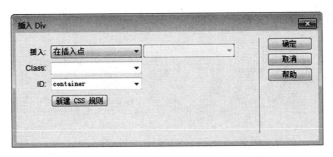

图 12-13 【插入 Div】对话框

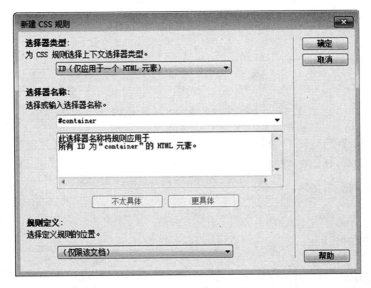

图 12-14 【新建 CSS 规则】对话框

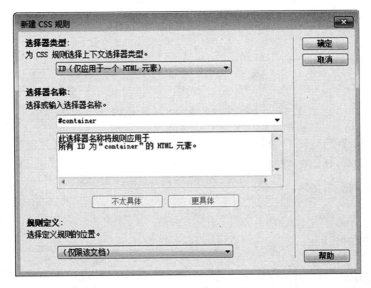

图 12-15 【#container 的 CSS 规则定义】对话框 1

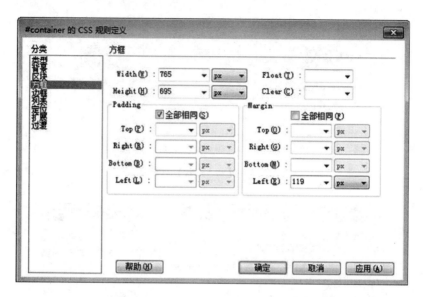

图 12-16　【#container 的 CSS 规则定义】对话框 2

**STEP|03** 使用相同的方法，在 ID 为 container 的层中插入一个 ID 为 top 的层并定义其 CSS 样式，并在该层中输入文本。然后，切换至【代码】视图，将光标放置在"订单管理"前，插入<span></span>标签，如图 12-18～图 12-20 所示。

```
#container {
    background: url(images/bg.jpg);
    height: 695px;
    width: 765px;
    margin-left: 119px;
}
```

图 12-17　CSS 样式代码

```
#top {
    font-size: 22px;
    font-weight: bold;
    height: 40px;
    margin-left: 30px;
    padding-top: 35px;
}
```

图 12-18　CSS 样式代码

索利亚豪华酒店　　　　　　　　　　订单管理　站点地图　帮助中心

图 12-19　页面效果

**STEP|04** 切换至【设计】视图，打开【#top span 的 CSS 规则定义】对话框，设置相关参数。然后，分别为各个文本创建链接，如图 12-21 和图 12-22 所示。

```
索利亚豪华酒店 <span><a href="#" title="订
单管理">订单管理</a>    |
    <a href="#" title="站点地图">站点
地图</a>    |     
<a href="#" title="帮助中心">帮助中心</a>
</span>
```

图 12-20　CSS 样式代码

```
#container #top span {
    font-size: 12px;
    font-weight: lighter;
    margin-top: 10px;
    margin-left: 350px;
}
```

图 12-21　CSS 样式代码

图 12-22 创建链接

**STEP|05** 在【CSS 样式】面板中，分别新建 "#top span a:link，#top span a:visited" 和 "#top span a:hover"
CSS 规则并设置参数，如图 12-23 所示。

**STEP|06** 切换至【代码】视图，将光标置于<a>标签中，添加代码 "<a title="订单管理" href="#">"，
为超链接添加 title 属性，如图 12-24 所示。

```
#container #top span a:link,
#container #top span a:visited {
    color: #f9f3cf;
    text-decoration: underline;
}

#container #top span a:hover {
    color: #ffa620;
    text-decoration: none;
}
```

```
<div id="top">
        索利亚豪华酒店 <span>
<a href="#" title="订单管理">订单管理</
a>    |
    <a href="#"
title="站点地图">站点地图</a>
    |
    <a href="#"
title="帮助中心">帮助中心</a>
        </span>
```

图 12-23 CSS 样式代码      图 12-24 CSS 样式代码

**STEP|07** 在 ID 为 container 的层中插入一个 ID 为 main 的层并定义其 CSS 样式。将光标置于 ID 为 main
的层中，插入一个 ID 为 header 的层，如图 12-25 所示。

**STEP|08** 然后，在 ID 为 header 的层中，单击【插入】面板中的 Table 按钮，创建一个 2 行×3 列、【宽】
为 "678 像素" 的表格，【对齐】方式为 "【居中对齐】"，如图 12-26 和图 12-27 所示。

```
#main {
    height: 570px;
    width: 712px;
    margin-right: 27px;
    margin-left: 27px;
}

#header {
    background: #5a4b37;
    height: 409px;
    width: 696px;
    margin-top: 10px;
    margin-right: 9px;
    margin-left: 7px;
    padding-top: 5px;
}
```

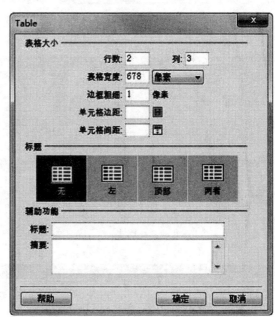

图 12-25 ID 为 main 和 header 的层     图 12-26 Table 对话框

图 12-27 【属性】面板

**STEP|09** 将光标放置在第 1 行第 1 列的单元格中，执行【插入】|【图像】命令，为单元格插入图像。并在【属性】面板中，设置该单元格的宽度和对齐方式等属性。使用相同的方法，分别为第 1 行第 2 列单元格和第 1 行第 3 列单元格插入图像，如图 12-28～图 12-32 所示。

图 12-28 页面效果

图 12-29 第 1 行第 1 列单元格插入图像

图 12-30 第 1 行第 2 列单元格插入图像

图 12-31 第 1 行第 3 列单元格插入图像

图 12-32 单元格的宽度和对齐方式

**STEP|10** 选择第 2 行单元格，在【属性】面板中合并第 2 行单元格。然后插入图像，并在【属性】面板中设置【链接】为"#"、【边框】为 0，为该图像创建链接。使用相同的方法，插入并为其他导航图像创建链接，如图 12-33 和图 12-34 所示。

图 12-33　页面效果

图 12-34　【属性】面板

**STEP|11** 在 ID 为 main 的层中插入一个 ID 为 mainb 的层并定义其 CSS 样式，如图 12-35 所示。

**STEP|12** 然后，输入文本并将光标放置在"索利亚"前并按 Enter 键，文本自动换行。定义段落标签<p>的 CSS 样式，如图 12-36 和图 12-37 所示。

```
#mainb {
    font-size: 16px;
    font-weight: bold;
    color: #8c4600;
    margin-top: 10px;
    margin-left: 13px;
}
```

```
#container #main #mainb p {
    font-size: 12px;
    line-height: 22px;
    font-weight: lighter;
    color: #000;
    background: #d5c191;
    text-indent: 18px;
    display: block;
    padding: 5px;
    height: 85px;
    width: 675px;
    margin-top: 2px;
}
```

图 12-35　ID 为 mainb 的层　　　　图 12-36　<p>标签

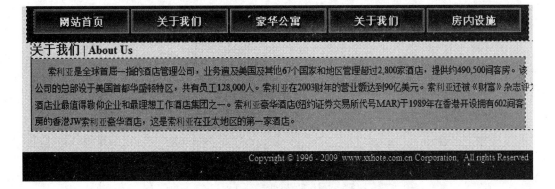

图 12-37　页面效果

## 12.8.2 实战：制作多彩时尚网

在网页中文本属性不可能是一成不变的，需要改变文本属性来使网页看起来更美观，本例通过定义文本属性、文本显示方式来制作多彩时尚网页页面，主要练习定义文本属性、定义文本显示方式，如图12-38所示。

**STEP|01** 打开素材页面"index.html"，将光标置于 ID 为 leftmain 的 Div 层中，单击【插入】| HTML | Div 按钮，创建 ID 为 title 的 Div 层，并设置其 CSS 样式属性，如图 12-39～图 12-41 所示。

图 12-38　制作多彩时尚网 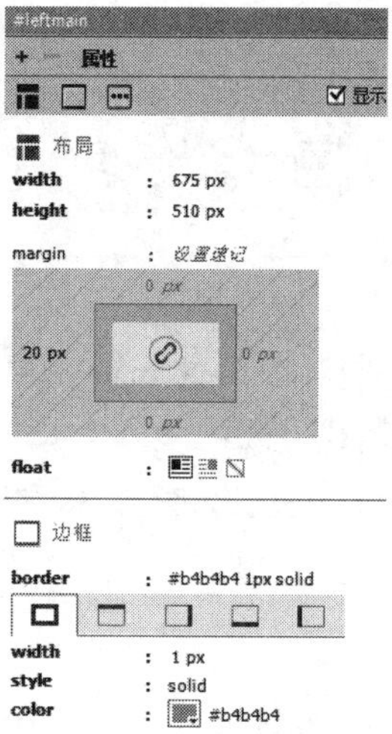　　　　　　　　　　　图 12-39　ID 为 leftmain 的 Div 层

```
<div id="leftmain">
  <div id="title">时尚网 > 时尚列表</div>
  <div class="rows">
    <div class="pic"><img src="images/picl.jpg" width="120" height="120" /></div>
    <div class="detail">
```

图 12-40　ID 为 leftmain 的 Div 层

**STEP|02** 在 ID 为 title 的 Div 层中输入文本，然后再单击 Div 按钮，创建类名称为 rows 的 Div 层，并设置其 CSS 样式属性，如图 12-42 和图 12-43 所示。

图 12-41　ID 为 title 的 Div 层　　　图 12-42　页面效果　　　图 12-43　创建类名称为 rows 的 Div 层

**STEP|03** 然后将光标置于类名称为 rows 的 Div 层中，创建类名称为 pic 的 Div 层，并设置其 CSS 样式属性，如图 12-44 所示。

**STEP|04** 按照相同的方法，单击 Div 按钮，创建类名称为 detail 的 Div 层，并设置其 CSS 样式属性。然后将光标置于类名称为 pic 的 Div 层中，插入图像"pic1.jpg"，如图 12-45 和图 12-46 所示。

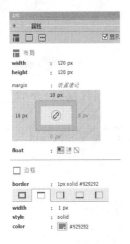

图 12-44　创建类名称为 pic 的 Div 层　　　图 12-45　创建类名称为 detail 的 Div 层　　　图 12-46　页面效果

**STEP|05** 将光标置于类名称为 detail 的 Div 层中，输入文本，然后在【属性】面板中设置【格式】为【标题 2】。在标签栏选择 h2 标签，然后在 CSS 样式属性中设置文本颜色为"蓝色"（#1092f1），如图 12-47～图 12-49 所示。

图 12-47　【属性】面板

图 12-48　【页面属性】对话框

**STEP|06** 按 Enter 键，然后输入文本。在 CSS 样式属性中分别创建类名称为 font2、font3、font4 的样式，然后选择文本，在【属性】检查器中设置【类】。其中，文本"关键字"设置为 font2，文本"劳力士 经典 金表 宝石"设置为 font3，其他文本设置为 font4，如图 12-50～图 12-53 所示。

图 12-49　h2 标签　　　　　　图 12-50　页面效果　　　　　　图 12-51　font2

图 12-52　font3　　　　　　　　　　图 12-53　font4

**STEP|07** 单击 Div 按钮，在弹出的【插入 Div】对话框中选择 Class 下拉列表中的 rows，单击【确定】按钮。将光标置于该层中，按照相同的方法分别创建类名称为 pic、detail 的 Div 层，然后在 pic 层中插入图像、在 detail 层中输入文本，如图 12-54 和图 12-55 所示。

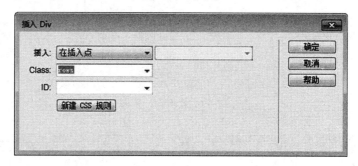

图 12-54　【插入 Div】对话框

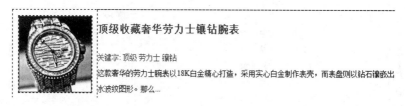

图 12-55　页面效果

**STEP|08** 分别选择格式为【标题 2】的文本，在【属性】面板中设置【链接】为"javascript:void(null);"，然后在标签栏选择 a 标签，在 CSS 样式属性中设置其 CSS 样式属性，如图 12-56 和图 12-57 所示。

图 12-56　【属性】面板

图 12-57　a 标签

# 第 **13** 章

# Web 2.0 布局方式

  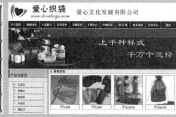 

Web 2.0 是相对于 Web 1.0 的新的时代，指的是一个利用 Web 的平台，由用户主导而生成的内容互联网产品模式，为了区别传统由网站雇员主导生成的内容而定义为第二代互联网，即 Web 2.0，是一个新的时代。在标准化的 Web 页设计中，将 XHTML 中所有块状标签和部分可变标签视为网页内容的容器。使用 CSS 样式表，用户可以方便地控制这些容器性标签，为网页的内容布局，定义这些内容的位置、尺寸等布局属性。

本章主要介绍 CSS 盒模型、流动定位方式、绝对定位方式、浮动定位方式和综合实战。通过本章的学习，我们可以知道什么是 Web 2.0 布局方式。

## 13.1 CSS 盒模型

CSS 盒模型是 CSS 布局的基础，它规定了网页元素的显示方式以及元素间的相互关系。本节主要讲述 CSS 盒模型，分为 4 个方面的内容，即 CSS 盒模型结构、边界、边框和填充。用户通过对本节的学习，了解和掌握 CSS 盒模型的应用，为后期的网站建设奠定基础。

### 13.1.1 CSS 盒模型结构

在 CSS 中，所有网页元素都被看作一个矩形框，或者称为元素框。CSS 盒模型描述了这些元素在网页布局中所占的空间和位置，效果如图 13-1 所示。

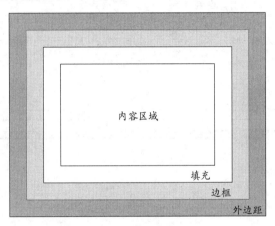

图 13-1　CSS 盒模型结构

所有网页元素都可以包括 4 个区域：内容区、填充区、边框区和边界区。在 CSS 中，可以增加填充、边框和边界的区域大小，这些不会影响内容区域，即元素的宽度和高度，但会增加元素框的总尺寸。定义盒模型的代码如下：

```
/*定义盒模型*/
#box{
    height:300px;   /*定义元素的高度*/
    width:450px;    /*定义元素的宽度*/
    margin:20px;    /*定义元素的边界*/
    padding:20px;   /*定义元素的填充*/
    border:solid 20px #C60;                    /*定义元素的边框*/
    background-color:# F0F0F0;
    /*定义元素的背景颜色*/
}
```

根据 CSS 盒模型规则，可以给出一个简单的盒模型尺寸计算公式：

元素的总宽度 = 左边界 + 左边框 + 左填充 + 宽 + 右填充 + 右边框 + 右边界

元素的总高度 = 上边界 + 上边框 + 上填充 + 高 + 下填充 + 下边框 + 下边界

## 13.1.2 边界

在 CSS 中，边界又被称作外补丁，用来定义网页元素的边界。适当地设置边界可以使网页布局条理有序，整体看起来优美得体。设置网页元素边界最简单的方法是使用 margin 属性，它可以接受任何长度单位（如像素、磅、英寸、厘米、em）、百分比甚至负值。举例如下：

```
#box{
    margin:1px;   /*定义元素四边边界为1px*/
    margin:1px 2px;
    /*定义元素上下边界为1px，左右边界为2px*/
    margin:1px 2px 3px;
    /*定义元素上边界为1px，左右边界为2px，下边界为3px*/
    margin:1px 2px 3px 4px;
    /*定义元素上边界为1px，右边界为2px，下边界为3px，左边界为4px*/
}
```

效果如图 13-2 所示。

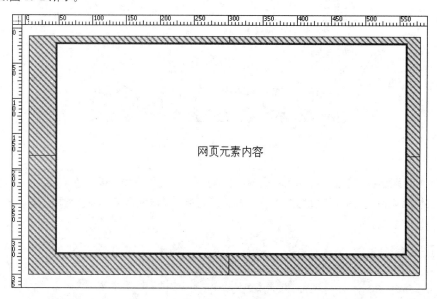

图 13-2　边界

百比分的取值是相对于父元素的宽度来计算的。使用百分比的好处是能够使页面自适应窗口的大小，并能够及时调整边界宽度。

```
#box{
margin:10%;   /*边界为body宽度的   10%*/
}
```

效果如图 13-3 所示。

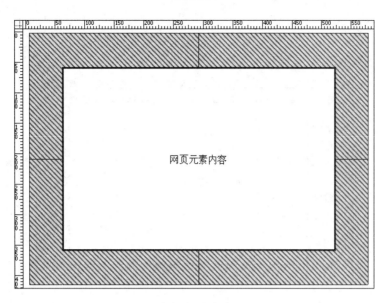

图 13-3　边界

margin 属性的值还可以设置为 auto，表示一个自动计算的值，这个值通常为 0，也可以设置为其他值，这个主要由具体浏览器来确定：

```
#box{
margin:auto;
}
```

效果如图 13-4 所示。

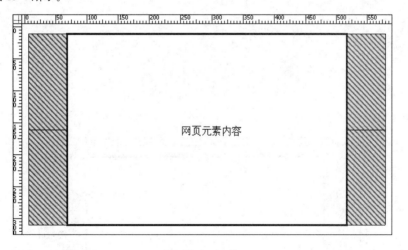

图 13-4　边界

auto 还有一个重要作用就是用来实现网页元素居中对齐：

```
#box{
    margin:10px auto;
        /*网页元素水平居中对齐*/
```

```
    }
```

效果如图 13-5 所示。

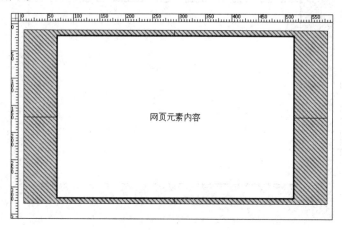

图 13-5　边界

margin 属性包含 margin-top、margin-right、margin-bottom 和 margin-left 4 个子属性，用来单独设置网页元素上、右、下和左边界的大小。代码举例如下：

```
#box{
    margin-top:5px;
    /*定义元素的上边界为 5px*/
    margin-right:5em;
    /*定义元素的右边界为元素字体的 5 倍*/
    margin-bottom:5%;
    /*定义元素的下边界为父元素宽度的 5%*/
    margin-left:auto;
    /*定义元素的左边界为自动*/
}
```

效果如图 13-6 所示。

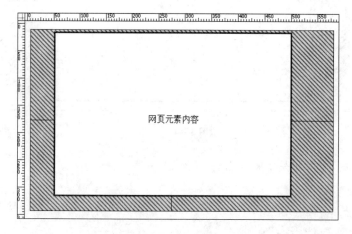

图 13-6　边界

以上 4 个子属性的详细介绍如表 13-1 所示。

表 13-1　margin 的 4 个子属性

| 属　　　性 | 说　　　明 |
| --- | --- |
| margin-top | 定义网页元素顶部的边界（外补丁），其属性值可以为 auto（默认值，取浏览器默认值）或由浮点数字和单位组成的长度值以及百分比 |
| margin-left | 定义网页元素左侧的边界（外补丁），其属性值可以为 auto（默认值，取浏览器默认值）或由浮点数字和单位组成的长度值以及百分比 |
| margin-right | 定义网页元素右侧的边界（外补丁），其属性值可以为 auto（默认值，取浏览器默认值）或由浮点数字和单位组成的长度值以及百分比 |
| margin-bottom | 定义网页元素底部的边界（外补丁），其属性值可以为 auto（默认值，取浏览器默认值）或由浮点数字和单位组成的长度值以及百分比 |

## 13.1.3　边框

网页元素的外边界内就是元素的边框，它就是围绕元素内容和填充的一条或多条线。网页中很多修饰性线条都是由边框来实现的。

设置网页元素边框最简单的方法就是使用 border 属性，该属性允许用户定义网页元素所有边框的样式、宽度和颜色：

```
#box{
    border:solid 30px #F00;
    /*定义边框样式为实线、2px 宽、红色*/
}
```

效果如图 13-7 所示。

图 13-7　边框

每个网页元素都包含 4 个方向上的边框: border-top (顶边)、border-right (右边)、border-bottom (底边) 和 border-left (左边), 可以单独定义以上每一个属性:

```
#box{
    border-top:double 20px #F90;
    /*定义元素上边框的样式、宽度和颜色*/
    border-right:solid 30px #F00;
    /*定义元素右边框的样式、宽度和颜色*/
    border-bottom:double 20px #06F;
    /*定义元素下边框的样式、宽度和颜色*/
    border-left:solid 30px #F00;
    /*定义元素左边框的样式、宽度和颜色*/
}
```

效果如图 13-8 所示。

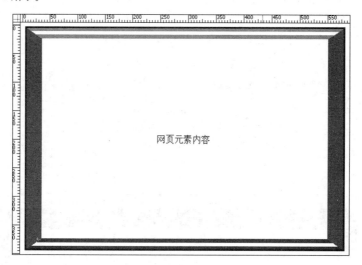

图 13-8    边框

CSS 允许用户单独定义网页元素的边框样式, 属性分别为 border-top-style、border-right-style、border-bottom-style 和 border-left-style。另外, 还可以使用 border-style 统一定义边框的样式。示例代码如下:

```
#box{
    border-top-style:solid;
    /*定义元素的上边框样式为实线*/
    border-right-style:double;
    /*定义元素的右边框样式为双线*/
    border-bottom-style:solid;
    /*定义元素的下边框样式为实线*/
    border-left-style:double;
```

```
    /*定义元素的左边框样式为双线*/
}
或者
#box{border-style:solid double;}
```

效果如图 13-9 所示。

图 13-9　边框

边框样式是边框显示的基础，CSS 2 提供了如表 13-2 所示的几种边框样式。

表 13-2　边框样式

| 样　　式 | 说　　明 |
|---|---|
| none | 默认值，无边框，不受任何指定的 border-width 值影响 |
| hidden | 隐藏边框，IE 不支持 |
| dotted | 定义边框为点线 |
| dashed | 定义边框为虚线 |
| solid | 定义边框为实线 |
| double | 定义边框为双线边框，两条线及其间隔宽度之和等于指定的 border-width 的值 |
| groove | 根据边框颜色定义 3D 凹槽 |
| ridge | 根据边框颜色定义 3D 凸槽 |
| inset | 根据边框颜色定义 3D 凹边 |
| outset | 根据边框颜色定义 3D 凸边 |

CSS 允许用户单独定义网页元素的边框宽度，属性分别为 border-top-width、border-right-width、border-bottom-width 和 border-left-width。另外，还可以使用 boder-width 统一定义边框的宽度。示例代码如下：

```
#box{
    border-top-width:30px;
```

```
    /*定义元素的上边框宽度为30px*/
    border-right-width:50px;
    /*定义元素的右边框宽度为50px*/
    border-bottom-width:30px;
    /*定义元素的下边框宽度为30px*/
    border-left-width:50px;
    /*定义元素的左边框宽度为50px*/
}
```
或者
```
#box{border-width:30px 50px 30px 50px;}
```

效果如图 13-10 所示。

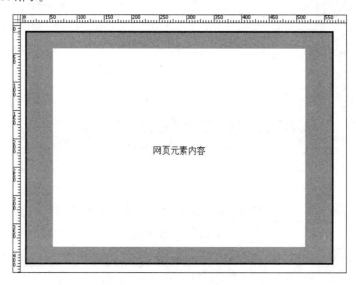

图 13-10    边框

除了可以为元素的边框指定具体的宽度值外，还可以使用关键字 thin、medium 和 thick。这几个关键字没有固定的宽度，它们之间的关系是：thick 比 medium 宽，而 medium 比 thin 宽。在默认状态下，边框的宽度为 medium（中），这是一个相对宽度，通常为 2~3px。示例代码如下：

```
#box{
    border-style:solid;
    /*定义元素边框的样式*/
    border-top-width:thin;
    border-right-width:medium;
    border-bottom-width:thick;
    border-left-width:medium;
}
或者
#box{
    border-style:solid;
```

```
    border-width:thin medium thick medium;
}
```

效果如图 13-11 所示。

图 13-11　边框

CSS 允许用户单独定义网页元素的边框颜色，属性分别为 border-top-color、border-right-color、border-bottom-color 和 border-left-color。另外，还可以使用 border-color 统一定义边框的颜色。示例代码如下：

```
#box{
    border-style:solid;
    border-width:50px;
    /*定义元素边框的样式和宽度*/
    border-top-color:#FF9;
    /*定义元素上边框的颜色为#FF9*/
    border-right-color:#F60;
    /*定义元素右边框的颜色为#F60*/
    border-bottom-color:#C30;
    /*定义元素下边框的颜色为#C30*/
    border-left-color:#336;
    /*定义元素左边框的颜色为#336*/
}
或者
#box{
    border-style:solid;
    border-width:50px;
    border-color:#FF9 #F60 #C30 #336;
}
```

效果如图 13-12 所示。

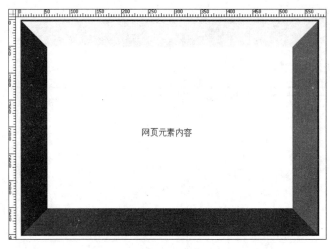

图 13-12　边框

在定义边框的颜色时，除了可以使用十六进制颜色值外，还可以使用颜色名和 RGB 颜色值：

```
#box{
    border-style:solid;
    border-width:50px;
    border-top-color:rgb(255,240,245);
    /*使用 RGB 颜色值定义元素边框颜色*/
    border-right-color:Pink;
    /*使用颜色名定义元素边框颜色*/
    border-bottom-color:rgb(255,105,180);
    /*使用 RGB 颜色值定义元素边框颜色*/
    border-left-color:DeepPink;
    /*使用颜色名定义元素边框颜色*/
}
```

效果如图 13-13 所示。

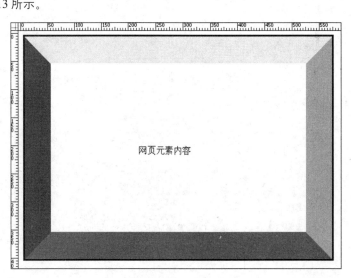

图 13-13　边框

## 13.1.4　填充

在 CSS 中，填充又被称作内补丁，位于元素边框与内容之间。设置网页元素填充最简单的方法是使用 padding 属性，示例代码如下：

```
#box{
    padding:10px;
    /*定义元素四周填充为10px*/
    padding:10px 20px;
    /*定义元素上下填充为10px，左右填充为20px*/
    padding:10px 20px 30px;
    /*定义元素上填充为10px，左右填充为20px，下填充为30px*/
    padding:10px 20px 30px 40px;
    /*定义元素上填充为10px，右填充为 20px，下填充为 30px，左填充为40px*/
}
```

效果如图 13-14 所示。

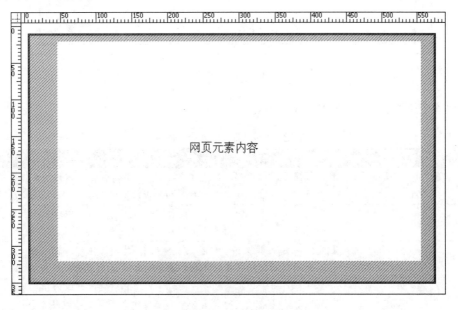

图 13-14　填充

padding 属性包含 padding-top、padding-right、padding-bottom 和 padding-left 4 个子属性，用来单独设置网页元素上、右、下和左填充的大小，示例代码如下：

```
#box{
    padding-top:5px;
    /*定义元素上填充为5px*/
    padding-right:5em;
    /*定义元素右填充为字体的5倍*/
    padding-bottom:5%;
    /*定义元素下填充为父元素宽度的5%*/
```

```
padding-left:auto;
/*定义元素左填充为自动*/
}
```

效果如图 13-15 所示。

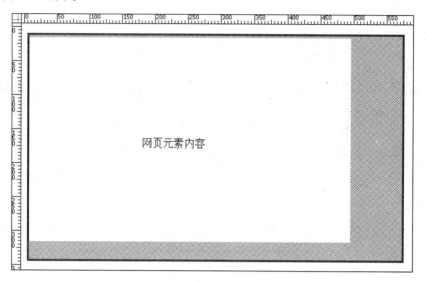

图 13-15　填充

以上 4 个子属性的详细介绍如表 13-3 所示。

表 13-3　padding 的 4 个子属性

| 属　　　性 | 说　　　明 |
| --- | --- |
| padding-top | 定义网页元素顶部的填充（内补丁），其属性值可以为 auto（默认值，取浏览器默认值）或由浮点数字和单位组成的长度值以及百分比 |
| padding-left | 定义网页元素左侧的填充（内补丁），其属性值可以为 auto（默认值，取浏览器默认值）或由浮点数字和单位组成的长度值以及百分比 |
| padding-right | 定义网页元素右侧的填充（内补丁），其属性值可以为 auto（默认值，取浏览器默认值）或由浮点数字和单位组成的长度值以及百分比 |
| padding-bottom | 定义网页元素底部的填充（内补丁），其属性值可以为 auto（默认值，取浏览器默认值）或由浮点数字和单位组成的长度值以及百分比 |

# 13.2　流动定位方式

在 Web 标准化布局中，通常包括三种基本的布局方式，即流动布局、浮动布局和绝对定位布局。其中，最简单的布局方式就是流动布局，其特点是将网页中各种布局元素按照其在 XHTML 代码中的顺序，像水从上到下的流动一样依次显示。

在流动布局的网页中，用户无须设置网页各种布局元素的补白属性。例如，一个典型的 XHTML 网页，其 body 标签中通常包括头部、导航条、主体内容和版尾 4 个部分，使用 div 标签建立这 4 个部分所在的层的代码如下：

```
<div id="header"></div>
<!--网页头部的标签。这部分主要包含网页的logo和banner等内容-->
<div id="navigator"></div>
<!--网页导航的标签。这部分主要包含网页的导航条-->
<div id="content"></div>
<!--网页主体部分的标签。这部分主要包含网页的各种版块栏目-->
<div id="footer"></div>
<!--网页版尾的标签。这部分主要包含尾部导航条和版权信息等内容-->
```

在上面的 XHTML 网页中，用户只需要定义 body 标签的宽度、外补丁，然后即可根据网页的设计，定义各种布局元素的高度，从而实现各种上下布局或上中下布局。例如，定义网页的头部高度为 100px、导航条高度为 30px、主体部分高度为 500px、版尾部分高度为 50px 的代码如下：

```
body {
  width : 1003px ;
  margin : 0px ;
}//定义网页的body标签宽度和补白属性
#header { height : 100px ; }
//定义网页头部的高度
#navigator{ height : 30px; }
//定义网页导航条的高度
#content{ height : 500px; }
//定义网页主题内容部分的高度
#footer{ height : 50px; }
//定义网页版尾部分的高度
```

流动布局的方式特点是结构简单、兼容性好，所有的网页浏览器对流动布局方式的支持都是相同的，不需要用户单独为某个浏览器编写样式。然而，其无法实现左右分栏的样式，因此只能制作上下布局或上中下布局，具有一定的应用局限性。

# 13.3　绝对定位方式

绝对定位布局的原理是为每一个网页标签进行定义，精确地设置标签在页面中的具体位置和层叠次序。本节主要讲述 4 个方面的内容，分别是设置精确位置、设置层叠次序、布局可视化和布局剪切。用户通过对本节的学习，为后期的网站建设奠定基础。

## 13.3.1　设置精确位置

设置网页标签的精确位置，可使用 CSS 样式表的 position 属性先定义标签的性质。position 属性的作用是定义网页标签的定位方式，其属性值为 4 种关键字，如表 13-4 所示。

表 13-4    position 属性值

| 属性值 | 作    用 |
| --- | --- |
| static | 默认值，无特殊定位，遵循网页布局标签原本的定位方式 |
| absolute | 绝对定位方式，定义网页布局标签按照 left、top、bottom 和 right 4 种属性定位 |
| relative | 定义网页布局标签按照 left、top、bottom 和 right 4 种属性定位，但不允许发生层叠，即忽视 z-index 属性设置 |
| fixed | 修改的绝对定位方式，其定位方式与 absolute 类似，但需要遵循一些规范，例如 position 属性的定位是相对于 body 标签的、fixed 属性的定位则是相对于 html 标签的 |

将网页布局标签的 position 属性值设置为 relative 后，可以通过设置左侧、顶部、底部和右侧 4 个 CSS 属性，定义网页布局标签在网页中的偏移方式。其结果与通过 margin 属性定义网页布局标签的补白类似，都可以实现网页布局的相对定位。

将网页布局标签的 position 属性定义为 absolute 之后，会将其从网页当前的流动布局或浮动布局中脱离出来。此时，用户必须最少通过定义其左侧、上方、右侧和下方 4 个针对 body 标签的距离属性中的一个来实现其定位，否则 position 的属性值将不起作用（通常需要定义顶部和左侧两种）。例如，定义网页布局标签距离网页顶部为 100px、左侧为 30px，代码如下所示：

```
position : absolute ;
top : 100ox ;
left : 30px ;
```

position 属性的 fixed 属性值是一种特殊的属性值。在通常网页设计过程中，绝大多数的网页布局标签定位（包括绝对定位）都是针对网页中的 body 标签的。而 fixed 属性值所定义的网页布局标签则是针对 html 标签的，因此可以设置网页标签在页面中漂浮。

## 13.3.2   设置层叠次序

使用 CSS 样式表，除了可以精确地设置网页标签的位置外，还可以设置网页标签的层叠顺序。其需要先通过 CSS 样式表的 position 属性定义网页标签的绝对定位，然后再使用 CSS 样式表的 z-index 属性。

在重叠后，将按照用户定义的 z-index 属性决定层叠位置，或自动按照其代码在网页中出现的顺序依次层叠显示。z-index 属性的值为 0 或任意正整数，无单位。z-index 的值越大，则网页布局标签的层叠顺序越高。例如，两个 id 分别为 div1 和 div2 的层，其中 div1 覆盖在 div2 上方，则代码如下所示：

```
#div1 {
  position : absolute ;
  z-index : 2 ;
}
#div2 {
  position : absolute ;
  z-index : 1 ;
}
```

### 13.3.3　布局可视化

布局可视化是指通过 CSS 样式表，定义各种布局标签在网页中的显示情况。在 CSS 样式表中，允许用户使用 visibility 属性，定义网页布局标签的可视化性能。该属性有 4 个关键字属性值可用，如表 13-5 所示。

表 13-5　visibility 属性值

| 属性值 | 作　　用 |
|---|---|
| visible | 默认值，定义网页布局标签可见 |
| hidden | 定义网页布局标签隐藏 |
| collapse | 定义表格的行或列隐藏，但可被脚本程序调用 |
| inherit | 从父网页布局标签中继承可视化方式 |

在 visibility 属性中，用户可以方便地通过 visible 和 hidden 两个属性值切换网页布局标签的可视化性能，使其显示或隐藏。visibility 属性与 display 属性中的设置有一定的区别，在设置 display 属性的值为 none 之后，被隐藏的网页布局标签往往不会在网页中再占据相应的空间。而通过将 visibility 属性定义为 hidden 的网页布局标签则通常会保留其占据的空间，除非将其设置为绝对定位。

### 13.3.4　布局剪切

在 CSS 样式表中，还提供了一种可剪切绝对定位布局标签的工具，可以将用户定义的矩形作为布局标签的显示区域，所有位于显示区域外的部分都将被剪切掉，使其无法在网页中显示。

在剪切绝对定位的布局标签时，需要使用到 CSS 样式表的 clip 属性，其属性值包括三种，即矩形、关键字 auto 以及关键字 inherit。auto 属性值是 clip 属性的默认关键字属性，其作用为不对网页布局标签进行任何剪切操作，或剪切的矩形与网页布局标签的大小和位置相同。

矩形属性值与颜色、URL 类似，都是一种特殊的属性值对象。在定义矩形属性值时，需要使用 rect() 方法，同时将矩形与网页的四条边之间的距离作为参数，填写到 rect() 方法中。例如，定义一个距离网页左侧 20px、顶部 45px、右侧 30px、底部 26px 的矩形，代码如下：

```
rect(20px 45px 30px 26px)
```

用户可以方便地将上面代码的矩形应用到 clip 属性中，以对绝对定位的网页布局标签进行剪切操作代码：

```
position : absolute ;
clip : rect(20px 45px 30px 26px) ;
```

## 13.4　浮动定位方式

任何元素在默认情况下是不能够浮动的，但都可以用 CSS 定义为浮动，如 div、list、p、table 以及 img 等元素。通过 CSS 的 float 属性可以定义元素向左、向右浮动或取消浮动，其值可以为 inherit、left（左浮动）、right（右浮动）和 none（取消浮动），代码如下：

```
div{
    float:left;   /*定义元素向左浮动*/
    float:right;  /*定义元素向右浮动*/
    float:none;   /*取消元素浮动*/
}
```

任何定义为 float 的元素都会自动被设置为一个块状元素显示，相当于被定义了"display:block;"声明。这样就可以为浮动元素定义 width 和 height 属性，即使是内联显示元素，代码如下：

```
span{
    width:400px;
    height:150px;
    border:solid 2px #C60;
    /*定义span元素的宽度、高度和边框样式*/
}
#float{
    float:right;
    /*定义第2个内联元素span浮动显示*/
}
```

效果如图 13-16 所示。

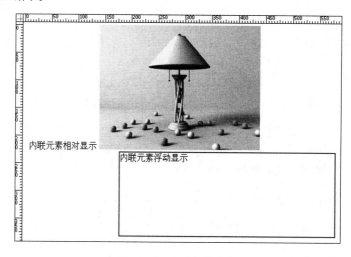

图 13-16　浮动定位方式

与普通元素一样，浮动元素始终位于包含元素内，不会游离在外，或破坏元素包含关系。例如，在上面示例的基础上再添加一个包含元素 div，这样第 2 个 span 元素将会靠近包含元素 div 的右边框浮动，而不再是 body 元素的右边框，代码如下：

```
CSS样式代码：
#contain{
    width:520px;
    height:380px;
    padding:20px;
```

```
            /*定义元素的填充为20px*/
        border:double 4px #999;
}
```

XHTML 结构代码:

```
<div id="contain">
    <span id="inline">内联元素相对显示
        <img src="bg.jpg" alt="流动的图像" />
    </span>
    <span id="float">内联元素浮动显示</span>
</div>
```

效果如图 13-17 所示。

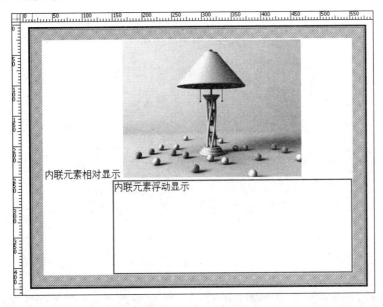

图 13-17　浮动定位方式

　　虽然浮动元素能够随文档流动，但浮动定位与相对定位依然存在本质区别。浮动元素后面的块状元素与内联元素都能够以流的形式环绕浮动元素左右，甚至与上面的文本流连成一体，代码如下:

```
CSS 样式代码:
span {
    width:500px;
    height:150px;
    border:solid 2px #C60;
}
#float {
    float:left;
        /*定义元素向左浮动显示*/
    background-color:#6C9
}
```

XHTML 结构代码:

```
浮动元素不会强迫前面的文本流或内联元素环绕其周围流动。
<span id="inline">内联元素相对显示
    <img src="bg.jpg" alt="流动的图像" />
</span>
<span id="float">内联元素浮动显示</span>
<span id="inline2">内联元素相对显示
    <img src="bg.jpg" alt="流动的图像" />
</span>
浮动元素不会强迫前面的文本流或内联元素环绕其周围流动。
```

浮动的自由性也给布局带来很多问题，CSS 为此增加了 clear 属性，它能够在一定程度上控制浮动布局中出现的混乱现象。clear 属性可设置为如表 13-6 所示的 4 个值，效果如图 13-18 所示。

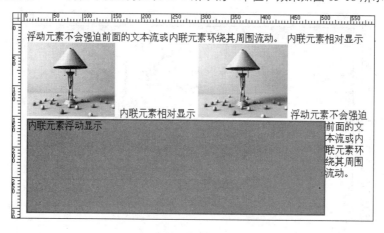

图 13-18　浮动定位方式

表 13-6　clear 属性值

| 值 | 说　明 |
| --- | --- |
| left | 清除左边的浮动对象，如果左边存在浮动对象，则当前元素会在浮动对象底下显示 |
| right | 清除右边的浮动对象，如果右边存在浮动对象，则当前元素会在浮动对象底下显示 |
| both | 清除左右两边的浮动对象，不管哪边存在浮动对象，当前元素都会在浮动对象底下显示 |
| none | 默认值，允许两边都可以有浮动对象，当前浮动元素不会换行显示 |

# 13.5　综合实战

本章概要性地介绍了 CSS 盒模型、流动定位方式、绝对定位方式、浮动定位方式，为本书后续的学习打下坚实的基础。本章主要讲述如何利用 Web 2.0 布局方式制作吸引人的网站的一些方法和相关技术，接下来我们通过两个实例来对本章的内容进行实践。

## 13.5.1　实战：制作家居网页

网页的色调与布局是决定网站美观的主要因素。在互联网上，家居网站一般都以暖色调为主色调布局网页，在视觉上给人温暖、舒适和自然的感觉。本例使用绝对和浮动定位一个以棕黄色为主色调的家居网页，主要练习 CSS 浮动定位，绝对定位，无序列表 ul、li 标签的应用，CSS、float 属性的应用，如图 13-19 所示。

图 13-19　制作家居网页

**STEP|01** 新建空白文档，在【属性】面板中打开【页面属性】对话框，在各个选项卡中设置字体大小、文本颜色、背景颜色和标题等参数，如图 13-20～图 13-24 所示。

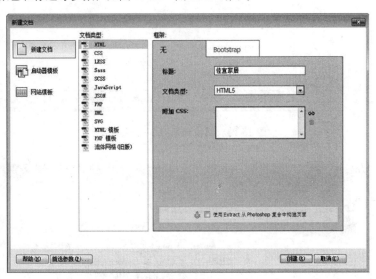

图 13-20　【新建文档】对话框

图 13-21　【属性】面板

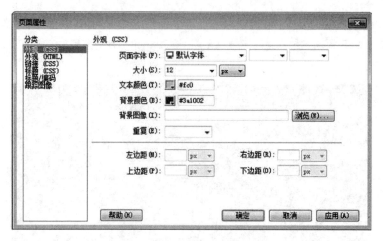

图 13-22　【页面属性】对话框 1

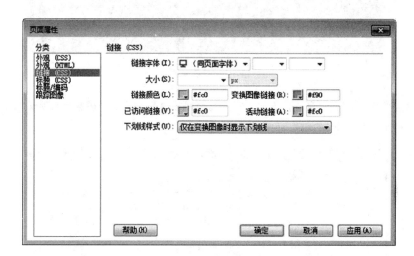

图 13-23　【页面属性】对话框 2

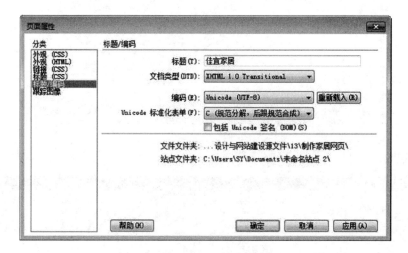

图 13-24　【页面属性】对话框 3

**STEP|02** 单击 Div 按钮，在弹出的【插入 Div】对话框中设置 ID 为 container。然后，单击【新建 CSS 规则】，打开【新建 CSS 规则】对话框，然后单击【确定】按钮。最后打开【#container 的 CSS 规则定义】对话框，并设置方框和定位参数，如图 13-25～图 13-28 所示。

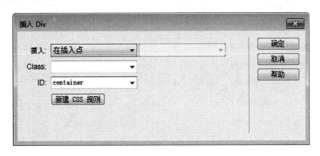

图 13-25　【插入 Div】对话框

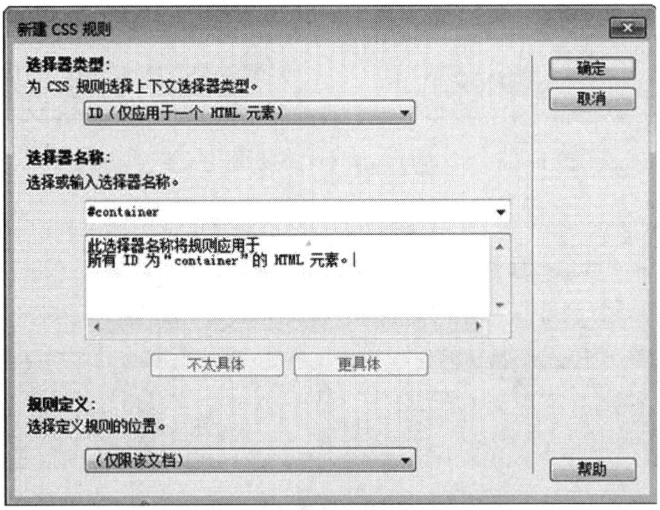

图 13-26　【新建 CSS 规则】对话框

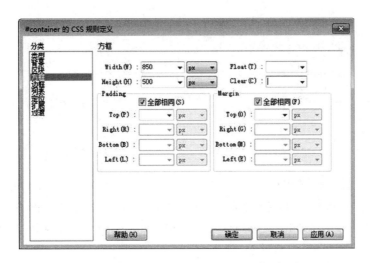

图 13-27　【#container 的 CSS 规则定义】对话框 1

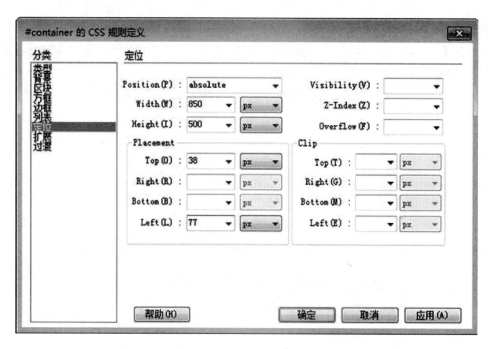

图 13-28 【#container 的 CSS 规则定义】对话框 2

**STEP|03** 在 ID 为 container 的层中，执行【插入】|【布局对象】|AP Div 命令，在【属性】面板中更改其【CSS-P 元素】为 nav 并编辑其 CSS 规则。然后在【属性】面板中单击【项目列表】按钮 ，在 ID 为 nav 的层中插入一个项目列表，并设置其列表的 CSS 样式，如图 13-29～图 13-31 所示。

图 13-29 【属性】面板

```
#nav {
    position:absolute;
    width:629px;
    height:26px;                    #container #nav ul li {
    left: 187px;                        display: inline;
    top: 33px;                          padding-left: 5px;
}                                   }
```

图 13-30 CSS 样式代码 1          图 13-31 CSS 样式代码 2

**STEP|04** 使用相同的方法，在 ID 为 container 的层中插入一个 AP Div，修改 ID 为 main 并定义其 CSS 样式。然后，在该层中插入一个项目列表并定义其 CSS 样式，如图 13-32 和图 13-33 所示。

**STEP|05** 使用相同的方法，在 ID 为 container 的层中插入一个 AP Div，修改其 ID 为 mrtit 并定义其 CSS 样式，如图 13-34 所示。

```
#main {
    position:absolute;
    width:186px;
    height:305px;
    z-index:1;
    margin: 0px;
    padding: 0px;
    left: -22px;
    top: 78px;
}
```

```
#mrtit {
    position:absolute;
    width:629px;
    height:23px;
    z-index:2;
    left: 196px;
    top: 72px;
}
```

图 13-32　CSS 样式代码　　　　图 13-33　页面效果　　　　图 13-34　CSS 样式代码

**STEP|06** 再插入一个 AP Div，修改其 ID 为 mainright 并定义其 CSS 样式。然后，单击【属性】面板中的【项目列表】按钮▤，在该层插入一个图像的列表。分别新建 "#mainright ul" 和 "#mainright ul li"规则，定义项目列表的 CSS 样式，如图 13-35 和图 13-36 所示。

**STEP|07** 然后，在 ID 为 container 的层中继续插入一个 AP Div，修改其 ID 为 footer，定义其 CSS 样式并输入文本，如图 13-37 和图 13-38 所示。

```
#mainright {
    position:absolute;
    width:642px;
    height:106px;
    z-index:1;
    left: 200px;
    top: 92px;
}
```

```
#container #mainright ul {
    margin: 0px;
    padding: 0px;
}

#container #mainright ul li {
    display: inline;
    padding: 2px;
}
```

```
#footer {
    position:absolute;
    width:513px;
    height:22px;
    z-index:1;
    left: 336px;
    top: 505px;
}
```

图 13-35　CSS 样式代码　　　　图 13-36　CSS 样式代码　　　　图 13-37　CSS 样式代码

图 13-38　页面效果

## 13.5.2　实战：制作商品列表

使用 CSS 样式表的浮动布局，不仅可以实现页面的布局，还可以为网页中各种块状标签定位。本例使用 CSS 样式表的 float 标签，制作一个简单的页面显示各种商品，主要练习定义容器大小和位置、定义容器边框样式、定义列表样式，如图 13-39 所示。

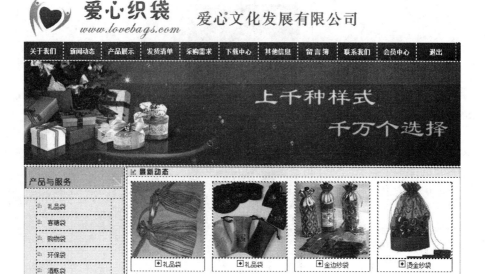

图 13-39 制作商品列表

**STEP|01** 打开素材页面 "index.html"，将光标置于 ID 为 content 的 Div 层中，单击【插入】面板中 HTML 选项中的 Div 按钮，分别创建 ID 为 leftmain、rightmain 的 Div 层，并设置其 CSS 样式属性，如图 13-40 和图 13-41 所示。

**STEP|02** 将光标置于 ID 为 leftmain 的 Div 层中，单击【插入 Div 标签】按钮，分别创建 ID 为 menutTitle、menu 的 Div 层，并设置其 CSS 样式属性，如图 13-42 和图 13-43 所示。

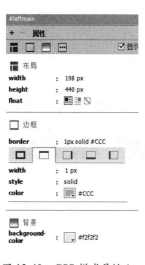

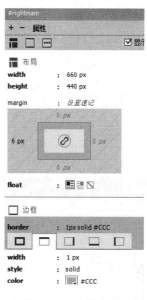

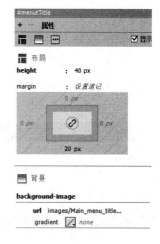

图 13-40 CSS 样式属性 1        图 13-41 CSS 样式属性 2        图 13-42 CSS 样式属性 1

**STEP|03** 单击【属性】面板中的【项目列表】按钮，出现项目列表符号，按 Enter 键，出现下一个项目列表符号，在项目列表符号后再输入文本，以此类推，如图 13-44 所示。

**STEP|04** 在标签栏中选择 ul 标签，并设置其 CSS 样式属性，然后按照相同的方法在标签栏中再选择 li 标签，并设置其 CSS 样式，然后，将光标置于文本"礼品袋"之前，如图 13-45 和图 13-46 所示。

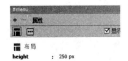

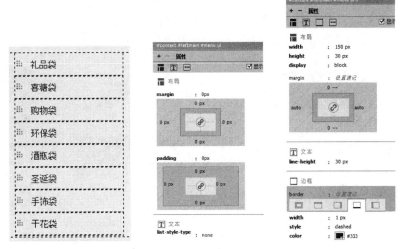

图 13-43　CSS 样式属性 2　　　图 13-44　页面效果　　　图 13-45　CSS 样式属性 1　　　图 13-46　CSS 样式属性 2

**STEP|05** 单击【插入】面板中的【图像】按钮，插入图像"ico.gif"，按照相同的方法依次在文本前插入图像，然后选择文本，在【属性】检查器中设置【链接】为"javascript:void(null);"，如图 13-47 和图 13-48 所示。

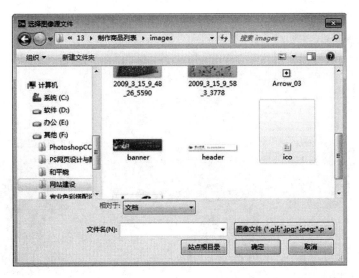

图 13-47　【选择图像源文件】对话框

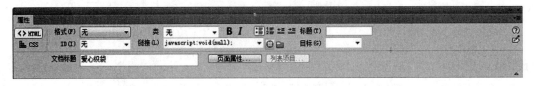

图 13-48　【属性】面板

**STEP|06** 按照相同的方法设置其他文本链接；在标签栏选择 a 标签，并设置其 CSS 样式属性，如图 13-49 所示。

**STEP|07** 然后将光标置于 ID 为 rightmain 的 Div 层中，单击 Div 按钮。创建 ID 为 newsTitle 的 Div 层，并设置其 CSS 样式，将光标置于该层中，插入图像"Main_news_top.gif"。在该层下方，创建类名称为 rows 的 Div，并设置其 CSS 样式属性，如图 13-50 和图 13-51 所示。

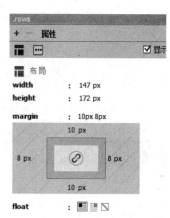

图 13-49　CSS 样式属性　　　　图 13-50　ID 为 newsTitle 的 Div　　　　图 13-51　类名称为 rows 的 Div

**STEP|08** 将光标置于类名称为 rows 的 Div 层中，分别创建类名称为 pic、picText 的 Div 层，并设置其 CSS 样式属性，将光标置于 pic 层中，插入图像"pic1.jpg"；在名为 picText 的 Div 层中插入图像及输入文本，如图 13-52～图 13-54 所示。

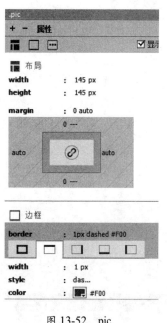

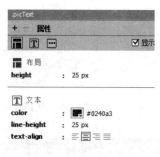

图 13-52　pic　　　　　　图 13-53　picText　　　　　　图 13-54　页面效果

**STEP|09** 单击 Div 按钮，在弹出的【插入 Div】对话框中选择 Class 为 rows 的 Div 层，按照相同的方法在层中嵌套类名称为 pic、picText 的 Div 层，在相应的 Div 层中插入图像并输入文本，如图 13-55 和图 13-56

所示。

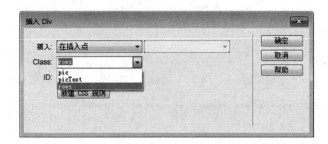

图 13-55　【插入 Div】对话框　　　　　　　　图 13-56　页面效果

**STEP|10** 按照相同的方法创建其他 Div 层，然后在相应的 Div 层中插入图像并输入文本，即可完成商品列表的制作，如图 13-57 所示。

图 13-57　页面效果

# 第 **14** 章

## 网页交互应用

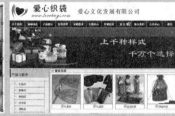

　　为了使网页具有较强的吸引力，设计者在制作网页时通常会添加各种特效。网页中的特效一般是由 JavaScript 脚本代码完成的，对于没有任何编程基础的设计者而言，可以使用 Dreamweaver 中内置的行为。行为丰富了网页的交互功能，它允许访问者通过与页面之间的交互行为来改变网页内容，或者让网页执行某个动作。

　　本章主要介绍网页交互应用，内容包括网页行为概述、网页交互步骤、设置文本和综合实战。通过本章的学习，我们能够在网页中添加各种行为以实现与访问者的交互功能。

## 14.1 网页行为概述

行为是用来动态响应用户操作、改变当前页面效果或者是执行特定任务的一种方法，可以使访问者与网页之间产生一种交互。行为是由某个事件和该事件所触发的动作组合而成的。任何一个动作都需要一个事件激活，两者相辅相成。

事件是触发动态效果的条件。例如，当访问者将鼠标指针移动到某个链接上时，浏览器将为该链接生成一个 onMouseOver 事件。

动作是一段预先编写的 JavaScript 代码，可用于执行以下的任务：打开浏览器窗口、显示或隐藏 AP 元素、交换图像、弹出信息等。Dreamweaver 所提供的动作提供了最大程度的跨浏览器兼容性。

行为可以被添加到各种网页元素上，如图像、文字、多媒体文件等，也可以被添加到 HTML 标签中。当行为添加到某个网页元素后，每当该元素的某个事件发生时，行为即会调用与这一事件关联的动作（JavaScript 代码）。

例如，将"弹出消息"动作附加到一个链接上，并指定它将由 onMouseOver 事件触发，则只要将指针放在该链接上，就会弹出消息。在 Dreamweaver 中，用户在【行为】面板中首先指定一个动作，然后再指定触发该动作的事件，即可将行为添加到网页文档中。

## 14.2 网页交互步骤

网站就是由网页组成的，如果只有域名和虚拟主机而没有制作任何网页的话，客户仍旧无法访问网站。本节主要讲述 5 方面的内容，分别是在网页中交换图像、弹出信息和打开浏览器窗口、拖动 AP 元素、改变属性、显示-隐藏元素。通过本章的学习，我们可以为后面的网站建设奠定基础。

### 14.2.1 交换图像

交换图像行为是通过更改<img>标签的 src 属性将一个图像和另一个图像进行交换，或者交换多个图像。如果要添加"交换图像"行为，首先要在文档中插入一个图像，然后选择该图像，单击【行为】面板中的【添加行为】按钮，执行【交换图像】命令，在弹出的对话框中选择另外一张要换入的图像。

在【交换图像】对话框中，复选框选项介绍如下所示。

（1）启用【预先载入图像】复选框，可以在加载页面时对新图像进行缓存，这样可以防止当图像应该出现时由于下载而导致延迟。

（2）启用【鼠标滑开时恢复图像】复选框，可以在鼠标指针离开图像时，恢复到以前的图像源，即打开浏览器时的初始化图像。设置完成后预览页面，可以发现当光标指针经过浏览器中的源图像时，该图像即会转换为另外一张图像；当光标指针离开图像时，则又恢复为源图像，如图 14-1 所示。

图 14-1　交换图像

## 14.2.2 弹出信息和打开浏览器窗口

弹出信息行为用于弹出一个显示预设信息的 JavaScript 警告框。由于该警告框中只有一个【确定】按钮，所以使用此行为可以为用户提供信息，但不能提供选择操作。选择文档中的某一对象，单击【行为】面板中的【添加行为】按钮 ，执行【弹出信息】命令，然后在弹出的对话框中输入文字信息。

设置完成后预览页面，单击浏览器中的图像时，会弹出一个包含预设信息的 JavaScript 警告框。使用【打开浏览器窗口】行为可以在一个新的窗口中打开页面，同时，还可以指定该新窗口的属性、特性和名称。

选择文档中的某一对象，在【行为】面板中的【添加行为】菜单中执行【打开浏览器窗口】命令。然后，在弹出的对话框中选择或输入要打开的 URL，并设置新窗口的属性。【打开浏览器窗口】对话框中有 5 个选项，其名称及功能介绍如表 14-1 所示。设置完成后预览页面，单击图像后，会在一个新的浏览器窗口中打开指定的网页"image2.html"。

表 14-1 【打开浏览器窗口】对话框中选项的名称与功能

| 选项名称 | | 功能 |
| --- | --- | --- |
| 要显示的 URL | | 设置弹出浏览器窗口的 URL 地址，可以是相对地址，也可以是绝对地址 |
| 窗口宽度 | | 以像素为单位设置弹出浏览器窗口的宽度 |
| 窗口高度 | | 以像素为单位设置弹出浏览器窗口的高度 |
| 属性 | 导航工具栏 | 指定弹出浏览器窗口是否显示前进、后退等导航工具栏 |
| | 菜单条 | 指定弹出浏览器窗口是否显示文件、编辑、查看等菜单 |
| | 地址工具栏 | 指定弹出浏览器窗口是否显示地址工具栏 |
| | 需要时使用滚动条 | 指定弹出浏览器窗口是否使用滚动条 |
| | 状态栏 | 指定弹出浏览器窗口是否显示状态栏 |
| | 调整大小手柄 | 指定弹出浏览器串口是否允许调整大小 |
| 窗口名称 | | 设置弹出浏览器窗口的标题名称 |

## 14.2.3 拖动 AP 元素

拖动 AP 元素行为可以让访问者拖动绝对定位的 AP 元素，通过该行为可以创建拼图游戏、滑块控件和其他可移动的界面元素。在添加"拖动 AP 元素"行为之前，首先要在文档中插入 AP 元素。然后，使用鼠标单击文档中的任意位置，使焦点离开 AP 元素，这样【行为】面板中的【拖动 AP 元素】命令才可使用。

在【行为】面板的【添加行为】菜单中执行【拖动 AP 元素】命令，即可打开【拖动 AP 元素】对话框。该对话框默认显示为【基本】面板，可以设置 AP 元素、是否限制拖动范围，以及靠齐距离等；如果想要具体设置拖动控制点，可以单击对话框上面的【高级】选项卡切换至【高级】面板。【基本】面板中的各个选项名称及功能介绍如表 14-2 所示。

表 14-2 【基本】面板中的各选项及作用

| 选项名称 | | 功能 |
| --- | --- | --- |
| AP 元素 | | 在下拉列表中选择要拖动的 AP 元素 |
| 移动 | 不限制 | 选择该选项，则 AP 元素不会被限制在一定范围内，通常用于拼图或拖动、放下的游戏内容 |
| | 限制 | 将 AP 元素限制在一定的范围之内，通常用于滑块控制或可移动的各种布景 |

| 选 项 名 称 | 功 能 |
|---|---|
| 放下目标 | 在文本框中输入数值，是相对于浏览器左上角的距离，用于确定该 AP 元素的目的点坐标 |
| 靠齐距离 | 输入一个数值，当 AP 元素被拖动到与目的点距离小于此数值时，AP 元素才会被认为移动到了目的点并自动拖放到指定目的点上 |

【高级】面板中的各个选项名称及功能介绍如表 14-3 所示。

表 14-3  【高级】面板中的各选项及作用

| 选 项 名 称 | 功 能 |
|---|---|
| 拖动控制点 | 该选项用于设置 AP 元素中可被用于拖动的区域。当选择【整个元素】则拖动的控制点可以是整个 AP 元素；当选择【元素内的区域】并在其后设置坐标，则拖动的控制点仅是 AP 元素指定范围内的部分 |
| 拖动时 | 选择【将元素置于顶层】命令则在拖动时，AP 元素在网页所有 AP 元素的顶层 |
| 然后 | 选择【留在最上方】则拖动后的 AP 元素保持其顶层位置，如选择【恢复 Z 轴】，则该元素恢复回原层叠位置。该下拉列表仅在【拖动时】被设置为【将元素置于顶层】时有效 |
| 呼叫 JavaScript | 在访问者拖动 AP 元素时执行一段 JavaScript 代码 |
| 放下时：呼叫 JavaScript | 在访问者完成拖动 AP 元素后执行一段 JavaScript 代码 |
| 只有在靠齐时 | 选择该选项，则只有在访问者拖动完成 AP 元素并将其靠齐后才会执行 JavaScript 代码 |

设置完成后预览页面，单击并拖动 AP 元素中的图像，可以发现该图像能够被移动到任意位置。当释放鼠标，该图像将停留在新位置上，如图 14-2 和图 14-3 所示。

图 14-2  拖动 AP 元素

图 14-3  拖动 AP 元素

## 14.2.4  改变属性

"改变属性"行为用来动态地更改对象某个属性的值，一般来说，这个行为能够改变的属性决定于附加动作的对象和浏览器的类型。

选择文档中的某一对象（如 AP 元素），在【行为】面板的【添加行为】菜单中执行【改变属性】命令，打开【改变属性】对话框。在该对话框中可以选择要更改属性的元素、更改属性的名称以及属性的新值。【改变属性】对话框中的各个选项名称及功能介绍如表 14-4 所示。

表14-4　【改变属性】对话框中各选项名称及功能

| 选 项 名 称 | | 功　　能 |
|---|---|---|
| 元素类型 | | 用于定义要更改属性的网页元素类型，允许用户从下拉列表中选择当前网页中存在的各种网页元素 |
| 元素 ID | | 用于定义要更改属性的网页元素，允许用户从下拉列表中选择已确定类型的网页元素 ID |
| 属性 | 选择 | 允许用户从下拉列表中选择需要更改属性的网页元素的属性名称 |
| | 输入 | 允许用户自行输入需要更改属性的网页元素的属性名称 |
| 新的值 | | 为选择的属性设置新的属性值 |

在【改变属性】对话框中，选择【元素类型】为 DIV，即要更改属性的元素类型为 Div；选择【元素 ID】为 div "apDiv1"，即要更改属性的 div 元素 ID 为 apDiv1；在【属性】选项中的【选择】下拉列表中选择 zIndex，即更改元素的属性为层叠顺序；在【新的值】文本框中输入 3，即设置元素的层叠顺序为3。设置完成后预览效果，当焦点位于 apDiv1 元素上时（如单击该 AP 元素），将执行动作改变其层叠顺序，使其显示在另一元素的上面。

## 14.2.5　显示-隐藏元素

　　【显示-隐藏元素】行为可显示、隐藏或恢复一个或多个网页元素的默认可见性。此行为用于在用户与页面进行交互时显示信息。在添加【显示-隐藏元素】行为之前，首先要在文档中创建 AP 元素。该 AP 元素的位置就是元素显示时的位置，如图14-4所示。

　　如果想要在打开页面时默认隐藏该 AP 元素，可以用鼠标单击文档的任意位置，在【行为】面板的【添加行为】菜单中执行【显示-隐藏元素】命令。然后，在弹出的对话框中选择 div "apDiv1"选项，并单击【隐藏】按钮，这样可以使其在页面加载时（即 onLoad事件）隐藏。为了使光标经过图像时可以显示文字介绍，可以在图像上添加 onMouseOver 事件来执行显示 AP 元素的动作。

图14-4　显示-隐藏元素

　　选择文档中的图像，在【显示-隐藏元素】对话框中选择 div "apDiv1"选项，并单击【显示】按钮。然后，在【行为】面板中将 onClick 事件更改为 onMouseOver 事件，使光标经过图像时执行显示 AP 元素动作。设置完成后预览效果，可以发现 AP 元素及其中的文字介绍，默认不显示，但如果将光标指针移动到图像上时，AP 元素及其内容则自动显示出来。

## 14.3　设置文本

　　【设置容器的文本】行为将页面上的现有容器（可以包含文本或其他元素的任何元素）的内容和格式替换为指定的内容。选择文档中的一个容器（如 div 元素），在【行为】面板的【添加行为】菜单中执行

【设置容器的文本】命令。本节主要讲述两个方面的内容，分别是设置文本域文字、设置框架文本。用户通过对本节的学习，为后期的网站建设奠定基础。

## 14.3.1　设置文本域文字

在弹出的对话框中选择目标容器，并在【新建 HTML】文本框中输入文本内容。设置完成后预览效果，当焦点位于文档中的容器时（如单击该 div 元素），则容器中的图像替换为预设的文字内容，并且应用了 HTML 标签样式，如图 14-5 所示。

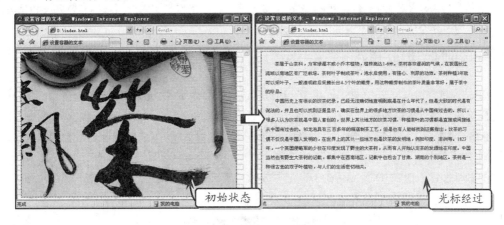

图 14-5　设置文本

"设置文本域文字"行为可以将指定的内容替换为表单文本域的内容。在表单的文本域中可以为文本域指定初始值，初始值也可以为空。

在使用"设置文本域文字"行为之前，首先要在文档中插入文本字段或文本区域。单击【插入】面板【布局】选项卡中的【文本字段】或【文本区域】按钮，在弹出的对话框中设置 ID。使用鼠标单击文档的任意位置，在【行为】面板的【添加行为】菜单中执行【设置文本域文字】命令。然后，在弹出的对话框中选择目标文本域，并在【新建文本】文本框中输入所要显示的文本内容。设置完成后预览效果，当页面加载时（即触发 Load 事件），页面中文本字段和文本域将显示预设的文本内容，如图 14-6 所示。

## 14.3.2　设置框架文本

【设置框架文本】行为允许动态设置框架的文本，可以用指定的内容替换框架的内容和格式设置。该内容可以包含任何有效的 HTML 代码。

在使用【设置框架文本】行为之前，首先要创建框架页面，或者直接在文档中插入框架。单击【布局】选项卡中的【框架：顶部框架】按钮，在文档中插入上下结构的框架。将光标置于 mainFrame 框架中，在【行为】面板的【添加行为】菜单中执行【设置框架文本】命令。然后，在弹出的对话框中选择【框架】名称，并在【新建 HTML】文本框中输入 HTML 代码或

图 14-6　设置文本域文字

文本。设置完成后预览效果，当光标指针经过 mainFrame 框架时，其所包含的页面内容将替换为指定的图像。

# 14.4 综合实战

本章概要性地介绍了网页交互应用，为本书后续的学习打下坚实的基础，主要讲述网页交互应用，内容包括网页行为概述、网页交互步骤、设置文本，其中包括制作吸引人的网站的一些方法和相关技术，接下来我们通过两个实例来对本章的内容进行实践。

## 14.4.1 制作拼图游戏

拼图游戏是将图像放置在 AP Div 层中，通过为该层添加拖动 AP 元素行为，并设置鼠标拖动时所移动的范围区域等属性来制作拼图游戏。本例运用拖动 AP 元素来实现该效果，主要练习创建 AP Div 层、设置 AP Div 层属性、打开行为面板、执行拖动 AP 元素、设置拖动 AP 元素属性，如图 14-7 所示。

**STEP|01** 打开素材页面"index.html"，将光标置于 ID 为 rightmain 的 Div 层中，单击【插入】面板 HTML 选项中的 Div 按钮，创建 ID 为 title 的 Div 层，并设置其 CSS 样式属性。将光标置于该层中插入图像及输入文本，如图 14-8 和图 14-9 所示。

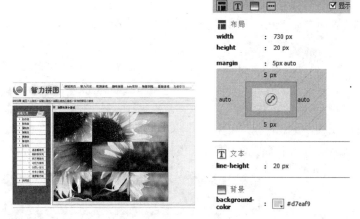

图 14-7 制作拼图游戏  图 14-8 创建 ID 为 title 的 Div 层  图 14-9 页面效果

**STEP|02** 单击【插入】面板 HTML 选项中的【绘制 AP Div】按钮，在 ID 为 title 的 Div 层下方绘制 ap Div5 层，选择该层，在【属性】面板中设置左对齐、上对齐、宽、高等属性，并将光标置于该层中插入图像"fl_05.png"，如图 14-10 和图 14-11 所示。

图 14-10 【属性】面板 1

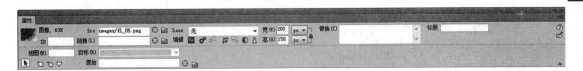

图 14-11　【属性】面板 2

**STEP|03** 单击【绘制 AP Div】按钮，绘制 apDiv2 图层，选择该层，在【属性】检查器中依次设置左对齐、上对齐、宽、高等属性，并将光标置于该层中插入图像 "fl_02.png"，如图 14-12 和图 14-13 所示。

图 14-12　【属性】面板 1

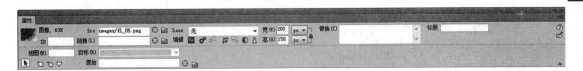

图 14-13　【属性】面板 2

**STEP|04** 按照相同的方法，依次再绘制 7 个 apDiv 层，排列顺序是一致的，每一行放置三个 apDiv 层，一共放置三行，并在【属性】检查器中依次设置每一行放置的 apDiv 层的左对齐、上对齐、宽、高等属性。然后，在每一个层中插入相应的图像，如图 14-14 和图 14-15 所示。

图 14-14　页面效果

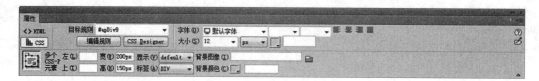

图 14-15　【属性】面板

**STEP|05** 在标签栏中选择 body 标签，按 Shift+F4 组合键打开【行为】面板，单击【添加行为】按钮 **+.**，在下拉列表中执行【拖动 AP 元素】命令，将弹出【拖动 AP 元素】对话框。然后，在弹出的【拖动 AP 元素】对话框中，设置【基本】选项卡中的【AP 元素】、【移动】、【放下目标】、【靠齐距离】参数，如图 14-16 和图 14-17 所示。

图 14-16　【行为】面板

图 14-17　【拖动 AP 元素】对话框

**STEP|06** 在标签栏中选择 body 标签，按 Shift+F4 组合键打开【行为】面板，单击【添加行为】按钮 **+.**，在下拉列表中执行【拖动 AP 元素】命令，将弹出【拖动 AP 元素】对话框。然后，在【拖动 AP 元素】对话框中设置【基本】选项卡中的【AP 元素】、【移动】、【放下目标】、【靠齐距离】参数，如图 14-18 所示。

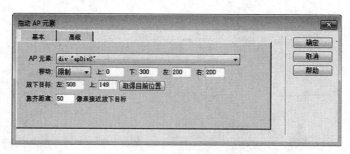

图 14-18　【拖动 AP 元素】对话框

**STEP|07** 按照相同的方法，每执行一次【拖动 AP 元素】命令，都应先选择 body 标签，然后再打开【行为】面板，在弹出的【拖动 AP 元素】对话框中，设置【基本】选项卡中的【AP 元素】、【移动】、【放下

目标】、【靠齐距离】参数。每添加一次行为，【行为】面板中就会增加一个，如图 14-19 所示。

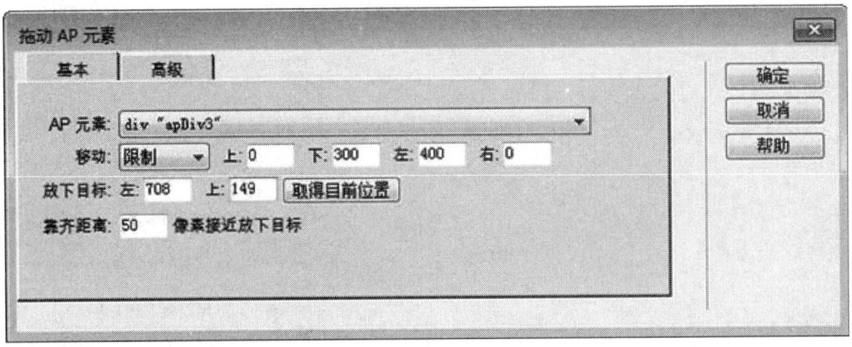

图 14-19 【拖动 AP 元素】对话框

**STEP|08** 在【基本】选项卡中，设置 apDiv3 的限制范围参数如下：上：0、下：300、左：400、右：0；设置 apDiv4 的限制范围参数如下：上：150、下：150、左：0、右：400；设置 apDiv5 的限制范围参数如下：上：150、下：150、左：200、右：200；设置 apDiv6 的限制范围参数如下：上：150、下：150、左：400、右：0；设置 apDiv7 的限制范围参数如下：上：300、下：0、左：0、右：400；设置 apDiv8 的限制范围参数如下：上：300、下：0、左：200、右：200；设置 apDiv9 的限制范围参数如下：上：300、下：0、左：400、右：0。设置完成后，打开 IE 浏览器预览效果。然后用鼠标移动图像，将图像拼成一个完整的向日葵花图像。

## 14.4.2 制作漂浮广告

许多企业网站的首页都有一个浮动的广告，它的效果是上下左右漂浮，当遇到浏览器的边界时即会反弹，能够吸引人的注意力，开发潜在的客户。这种广告模式已经在互联网普及使用，本例将通过 Javascript 代码制作网页中的漂浮广告，如图 14-20 所示。

图 14-20 制作漂浮广告

**STEP|01** 打开素材，切换至【代码】视图，在<body>、</body>中间插入一个漂浮图片的层，并定义其样式，如图 14-21 所示。

**STEP|02** 在<body>、</body>之间插入 Javascript 代码，用来声明程序所需要的各个变量，如图 14-22 所示。

```
<div id=img1 style="Z-INDEX: 100; LEFT: 64px; WIDTH:
59px; POSITION: absolute; TOP: 17px; HEIGHT: 120px;
width:120 visibility: visible;" onMouSeover
=pause_resume() onMouSeout=pause_resume()><a href="#">
<img src="images/piao.jpg" width="120" height="120"
border="0"></a></div>
```

图 14-21　CSS 样式代码

```
<script type="text/javascript">
var xPos = 300;
/*图片的初始水平位置*/
var yPos = 200;
/*图片的初始垂直位置*/
var step = 1;
/*声明图片滚动的步长是1*/
var delay = 30;
/*声明执行函数的间隔时间是0.03s层移动的时间间隔*/
var height = 0;
/*定义网页可见区域高的初始值*/
var Hoffset = 0;
/*定义图片可见区域的高的初始值*/
var Woffset = 0;
/*定义图片可见区域的宽的初始值*/
var yon = 0;
/*纵向初值为没有碰壁*/
var xon = 0;
/*垂直初值为没有碰壁*/
var pause = true;
/*声明变量pause默认值为true，图片漂浮暂停*/
var interval;
/*声明一个清除setInterval对象时间间隔的变量*/
```

图 14-22　CSS 样式代码

**STEP|03** 在 Javascript 代码中定义三个函数，分别是 changepos()、start()和 pause-resume()函数，通过调用这些函数实现窗口漂浮，如图 14-23 所示。

```
function changePos()
  /*自定义改变位置的函数*/
{
  width = document.body.clientWidth;
  /*获取网页可见区域宽，并赋值给变量width*/
  height = document.body.clientHeight;
  /*获取网页可见区域高，并赋值给变量height*/
  Hoffset = img1.offsetHeight;
  /*获取图片可见区域的高，并赋值给变量Hoffset*/
  Woffset = img1.offsetWidth;
  /*获取图片可见区域的宽，并赋值给变量Woffset*/
  img1.style.left = xPos + document.body.scrollLeft;
  /*设置img1图像的左边距*/
  img1.style.top = yPos + document.body.scrollTop;
  /*设置img1图像的上边距*/
  if (yon)
    {yPos = yPos + step;}
    /*窗口向下移动*/
  else
    {yPos = yPos - step;}
    /*窗口向上移动*/
  if (yPos < 0)
    {yon = 1;yPos = 0;}
    /*如果垂直方向位置小于零，则设为已碰壁，且垂直方向位置归零*/
  if (yPos >= (height - Hoffset))
    {yon = 0;yPos = (height - Hoffset);}
  if (xon)
    {xPos = xPos + step;}
    /*窗口向右移动*/
  else
    {xPos = xPos - step;}
    /*窗口向左移动*/
  if (xPos < 0)
    {xon = 1;xPos = 0;}
    /*如果超出左边界，重新定义位置*/
  if (xPos >= (width - Woffset))
    {xon = 0;xPos = (width - Woffset);   }
    /*如果超出右边界，重新定义位置*/
}
```

```
function start()
/*自定义图片浮动的函数*/
 {
   img1.visibility = "visible";
   /*设置图片显示为可见*/
   interval = setInterval('changePos()', delay);
   /* 创建setInterval 对象，以delay参数值为间隔时间执行
changePos()函数*/
 }
function pause_resume()
/*自定义漂浮停止和继续的函数*/
 {
   if(pause)
   {
     clearInterval(interval);
     /*清除setInterval对象 ，以停止图片飘浮*/
     pause = false;}
   else
   {
     interval = setInterval('changePos()',delay);
     /*创建setInterval对象，通过调用changePos()函数实现
图片飘浮*/
     pause = true;
   }
 }

</script>
```

图 14-23 CSS 样式代码

# 第 **15** 章

## 交互页面设计

　　交互界面是人和计算机进行信息交换的通道，用户通过交互界面向计算机输入信息、进行操作，计算机则通过交互界面向用户提供信息，以供阅读、分析和判断。在互联网中，多数网站都会使用动态网页技术，通过读取数据库中的内容自动更新网页。常见的动态网页技术的种类繁多，包括 ASP、ASP.NET、PHP 和 JSP 等。这些动态网页技术，很多都会通过表单实现与用户的交互，获取或显示各种信息。

　　本章将详细介绍网页中的各种表单元素，以及 Spry 表单验证的方法等相关知识，实现简单的人与网页之间的交互。通过本章的学习我们能够在网页中插入各种表单元素，以及了解运用 Spry 表单验证的方法。

## 15.1 应用表单元素

在设计网站时，免不了使用表单来设计一些交互内容，如制作登录功能等。在 Dreamweaver 中，表单的主要目的是将客户端（用户）的一些信息传递到服务，并进行处理或存储等。用户可通过表单功能，来制作一些用户注册、登录、反馈等内容，并且还可以制作一些调查表、在线订单等交互内容。本节主要讲述在网页中插入表单、文本字段、按钮、列表/菜单、单选按钮、复选框。通过本章的可以为后面的网站建设奠定基础。

### 15.1.1 插入表单

表单是实现网页互动的元素，通过与客户端或服务器端脚本程序的结合使用，可以实现互动性，如调查表、留言板等。在 Dreamweaver 中，可以为整个网页创建一个表单，也可以为网页中的部分区域创建表单，其创建方法都是相同的。将光标置于文档中，单击【表单】选项卡中的【表单】按钮，即可插入一个红色的表单，如图 15-1 所示。

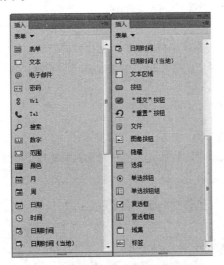

图 15-1　插入表单

将光标移至刚插入的表单域中，在状态栏的标签选择器中单击选中<form# form1>标签，即可将表单域选中，可以在【属性】面板上对表单域的属性进行设置，如图 15-2 所示。

图 15-2　表单域的【属性】面板

其中，ID 用来设置表单的名称，它是表单在网页中唯一的识别标志，是 XHTML 标准化的标识，只可在【属性】检查器中设置。在选择表单区域后，用户可以在【属性】检查器中设置表单的各项属性，其属性名称及说明如表 15-1 所示。

表 15-1　表单的各项属性及作用

| 属　　性 | | 作　　用 |
|---|---|---|
| 表单 ID | | 表单在网页中唯一的识别标志，是 XHTML 标准化的标识，只可在【属性】检查器中设置 |
| 动作 | | 将表单数据进行发送，其值采用 URL 方式。在大多数情况下，该属性值是一个 HTTP 类型的 URL，指向位于服务器上的用于处理表单数据的脚本程序文件或 CGI 程序文件 |
| 方法 | 默认 | 使用浏览器默认的方式来处理表单数据 |
| | POST | 表示将表单内容作为消息正文数据发送给服务器 |
| | GET | 把表单值添加给 URL，并向服务器发送 GET 请求。因为 URL 被限定在 8192 个字符之内，所以不要对长表单使用 GET 方法 |
| 目标 | _blank | 定义在未命名的新窗口中打开处理结果 |
| | _parent | 定义在父框架的窗口中打开处理结果 |
| | _self | 定义在当前窗口中打开处理结果 |
| | _top | 定义将处理结果加载到整个浏览器窗口中，清除所有框架 |
| | enctype | 设置发送表单到服务器的媒体类型，它只在发送方法为 POST 时才有效，其默认值为 application/x-www-form-urlemoded；如果要创建文件上传域，应选择 multipart/form-data |
| 类 | | 定义表单及其中各种表单对象的样式 |

用户也可通过编写代码插入表单。在 Dreamweaver 中打开网页文档，单击【代码视图】按钮，在【代码视图】窗口中检索指定的位置，然后通过 form 标签为网页文档插入表单。

## 15.1.2　插入文本字段

文本字段，又被称作文本域，是一种最常用的表单组件，其作用是为用户提供一个可输入的网页容器。在【插入】面板中单击【文本字段】按钮，打开【输入标签辅助功能属性】对话框，为插入文本字段进行一些简单的设置，如图 15-3 所示。

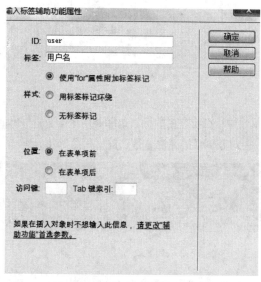

图 15-3　插入文本字段

【输入标签辅助功能属性】对话框中包括 6 种基本属性，其名称及作用如表 15-2 所示。

表 15-2　【输入标签辅助功能属性】对话框中的属性及作用

| 名　称 | 作　用 |
| --- | --- |
| ID | 文本字段的 ID 属性，用于提供脚本的引用 |
| 标签 | 文本字段的提示文本 |
| 样式 | 提示文本显示的方式 |
| 位置 | 提示文本的位置 |
| 访问键 | 访问该文本字段的快捷键 |
| Tab 键索引 | 在当前网页中的 Tab 键访问顺序 |

在设置输入标签辅助功能属性后，即可在【属性】检查器中设置文本字段的属性。在文本字段的【属性】检查器中，各个属性的名称及作用如表 15-3 所示。

表 15-3　文本字段的【属性】检查器中的属性及作用

| 名　称 | | 作　用 |
| --- | --- | --- |
| 文本域 | | 文本字段的 id 和 name 属性，用于提供对脚本的引用 |
| 字符宽度 | | 文本字段的宽度（以字符大小为单位） |
| 最多字符数 | | 文本字段中允许的最多字符数量 |
| 类型 | 单行 | 定义文本字段中的文本不换行 |
| | 多行 | 定义文本字段中的文本可换行 |
| | 密码 | 定义文本字段中的文本以密码的方式显示 |
| 初始值 | | 定义文本字段中初始的字符 |
| 禁用 | | 定义文本字段禁止用户输入（显示为灰色） |
| 只读 | | 定义文本字段禁止用户输入（显示方式不变） |
| 类 | | 定义文本字段使用的 CSS 样式 |

## 15.1.3　插入按钮

按钮既可以触发提交表单的动作，也可以在用户需要修改表单时将表单恢复到初始状态。将鼠标光标移动到文档中的指定位置，单击【插入】面板中的【按钮】按钮，即可插入一个按钮。在插入按钮之后，用户选择该按钮，然后在【属性】检查器中可以设置其属性。按钮表单对象的【属性】检查器中包括 4 种属性设置，其名称及作用如表 15-4 所示。

表 15-4　按钮表单对象的【属性】检查器中的属性及作用

| 名　称 | | 作　用 |
| --- | --- | --- |
| 按钮名称 | | 按钮的 id 和 name 属性，供各种脚本引用 |
| 值 | | 按钮中显示的文本值 |
| 动作 | 提交表单 | 将按钮设置为提交型，单击即可将表单中的数据提交到动态程序中 |
| | 重设表单 | 将按钮设置为重设型，单击即可清除表单中的数据 |
| | 无 | 根据动态程序定义按钮触发的事件 |
| 类 | | 定义按钮的样式 |

## 15.1.4　插入列表/菜单

列表菜单是一种选择性的表单，其允许设置多个选项，并为每个选项设定一个值，供用户进行选择。单击【表单】选项卡中的【选择(列表/菜单)】按钮，在弹出的【输入标签辅助功能属性】对话框中输入【标签文字】，然后单击【确定】按钮，即可插入一个列表菜单。插入后，菜单中并无选项内容。此时，需要单击【属性】检查器中的【列表值】按钮，在弹出的对话框中添加选项。

列表菜单的【属性】检查器中包括 8 种基本属性，其名称及作用如表 15-5 所示。

表 15-5　列表菜单的【属性】检查器中的属性及作用

| 名　称 | | 作　用 |
| --- | --- | --- |
| 选择 | | 定义列表/菜单的 id 和 name 属性 |
| 类型 | 菜单 | 将列表/菜单设置为菜单 |
| | 列表 | 将列表/菜单设置为列表 |
| 高度 | | 定义列表/菜单的高度 |
| 选定范围 | | 定义列表/菜单是否允许多项选择 |
| 初始化时选定 | | 定义列表/菜单在初始化时被选定的值 |
| 列表值 | | 单击该按钮可制定列表/菜单的选项 |
| 类 | | 定义列表/菜单的样式 |

## 15.1.5　插入单选按钮

单选按钮组是一种单项选择类型的表单，其提供一种或多种选项供用户选择，同时限制用户只能选择其中一个选项。在网页文档中，单击【插入】面板中的【单选按钮】按钮，打开【输入标签辅助功能属性】对话框，在其中设置单选按钮的一些基本属性。

在插入单选按钮后，用户可以通过选择该单选按钮，在【属性】检查器中设置其属性。除此之外，用户还可以通过单击【插入】面板中的【单选按钮组】按钮，在打开的【单选按钮组】对话框中添加选项，直接插入一组单选按钮。

## 15.1.6　插入复选框

复选框是一种允许用户多项选择的表单对象，其与单选按钮最大的区别在于，允许用户选择其中的多个选项。在【插入】面板中单击【复选框】按钮，然后在弹出的【输入标签辅助功能属性】对话框中设置复选框的标签等属性。

在插入复选框后，可以启用复选框，在【属性】检查器中设置其各种属性。【属性】检查器中主要包含三种属性设置，其名称及作用如表 15-6 所示。除此之外，单击【插入】面板中的【复选框组】按钮，可以直接在文档中插入一组复选框，其方法与插入单选按钮组相同。

表 15-6　复选框的【属性】检查器中的属性及作用

| 名　称 | | 作　用 |
| --- | --- | --- |
| 复选框名称 | | 定义复选框的 id 和 name 属性，供脚本本调用 |
| 选定值 | | 如该项被选定，则传递给脚本代码的值 |
| 初始状态 | 已勾选 | 定义复选框初始化时处于被选中的状态 |
| | 未选中 | 定义复选框初始化时处于未选中的状态 |

## 15.2 Spry 表单验证

Spry 表单验证是一种 Dreamweaver 内建的用户交互元素，其类似 Dreamweaver 的行为，可以根据用户对表单进行的操作执行相应的指令。Dreamweaver 共包含 6 种 Spry 表单验证元素，以验证 6 大类表单对象中的内容。本节主要讲述 Spry 验证文本域、Spry 验证文本区域、Spry 验证复选框、Spry 验证选择、Spry 验证密码、Spry 验证确认。通过本章的学习可以为后面的网站建设奠定基础。

### 15.2.1 Spry 验证文本域

Spry 验证文本域的作用是验证用户在文本字段中输入的内容是否符合要求。通过 Dreamweaver 打开网页文档，并选中需要进行验证的文本域。然后，单击【插入】面板中的【表单】|【Spry 验证文本域】按钮，为文本域添加 Spry 验证。在插入 Spry 验证文本域或为文本域添加 Spry 验证后，即可单击蓝色的 Spry 文本域边框，然后在【属性】面板中设置 Spry 验证文本域的属性。

Spry 验证文本域有多种属性可以设置。包括设置其状态、验证的事件等，如表 15-7 所示。

表 15-7　Spry 验证文本域的属性

| 属 性 名 | | 作　　用 |
|---|---|---|
| Spry 文本域 | | 定义 Spry 验证文本域的 id 和 name 等属性，以供脚本引用 |
| 类型 | | 定义 Spry 验证文本域所属的内置文本格式类型 |
| 预览状态 | 初始 | 定义网页文档被加载或用户重置表单时 Spry 验证的状态 |
| | 有效 | 定义用户输入的表单内容有效时的状态 |
| 验证于 | onBlur | 选中该项目，则 Spry 验证将发生于表单获取焦点时 |
| | onChange | 选中该项目，则 Spry 验证将发生于表单内容被改变时 |
| | onSubmit | 选中该项目，则 Spry 验证将发生于表单被提交时 |
| 最小字符数 | | 设置表单中最少允许输入多少字符 |
| 最大字符数 | | 设置表单中最多允许输入多少字符 |
| 最小值 | | 设置表单中允许输入的最小值 |
| 最大值 | | 设置表单中允许输入的最大值 |
| 必需的 | | 定义表单为必需输入的项目 |
| 强制模式 | | 定义禁止用户在表单中输入无效字符 |
| 图案 | | 根据用户输入的内容显示图像 |
| 提示 | | 根据用户输入的内容显示文本 |

在【属性】面板中，定义任意一个 Spry 属性，在【预览状态】的下拉列表中都会增加相应的状态类型。选中【预览状态】下拉列表中相应的类型后，即可设置该类型状态时网页显示的内容和样式。例如，定义【最小字符数】为 8，则【预览状态】的下拉列表中将新增【未达到最小字符数】的状态，选中该状态后，即可在【设计视图】中修改该状态。

### 15.2.2 Spry 验证文本区域

Spry 验证文本区域也是一种 Spry 验证内容，其主要用于验证文本区域内容以及读取一些简单的属性。在 Dreamweaver 中，可直接单击【插入】面板中【表单】列表框中的【Spry 验证文本区域】按钮，创建 Spry 验证文本区域。

如果网页文档中已插入了文本区域，则可选中已创建的普通文本区域，用同样的方法为表单对象添加 Spry 验证方式。在【设计视图】中选择蓝色的 Spry 文本区域后，即可在【属性】面板中定义 Spry 验证文本区域的内容。

Spry 验证文本区域的【属性】面板中，比 Spry 验证文本域增加了两个选项。

### 1．计数器

计数器是一个单选按钮组，提供了三种选项供用户选择。当用户选择【无】时，将不在 Spry 验证结果的区域显示任何内容。当用户选择【字符计数】时，则 Dreamweaver 会为 Spry 验证区域添加一个字符技术的脚本，显示文本区域中已输入的字符数。当用户设置了最大字符数之后，Dreamweaver 将允许用户选择【其余字符】选项，以显示文本区域中还允许输入多少字符。

### 2．禁止额外字符

如果用户已设置最大字符数，则可启用【禁止额外字符】复选框，其作用是防止用户在文本区域中输入的文本超过最大字符数。当启用该复选框后，如用户输入的文本超过最大字符数，则无法再向文本区域中输入新的字符。

## 15.2.3　Spry 验证复选框

Spry 验证复选框的作用是在用户启用复选框时显示选择的状态。与之前几种 Spry 验证表单不同，Dreamweaver 不允许用户为已添加的复选框添加 Spry 验证，只允许用户直接添加 Spry 复选框。

用 Dreamweaver 打开网页文档，即可单击【插入】面板中【表单】列表框中的【Spry 验证复选框】按钮，打开【输入标签辅助功能属性】对话框，在对话框中简单设置，然后单击【确定】按钮添加复选框。用户可单击复选框上方的蓝色【Spry 复选框】标记，然后在【属性】面板中定义 Spry 验证复选框的属性。

Spry 复选框有两种设置方式，一种是作为单个复选框而应用的【必需】选项，另一种则是作为多个复选框（复选框组）而应用的【实施范围】选项。在用户选择【实施范围】选项后，将可定义 Spry 验证复选框的【最小选择数】和【最大选择数】等属性。在设置了【最小选择数】和【最大选择数】后，【预览状态】的列表中会增加【未达到最小选择数】和【已超过最大选择数】等项目。选择相应的项目，即可对 Spry 复选框的返回信息进行修改。

## 15.2.4　Spry 验证选择

Spry 验证选择的作用是验证列表/菜单和跳转菜单的值，并根据值显示指定的文本或图像内容。在 Dreamweaver 中，单击【插入】面板中【表单】列表框中的【Spry 验证选择】按钮，即可为网页文档插入 Spry 验证选择。选中 Spry 选择的标记，即可在【属性】面板中编辑 Spry 验证选择的属性。

在 Spry 验证选择的【属性】面板中，允许用户设置 Spry 验证选择中不允许出现的选择项以及验证选择的事件类型等属性。

## 15.2.5　Spry 验证密码

Spry 验证密码的作用是验证用户输入的密码是否符合服务器的安全要求。在 Dreamweaver 中，单击

【插入】面板中【表单】列表框中的【Spry 验证密码】按钮，即可为密码文本域添加 Spry 验证。

若尚未为网页文档插入密码文本域，则可直接单击【插入】面板中【表单】列表框中的【Spry 验证密码】按钮，Dreamweaver 将自动为网页文档插入一个密码文本域，然后添加 Spry 验证。单击 Spry 密码的蓝色标签，即可在【属性】面板中设置验证密码的方式。

Spry 验证密码的【属性】面板中包含 10 种验证属性，如表 15-8 所示。

表 15-8　Spry 验证密码的【属性】面板中的验证属性

| 验证属性名 | 作　用 |
| --- | --- |
| 最小字符数 | 定义用户输入的密码最小位数 |
| 最大字符数 | 定义用户输入的密码最大位数 |
| 最小字母数 | 定义用户输入的密码中最少出现多少小写字母 |
| 最大字母数 | 定义用户输入的密码中最多出现多少小写字母 |
| 最小数字数 | 定义用户输入的密码中最少出现多少数字 |
| 最大数字数 | 定义用户输入的密码中最多出现多少数字 |
| 最小大写字母数 | 定义用户输入的密码中最少出现多少大写字母 |
| 最大大写字母数 | 定义用户输入的密码中最多出现多少大写字母 |
| 最小特殊字符数 | 定义用户输入的密码中最少出现多少特殊字符（标点符号、中文等） |
| 最大特殊字符数 | 定义用户输入的密码中最多出现多少特殊字符（标点符号、中文等） |

## 15.2.6　Spry 验证确认

Spry 验证确认的作用是验证某个表单中的内容是否与另一个表单内容相同。在 Dreamweaver 中，可选择网页文档中的文本字段或文本域，然后单击【插入】面板中【表单】列表框中的【Spry 验证确认】按钮，为文本字段或文本域添加 Spry 验证确认。

用户也可以直接在网页文档的空白处单击【插入】面板中【表单】列表框中的【Spry 验证确认】按钮，Dreamweaver 将自动先插入文本字段，然后为文本字段添加 Spry 验证确认。选中 Spry 确认的蓝色标记，即可在【属性】面板中设置其属性。

在 Spry 验证确认的【属性】面板中，用户可将该文本字段或文本域设置为必填项或非必填项，也可选择验证参照的表单对象。除此之外，用户还可以定义触发验证的事件类型等。

# 15.3 综合实例

本章概要性地介绍了网页中的各种表单元素，以及 Spry 表单验证的方法等相关知识，实现简单的人与网页之间的交互，为本书后续的学习打下坚实的基础。主要讲述如何运用交互页面设计，制作吸引人的网站的一些方法和相关技术，接下来我们通过两个实例来对本章的内容进行实践。

## 15.3.1　实战：制作问卷调查表

在设计问卷调查页时，除使用了之前介绍过的文本区域、按钮、列表/菜单等表单元素外，还使用了单选按钮组和多选按钮组，以为用户提供客观性的选项，提高用户填写问卷调查的效率，主要练习插入列表菜单、单选按钮组、复选框组、文本字段、按钮，如图 15-4 所示。

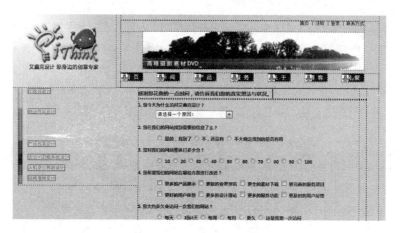

图 15-4　制作问卷调查表

**STEP|01** 打开素材页面"index.html"，将光标放置在已经添加的 ID 为 questionnaire 的表单元素中，在表单第一行中输入第一个问题的文本，然后在【属性】面板中设置【格式】为【段落】，如图 15-5 和图 15-6 所示。

## 1. 您今天为什么访问艾鑫克设计？

图 15-5　页面效果

图 15-6　【属性】面板

**STEP|02** 在第一个问题的文本右侧按 Enter 键换行，将自动创建段落标签。单击【插入】面板【表单】选项中的【列表/菜单】按钮，在弹出的【输入标签辅助功能属性】对话框中设置 ID 为 list，插入列表菜单。选择列表菜单所在的行，在【属性】面板中设置【类】为 labels，如图 15-7～图 15-9 所示。

图 15-7　段落【属性】面板

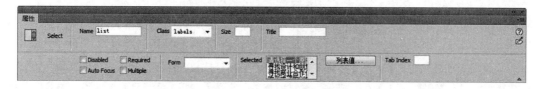

图 15-8　列表菜单【属性】面板

图 15-9　【列表值】对话框

**STEP|03** 选中列表菜单，在【属性】面板中单击【列表值】按钮，在弹出的【列表值】对话框中设置列表/菜单类表单中的列表内容，即可完成列表项目制作。在列表/菜单表单的右侧按 Enter 键换行并插入段落，在【属性】面板中设置【类】为【无】，即可输入第二个问题的文本，如图 15-10～图 15-12 所示。

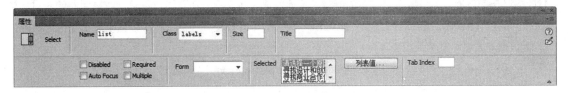

图 15-10　【属性】面板 1

图 15-11　【列表值】对话框

图 15-12　【属性】面板 2

**STEP|04** 在第二个问题的文本右侧按 Enter 键换行，将自动创建段落标签。单击【插入】面板【表单】选项中的【单选按钮组】按钮，在弹出的【单选按钮组】对话框中设置单选按钮，将其插入到网页中，删除单选按钮右侧的换行，并为其设置类，如图 15-13 所示。

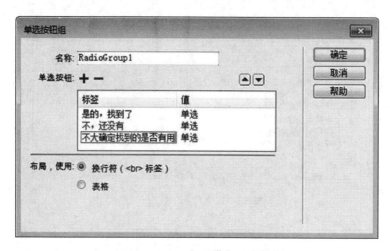

图 15-13　【单选按钮组】对话框

**STEP|05** 用同样的方式，输入第三题的题目，并插入单选按钮组。在新的段落中输入第四题的题目，然后换行。执行【插入】|【表单】|【复选框组】命令，在弹出的【复选框组】对话框中添加复选框的值，插入复选框。为删除复选框组中多余的换行符，如图 15-14 所示。

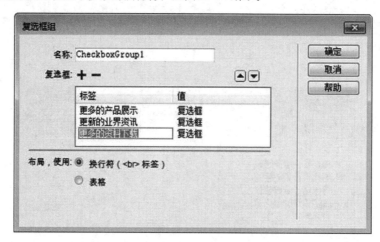

图 15-14　【复选框组】对话框

**STEP|06** 按照相同的方法，通过使用单选按钮组制作第 5 题，使用文本字段制作第 6 题。选择文本域，在【属性】检查器中设置文本域类型为【多行】，页面效果如图 15-15 所示。

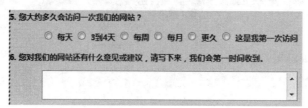

图 15-15　页面效果

**STEP|07** 输入第七题的题目，设置段落的【类】为 buttonsSet，插入"提交"按钮和"重置"按钮。分

别选中"提交"按钮和"重置"按钮，在【属性】检查器中设置其 ID 为 acceptBtn 和 resetBtn，为其应用样式，再将按钮的值设置为一个空格，如图 15-16 所示。

```
<p> 7. 如果没有其他的问题，您就可以单击【提交】按钮，完成这
次问卷调查，非常感谢您配合我们的工作。 </p>
<p class="buttonsSet">
    <input name="acceptBtn" type="submit" id="acceptBtn"
value=" " />
           
    <input type="reset" name="button2" id="resetBtn" value="
" />
</p>
```

图 15-16　CSS 样式代码

## 15.3.2　实战：制作会员注册页面

互联网对于企业的生存发展已不可或缺。许多网站采用会员制服务方式，可以实行收费会员制，向会员提供多方位有偿服务。会员制服务需要用户通过注册提交表单成为该网站的会员。本例将使用表单控件和 Spry 控件制作一个儿童乐园网站的会员注册，主要练习插入表单控件，表单控件的属性，文本域、单选按钮组、复选框组、按钮和文段集的应用，Spry 验证控件，Spry 验证控件的属性，如图 15-17 所示。

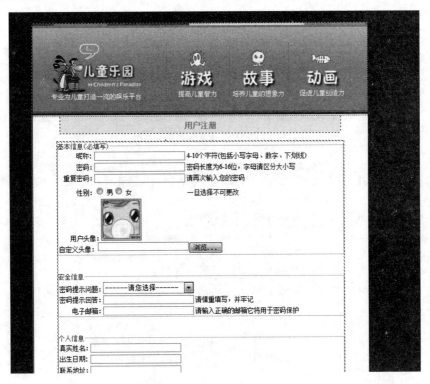

图 15-17　制作会员注册页面

**STEP|01** 新建空白文档，在【属性】面板中打开【页面属性】对话框，设置页面字体大小、文本颜色和标题等参数，如图 15-18～图 15-20 所示。

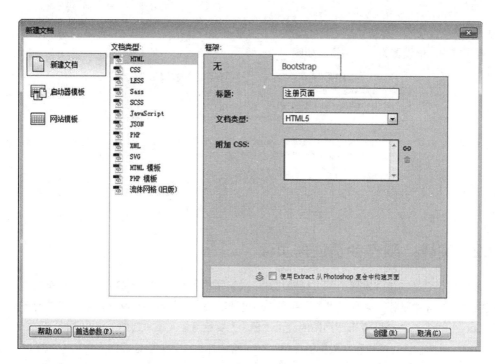

图 15-18　【新建文档】对话框

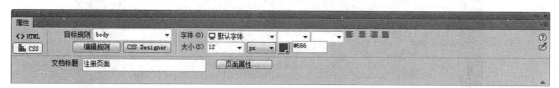

图 15-19　【属性】面板

图 15-20　【页面属性】对话框

**STEP|02** 然后，双击【属性】面板中的【编辑规则】按钮，在弹开的【body 的 CSS 规则定义】对话框的【背景】选项卡中设置参数，如图 15-21 和图 15-22 所示。

图 15-21 【属性】面板

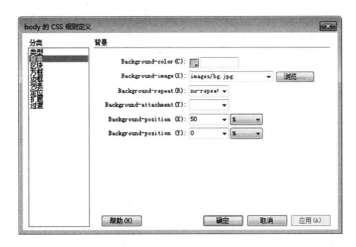

图 15-22 【body 的 CSS 规则定义】对话框

**STEP|03** 在页面中插入一个 ID 为 container 的层并设置其 CSS 样式，并在该层中插入一个 ID 为 nav 的层，定义其 CSS 样式，如图 15-23 所示。

**STEP|04** 在 ID 为 nav 的层中插入一个 2 行×5 列的表格。选中并合并表格中第 1 行第 1 列至第 1 行第 5 列的单元格，在各个单元格中插入导航图像并为图像创建链接，如图 15-24 所示。

**STEP|05** 在 ID 为 nav 的层下面插入一个 ID 为 main 的层，并定义该层的 CSS 样式。然后，在该层中输入标题文字 "用户注册"，在【属性】面板中设置【格式】为 "h6"，并在【CSS 样式】面板中为该标签定义样式，如图 15-25 所示。

```
#container {
    width: 623px;
    margin-top: 21px;
    margin-left: 178px;
    position: relative;
}

#nav { height: 168px; }
```

图 15-23 CSS 样式代码

图 15-24 【属性】面板

**STEP|06** 在 ID 为 main 的层中插入一个 ID 为 login 的层，并定义该层的 CSS 样式，如图 15-26 所示。单击【表单】选项卡中的【表单】按钮，在该层中插入一个表单。然后，继续单击【字段集】按钮，并在弹出的对话框中输入 "基本信息（必填写）"。

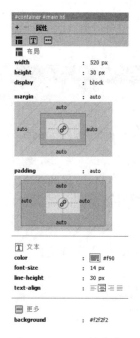

图 15-25　CSS 样式属性　　　　　　　图 15-26　属性

**STEP|07** 将光标放置在文本"基本信息（必填写）"后，按 Enter 键，文本换行并在【CSS 样式】面板中为段落标签定义样式。然后，单击【表单】选项卡中的【Spry 验证文本域】按钮，在该字段集中插入一个 Spry 验证文本域控件并在【属性】面板中设置【最小字符数】为 4、【最大字符数】为 10，如图 15-27 所示。

图 15-27　【属性】面板

**STEP|08** 在"昵称"下面插入一个 Spry 验证密码控件并在【属性】面板中设置该控件的属性。使用相同的方法，在该 Spry 验证密码控件下面插入一个 Spry 验证确认控件并在【属性】面板中设置参数，如图 15-28 所示。

图 15-28　【属性】面板

**STEP|09** 在"重复密码"下面插入一个 Spry 单选按钮组控件并在【属性】面板中设置该控件的属性。然后，在"性别"下面输入文本并插入头像。按 Enter 键后，单击【表单】选项卡中的【文件域】按钮，在表单中插入一个文件域，如图 15-29 和图 15-30 所示。

图 15-29　【属性】面板

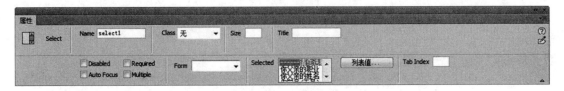

图 15-30　页面效果

**STEP|10** 使用相同的方法，在"自定义头像"下面插入一个字段集。然后，在该字段集中插入一个 Spry 验证选择控件并在【属性】面板中启用【验证于】选项中的 onBlur 复选框。然后，选择【列表/菜单】之后，在【属性】面板中打开【列表值】对话框，并设置参数，如图 15-31 和图 15-32 所示。

图 15-31　【属性】面板

图 15-32　【列表值】对话框

**STEP|11** 在"密码提示问题"下面依次插入两个 Spry 验证文本域控件。然后，选择第二个控件，在【属性】面板的【类型】下拉列表中选择【电子邮箱地址】选项，如图 15-33 所示。

图 15-33　【属性】面板

**STEP|12** 继续在"电子邮箱"下面插入 1 个字段集。然后，在该字段集中插入两个 Spry 验证文本域控件并依次在【属性】面板中设置参数，如图 15-34 所示。

图 15-34　【属性】面板

**STEP|13** 在"出生日期"下面分别插入两个文本域和两个按钮。然后在 ID 为 main 的层下面插入一个 ID 为 footer 的层，定义其 CSS 样式并输入版权信息，如图 15-35 和图 15-36 所示。

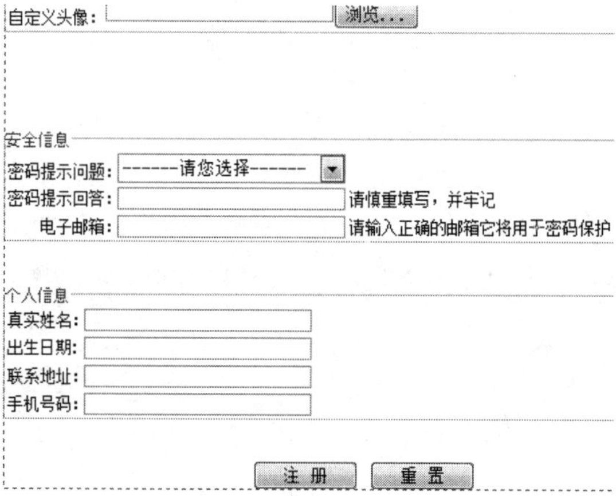

图 15-35　页面效果

```
#footer {
    background: url(images/footer.jpg);
    color: #CCC;
    text-align: right;
    height: 31px;
    padding-top: 10px;
}
```

图 15-36　CSS 样式代码

# 第 **16** 章

## 网页框架应用

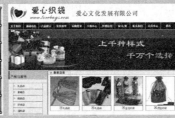

　　框架（Framework）是一个基本概念上的结构，用于解决或者处理复杂的问题。这个广泛的定义使用得十分流行，尤其在软件概念，框架也能用于机械结构，网页框架是网页设计中经常使用的方式之一。通过框架可以在一个浏览器窗口下将网页划分为多个区域，而每一个区域显示单独的网页，这样就实现了在一个浏览器窗口中显示多个页面。使用框架可以非常方便地完成导航工作，让网站的结构更加清晰，而且各个框架之间互不影响。

　　本章将详细介绍网页中的网页框架应用，主要内容有创建框架集、选择框架、框架集、框架属性、框架标签和综合实战。通过本章的学习我们可以了解各种类型的框架，以及框架和框架集的创建和使用方法，在网页中灵活运用框架或框架集。

## 16.1 创建框架集

框架集在网页中是非常重要的，在 Dreamweaver 中创建框架集有两种方法：一种是预定义框架集，另一种是自定义框架集。预定义框架集是快速创建框架布局页面最简单的方法。本节主要讲述如何在网页中创建预定义框架集和自定义框架集。用户通过本章的学习可以为后面的网站建设奠定基础。

### 16.1.1 创建预定义框架集

选择预定义的框架集能够为页面布局创建所需的框架和框架集，它是快速创建框架布局页面最简单的方法。打开 Dreamweaver，执行【文件】|【新建】命令，在弹出的【新建文档】对话框中单击【示例中的页】选项卡，在【示例文件夹】列表中选择【框架页】选项，然后在【示例页】列表中选择一种布局框架。

除了可以直接创建基于框架布局的网页文档外，还可以在现有文档中插入预定义框架集。将光标置于文档中的任意位置，执行【插入】|HTML|【框架】命令，或者单击【插入】面板【布局】选项卡中【框架】按钮右侧的下三角按钮图标，在弹出的列表中选择所需的预定义框架集。在默认情况下，当选择预定义的框架集后会弹出【框架标签辅助功能属性】对话框，在该对话框中可以为框架集中的每一个框架（Frame）设置标题名称。

### 16.1.2 创建自定义框架集

如果所有预定义的框架集并不能满足设计的需求，则还可以创建自定义的框架集。将光标置于文档中，执行【修改】|【框架集】命令，在弹出的菜单中选择相应的【拆分项】子命令，如【拆分上框架】、【拆分左框架】等。可以重复执行这些命令，直至达到所需的框架集。

## 16.2 选择框架和框架集

在更改框架或框架集的属性之前，首先要选择该框架或框架集。用户可以在【文档】窗口中选择框架或框架集，也可以通过【框架】面板进行选择。本节主要讲述如何在【框架】面板中选择和如何在【文档】窗口中选择。用户通过本章的学习可以为后面的网站建设奠定基础。

### 16.2.1 在【框架】面板中选择

【框架】面板提供框架集内各个框架的可视化表示形式，它能够显示框架集的层次结构，而这种层次结构在【文档】窗口中的显示可能不够直观。在文档中执行【窗口】|【框架】命令，打开【框架】面板，在该面板中可以选择整个框架集或者其所包含的各个框架。如果要选择整个框架集，可以单击环绕框架集的边框。如果要选择框架集中的某个框架，则直接单击【框架】面板中所对应的框架区域即可。当选择后，框架的周围会显示一个选择轮廓。

## 16.2.2　在【文档】窗口中选择

在【文档】窗口的【设计】视图中选择一个框架后，其边框被虚线环绕；当选择一个框架集后，该框架集内各个框架的所有边框都被淡颜色的虚线环绕。

在文档的【设计】视图中，同时按住 Shift 和 Alt 键不放，单击框架集中所要选择的框架区域，即可选择该框架。如果要选择整个框架集，可以在【设计】视图中单击框架集的内部框架边框，也可以单击框架集四周的边框。

# 16.3　框架属性

框架作为 HTML 语言的一部分，在网页制作中占据着重要的地位。就好像 Windows 下的资源管理器一样，在左单击相应的链接，右边就会有相应的网页显示。本节主要讲述 4 个方面的内容，分别是设置框架集属性、设置框架属性、保存框架和框架集文件、设置框架链接。用户通过本章的学习可以为后面的网站建设奠定基础。

## 16.3.1　设置框架集属性

使用【属性】检查器可以查看和设置大多数框架集的属性，如框架集标题、边框和框架大小等。在文档中选择整个框架集后，【属性】检查器将会显示该框架集的各个选项。框架集的【属性】检查器中的各个选项的名称及作用如表 16-1 所示。

表 16-1　框架集的【属性】检查器中的选项及作用

| 选 项 名 称 | 说　　明 |
| --- | --- |
| 边框 | 指定在浏览器中查看文档时是否显示框架周围的边框 |
| 边框宽度 | 指定框架集中所有边框的宽度。数字 0 表示无边框 |
| 边框颜色 | 设置边框的颜色。使用【颜色选择器】选择一种颜色，或者输入颜色的十六进制值 |
| 行列选定范围 | 单击【行列选定范围】区域中的选项卡，可以选择文档中相应的框架 |
| 行/列 | 设置行高或者列宽，单位可以选择像素、百分比和相对 |
| 像素 | 将选择的列或行的大小设置为一个绝对值。对于应始终保持相同大小的框架来说，该选项是最佳选择 |
| 百分比 | 指定选择列或行就为相对于其框架集的总宽度或总高度的一个百分比 |
| 相对 | 指定在为像素和百分比框架分配空间后，为选择列或行分配其余可用空间。剩余空间在大小设置为【相对】的框架之间按比例划分 |

在【属性】检查器中，单击【行列选定范围】区域的【行】或【列】选项卡，可以在【值】文本框中输入数值，以设置选择行或列的大小。

## 16.3.2　设置框架属性

使用【属性】检查器可以查看和设置大多数框架属性，包括边框、边距以及是否在框架中显示滚动条。选择框架集中的某一个框架，【属性】检查器将会显示该框架的各个选项。

框架的【属性】检查器中的各个选项的名称及说明如表 16-2 所示。

表 16-2　框架【属性】检查器中的选项及作用

| 选项名称 | 说明 |
| --- | --- |
| 框架名称 | 链接的 target 属性或脚本在引用框架时所使用的名称。框架名称必须是一个以字母开头的单词，允许使用下划线"_"，但不允许使用连字符"-"、句点"."或空格。框架名称区分大小写 |
| 源文件 | 指定在框架中显示的源文件，可以直接输入源文件的路径或单击文件夹图标浏览并选择一个文件 |
| 滚动 | 指定在框架中是否显示滚动条。将该选项设置为【默认】将不设置相应属性的值，从而使各个浏览器使用其默认值。大多数浏览器默认为【自动】，表示只有在浏览器窗口中没有足够空间来显示当前框架的完整内容时才显示滚动条 |
| 不能调整大小 | 启用该复选框，可以防止用户通过拖动框架边框在浏览器中调整框架大小 |
| 边框 | 指定在浏览框架时显示或隐藏当前框架的边框。大多数浏览器默认为显示边框，除非父框架集已将【边框】选项设置为【否】。为框架选择【边框】选项将覆盖框架集的边框设置 |
| 边框颜色 | 指定所有框架边框的颜色。该颜色应用于和框架接触的所有边框，并且重写框架集的指定边框颜色 |
| 边距宽度 | 以像素为单位设置左边距和右边距的宽度（框架边框与内容之间的距离） |
| 边距高度 | 以像素为单位设置上边距和下边距的高度（框架边框与内容之间的距离） |

## 16.3.3　保存框架和框架集文件

在浏览器中预览框架集前，必须保存框架集文件以及要在框架中显示的所有文档。可以单独保存框架集文档和每个框架文件，也可以同时保存框架集文档和框架中出现的所有文档。在【文档】窗口或【框架】面板中选择框架集，执行【文件】|【保存框架页】命令，即可保存框架集文件。如果要保存单个框架文档，首先在【文档】窗口中单击该框架区域的任意位置，然后执行【文件】|【保存框架页】命令，即可保存该框架中所包含的文档。

在浏览器中预览框架集前，必须保存框架集文件以及要在框架中显示的所有文档。可以单独保存框架集文档和每个框架文件，也可以同时保存框架集文档和框架中出现的所有文档。在【文档】窗口或【框架】面板中选择框架集，执行【文件】|【保存框架页】命令，即可保存框架集文件。

## 16.3.4　设置框架链接

如果要使用链接在其他框架中打开网页文档，必须设置链接目标。链接的【目标】属性指定打开所链接内容的框架或窗口。例如，网页的导航条位于左框架，如果想要单击链接后在右侧的框架中显示链接文件，这时就需要将右侧框架的名称指定为每个导航条链接的目标。

选择左侧框架中的导航文字，在【属性】检查器中的【链接】文本框中输入链接文件的路径，然后，在【目标】下拉列表中选择要显示链接文件的框架或窗口（如 mainFrame）。在【属性】检查器中，【目标】下拉列表中包含 4 个选项，用于指定打开链接文件的位置，这些选项的名称及作用介绍如表 16-3 所示。

表 16-3 【目标】下拉列表选项

| 选 项 名 称 | 作 用 |
| --- | --- |
| _blank | 在新的浏览器窗口中打开链接的文件，同时保持当前窗口不变 |
| _parent | 在显示链接的框架的父框架集中打开链接的文件，同时替换整个框架集 |
| _self | 在当前框架中打开链接的文件，同时替换该框架中的内容 |
| _top | 在当前浏览器窗口中打开链接的文件，同时替换所有框架 |

设置完成后预览效果，当单击左侧框架中的导航链接时，即会在主要内容框架中显示链接文件"TianTang.html"的内容，如图 16-1 所示。

图 16-1 设置框架链接

## 16.4 框架标签

创建框架集后，在【代码】视图中可以发现，选择单个框架和选择框架集的代码是不同的，这是因为页面所有框架标签都需要放置一个 HTML 文档。本节主要讲述两个方面的内容，即 frameset 标签和 frame 标签。用户通过本章的学习可以为后面的网站建设奠定基础。

### 16.4.1 frameset 标签

frameset 为框架集的标签，它被用来组织多个框架，每个框架存有独立的文档。在其最简单的应用中，frameset 标签仅仅会使用 rows 或 cols 属性指定在框架集中存在多少行或多少列，如图 16-2 所示。

图 16-2　frameset 标签

frameset 标签中的各个属性名称和作用介绍如表 16-4 所示。

表 16-4　frameset 标签的属性

| 属 性 名 称 | 作　用 |
| --- | --- |
| rows | 水平划分框架集结构，接受整数值、百分比，"*"符号表示占用剩余的空间。数值的个数表示分成的窗口数目并以逗号分隔 |
| cols | 垂直划分框架集结构，接受整数值、百分比，"*"符号表示占用剩余的空间。数值的个数表示分成的窗口数目并以逗号分隔 |
| framespacing | 指定框架与框架之间保留的空白距离 |
| frameborder | 指定是否显示框架周围的边框，0 表示不显示，1 表示显示 |
| border | 以像素为单位指定框架的边框宽度 |
| bordercolor | 指定框架边框的颜色 |

## 16.4.2　frame 标签

frame 标签为单个框架标签，用来表示一个框架。frame 标签包含在 frameset 标签中，并且该标签为空标签，如图 16-3 所示。

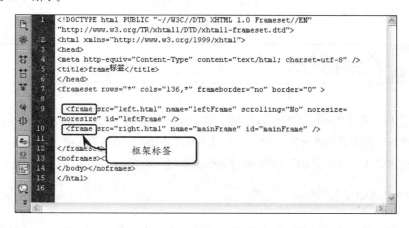

图 16-3　frame 标签

frame 标签中的各个属性名称和作用介绍如表 16-5 所示。

表 16-5　frame 标签的属性

| 属 性 名 称 | 作　　用 |
| --- | --- |
| frameborder | 指定是否显示框架周围的边框，0 表示不显示，1 表示显示 |
| longdesc | 定义获取描述框架的网页的 URL，可为那些不支持框架的浏览器使用此属性 |
| marginheight | 指定框架中的顶部和底部边距，其值为整数与像素组成的长度值 |
| marginwidth | 指定框架中的左侧和右侧边距，其值为整数与像素组成的长度值 |
| name | 指定框架的唯一名称。通过设置名称，可以用 JavaScript 或 VBScript 等脚本语言来使用该框架对象 |
| noresize | 当设置为 noresize 时，用户无法调整框架尺寸 |
| scrolling | 指定框架的滚动条显示方式，其属性值包括 auto、no 和 yes。auto 表示由浏览器窗口决定是否显示滚动条，no 表示禁止框架出现滚动条，yes 表示允许框架出现滚动条 |
| src | 指定显示在框架中的文件的 URL，该地址可以是绝对路径，也可以是相对路径 |

# 16.5　综合实战

本章概要性地介绍了创建框架集、选择框架和框架集、框架属性和框架标签，为本书后续的学习打下坚实的基础。主要讲述如何在网页中创建网页框架，制作吸引人的网站的一些方法和相关技术，接下来我们通过两个实例来对本章的内容进行实践。

## 16.5.1　实战：制作天讯内容管理系统页面

所谓框架网页，是将浏览器窗口分割成若干个小窗口，每个小窗口都可以单独显示不同的 HTML 文件。本例将通过创建框架集和框架来制作天讯内容管理系统页面，主要练习创建框架集、选择框架和框架集、设置框架和框架集属性、保存框架和框架集文件，如图 16-4 所示。

图 16-4　制作天讯内容管理系统页面

**STEP|01** 新建〝top.html〞页面，单击【属性】检查器中的【页面属性】按钮，在弹出的【页面属性】对话框中设置参数，如图 16-5 所示。

图 16-5　【页面属性】对话框

**STEP|02** 单击 Div 按钮，创建 ID 为 top 的 Div 层，并设置其 CSS 样式，如图 16-6 所示。

**STEP|03** 将光标置于 ID 为 top 的 Div 层中，单击 Div 按钮，分别创建 ID 为 logo、topRight 的 Div 层并设置其 CSS 样式。然后将光标置于 ID 为 logo 的 Div 层中，插入图像 "logo.png"，如图 16-7～图 16-9 所示。

```
#top {
    background-image:url(images/top_bg.gif);
    width:1024px;
    height:75px;
}
```

图 16-6　CSS 样式代码

```
#logo {
    width:280px;
    height:75px;
    float:left;
}
#topRight {
    width:744px;
    height:75px;
    float:left;
}
```

图 16-7　CSS 样式代码

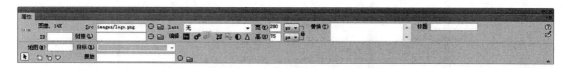

图 16-8　制作天讯内容管理系统页面

图 16-9　制作天讯内容管理系统页面

**STEP|04** 将光标置于 ID 为 topRight 的 Div 层，单击 Div 按钮，分别创建 ID 为 exit、login 的 Div 层并设

置其 CSS 样式，然后将光标置于 ID 为 exit 的 Div 层中，插入图像并输入文本。单击【属性】检查器中的【项目列表】按钮，按 Enter 键，出现下一个项目列表符号，在项目列表符号后再插入图像和输入文本，如图 16-10～图 16-13 所示。

```
#exit {
    width:724px;
    height:37px;
    float:left;
    text-align:right;
    padding-right: 20px;
}
```

图 16-10　CSS 样式代码

```
#login {
    width:450px;
    height:30px;
    float:left;
    text-align:right;
    padding-top: 8px;
    margin-left: 270px;
}
```

图 16-11　CSS 样式代码

图 16-12　【属性】面板

图 16-13　页面效果

**STEP|05** 在标签栏选择 ul 标签并设置其 CSS 样式属性，然后再在标签栏选择 li 标签并设置其 CSS 样式，如图 16-14 所示。

**STEP|06** 将光标置于 ID 为 login 的 Div 层中，插入图像，单击【属性】检查器中的【项目列表】按钮。然后，按 Enter 键，出现下一个项目列表符号，在项目列表符号后再输入文本，以此类推。在标签栏选择 ul 标签并定义其边距、填充、项目列表样式的 CSS 样式。然后，在标签栏选择 li 标签并定义其浮动、行高、左边距、高等 CSS 样式，完成 "top.html" 页面，如图 16-15 和图 16-16 所示。

```
#top #topRight #exit ul {
    margin: 0px;
    padding: 0px;
    list-style-type: none;
}
#top #topRight #exit ul li {
    line-height: 37px;
    height: 37px;
    display: block;
    float: right;
    margin-left: 10px;
}
```

图 16-14　CSS 样式代码

```
#top #topRight #login ul {
    margin: 0px;
    padding: 0px;
    list-style-type: none;
}
#top #topRight #login ul li {
    float: right;
    height: 30px;
    display: block;
    text-align: left;
    line-height: 25px;
    margin-left: 5px;
}
```

图 16-15　CSS 样式代码

图 16-16　页面效果

**STEP|07** 新建 "left.html" 页面，单击【插入 Div 标签】按钮，创建 ID 为 leftmain 的 Div 层并设置其 CSS 样式，如图 16-17 所示。

**STEP|08** 然后将光标置于该层中，分别嵌套 ID 为 topBg、centerBg、buttomBg 的 Div 层并设置其 CSS 样式属性，如图 16-18 和图 16-19 所示。

```css
#leftmain {
    width:220px;
    height:600px;
    margin-top: 30px;
}
```

```css
#topBg {
    width:220px;
    height:30px;
}
#centerBg {
    width:200px;
    height:440px;
    background-image: url(images/left_body.gif);
    padding-left: 20px;
}
```

```css
#buttomBg {
    width:220px;
    height:15px;
}
```

图 16-17　CSS 样式代码　　　　图 16-18　CSS 样式代码　　　　图 16-19　CSS 样式代码

**STEP|09** 将光标置于 ID 为 topBg 的 Div 层中，插入图像 "left_top.gif"。将光标置于 ID 为 buttomBg 的 Div 层中，插入图像 "left_bottom.gif"。然后，将光标置于 ID 为 centerBg 的 Div 层中，插入图像并输入文本，如图 16-20 和图 16-21 所示。

图 16-20　【属性】面板 1

图 16-21　【属性】面板 2

**STEP|10** 将光标置于文本 "系统设置" 后，按 Enter 键并插入图像及输入文本。以此类推，分别在 "系统设置" 子选项的文本后，按 Enter 键，如图 16-22 所示。

**STEP|11** 使用相同的方法，创建 "内容管理" 选项下面的子选项列表，如图 16-23 所示。

**STEP|12** 按照相同的方法设置会员管理、退出登录版块，选择图像 "folder.gif" 后的文本，在【属性】检查器中单击【粗体】按钮。依次选择文本，在【属性】检查器中设置链接为 "#"，如图 16-24 和图 6-25 所示。

📁 **系统设置**
 📄 系统基本参数
 📄 系统用户管理
 📄 系统日志管理
 📄 图片水印设置
 📄 系统错误修复

图 16-22　页面效果

**STEP|13** 在标签栏选择 dl 标签，并设置其 CSS 样式属性。在标签栏选择标题中的 a 标签，并设置其 CSS 样式属性，然后在标签栏选择内容中的 a 标签，并设置其 CSS 样式属性。在 CSS 样式中添加一个复合属

性,光标滑过内容时,文本颜色发生变化,如图 16-26 所示。

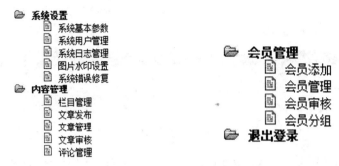

图 16-23 页面效果          图 16-24 页面效果

图 16-25 【属性】面板

**STEP|14** 新建 "main.html" 页面,单击 Div 按钮,创建 ID 为 mainBg 的 Div 层并设置其 CSS 样式,如图 16-27 所示。

```
}#leftmain #centerBg dl dt a {
    color: #144882;
    text-decoration: none;
    margin-left: 10px;
}
#leftmain #centerBg dl dd a {
    color: #144882;
    text-decoration: none;
    margin-left: 10px;
}
#leftmain #centerBg dl dd a:hover{
    color: #F60;
        margin-left: 10px;
    text-decoration: none;
}
```

```
#mainBg {
    width:764px;
    height:470px;
    margin-bottom: 20px;
    padding-top: 10px;
}
```

图 16-26 CSS 样式代码          图 16-27 CSS 样式代码

**STEP|15** 然后将光标置于该层中,分别嵌套 ID 为 topNav、content 的 Div 层并设置其 CSS 样式属性,如图 16-28 和图 16-29 所示。

```
#topNav {
    height:31px;
    padding-left: 20px;
}
```

```
#content {
    background-image:url(images/mainBg.png);
    background-repeat:no-repeat;
    width:744px;
    height:445px;
    padding-top: 20px;
    padding-left: 20px;
}
```

图 16-28 CSS 样式代码 1          图 16-29 CSS 样式代码 2

**STEP|16** 将光标置于 ID 为 topNav 的 Div 层中，插入图像 "nav_10.png"，单击【属性】面板中的【项目列表】按钮，出现项目列表符号。然后将光标置于图像后按 Enter 键，出现下一个项目列表符号，然后插入图像，以此类推，如图 16-30 所示。

图 16-30　【属性】面板

**STEP|17** 在标签栏选择 ul 标签，并设置其 CSS 样式属性，按照相同的方法，在标签栏选择 li 标签，并设置其 CSS 样式属性，如图 16-31 所示。

```
#mainBg #topNav ul {
    margin: 0px;
    padding: 0px;
    list-style-type: none;
}
#mainBg #topNav ul li {
    float: left;
}
```

图 16-31　CSS 样式代码

**STEP|18** 选择图像，在【属性】检查器中设置链接为 "#"、【边框】为 0，然后依次设置其他图像链接。将光标置于 ID 为 content 的 Div 层中，分别创建 ID 为 menu、tb、bj 的 Div 层，并设置其 CSS 样式属性，如图 16-32～图 16-34 所示。

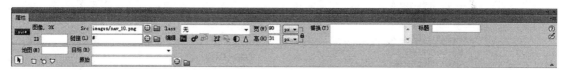

图 16-32　【属性】面板

```
#menu {
    width:720px;
    height:25px;
    line-height: 25px;
    color: #144882;
    border: 1px solid #c4e7fb;
    margin-bottom: 10px;
}
#tb {
    width:720px;
    margin-bottom: 10px;
}
```

```
#bj {
    width:720px;
    margin-top: 10px;
    margin-right: auto;
    margin-bottom: 10px;
    margin-left: auto;
    height: 31px;
}
```

图 16-33　CSS 样式代码 1　　　　图 16-34　CSS 样式代码 2

**STEP|19** 然后，将光标置于 ID 为 menu 的 Div 层中，并输入文本。将光标置于 ID 为 tb 的 Div 层中，插

入一个 11 行×6 列且【宽】为"720 像素"的表格。选择表格，在【属性】面板中设置【间距】为 1，在 CSS 样式中设置表格的【背景颜色】为"蓝色"（#BBD3EB）。然后选择所有单元格，在【属性】检查器中设置【背景颜色】为"白色"（#FFFFFF），如图 16-35 所示。

图 16-35　【属性】面板

**STEP|20** 在 CSS 样式中创建一个类名称为 tdBg 的样式。将光标置于第 1 行第 1 列单元格中，在【属性】检查器中设置【高】为 27、【类】为 tdBg、【水平】对齐方式为【居中对齐】。然后，依次设置第 1 行后 5 列单元格的【类】为 tdBg、【水平】对齐方式为【居中对齐】，并输入文本。将光标分别置于第 2 行～第 11 行的第 1 列单元格中，单击【插入】面板【表单】选项中的【复选框】按钮，在【属性】检查器中设置【水平】对齐方式为【居中对齐】。在后 5 列单元格中输入相应的文本，并设置【水平】对齐方式为【居中对齐】，如图 16-36 所示。

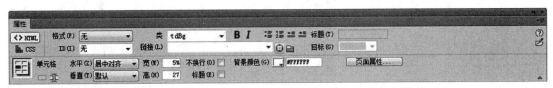

图 16-36　【属性】面板

**STEP|21** 选择第 2 行～第 11 行的第 2 列单元格中的文本，在【属性】检查器中设置【链接】为"#"，如图 16-37 所示。

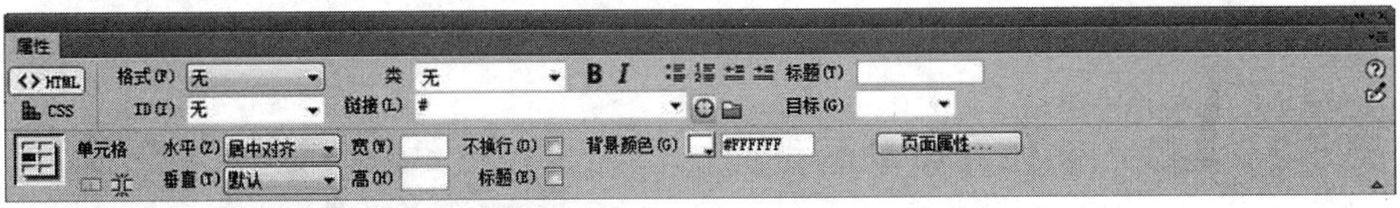

图 16-37　【属性】面板

**STEP|22** 然后，在 CSS 样式中分别设置 a 标签的样式及复合标签 a:hover 的样式，如图 16-38 所示。

```
a {
    color: #144882;
    text-decoration: none;
}
a:hover {
    color: #F60;
}
```

图 16-38　CSS 样式代码

**STEP|23** 将光标置于 ID 为 bj 的 Div 层中，插入图像"add.gif"，单击【属性】检查器中的【项目列表】

按钮，出现项目列表符号。然后将光标置于图像后按 Enter 键，出现下一个项目列表符号，并插入图像，如图 16-39 所示。

图 16-39 【属性】面板

**STEP|24** 在标签栏选择 ul 标签，设置其 CSS 样式属性。按照相同的方法，在标签栏选择 li 标签，并设置其 CSS 样式属性。选择图像，在【属性】检查器中设置链接为 "#"、【边框】为 0，依次设置其他图像链接，如图 16-40 和图 16-41 所示。

```css
#mainBg #content #bj ul {
    margin: 0px;
    padding: 0px;
    list-style-type: none;
}
#mainBg #content #bj ul li {
    float: left;
    width: 74px;
    padding-left: 20px;
    height: 50px;
}
```

图 16-40 CSS 样式代码

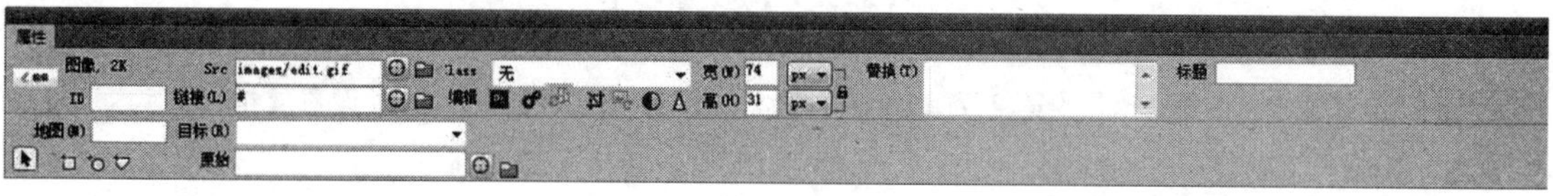

图 16-41 【属性】面板

## 16.5.2 实战：制作儿童动画页面

在网页制作过程中，有时需要在某个固定有限的区域中显示较多的信息，此时就可以使用浮动框架页面来实现。浮动框架既可以在网页中插入，也可以在表格中插入。本例将通过创建浮动框架制作儿童动画页面，主要练习插入 Div 层、插入图像、输入文字和创建浮动框架，如图 16-42 所示。

**STEP|01** 新建文档，在标题栏输入"儿童动画剧场"。单击【属性】检查器中的【页面属性】按钮，在弹出的【页面属性】对话框中设置文字大小和页面边距，如图 16-43 和图 16-44 所示。

图 16-42 制作儿童动画页面

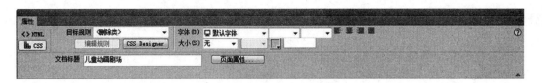

图 16-43 【属性】面板

图 16-44 【页面属性】对话框

**STEP|02** 然后，单击【插入】面板中的 Div 按钮，创建 ID 为 header 的 Div 层，并设置其 CSS 样式属性，如图 16-45 所示。

**STEP|03** 单击 Div 按钮，创建 ID 为 content 的 Div 层并设置其 CSS 样式属性，然后，将光标置于该 Div 层中，单击【插入 Div 标签】按钮，分别创建 ID 为 leftmain、centermain、rightmain 的 Div 层，并设置其 CSS 样式属性，如图 16-46 所示。

```css
#header {
    background-image:url(images/top.png);
    width:767px;
    height:331px;
    margin:0 auto;
}
```

```css
#content {
    width:767px;
    height:400px;
    margin:0 auto;
}

#leftmain{
    width:123px;
    height:376px;
    float:left;
}
#centermain{
    width:513px;
    height:376px;
    float:left;
}
#rightmain{
    width:131px;
    height:376px;
    float:left;
}
```

图 16-45 CSS 样式代码

图 16-46 CSS 样式代码

**STEP|04** 将光标置于 ID 为 centermain 的 Div 层中，单击 Div 按钮，分别嵌套 ID 为 mainhome、footer 的 Div 层，并设置其 CSS 样式属性，如图 16-47 所示。

```
#mainhome{
    width:513px;
    height:333px;
}
#footer{
    background-image:url(images/footer.png);
    height:30px;
    text-align:center;
    color:#666;
    padding-top:10px;
    width:513px;
    background-repeat:no-repeat;
}
```

图 16-47　CSS 样式代码

**STEP|05** 将光标置于 ID 为 footer 的 Div 层中，输入文本。将光标置于 ID 为 leftmain 的 Div 层中，插入图像 "dog_Nav_ 01.png"，然后将光标置于 ID 为 rightmain 的 Div 层中，插入图像 "dog_Nav_02.png"。选择图像，单击【属性】检查器中的【矩形热点工具】按钮，在图像文本 "儿童动画" 上绘制一个矩形，如图 16-48 和图 16-49 所示。

图 16-48　插入图像 "dog_Nav_ 01.png"

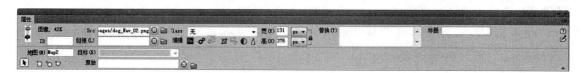

图 16-49　插入图像 "dog_Nav_02.png"

**STEP|06** 按照相同的方法在图像文本 "动画社区"、"益智教育"、"儿童英语" 上绘制矩形热点工具。然后设置 "动画社区" 文本的链接和目标属性，如图 16-50 所示。将光标置于 ID 为 mainhome 的 Div 层中，单击【插入】面板【布局】选项中的 IFRAME 按钮，切换到【拆分视图】，在代码模式中给 iframe 元素添加 src、width、height 等属性，设置浮动框架，代码如下：

```
<iframe width="510" height="320" name="fd" src=
"main.html"frameborder="0"></iframe></div>
```

图 16-50　【属性】面板

# 第 **17** 章

## CSS 样式

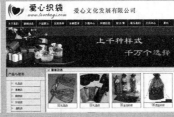

　　CSS 的中文全称是层叠样式表，英文全称是 Cascading Style Sheets。CSS 通过将 HTML 中的格式化指令提取到一个独立的位置，实现了 HTML 的内容与 HTML 格式的分离，使得网站建设者可以很轻松地维护和更改网站的呈现样式。样式表通过将网页的内容与格式化分离，不仅使网站建设人员可以轻松地更改网页的外观，网站的用户也可以根据他们的偏好来选择自己喜欢的样式，将之应用到 HTML 网页。

　　本章将详细介绍网站中的 CSS 样式，主要内容有博客的栏目、博客与传统网站的区别、博客的布局方式、CSS 基本语法、CSS 选择器、CSS 选择方法、CSS 滤镜和综合实战。通过本章的学习我们可以了解什么是 CSS 样式。

## 17.1 博客的栏目

博客（blog）是继电子邮件、讨论组和论坛、即时通信软件之后的第 4 种网络交流方式。博客网站凭借其互动性、便捷性，不断满足不同人群在互联网上展示自己的愿望，聚集了很高的人气。博客比传统的静态网站更加吸引人，在浏览者每次访问时，博客都会提供最新的内容，越来越多的人热衷于开创个人博客。本节主要讲述三个方面的内容，分别为网络日志、网络相册和音乐收藏。用户通过本节的学习可以创建博客网站，为后面的网站建设奠定基础。

### 17.1.1 网络日志

网络日志类似于航海日志或者个人日记。个人博客中的网络日志用于记录个人的所见、所闻和所想等，并且希望与他人分享。网络日志包括标题、发布时间和内容等部分，如图 17-1 所示。

图 17-1 网络日志

### 17.1.2 网络相册

网络相册是博客的重要组成部分，用于发布博客用户收集的图片、照片等信息，这些内容也可以与他人分享。网络相册扩充了博客的功能，并且增加了博客的多媒体色彩，如图 17-2 所示。

图 17-2 网络相册

### 17.1.3 音乐收藏

音乐收藏也是博客的扩充功能，用于收藏用户喜爱的音乐，便于用户在博客中查找和收听音乐。当然，也便于博客用户将自己喜爱的音乐与他人分享。随着提供音乐收藏的博客服务提供商越来越多，音乐收藏逐渐成为博客一个重要的组成部分，如图 17-3 所示。

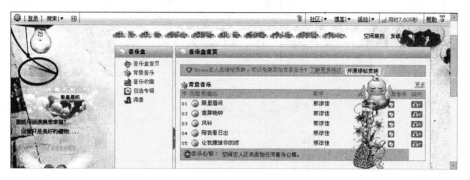

图 17-3　音乐收藏

## 17.2　博客与传统网站的区别

博客是传统个人主页和个人网站的发展和延伸，是一个集成了站点新闻、留言板系统，论坛系统的简易站点。博客与传统个人主页和网站相比，有以下优点：互动性更强、内容更自由和发布信息简单。用户通过本节的学习可以为后面的网站建设奠定基础。

### 17.2.1　互动性更强

博客通常支持留言板功能，并且可以对文章或者照片进行评论，博客用户与浏览者之间可以进行互动对话。博客的出现，使网上信息不再是单向的发布与接收，而转变为双向的交流，如图 17-4 所示。

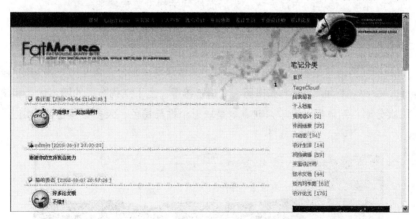

图 17-4　互动性更强

### 17.2.2　内容更自由

博客是一个展示自我的平台，因此博客没有固定的格式主题限制，同一博客中的两篇文章可能没有任何联系。博客中的文字也没有统一标准，用户可以使用一些口语化语句，很多在聊天中所使用的词汇都可以套用在博客中，如图17-5所示。

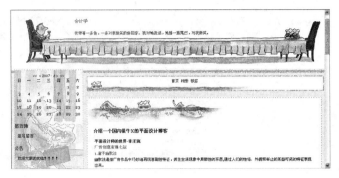

图17-5 内容更自由

### 17.2.3 发布信息简单

在博客中发布信息和在论坛中一样简单，而在发布过程中，用户可像操作 Word 一样直接对文本进行编辑或者排版。除此之外，用户还可以对博客中已发布的文章进行分类、修改，以及设置关键字等操作，既方便了用户对文章的管理，也使浏览者能够以最快的速度找到需要的信息。

## 17.3 博客的布局方式

虽然博客在各方面没有太多的限制，但大部分博客和传统网页一样有着固定的几种布局方式。本节主要讲述博客的三种布局方式，即上下结构布局、左右结构布局和左中右结构布局。用户通过本节的学习可以更深入地了解并掌握博客的布局方式，为后面的网站建设奠定基础。

### 17.3.1 上下结构布局

上下结构布局的博客通常是将网页分为导航和正文信息两大部分，最上方是网站的导航部分，下方是栏目的内容部分和一些辅助的工具，如日历、友情链接等。上下结构布局的博客优点和缺点同样明显，其优点是结构层次分明，制作相对简单，缺点则是缺乏个性与特色。大多数博客都使用上下结构布局，如图17-6所示。

图17-6 上下结构布局

### 17.3.2　左右结构布局

左右结构布局的博客事实上是将导航条放在了网页的左侧，其他与上下结构基本相同。将网页的导航移动到左侧的更改，使博客比大多数博客更加个性和张扬。也更能突出博客的设计风格。左右结构布局的博客模板比较少，因此大多数左右结构布局的博客都是独立博客，如图 17-7 所示。

图 17-7　左右结构布局

### 17.3.3　左中右结构布局

左中右结构布局在网站中使用较多，但是在博客中却是一种新兴的布局方式。不少 QQ 空间用户喜欢使用这种结构布局。左中右结构布局突破了一些规则，将图像和栏目内容进行巧妙的规划，制作出的博客相当独特，如图 17-8 所示。

图 17-8　左中右结构布局

## 17.4　CSS 基本语法

作为一种网页的标准化语言，CSS 有着严格的书写规范和格式。本节主要讲述 CSS 基本语法，分为 4 个方面的内容，分别为基本组成、书写规范、注释和文档的声明、CSS 绝对和相对长度单位。用户通过本节的学习可以了解和掌握 CSS 基本语法的应用，为后面的网站建设奠定基础。

## 17.4.1　基本组成

一条完整的 CSS 样式语句包括以下几个部分：

```
selector{
 property:value
}
```

在上面的代码中，各关键词的含义如下所示。

（1）selector（选择器）：其作用是为网页中的标签提供一个标识，以供其调用。

（2）property（属性）：其作用是定义网页标签样式的具体类型。

（3）value（属性值）：属性值是属性所接受的具体参数。

在任意一条 CSS 代码中，通常都需要包括选择器、属性以及属性值这三个关键词（内联式 CSS 除外）。

## 17.4.2　书写规范

虽然杂乱的代码同样可被浏览器判读，但是书写简洁、规范的 CSS 代码可以给修改和编辑网页带来很大的便利。在书写 CSS 代码时，需要注意以下几点。

### 1. 单位的使用

在 CSS 中，如果属性值是一个数字，那么用户必须为这个数字安排一个具体的单位，除非该数字是由百分比组成的比例，或者数字为 0。例如，分别定义两个层，其中第 1 个层为父容器，以数字属性值为宽度，而第 2 个层为子容器，以百分比为宽度。

```
#parentContainer{
  width:1003px
}
#childrenContainer{
  width:50%
}
```

### 2. 引号的使用

多数 CSS 的属性值都是数字值或预先定义好的关键字，然而，有一些属性值则是含有特殊意义的字符串。这时，引用这样的属性值就需要为其添加引号。典型的字符串属性值就是各种字体的名称。

```
span{
  font-family:"微软雅黑"
}
```

### 3. 多重属性

如果在这条 CSS 代码中，有多个属性并存，则每个属性之间需要用分号 ";" 隔开。

```
.content{
  color:#999999;
  font-family:"新宋体";
  font-size:14px;
}
```

#### 4．大小写敏感和空格

　　CSS 与 VBScript 不同，对大小写十分敏感。mainText 和 MainText 在 CSS 中是两个完全不同的选择器。除了一些字符串式的属性值（如英文字体"MS Serf"等）以外，CSS 中的属性和属性值必须小写。为了便于判读和纠错，建议在编写 CSS 代码时，在每个属性值之前添加一个空格。这样，如果某条 CSS 属性有多个属性值，则阅读代码的用户可方便地将其区分开。

### 17.4.3　注释和文档的声明

　　与多数编程语言类似，用户也可以为 CSS 代码进行注释，但与同样用于网页的 XHTML 语言注释方式有所区别。在 CSS 中，注释以斜杠"/"和星号"*"开头，以星号"*"和斜杠"/"结尾。

```
.text{
  font-family:"微软雅黑";
  font-size:12px;
  /*color:#ffcc00;*/
}
```

　　CSS 的注释不仅可用于单行，也可用于多行。

　　在外部 CSS 文件中，通常需要在文件的头部创建 CSS 的文档声明，以定义 CSS 文档的一些基本属性。在多数 CSS 文档中，都会使用"@charset"声明文档所使用的字符集。除"@charset"声明以外，其他的声明多数可使用 CSS 样式来替代。

### 17.4.4　CSS 绝对和相对长度单位

　　绝对单位是指在设计中使用的衡量物体在实际环境中的长度、面积、大小等的单位。绝对单位很少在网页中使用，其通常用于实体印刷中。但是在一些特殊的场合，使用绝对单位是非常必要的。

　　如果为网页标签的各种长度使用绝对单位，则网页浏览器会根据显示器的分辨率等来设置标签的显示尺寸。相对单位与绝对单位相比，其显示大小是不固定的，其所设置的对象受屏幕分辨率、屏幕可视区域、浏览器设置和相关元素的大小等多种因素的影响。W3C 规定 CSS 样式表可使用以下几种相对单位。

#### 1．em

　　em 单位表示字体对象的行高，其能够根据字体的大小属性值来确定大小。例如，当设置字体为 12px 时，1 个 em 就等于 12px。如果网页中未确定字体大小值，则 em 的单位高度根据浏览器默认的字体大小来确定。在 IE 浏览器中，默认字体高度为 16px。

#### 2．ex

　　ex 是衡量小写字母在网页中的大小的单位，其通常根据所使用的字体中小写字母 x 的高度作为参考。在实际使用中，浏览器将通过 em 的值除以 2 以得到 ex 值。

#### 3．px

　　px 就是像素，显示器屏幕中最小的基本单位。px 是网页和平面设计中最常见的单位，其取值是根据显示器的分辨率来设计的。

#### 4．百分比

　　百分比也是一个相对单位值，其必须通过另一个值来计算，通常用于衡量对象的长度或宽度。在网页中，使用百分比的对象通常取值的对象是其父对象。

## 17.5　CSS 选择器

选择器是 CSS 代码的对外接口。网页浏览器就是根据 CSS 代码的选择器实现和 XHTML 代码的匹配，然后读取 CSS 代码的属性、属性值，将其应用在网页文档中。CSS 的选择器名称只允许包括字母、数字以及下画线，其中，不允许将数字放在选择器的第 1 位，也不允许与 XHTML 标签重复，以免出现混乱。本节主要讲述，在 CSS 的语法规则中主要包括的 5 种选择器，即标签选择器、类选择器、ID 选择器、伪类选择器、伪对象选择器。用户通过本节的学习可以为后面的网站建设奠定基础。

### 17.5.1　标签选择器

在 XHTML 1.0 中，共包括 94 种基本标签。CSS 提供了标签选择器，允许用户直接定义多数 XHTML 标签的样式。

例如，定义网页中所有无序列表的符号为空，可直接使用项目列表的标签选择器 ol：

```
ol{
  list-style:none;
}
```

### 17.5.2　类选择器

在使用 CSS 定义网页样式时，经常需要对某一些不同的标签进行定义，使之呈现相同的样式。在实现这种功能时，就需要使用类选择器。类选择器可以把不同类型的网页标签归为一类，为其定义相同的样式，简化 CSS 代码。

在使用类选择器时，需要在类选择器的名称前加类符号"."。而在调用类的样式时，则需要为 XHTML 标签添加 class 属性，并将类选择器的名称作为 class 属性的值。例如，网页文档中有三个不同的标签，一个是层（div），一个是段落（p），还有一个是无序列表（ul）。

如果使用标签选择器为这三个标签定义样式，使其中的文本变为红色，需要编写三条 CSS 代码：

```
div{/*定义网页文档中所有层的样式*/
  color: #ff0000;
}
p{/*定义网页文档中所有段落的样式*/
  color: #ff0000;
}
ul{/*定义网页文档中所有无序列表的样式*/
  color: #ff0000;
}
使用类选择器，则可将以上三条CSS代码合并为一条：
.redText{
  color: #ff0000;
}
```

然后，即可为 div、p 和 ul 等标签添加 class 属性，应用类选择器的样式：

```
<div class="redText">红色文本</div>
<p class="redText">红色文本</div>
<ul class="redText">
  <li>红色文本</li>
</ul>
```

一个类选择器可以对应于文档中的多种标签或多个标签，体现了 CSS 代码的可重用性，其与标签选择器都有其各自的用途。

## 17.5.3　ID 选择器

ID 选择器也是一种 CSS 的选择器。之前介绍的标签选择器和类选择器都是一种范围性的选择器，可设定多个标签的 CSS 样式。而 ID 选择器则是只针对某一个标签的、唯一性的选择器。

在 XHTML 文档中，允许用户为任意一个标签设定 ID，并通过该 ID 定义 CSS 样式，但是，不允许两个标签使用相同的 ID。使用 ID 选择器，用户可以更加精密地控制网页文档的样式。在创建 ID 选择器时，需要为选择器名称使用 ID 符号 "#"。在为 XHTML 标签调用 ID 选择器时，需要使用其 ID 属性。例如，通过 ID 选择器，分别定义某个无序列表中三个列表项的样式：

```
#listLeft{
  float:left;
}
#listMiddle{
  float: inherit;
}
#listRight{
  float:right;
}
```

然后，即可使用标签的 ID 属性，应用三个列表项的样式：

```
<ul>
  <li id="listLeft">左侧列表</li>
  <li id="listMiddle">中部列表</li>
  <li id="listRight">右侧列表</li>
</ul>
```

## 17.5.4　伪类选择器

之前介绍的三种选择器都是直接应用于网页标签的选择器。除了这些选择器外，CSS 还有另一类选择器，即伪选择器。与普通的选择器不同，伪选择器通常不能应用于某个可见的标签，只能应用于一些特殊标签的状态。其中，最常见的伪选择器就是伪类选择器。

在定义伪类选择器之前，必须首先声明定义的是哪一类网页元素，将这类网页元素的选择器写在伪类选择器之前，中间用冒号 "：" 隔开：

```
selector:pseudo-class {property: value}
/*选择器: 伪类 {属性: 属性值; }*/
```

CSS 2.1 标准中，共包括 7 种伪类选择器。在 IE 浏览器中，可使用其中的 4 种。

例如，要去除网页中所有超链接在默认状态下的下画线，就需要使用到伪类选择器：

```
a:link {
/*定义超链接文本的样式*/
text-decoration: none;
/*去除文本下画线*/
}
```

### 17.5.5 伪对象选择器

伪对象选择器也是一种伪选择器，其主要作用是为某些特定的选择器添加效果。在 CSS 2.1 标准中，共包括 4 种伪对象选择器，在 IE 5.0 及之后的版本中支持其中的两种。

伪对象选择器的使用方式与伪类选择器类似，都需要先声明定义的是哪一类网页元素，将这类网页元素的选择器写在伪类选择器之前，中间用冒号 ":" 隔开。例如，定义某一个段落文本中第 1 个字为 2em，即可使用伪对象选择器：

```
p{
  font-size: 12px;
}
p:first-letter{
  font-size: 2em;
}
```

## 17.6 CSS 选择方法

选择方法即使用选择器的方法。一段 CSS 代码可能不只定义一个选择器，因此需要通过选择方法来指定选择器的使用方式。CSS 通常所使用的选择方法有如下几类：普通和通配选择、分组选择、包含选择方法。用户通过本节的学习可以为后面的网站建设奠定基础。

### 17.6.1 普通和通配选择

该选择方式是最普通的使用选择器的方法，该方法只可以使用一个选择器以及一个选择器加一个伪类或伪对象选择器。例如，设置网页的页面边距为 0，其代码如下所示：

```
body {
margin:0
}
```

在 CSS 语法中，可以像在 Windows 中一样使用通配符 "*"。例如，需要设置网页中所有元素的边框宽度为 0，其代码如下所示：

```
* {
/*定义所有网页元素的样式*/
border-top-width: 0px;
border-right-width: 0px;
border-bottom-width: 0px;
border-left-width: 0px;
/*定义四边的边框为 0px*/
}
```

## 17.6.2  分组选择

该选择方式是一种提高 CSS 代码书写与执行效率的方法。在普通 CSS 代码中，通常是一个选择器对应一个声明。事实上，自 CSS 2.0 开始，就已支持分组选择的方式，也就是用一个规则定义多个选择器。在定义多个选择器时，应将选择器以 ","隔开，以防止语法混乱。例如，定义 ID 为 div1 和 div2 的两个层，层内的文本字体大小为 12px，其代码如下所示：

```
#div1,#div2 {
/*分组定义 div1 和 div2 两个 ID*/
font-size: 12px;
/*定义字体的大小为 12px*/
}
```

## 17.6.3  包含选择方法

如果需要定义某个网页元素中嵌套的多个网页元素的样式，可以使用包含选择的方法。例如，定义 div1 类中的所有段落的边距为 0px，其代码如下所示：

```
.div1 p{
/*定义类 div1 中的所有段落，父元素和子元素之间以空格区分*/
margin:0px;
/*定义段落边距*/
}
```

在使用包含选择方法时，必须保证父元素与子元素的包含关系。若父元素没有包含子元素，则包含选择方法是无效的。包含选择方法还可以实现多层包含，例如，定义 div1 类中段落内的文本，设置其字体大小为 14px，其代码如下所示：

```
.div1 p span {
/*定义类 div1 中的段落内文本*/
font-size:14px;
/*定义文本大小为 14px*/
}
```

如果要实现上面 CSS 样式代码的控制，则网页元素的嵌套关系应如下所示：

```
<div class="div1">
<!--第 1 层，由类 div1 控制的层-->
```

```
<p>
<!—第 2 层，包含于层中的段落-->
    <span>TEXT</span>
    <!--第 3 层，包含于段落中的文本-->
  </p>
</div>
```

## 17.7　CSS 滤镜

　　CSS 滤镜是一种基于 DHTML 的特殊应用，其可以为各种文本、图像添加类似 Photoshop 等图像处理软件才能实现的效果，包括透明度、模糊、滤色、发光等。在使用 CSS 滤镜时，需要先为 CSS 选择器添加 filter 属性，然后再将滤镜的方法与参数定义为 filter 属性的值。本节主要讲述透明度滤镜、模糊滤镜和滤色滤镜、发光滤镜和灰度滤镜、颜色反转滤镜和 X 光滤镜、遮罩滤镜和阴影滤镜。用户通过本节的学习可以为后面的网站建设奠定基础。

### 17.7.1　透明度滤镜

　　使用 CSS 滤镜，用户可以方便地定义各种网页标签的透明度，从而制作半透明的效果。在设置网页标签的透明度时，需使用 CSS 滤镜的 alpha 方法，代码如下所示：

```
filter : alpha( opacity = opacity , finishopacity = finishopacity , style = style ,
startx = startx , starty = starty , finishx = finishx , finishy = finishy );
```

　　在上面的代码中，alpha()方法主要包括 7 个等式参数。style 参数的 4 种值分别定义了渐变透明的 4 种方式，包括整体透明、线性渐变、圆形放射渐变以及矩形放射渐变。该参数的默认值为 0，即整体渐变。当设置参数为 1 时，表示线性渐变；而当参数被设置为 2 时，则表示圆形放射渐变；当参数被设置为 3 时，表示矩形放射渐变。在定义了网页标签为渐变方式而非整体透明时，就需要通过 startx、starty、finishx 和 finishy 4 种属性，定义渐变的起始点和结束点。例如，定义某个网页标签整体透明，代码如下所示：

```
filter : alpha ( opacity = 50 );
```

　　而当定义网页标签为渐变透明时，则需要同时设置 7 种属性，代码如下所示：

```
filter : alpha ( opacity = 30 , finishopacity =80 , style = 2 , startx = 10 ,
starty = 10 , finishx = 120 , finishy = 150 ) ;
```

### 17.7.2　模糊滤镜和滤色滤镜

　　使用 CSS 样式还可以定义网页标签中内容的模糊滤镜，其需要为 filter 属性使用 blur()方法，同时定义 blur()方法的三种参数，代码如下所示：

```
filter : blur ( add = add, direction = direction, strength = strength ) ;
```

　　其中，add 参数包含 true 和 false 两个值，定义网页标签是否应用模糊滤镜的效果；direction 参数定义网页标签中内容模糊的方向，单位为角度值，其中 0 为垂直向上，90 为水平右侧，180 为垂直向下，270 为水平左侧；strength 参数定义模糊的强度，单位为像素，默认值为 5。

例如，定义某个网页标签的内容以垂直向下的方向模糊 3 像素，代码如下所示：

```
filter : blue ( add = true , direction = 180 , strength = 3 ) ;
```

滤色滤镜的作用就是将网页标签内容中的某个颜色过滤掉，使其变为透明。在应用滤色滤镜时，需要使用 filter 属性的 chroma()方法，代码如下所示：

```
filter : chroma ( color = color ) ;
```

滤色滤镜的 chroma()方法中只有一个参数值，即需要过滤的颜色，其值为 16 进制 RGB 颜色或 ARGB 颜色。例如，定义过滤掉网页标签中的红色（#ff0000），代码如下所示：

```
filter : chroma ( color = #ff0000 ) ;
```

## 17.7.3　发光滤镜和灰度滤镜

发光也是常用的一种 CSS 滤镜，其可以在不影响网页标签本身的情况下，在网页标签的周围创建带有一定颜色的渐变光晕。为网页标签应用发光滤镜，需要使用 filter 属性的 glow()方法，代码如下所示：

```
filter : glow ( color = color , strength = strength ) ;
```

glow 方法有两个参数，其中，color 参数定义网页标签所散发出光晕的颜色，默认值为红色（#ff0000），而 strength 参数则定义网页标签所散发出光晕的强度，单位为像素，默认值为 5。例如，定义一个网页标签散发黄色（#00ffff）的 4px 光晕，代码如下所示：

```
filter : glow ( color = #00ffff strength = 4 ) ;
```

灰度滤镜的作用是消除网页中所有色彩的色度，只显示其灰度。为网页标签应用灰度滤镜时，需要使用 gray()方法，代码如下所示：

```
filter : gray() ;
```

gray()方法没有任何参数，使用也十分简单。网站在某些特定时间需要将整站定义为灰色时，就可以在所有页面的 CSS 规则中使用统配选择方法，应用灰度滤镜，代码如下所示：

```
* { filter : gray() ; }
```

## 17.7.4　颜色反转滤镜和 X 光滤镜

颜色反转滤镜可以倒置网页标签内容的颜色值和亮度值，将所有颜色转换为与其相反的颜色，例如黄色转换为紫色、蓝色转换为橙色、黑色转换为白色等。在反转颜色时，应使用 invert()方法作为 filter 属性的值，代码如下所示：

```
filter : invert () ;
```

invert()方法的渲染方式与 gray()方法类似，都会消耗较多浏览器的资源，因此在使用时应慎重。

X 光滤镜也是一种用于图像处理的滤镜，其可以将网页中的图像转换为类似胶片的效果，清除图像中的色度，然后再将图像中色彩的亮度翻转。为图像应用 X 光滤镜，代码如下所示：

```
filter : xray () ;
```

## 17.7.5 遮罩滤镜

遮罩滤镜的作用类似 Flash 中的遮罩层。当两个网页标签出现层叠时，可以为其应用遮罩滤镜，将位于上方的网页标签制作为遮罩层，遮罩下方的网页标签，只显示下方网页标签中被上方网页标签遮罩住的内容。

为网页标签应用遮罩滤镜，需要将 mask()方法定义为 filter 属性的属性值。mast()方法的参数只有一个，即定义非遮罩部分的颜色，其值为 16 进制颜色值，代码如下所示：

```
filter : mask ( color = color ) ;
```

例如，两个网页层相互重叠，位于下方的层中包含一个图片，而位于上方的层中则是无背景色的文本。为文本应用遮罩层后，即可将图片填充到文本中，代码如下所示：

```
filter : mask ( color = #00ff00 ) ;
```

在上面的代码被应用到文本的层中以后，文本的内部将显示图片被遮罩的部分，而外部则将被填充为绿色。

## 17.7.6 阴影滤镜

阴影滤镜是一种比较常用的滤镜，其可以根据用户定义的角度，向某个方向渲染渐变的光晕。事实上，阴影滤镜就是带有方向性的发光滤镜。为网页标签应用阴影滤镜，需要为 filter 属性添加 shadow()方法的属性值，代码如下所示：

```
filter : shadow ( color = color , direction = direction ) ;
```

shadow()方法包含两个参数，即 color 参数和 direction 参数。color 参数用于定义投影的颜色，其值为 16 位 RGB 颜色值或 16 位 ARGB 颜色值。direction 参数的作用是定义投影的角度，其值为角度值，其方向的定义方式与模糊滤镜的定义方式相同。例如，定义一个网页对象的阴影为灰色（#666666），朝向右下角，代码如下所示：

```
filter shadow ( color = #666666 , direction = 135 ) ;
```

## 17.8 综合实战

本章概要性地介绍了 CSS 样式，主要内容有博客的栏目、博客与传统网站的区别、博客的布局方式、CSS 基本语法、CSS 选择器、CSS 选择方法和 CSS 滤镜，为本书后续的学习打下坚实的基础。主要讲述如何在网站建设中应用 CSS 样式，制作吸引人的网站的一些方法和相关技术，接下来我们通过两个实例来对本章的内容进行实践。

## 17.8.1  实战：制作蓝色枫叶博客首页

博客事实上是个人网站的一种，只是借助了博客的版块和形式，也是由 Banner、博客主题部分和导航条组成的。在本实例中，将制作个人博客首页，主要练习添加 CSS 样式、添加行为、设置连接、设置表格属性、修改 Div 属性，如图 17-9 所示。

图 17-9  制作蓝色枫叶博客首页

**STEP|01** 打开 Dreamweaver，新建空白网页 "index.html" 和网页的 CSS 文件 "main.css"，并在 "main.css" 文件中定义网页的 body 和 html 两个标签，如图 17-10 和图 17-11 所示。

**STEP|02** 新建一个宽度为 1003 像素的表格。在 CSS 文件中为其新建类属性并应用在表格中，制作网页的背景，如图 17-12 所示。

```
body {
    margin-top: 0px;
    margin-left: 0px;
    margin-right: 0px;
    margin-bottom: 0px;
    height:100%;
    overflow-y:auto;
}
html {margin:0px;overflow-y:hidden; }
```

```
.tablebg {
    position: absolute;
    height: 620px;
    width: 1003px;
    left: 0px;
    top: 0px;
    right: 0px;
    bottom: 0px;
    background-image: url(images/bg.jpg);
    z-index: -1;
    visibility: visible;
}
```

图 17-10  新建空白网页和 CSS 文件      图 17-11  CSS 样式代码      图 17-12  CSS 样式代码

**STEP|03** 新建一个 3 行×2 列的表格作为网页的布局表格。将第 1 行和第 3 行的两列表格合并。在布局表格第 1 行为博客插入透明 Banner，如图 17-13 所示。

图 17-13　【属性】面板

**STEP|04** 单击布局表格第 2 行第 1 列的单元格，在其中插入一个新的表格，制作博客的辅助栏。将表格拆分，制作博客用户的个人资料部分，并添加图片，如图 17-14 所示。

图 17-14　添加图片

**STEP|05** 在博客用户个人资料下方插入单元行，在代码视窗以列表的方式输入文章收藏。使用 CSS 对文章列表的字体颜色、段落距离等类属性进行修饰，如图 17-15 和图 17-16 所示。

图 17-15　添加内容　　　　　　　　　　　图 17-16　设置样式

**STEP|06** 在文章收藏列表下方插入单元格，切换至代码视窗，制作友情链接列表。单击博客布局表格的第 2 行第 2 列，插入博客主题部分表格，如图 17-17 所示。

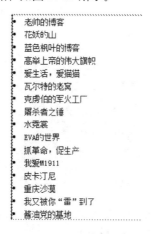

图 17-17　添加表格

**STEP|07** 将主题表格按照博客的版块拆分为 6 行，制作三个标题行和三个内容行。在博客的主题内容单元行插入表格，制作博客首页的内容预览，如图 17-18 所示。

图 17-18 页面效果

**STEP|08** 单击博客布局表格的第 3 行，输入博客的版权信息。切换至代码视窗，按 Ctrl+F 组合键搜索 </body>标签，在</body>标签之前插入新表格，并为表格设置 CSS 属性，制作浮动导航条，如图 17-19 和图 17-20 所示。

```
<td height="60" colspan="2"><p class="copyright">Copyright © 2006 -
2008 myblogsystem Inc.   All Rights Reserved<br />
版权所有 仿冒必纠</p>
```

图 17-19 CSS 样式代码

Copyright © 2006 - 2008 myblogsystem Inc. All Rights Reserved
版权所有 仿冒必纠

图 17-20 页面效果

**STEP|09** 使用图像处理软件制作导航条的按钮，切换至设计视图，将导航条所在的表格拆分，将导航条的按钮依次插入到导航条表格中，如图 17-21 所示。

图 17-21 页面效果

**STEP|10** 在【属性】面板中分别为每个导航按钮图像设置边框为"0"，为按钮插入超链接。用图像处理软件制作按钮的交换图像，打开【行为】面板分别为按钮添加交换图像的行为。切换至代码视图，将<title>标签的属性修改为"蓝色枫叶的个人博客"，即可保存页面为"index.html"，完成制作，如图 17-22 所示。

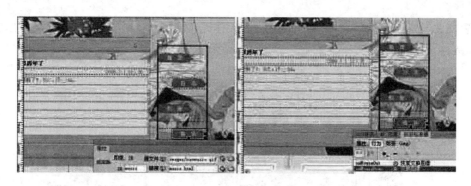

图 17-22　页面效果

## 17.8.2　实战：制作博客内容页

在个人博客首页制作完成后，本例将制作个人博客中的内容页面，包括日志页面、相册页面和音乐页面。在制作过程中，只需要对博客首页中的内容显示部分进行修改即可，左侧栏、页头和页尾不需要修改，主要练习添加图片、设置页面属性、添加 Div 层、设置层属性，如图 17-23 所示。

图 17-23　页面效果

**STEP|01** 将博客首页另存为″blog.html″，用 Dreamweaver 打开，将博客的主题部分表格删除。在删除主题部分内容后的单元格中添加博客日志版块的内容，如图 17-24 所示。

图 17-24　页面效果

**STEP|02** 对日志版块的文本样式进行修饰后，即可保存日志页，完成制作。将首页"index.html"另存为"album.html"文件，用 Dreamweaver 将其打开，将博客的主题部分删除，如图 17-25 所示。

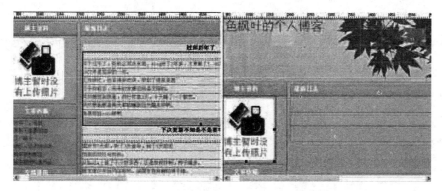

图 17-25　页面效果

**STEP|03** 将标题栏的"最新日志"文本修改为"我的相册"。在删除主题部分内容后的单元格中添加博客相册版块的内容，如图 17-26 所示。

图 17-26　页面效果

**STEP|04** 对相册版块的文本样式进行修饰，即可保存相册页，完成制作。将首页"index.html"另存为"music.html"文件，用 Dreamweaver 将其打开，将博客的主题部分删除，如图 17-27 所示。

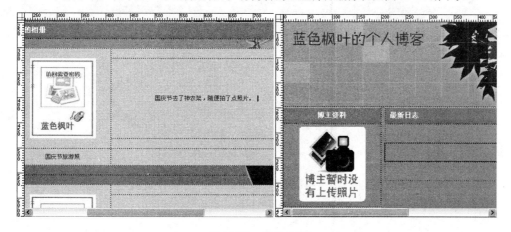

图 17-27　页面效果

**STEP|05** 将博客主题部分的标题栏"最新日志"修改为"音乐收藏"。在删除主题后的空单元行中添加
博客的音乐收藏部分内容。对音乐收藏版块的文本进行修饰并保存页面，完成博客网页的制作，如图17-28
所示。

图 17-28 页面效果

# 第 18 章

# 表　格

　　随着人们物质生活水平的不断提高，身体健康引起了更大的重视，并且健康意识也在不断提高。因此，在 Internet 中的健康平台犹如雨后春笋般地出现，对宣传和推动健康生活起到了很大的积极作用。在设计健康类的网站时，由于其内容相对比较灵活，所以没有固定的版式，而在色彩搭配上则应该采用健康向上的颜色。

　　本章将详细介绍网站中的表格，主要内容有健康类网站类型、健康类网站常见形式、插入表格、设置表格、编辑表格和综合实战。通过本章的学习我们可以知道怎样在网站中创建表格。

# 18.1 健康类网站类型

健康类网站的出现，可以使用户更加方便、全面地了解与掌握健康知识，为提高人们的健康意识和生活质量起到了推动的作用。根据内容的侧重点，健康类网站可以分为以下几种类型。本节主要讲述以健康知识为主的网站、以求医问药为主的网站、以单一专业知识为主的网站、以健康产品为主的网站、以健康服务为主的网站和以综合专业知识为主的网站。用户通过本节的学习可以创建网站表格，为后面的网站建设奠定基础。

## 18.1.1 以健康知识为主的网站

以健康知识为主的网站通常为综合型的健康门户网站，其所涉及的健康信息较为广泛。例如，39健康网，该网站内容主要分为大众健康、疾病健康和时尚健康三大类，并通过健康知识、网上健康社区、健康数据库和医药健康行业搜索工具，为用户提供健康信息服务，如图18-1所示。

图18-1　以健康知识为主的网站

## 18.1.2 以求医问药为主的网站

以求医问药为主的网站通过结合医疗健康服务与信息技术手段，致力于人性化、科学化和信息化的互联网导医和医疗健康知识的传播及咨询服务。例如，放心医苑网，该网站中的有问必答、健康社区、医生诊室、求医问药、放心贴吧等版块，为患者的求医问药起到了很好的帮助作用，如图18-2所示。

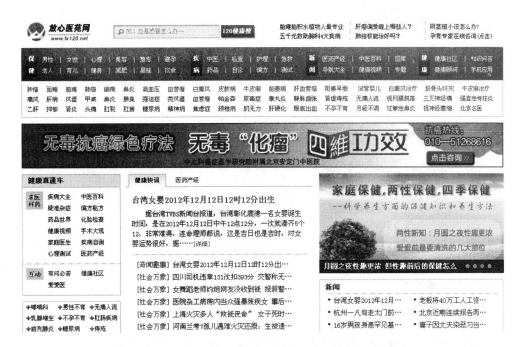

图 18-2　以求医问药为主的网站

### 18.1.3　以单一专业知识为主的网站

以单一专业知识为主的网站通常为专业型的医疗健康网站，以提供专业的健康信息为主要内容。例如，365心血管网，该网站中为医疗工作者和用户提供了大量的心血管信息和课件，并通过"导医问药""患者之家""专家在线"等版块为用户提供了交流互动的平台，如图18-3所示。

图 18-3　以单一专业知识为主的网站

### 18.1.4 以健康产品为主的网站

该类型的网站以宣传和推销健康产品为主要目的，但是通常也会在网站中建立有关健康的版块，以便于用户在了解产品的同时，掌握基本的健康知识，如东阿阿胶网，如图 18-4 所示。

图 18-4 以健康产品为主的网站

### 18.1.5 以健康服务为主的网站

以健康服务为主的网站通常是以宣传和推广健康服务为主要目的。例如，印瑜珈网，该网站中会提供大量的教学资料供用户学习，同时会建立用于交流互动的论坛，以便讨论与研究相关的内容。

### 18.1.6 以综合专业知识为主的网站

以综合专业知识为主的网站，通常是专业性强、学术性强的大型医学、医疗、健康综合性网站。它为广大临床医生、医学科研人员、医务管理员等提供各类国内外最新的医学动态信息、内容丰富的医学资料文献，以及各类专题学术会议等全方位的医学信息服务，如 37 度医学网。

## 18.2 健康类网站常见形式

在网络中，健康类网站是最常见的网站类型之一，根据网站的性质其表现的形式也是多种多样的。本节主要讲述健康类网站的常见形式，其中包括健康资讯网站、保健品网站、美体瘦身网站、健康疗养网站、健康护理网站和医疗机构网站。用户通过本节的学习可以了解健康类网站有哪些常见形式。

### 18.2.1 健康资讯网站

健康资讯网站向用户宣传健康知识、提倡健康的生活方式和生活态度。这类网站所覆盖的用户群体较广，能够服务各个方面的用户，需要在网页中提供大量的信息。这类网站的版面设计通常比较紧凑，所包含的内容也较为全面，涉及各个方面的健康知识，如图 18-5 所示。

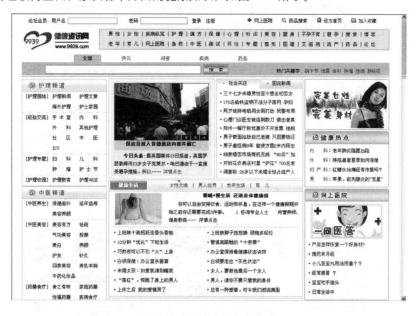

图 18-5　健康资讯网站

## 18.2.2　保健品网站

通常保健品网站是以宣传与推销保健品为主要目的。因此，这类网站在版面设计中，以展示产品为重点，通常把产品图片放在网页中较显要的位置，以加深用户对产品的印象，如图 18-6 所示。

图 18-6　保健品网站

### 18.2.3　美体瘦身网站

　　美体瘦身网站主要是为用户提供美体瘦身的信息和服务，所面向的对象通常为女性，所以在网页的色彩搭配上，通常以柔美的颜色为主色调。在版面设计上主张简单明了，只要突出主题即可，如图 18-7 所示。

图 18-7　美体瘦身网站

### 18.2.4　健康疗养网站

　　健康疗养网站以为用户提供健康疗养信息和服务为主要目的。在色彩搭配上讲究简单、纯净，在布局结构上也不要过于复杂，应给用户一种宁静、安详、舒适的感觉，与网站的主题相呼应，如图 18-8 所示。

图 18-8　健康疗养网站

### 18.2.5 健康护理网站

健康护理网站可以为用户提供健康护理知识、健康护理技术等内容，所面向的对象以护理人员为主。该类型的网站以文字信息居多，所以在版面设计中要考虑文字之间的距离，避免过于拥挤。

### 18.2.6 医疗机构网站

医疗机构网站是医疗机构自己建立的网站，通常用来宣传和介绍医疗机构的医疗设备、专家队伍、医学专业等信息，同时，网站中也会建立有关健康医疗方面的知识版块。

## 18.3 插入表格

表格是网站的重要组成之一，用于在 HTML 页面上显示表格式数据，是对文本和图像进行布局的强有力的工具。通过表格可以将网页元素放置在指定的位置。本节主要讲述插入表格和插入嵌套表格，用户通过本节的学习可以了解到如何在网站中插入表格。

### 18.3.1 插入表格

在插入表格之前，首先将鼠标光标置于要插入表格的位置。在新建的空白网页中，光标默认在文档的左上角。在【插入】面板中单击 Table 按钮，在弹出的 Table 对话框中设置相应的参数，即可在文档中插入一个表格，如图 18-9 所示。设置参数后的效果如图 18-10 所示。

图 18-9 插入表格

图 18-10 插入表格效果图

### 18.3.2　插入嵌套表格

嵌套表格是在另一个表格单元格中插入的表格，其设置属性的方法与其他任何表格相同。将光标置于表格中的任意一个单元格，单击【插入】面板中的【Table】按钮，在弹出的【表格】对话框中设置相应的参数，即可在该表格中插入一个嵌套表格，如图18-11所示。设置参数后的效果如图18-12所示。

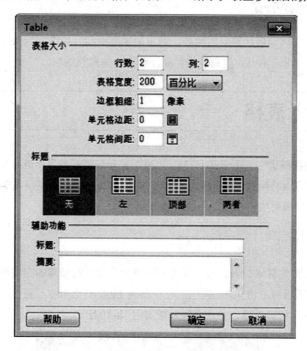

图 18-11　插入嵌套表格

图 18-12　插入嵌套表格效果图

## 18.4　设置表格

对于文档中已创建的表格，用户可以通过设置【属性】面板，来更改表格的结构、大小和样式等，使表格符合使用要求。本节主要讲述怎样在网站中设置表格的各个参数。用户通过本节的学习可以知道如何在网站中设置表格，为创建网站奠定基础。

### 18.4.1　行和列

单击表格的任意一个边框，可以选择该表格。此时，【属性】面板中将显示该表格的基本属性，如图18-13所示。

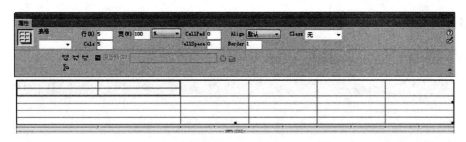

图 18-13　设置表格

行和列用来设置表格的行数和列数。选择文档中的表格，即可在【属性】面板中重新设置该表格的行数和列数，如图 18-14 所示。

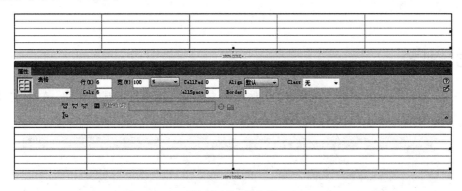

图 18-14　行和列

## 18.4.2　表格 ID

表格 ID 用来设置表格的标识名称。选择表格，在 ID 文本框中直接输入即可设置，如图 18-15 所示。

图 18-15　表格 ID

## 18.4.3　间距

间距用于设置表格中相邻单元格之间的距离，以像素为单位，如图 18-16 所示。

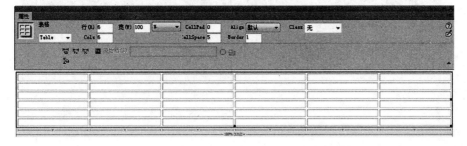

图 18-16　间距

### 18.4.4 边框

边框用来设置表格四周边框的宽度，以像素为单位，如图 18-17 所示。

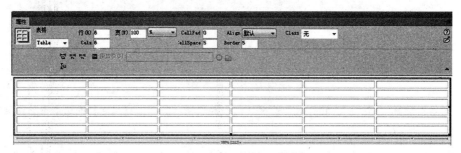

图 18-17　边框

### 18.4.5 对齐

对齐用于指定表格相对于同一段落中的其他元素（如文本或图像）的显示位置。在【对齐】下拉列表中可以设置表格为【左对齐】、【右对齐】和【居中对齐】，如图 18-18 所示。

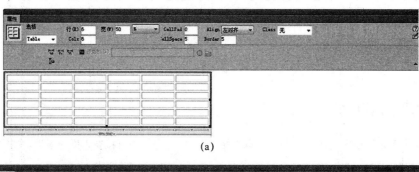

(a)

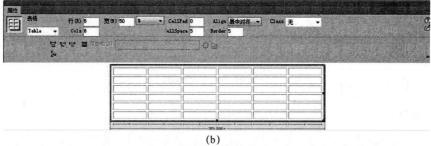

(b)

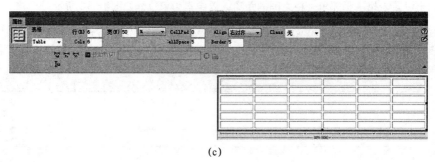

(c)

图 18-18　对齐

另外，在【属性】面板中还有直接设置表格的 4 个按钮，这些按钮可以清除列宽和行高，还可以转换表格宽度的单位。

## 18.4.6 宽

宽用来设置表格的宽度，以像素为单位，或者按照所占浏览器窗口宽度的百分比进行计算。在通常情况下，表格的宽度以像素为单位，这样可以防止网页中的元素随着浏览器窗口的变化而发生错位或变形，如图 18-19 所示。

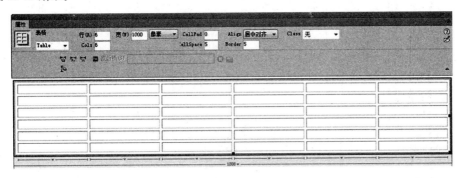

图 18-19　宽

## 18.4.7 填充

填充用来设置表格中单元格内容与单元格边框之间的距离，以像素为单位，如图 18-20 所示。

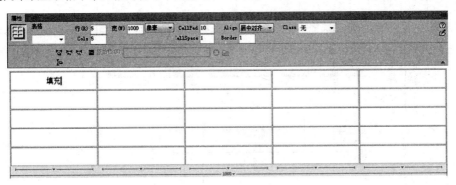

图 18-20　填充

# 18.5 编辑表格

如果创建的表格不符合网页的设计要求，那么就需要对该表格进行编辑。在编辑整个表格、行、列或单元格时，首先需要选择指定的对象。可以一次选择整个表格、行或列，也可以选择一个或多个单独的单元格。本节主要讲述编辑表格的 8 个内容，内容包括选择整个表格、选择行或列、选择单元格、调整表格的大小、添加表格行或列、合并单元格、拆分单元格、删除表格行或列。用户通过本节的学习可以知道如何在网站中编辑表格，为创建网站奠定基础。

## 18.5.1　选择整个表格

将鼠标移动到表格的左上角、上边框或者下边框的任意位置，或者行和列的边框，当光标变成表格网格图标时（行和列的边框除外），单击即可选择整个表格，如图18-21所示。

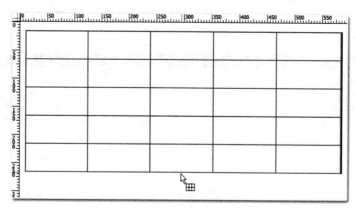

图18-21　选择整个表格

将光标置于表格的任意一个单元格中，单击状态栏中标签选择器上的<table>标签，也可以选择整个表格。

## 18.5.2　选择行或列

选择表格中的行或列，就是选择行中所有连续单元格或者列中所有连续单元格。将鼠标移动到行的最左端或者列的最上端，当鼠标光标变成选择箭头时，单击即可选择单个行或列，如图18-22所示。

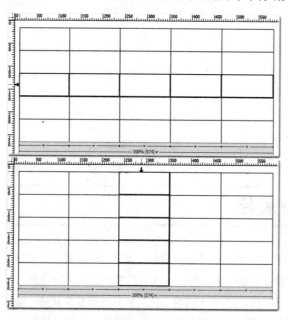

图18-22　选择行或列

### 18.5.3 选择单元格

将鼠标光标置于表格中的某个单元格，单击即可选择该单元格。如果想要选择多个连续的单元格，将光标置于单元格中，沿任意方向拖动鼠标即可选择，如图 18-23 所示。

将鼠标光标置于任意单元格中，按住 Ctrl 键并同时单击其他单元格，即可选择多个不连续的单元格，如图 18-24 所示。

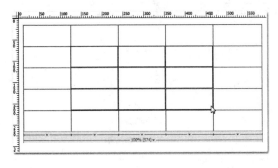 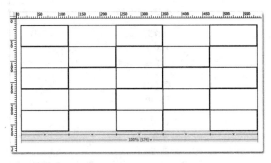

图 18-23　选择多个连续的单元格　　　　　图 18-24　选择多个不连续的单元格

### 18.5.4 调整表格的大小

当选择整个表格后，在表格的右边框、下边框和右下角会出现三个控制点。通过鼠标拖动这三个控制点，可以使表格横向、纵向或者整体放大或者缩小，如图 18-25 所示。

除了可以在【属性】面板中调整行或列的大小外，还可以通过拖动方式来调整其大小。

将鼠标移动到单元格的边框上，当光标变成左右箭头或者上下箭头时，单击并横向或纵向拖动鼠标即可改变行或列的大小，如图 18-26 所示。

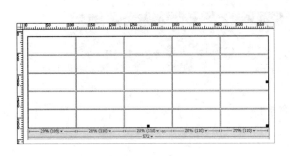 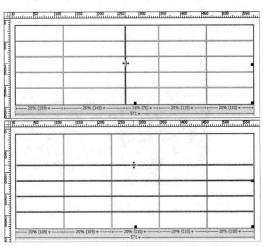

图 18-25　调整表格的大小　　　　　　　图 18-26　调整表格的大小

### 18.5.5 添加表格行或列

想要在某行的上面或者下面添加一行，首先将光标置于该行的某个单元格中，单击【修改】选项卡

中的【插入行】按钮或【插入列】按钮，即可在该行的上面插入一行或在该列的右侧插入一列，如图 18-27
所示。

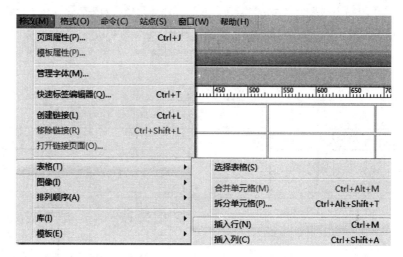

图 18-27　添加表格行或列

## 18.5.6　合并单元格

合并单元格可以将同行或同列中的多个连续单元格合并为一个单元格。选择两个或两个以上连续的
单元格，单击【属性】面板中的【合并所选单元格】按钮，即可将所选的多个单元格合并为一个单元格，
如图 18-28 所示。

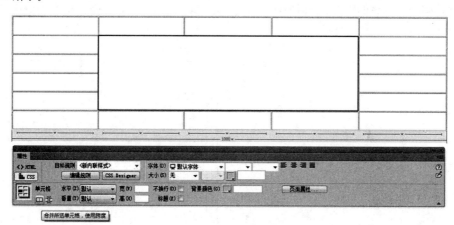

图 18-28　合并单元格

## 18.5.7　拆分单元格

拆分单元格可以将一个单元格以行或列的形式拆分为多个单元格。将光标置于要拆分的单元格中，
单击【属性】面板中的【拆分单元格为行或列】按钮，在弹出的对话框中选择【行】或【列】选项，并
设置行数或列数，如图 18-29 所示。

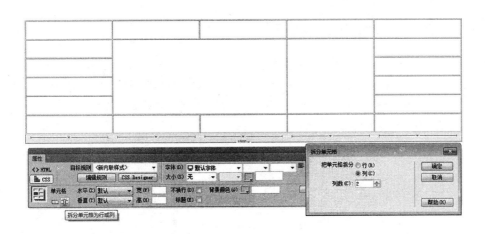

图 18-29　拆分单元格

## 18.5.8　删除表格行或列

如果想要删除表格中的某行，而不影响其他行中的单元格，可以将光标置于该行的某个单元格中，然后执行【修改】|【表格】|【删除行】命令。将光标置于列的某个单元格中，执行【修改】|【表格】|【删除列】命令可以删除光标所在的列，如图 18-30 所示。

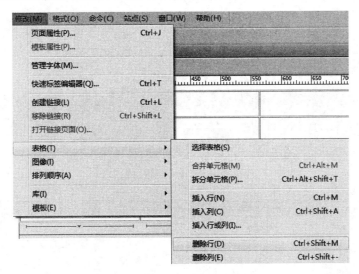

图 18-30　删除表格行或列

## 18.6 综合实战

本章概要性地介绍了网站中的表格，主要内容有健康类网站类型、健康类网站常见形式、插入表格、设置表格、编辑表格，为本书后续的学习打下坚实的基础。主要讲述如何在网站建设中创建表格，制作吸引人的网站的一些方法和相关技术，接下来我们通过两个实例来对本章的内容进行实践。

## 18.6.1 实战：设计健康网站首页

本例中的华康健康网，是一个以宣传健康知识为主要目的的网站。该网站中建立了健康资讯、饮食健康、心理健康、健康保健等多个与健康密切相关的版块。在网站色彩搭配上，以蓝色为主色调，给人一种健康、积极向上的感觉；在结构设计上，整个版面简单明了。主要练习添加表格、设置表格属性、插入图片、添加文本、设置文本样式，如图 18-31 所示。

图 18-31　设计健康网站首页

**STEP|01** 打开 Dreamweaver，新建空白网页"index.html"，在文档中单击【属性】面板中的【页面属性】按钮，在弹出的对话框中设置左边距和上边距均为"0px"。在文档中插入一个 1 行×3 列的表格，并在第 1 列单元格中插入 Logo 图像，如图 18-32～图 18-34 所示。

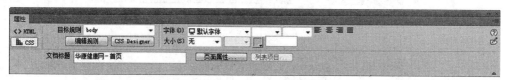

图 18-32　【属性】面板

图 18-33　【页面属性】对话框

**STEP|02** 设置第 2 列单元格的宽为 672，然后在该单元格中插入导航条图像。根据页面设计，在第 3 列单元格中插入素材图像，如图 18-35 和图 18-36 所示。

index_01

图 18-34　页面效果

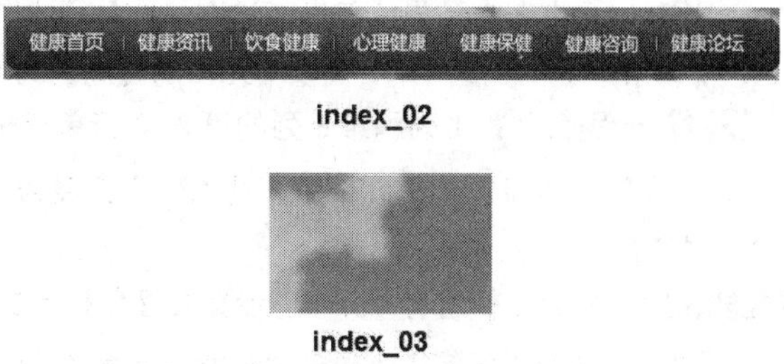

index_02

index_03

图 18-35　素材图像

图 18-36　页面效果

**STEP|03** 在该表格的下面插入一个 1 行×1 列的表格，并在该表格中插入素材图像。在表格下面再插入一个 1 行×3 列的表格，并设置第 1 列单元格的宽为 306，如图 18-37～图 18-39 所示。

index_04

图 18-37　素材图像

index_05

图 18-38　素材图像

图 18-39　【属性】面板

**STEP|04** 在该单元格中插入一个 3 行×1 列的嵌套表格，并在该嵌套表格的各个单元格中插入素材图像。在表格的第 2 列单元格中插入一个 2 行×3 列的嵌套表格。该嵌套表格的第 1 行第 1 列单元格中为内容版块。在嵌套表格中，根据内容版块的栏目数，插入一个宽度为 100% 的 3 行×1 列的表格。

**STEP|05** 设置第 1 行单元格的【高】为 186。然后，插入一个 2 行×1 列的嵌套表格。将光标置于第 1 行，单击【常用】选项卡中的【图像】按钮，选择要插入的素材图像。

**STEP|06** 设置嵌套表格第 2 行单元格的【高】为 148。然后，插入一个宽度为 100%的 3 行×3 列表格。合并第 1 行所有单元格，并设置该单元格的【高】为 9px。

**STEP|07** 分别合并第 1 列和第 3 列的第 2、3 行单元格，并设置第 2 行第 2 列单元格的【宽】为 365；【高】为 126。在第 2 行第 2 列单元格中，插入一个宽度为 100%的 6 行×3 列表格，并设置其【垂直】方式为【顶端对齐】。

**STEP|08** 选择第 1 行所有单元格，设置其【高】为 20，并分别设置 3 列单元格的【宽】为"5%"、"63%"和"32%"。在第 1 行第 1 列单元格中插入素材图像，然后在后两列单元格中输入标题和时间文字。

**STEP|09** 选择标题文字，设置【大小】为"12px"、【文本颜色】为"#666666"。将同样的文本属性应用到时间文字上，并单击【斜体】按钮。

**STEP|10** 在该表格的其他行单元格中插入素材图像及文字。根据上述的方法，在表格的第 2 行单元格中使用表格和嵌套表格创建"健康常识"栏目。

**STEP|11** 在表格的第 3 行单元格中插入一个宽度为 100%的 2 行×1 列表格。设置第 1 行单元格的【高】为 32，并在该单元格中插入素材图像。

**STEP|12** 在第 2 行单元格中插入一个宽度为 100%的 3 行×3 列表格，然后合并第 1 行和第 3 行所有单元格。根据版块布局，在相应的单元格中插入素材图像。然后设置第 2 行第 2 列单元格的【宽】为 233、【高】为 93。

**STEP|13** 在第 2 行第 2 列单元格中插入一个 3 行×3 列的表格。然后，在各个单元格中输入文字。选择所有文字，设置【大小】为"12px"、【文本颜色】为"#666666"。

**STEP|14** 在嵌套表格的第 1 行第 2 列单元格中插入素材图像，使其与右侧的栏目产生间距。在嵌套表格的第 1 行第 3 列单元格中插入一个宽度为 100%的 7 行×1 列表格，如图 18-31 所示。

**STEP|15** 根据版面设计，在该表格的各个单元格中插入相应的栏目图像。合并第 2 行所有单元格，并插入素材图像，使其与版尾产生间距。

**STEP|16** 在表格的第 3 列单元格中插入素材图像，以拼合成完整的蓝天白云景象。在文档的最底部插入一个 1 行×1 列的表格，并设置其【高】为 97。在该表格中插入背景图像，并输入版权信息。

## 18.6.2　实战：设计饮食健康子页

本例中的饮食健康子页，与主页的设计风格相搭配，都是以蓝天白云景象为背景，以向日葵花为衬托。无论从图像还是色彩上来说，都会给浏览者留下一种舒适、健康的感觉。在版面设计上，依然采用了主页的简单布局结构，主要练习添加图片、设置页面属性、添加表格、设置表格属性、添加文本和设置文本样式，如图 18-40 所示。

图 18-40　设计饮食健康子页

**STEP|01** 在文档中，插入一个 1 行×3 列的表格，然后在各个单元格中插入 Logo、导航条等图像。在表格的下面插入一个 1 行×1 列的表格，并在该表格中插入素材图像。

**STEP|02** 在表格下面再插入一个 1 行×3 列的表格，并设置第 1 列单元格的宽为 230，然后插入一个 6 行×1 列的嵌套表格。在第 1 行单元格中插入素材图像。然后，将第 2 行的单元格拆分为 2 行 2 列单元格，该单元格为子导航条。

**STEP|03** 在表格的其他行单元格中插入其他栏目的素材图像。设置表格第 2 列单元格的【宽】为 670，然后插入一个宽度为 100% 的 6 行×1 列嵌套表格。

**STEP|04** 在表格的前 3 行插入素材图像，并在第 3 行单元格中输入标题文字。在第 3 行单元格中，插入一个宽度为 100% 的 2 行×1 列嵌套表格。

**STEP|05** 在第 1 行单元格中插入一个 1 行×3 列的嵌套表格，并根据页面布局拆分和合并单元格。该表格为"饮食健康"栏目。在第 2 行单元格中插入一个 2 行×3 列的嵌套表格，该表格中为"菜肴来历"和"食品溯源"两个栏目。

**STEP|06** 在表格的最后两个单元格中插入素材图像，以修饰整个页面。在中间部分的最右侧单元格中插入素材图像，该图像与页面整体风格相搭配。

**STEP|07** 在文档的最底部插入一个 1 行×1 列的表格，并在该表格中插入背景图像及版权信息。保存文档后，按 F12 键预览效果。

# 第**19**章

# 文 本 样 式

  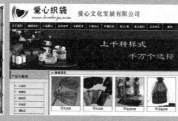 

随着网络的不断发展，服饰商家或品牌公司纷纷在网络中建设网站，以在这一传播媒体中充分地展示及推广自己的产品。服饰类网站是一个以服饰展示、销售为主题的网站平台，网站中通常包含有大量用来展示服饰的图像。而在整体设计风格上，该类型的网站具有时尚、鲜艳、前卫等特点，在视觉上有着一定的冲击效果。

本章将详细介绍如何在服饰类网站中应用文本样式，主要内容有服饰类网站类型、服饰类网站设计风格、服饰网站色调分析、网页文本、文本样式和综合实战。通过本章的学习我们可以知道怎样在网站中应用文本样式。

## 19.1　服饰类网站类型

服饰类网站，其主要目的就是展示和销售服装服饰等商品，一般会通过图像及文字说明，使用户了解它们的款式、颜色、搭配等相关信息。本节主要讲述服饰类网站类型，就网站的功能而言，可以分为两类，即服饰销售类网站和服饰展示类网站。用户通过本节的学习可以知道服饰类网站有几种类型，为后面的网站建设奠定基础。

### 19.1.1　服饰销售类网站

服饰销售类网站是以销售服饰为目的的网站。该类型的网站也会在网页中插入大量的服饰图像，以较全面的服饰款式和搭配样式来吸引用户的目光。另外，还有以服饰销售为商业目的的网站，在该类型的网站中，会出现多种品牌和多种类型的服饰，通常是以当前流行的服饰为主导，如图 19-1 所示为某服饰销售网站。

### 19.1.2　服饰展示类网站

服饰展示类网站是以向用户展示服饰为目的的网站，通常会在网页中插入大幅的图像来对服饰进行展示。该类型的网站通常是一些品牌服饰的官方网站，以展示品牌服饰和推广新款服饰为主，如图 19-2 所示为某服饰展示网站。

图 19-1　服饰销售类网站

图 19-2　服饰展示类网站

## 19.2　服饰类网站设计风格

网站的设计风格是抽象的，是指网站的整体形象给浏览者的综合感受。这个"整体形象"包括网站的 CI（标志、色彩、字体、标语）、版面布局、浏览方式、交互性等诸多因素。本节主要讲述服饰类网站设计风格，内容包括简单型服饰网站、卡通型服饰网站、绚丽型服饰网站和时尚型服饰网站。用户通过本节的学习可以简单了解服饰类网站的几种设计风格，为后面的网站建设奠定基础。

### 19.2.1  简单型服饰网站

简单型服饰网站只是一个实现服饰销售功能的网站，在版面设计上较为简单，色彩的使用也较为单一，只要将产品的信息传达给用户即可，如图 19-3 所示。

### 19.2.2  卡通型服饰网站

卡通型服饰网站在版面设计上采用了卡通人风格，可以使整个网站更加可爱、具有活力，在色彩搭配上也更加绚丽多彩，如图 19-4 所示。

图 19-3  简单型服饰网站

图 19-4  卡通型服饰网站

### 19.2.3  绚丽型服饰网站

绚丽型服饰网站，在整体设计上是以时尚元素为主题，一般采用绚丽的色彩、张扬或夸张的个性来表现网页的视觉效果，使它突出〝前沿、时尚、流行〞等特点，如图 19-5 所示。

### 19.2.4  时尚型服饰网站

时尚型服饰网站，同样也是以时尚元素为主的网站，但在使用图像和色彩方面较为简单，只要突出时尚主题即可，如图 19-6 所示。

图 19-5  绚丽型服饰网站

图 19-6  时尚型服饰网站

## 19.3　服饰网站色调分析

设计者在设计网页时，除了要考虑网站本身的特点外，还要遵循一定的艺术规律，从而设计出色彩鲜明、风格独特的网站。下面将对服饰网站常用的几种色调进行分析。本节主要讲述服饰网站常用的几种色调，内容包括潇洒色调服饰网站、华丽色调服饰网站、优雅色调服饰网站、清爽色调服饰网站、自然色调服饰网站、动感色调服饰网站和娇美色调服饰网站。用户通过本节的学习可以简单了解服饰类网站的几种设计风格，为后面的网站建设奠定基础。

### 19.3.1　潇洒色调服饰网站

潇洒色调是以暗的冷色为主再加上少量对比色构成，具有安定厚重的感觉，是富有格调的男性情调，而且该色调可以和任何一种色彩相搭配，不会让人觉得突兀，所以以男性服饰为主的网站通常采用该色调，如图 19-7 所示。

### 19.3.2　华丽色调服饰网站

华丽色调是由强色调和深色调为主的配色，形成浓重、充实的感觉，是艳丽、豪华的色调，一些具有贵族气息服饰的网站通常采用该色调，如图 19-8 所示。

图 19-7　潇洒色调服饰网站

图 19-8　华丽色调服饰网站

### 19.3.3　优雅色调服饰网站

优雅色调是以浊色为中心的稳重色调。配色细腻、对比度差，形成女性化的优雅气氛，如图 19-9 所示。

### 19.3.4　清爽色调服饰网站

清爽色调是以白色和清色等冷色为主构成的，清澈爽朗，使服饰具有单纯而干净的感觉，如图 19-10 所示。

图 19-9　优雅色调服饰网站

图 19-10　清爽色调服饰网站

### 19.3.5　自然色调服饰网站

自然色调是以黄、绿色相为主构成的配色，有时候再加上少量深颜色，稳重而柔和，是朴素的自然情调，体现了服饰的休闲、自然风格，如图 19-11 所示。

### 19.3.6　动感色调服饰网站

动感色调由鲜、强色调的暖色色彩为主配成，是典型的色相配色，形成生动、鲜明、强烈的色彩感觉，通常适合一些年轻男女服饰的网站，如图 19-12 所示。

图 19-11　自然色调服饰网站

图 19-12　动感色调服饰网站

### 19.3.7　娇美色调服饰网站

娇美色调是由浅色和粉色组成的，以暖色系为主，可以表现服饰的天真可爱、甜美而有活力。

## 19.4　网页文本

文本是网页中最常见的元素之一。在 Dreamweaver 中，允许用户为网页插入各种文本、水平线以及特殊符号等。本节主要讲述网页文本，内容包括插入文本、插入特殊符号、插入水平线和插入时间日期。用户通过本节的学习可以简单了解网页文本，为后面的网站建设奠定基础。

## 19.4.1　插入文本

在 Dreamweaver 中，支持以下三种方式为网页文档插入文本。

### 1. 直接输入

直接输入是最常用的插入文本的方式。在 Dreamweaver 中创建一个网页文档，即可直接在【设计视图】中输入英文字母，或切换到中文输入法输入中文字符，如图 19-13 所示。

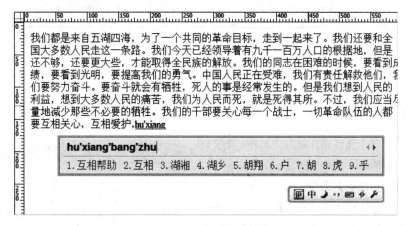

图 19-13　直接输入

### 2. 粘贴文本

除直接输入外，用户还可以在其他软件或文档中将文本复制到剪贴板中，然后再切换至 Dreamweaver，右击执行【粘贴】命令或按 Ctrl+V 组合键，将文本粘贴到网页文档中，如图 19-14 所示。

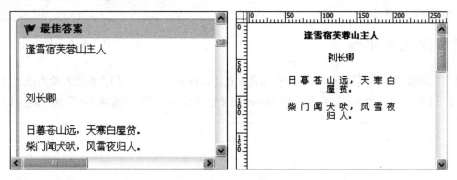

图 19-14　粘贴文本

### 3. 导入文本

第三种方式是导入已有的 Word 文档或 Excel 文档。在 Dreamweaver 中，将光标定位到导入文本的位置，然后执行【文件】|【导入】|【Word 文档】命令（或【文件】|【导入】|【Excel 文档】命令），选择要导入的 Word 文档或 Excel 文档，即可将文档中的内容导入到网页文档中，如图 19-15 所示。

(a) 导入 Word 文档　　　　　　　　(b) 导入 Excel 文档

图 19-15　导入文本

## 19.4.2　插入特殊符号

Dreamweaver 除了允许用户插入文本外，还允许用户为网页输入各种特殊符号。在 Dreamweaver 中，执行【插入】|【特殊字符】命令，即可在弹出的菜单中选择各种特殊符号。或者在【插入】面板中，在列表菜单中选择【文本】，然后单击面板最下方的按钮右侧箭头，亦可在弹出的菜单中选择各种特殊符号。

Dreamweaver 允许为网页文档插入 12 种基本的特殊符号，除了这 12 种符号以外，用户还可选择【其他字符】，在弹出的【插入其他字符】对话框中选择更多的字符，如图 19-16 所示。

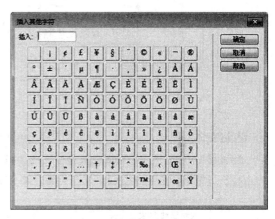

图 19-16　插入其他字符

## 19.4.3　插入水平线

很多网页都使用水平线将不同类的内容隔开。在 Dreamweaver 中，用户也可方便地插入水平线。执行【插入】｜HTML｜【水平线】命令，Dreamweaver 就会在光标所在的位置插入水平线，如图 19-17 所示。

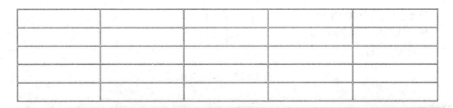

图 19-17　插入水平线

## 19.4.4　插入时间日期

Dreamweaver 还支持为网页插入本地计算机当前的时间和日期。执行【插入】|【日期】命令，或在【插入】面板中，在列表菜单中选择【常用】，然后单击【日期】，即可打开【插入日期】对话框，如图 19-18 所示。

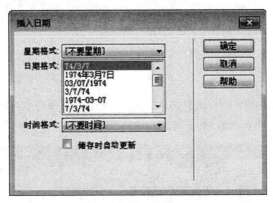

图 19-18　插入日期时间

# 19.5　文本样式

在制作网页时，文本是必不可少的组成部分。但是，默认文本格式无法满足网页设计的需求，这就需要设置文本的属性，如字体、字号、颜色、样式等。本节主要讲述网页文本样式，内容包括标题样式、字体样式、文本大小和文本颜色。用户通过本节的学习可以简单了解网页文本样式，为后面的网站建设奠定基础。

## 19.5.1　标题样式

在 Dreamweaver 中，设置格式可以更改网页中所选文本的标题样式。例如，将"诗歌"标题设置为"标题 1"样式，如图 19-19 所示。

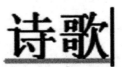

图 19-19　标题样式

## 19.5.2　字体样式

通过为文本设置字体，可以从外观上改变字体的样式，从而产生不同的视觉效果。例如，选择诗歌内容文字，打开【属性】面板，在【字体】下拉列表中设置字体种类，如图 19-20 所示。

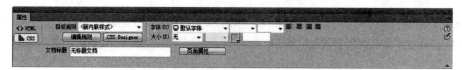

图 19-20　字体样式

### 19.5.3　文本大小

为了突出网页中的某些内容，可以改变文本的大小。例如，选择诗歌内容文字，在【大小】下拉列表中选择 12，即将文字的大小更改为 12px，如图 19-21 所示。

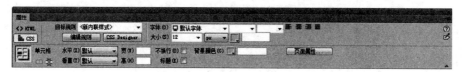

图 19-21　文本大小

### 19.5.4　文本颜色

默认情况下，在网页中输入的文本是黑色的，但是为了搭配网页的设计风格或突出某些内容，用户可以根据需求将文本颜色更改为其他颜色。例如单击【文本颜色】按钮，在弹出的【拾色器】对话框中设置颜色，如图 19-22 所示。

图 19-22　文本颜色

## 19.6　综合实战

本章概要性地介绍了网站中的文本样式，主要内容有服饰类网站类型、服饰类网站设计风格、服饰网站色调分析、网页文本、文本样式，为本书后续的学习打下坚实的基础。主要讲述如何在网站建设中应用文本样式，制作吸引人的网站的一些方法和相关技术，接下来我们通过两个实例来对本章的内容进行实践。

### 19.6.1　实战：制作服饰类网站首页

服装类网站是一个展示性平台，使用了大量的图片来展示最新的品牌服装、服装信息等。在网站的版面设计上，Banner 与导航栏的设计需要仔细商榷。通过 Banner 和与 Banner 相同色调的色块把整个版面划分为横式或纵式结构，然后再配合图标和文字的留白，使网页显得内容丰富而不杂乱。在颜色搭配上，应该突出网站清新时尚、富有活力的特点，主要练习添加文本、设置文本样式、添加段落、设置段落样式和插入图片，如图 19-23 所示。

图 19-23　制作服饰类网站首页

**STEP|01** 新建一个空白网页，并在【标题】文本框中输入文字"服装时尚"。然后，单击【属性】面板中的【页面属性】按钮，并在【页面属性】对话框中设置文档的上下边距均为 0，如图 19-24～图 19-26 所示。

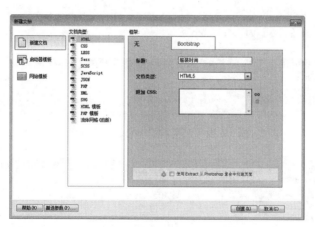

图 19-24　【新建文档】对话框

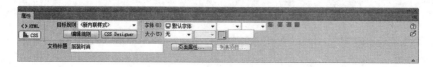

图 19-25　【属性】面板

图 19-26 【页面属性】对话框

**STEP|02** 单击【插入】│HTML│Table 按钮，在网页中插入一个 2 行 1 列、宽度为 950 像素的表格，并设置第 1 行背景色为黑色。设置第 2 行高度为 24 像素，并将该行拆分为 7 列，以放置快速链接文字，如图 19-27～图 19-31 所示。

图 19-27 单击【插入】|HTML|Table 按钮

图 19-28 插入表格

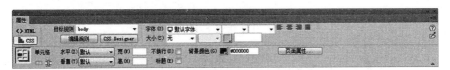

图 19-29 设置第 1 行背景色为黑色

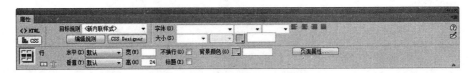

图 19-30 设置第 2 行高度为 24 像素

图 19-31 拆分为 7 列

**STEP|03** 在第 2 行第 1 个单元格和第 2 个单元格中插入配套光盘相应目录中的图片，并设置本行其余单元格背景色为黑色，如图 19-32～图 19-34 所示。

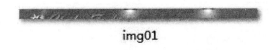

img01

图 19-32　图片

图 19-33　【属性】面板

图 19-34　页面效果

**STEP|04** 在第 3 列单元格中添加"网站首页"文字链接。在【插入】面板中单击 Hyperlink 按钮，然后在 Hyperlink 对话框中设置各项参数，如图 19-35 和图 19-36 所示。

图 19-35　【插入】面板

图 19-36　Hyperlink 对话框

**STEP|05** 在网页中直接使用默认的链接效果往往不能满足实际的需要，因此，在此处为本网页中的链接添加了链接样式并添加链接样式内容。一般要为链接设置 a：link、a：hover、a：visited 三个 CSS 样式，这里设置的三个链接样式内容是一样的，如图 19-37 所示。

**STEP|06** 在快速链接栏的下方为网站的 Banner，在切割时也是将其切割为单独的一部分，然后使用一个表格将其插入到网页中，如图 19-38 所示。

**STEP|07** 在表格中输入 Banner 文字部分，要为其加上 CSS 样式，以便控制其显示格式。在网页中插入一个 1 行 3 列、宽度为 950 像素的表格（暂称为表格 1），并在两侧的单元格中插入配套光盘相应目录中的图片，如图 19-39 所示。

```
a:link {
    font-family: "宋体";
    font-size: 12px;
    color: #FFFFFF;
    text-decoration: none;
}
a:visited {
    font-family: "宋体";
    font-size: 12px;
    color: #FFFFFF;
    text-decoration: none;
}
a:hover {
    font-family: "宋体";
    font-size: 12px;
    color: #FFFFFF;
    text-decoration: none;
}
```

图 19-37　CSS 样式代码

图 19-38　页面效果

图 19-39　表格中输入 Banner 文字部分

**STEP|08** 在中间单元格中插入一个宽度为 890 像素、1 行 2 列的嵌套表格（暂称为表格 2），并设置该表格为居中对齐显示，如图 19-40 所示。

图 19-40　插入嵌套表格

**STEP|09** 设置表格 2 左侧的单元格为水平方向上居中对齐，垂直方向上顶端对齐方式，如图 19-41 所示。

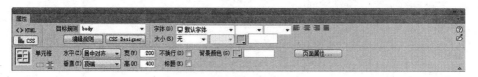

图 19-41　设置表格 2

**STEP|10** 插入两个表格：第 1 个表格中插入了配套光盘相应目录中的图片；第 2 个表格拆分为 5 行，并在其中插入 5 个鼠标经过图像，如图 19-42 所示。

图 19-42　鼠标经过图像

**STEP|11** 依据上述步骤将其余鼠标经过图像插入。然后，在该单元格中插入第三个表格，并在该表格中插入配套光盘相应目录中的图片，并设置图片链接，如图 19-43 所示。

**STEP|12** 正文部分是由一个单独的表格来实现的。在表格 2 的右侧单元格中插入一个表格，并设置其水平和垂直方向上均为居中对齐显示。将该表格拆分为 4 个单元格，并在每个单元格中插入一个宽度为 329 像素的 5 行 2 列的表格，用来放置 4 个内容不同的版块，如图 19-44 所示。

图 19-43　页面效果

图 19-44　表格

**STEP|13** 在每个版块所在的表格中，其第一行单元格用来放置版块标题。第二行则放置最能够表达本版块中心的内容，一般分为两列，第一列放置图片，第二列放置内容。剩下三列则放置一些相关内容，如图 19-45 所示。

**STEP|14** 依据上述步骤可插入其他版块，并输入相关内容。版尾部分放置在一个宽度为 950 像素的 3 行 1 列的表格中。在第 1 行与第 3 行中分别插入配套光盘相应目录中的图片，而第 2 行则拆分为 3 列，左右两侧插入配套光盘相应目录中的图片。中间列则先设置背景色，然后在其中插入一个嵌套表格，并输入相关版尾信息。至此，首页部分制作完成，将文档保存，并按 F12 键打开 IE 进行预览，如图 19-46 所示。

图 19-45　单元格内容

## 19.6.2　实战：制作网站子页

为了保持整个网站中所有页面版式的统一，子页的制作采用了与主页相同的版式，不同之处在于子页中导航栏右侧的部分显示的是与子页中心相关的内容，主要练习添加图片、添加表格、设置表格属性、添加文本和设置文本样式。

**STEP|01** 将主页另存为 5 个网页，并分别命名为 FZCL.html、FZZX.html、FZDP.html、FZPP.html、FZZS.html。打开 FZCL.html 文档，在该文档中，将原主页中正文部分所在的表格删除，并插入一个同样宽度的表格，如图 19-47 所示。

**STEP|02** 将插入的表格拆分为三行，并在每行中分别输入相应的文字内容。然后分别为各行文字添加 CSS 样式，以增加视觉效果。在第三行的文字之后插

图 19-46　插入其他版块

图 19-47　将主页另存为 5 个网页

入配套光盘相应目录中的图片，以更好地表达文字内容，如图 19-48 所示。

图 19-48　服装潮流

**STEP|03** 依据制作"服装潮流"的操作步骤制作"服装咨询""服装搭配"子页，如图 19-49 和图 19-50
所示。

图 19-49　服装咨询

图 19-50　服装搭配

**STEP|04** 在"服装品牌"子页中，首先插入一个宽度为 660 像素的表格，然后再将其拆分为 4 列，并设置每个单元格的高度为 100 像素，恰好可以容纳插入的图片，并可空出适当的间隙，视觉效果较好，如图 19-51 所示。

图 19-51　服装品牌

**STEP|05** 在"服装展示"子页中，首先插入一个宽度为 660 像素的 3 行 3 列的表格，并将最下方的三个单元格合并。在第 1、2 行单元格中插入配套光盘相应目录中的图片，在第 3 行中则输入与本页中心相关的文字，并使用 CSS 样式来控制其格式。制作好的"服装展示"子页效果如图 19-52 所示。

图 19-52　服装展示

# 第 20 章

## XHTML+CSS

  HTML 语法要求比较松散，这样对网页编写者来说比较方便，但对于机器来说，语言的语法越松散，处理起来就越困难。因此产生了由 DTD 定义规则，语法要求更加严格的 XHTML。与层叠式样式表结合后，XHTML 能发挥真正的威力——这使实现样式与内容分离的同时，又能有机地组合网页代码，在另外的单独文件中，还可以混合各种 XML 应用，例如 MathML、SVG。

  本章将详细介绍 XHTML+CSS，主要内容有企业类网站概述、XHTML 基本语法、常用的块状元素、常见的内联元素、层的样式和综合实战。通过本章的学习我们可以知道怎样在网站中应用 XHTML+CSS。

## 20.1　企业类网站概述

企业在网络中建立网站是有目的性的，有些企业是想借助网站宣传自己的品牌和形象，有些是想展示自身的产品，还有一些企业就是想通过网站来销售商品，有的则兼而有之。通过这些信息可以确定企业对网站的要求是侧重设计方面还是功能方面。根据不同的建站目的，企业网站的设计风格也会有所不同。本节主要讲述企业类网站概述，内容主要包括明确创建网站的目的和用户需求、总体设计方案主题鲜明、网站的版式设计、色彩在网页设计中的应用、多媒体功能的利用、内容更新与沟通和网站风格的统一性。用户通过本节的学习可以了解企业类网站，为后面的网站建设奠定基础。

### 20.1.1　明确创建网站的目的和用户需求

Web 站点的设计是展示企业形象、介绍产品和服务，体现企业发展战略的重要途径，因此必须明确设计站点的目的和用户需求，从而做出切实可行的设计计划。要根据消费者的需求、市场的状况、企业自身的情况等进行综合分析，牢记以"消费者"为中心，而不是以"美术"为中心进行设计规划。

在设计规划之初，同样要考虑建站的目的是什么、为谁提供服务、企业能提供什么样的产品和服务、消费者和受众的特点是什么、企业产品和服务适合什么样的表现方式等，如图 20-1 所示的电子产品网站。

### 20.1.2　总体设计方案主题鲜明

在目标明确的基础上，完成网站的构思创意即总体设计方案，对网站的整体风格和特色做出定位，规划网站的组织结构。Web 站点应该针对不同的服务对象呈现不同的形式，有些网站只提供简洁的文本信息；有些则采用了多媒体表现手法，提供华丽的图像、闪烁的灯光、复杂的页面布置，甚至可以下载声音和录像片段，如图 20-2 所示。

图 20-1　电子产品类网站

图 20-2　主题鲜明

优秀的网站会把图形表现手法和网站主题有效地组织起来，做到主题鲜明突出、要点明确。首先以简单明确的语言和画面体现站点的主题，然后调动一切手段充分表现网站的个性和情趣，体现出网站的特点。

### 20.1.3　网站的版式设计

网页设计作为一种视觉语言,应讲究编排和布局。虽然主页的设计不等同于平面设计,但是它们有许多相近之处,应充分加以利用和借鉴。版式设计通过文字图形的空间组合,表达出和谐与美观。一个优秀的网页设计者也应该知道文字图形落于何处才能使整个网页生辉,如图 20-3 所示。

多页面站点的编排设计要求页面之间的有机联系,特别要处理好页面之间和页面内秩序与内容的关系。为了达到最佳的视觉表现效果,还需要讲究整体布局的合理性,使浏览者有一种流畅的视觉体验。

### 20.1.4　色彩在网页设计中的应用

色彩是艺术表现的要素之一。在网页设计中,根据和谐、均衡和重点突出的原则,将不同的色彩进行

图 20-3　网站的版式设计

组合、搭配来构成美观多彩的页面。网页的颜色应用并没有数量的限制,但是不能毫无节制地运用多种颜色,一般情况下应首先根据总体风格的要求定出一至两种主色调,如果有 CIS(企业形象识别系统),更应该按照其中的 VI 进行色彩运用,如图 20-4 所示。

### 20.1.5　多媒体功能的利用

网络资源的优势之一是多媒体功能。要吸引浏览者的注意力,页面的内容可以用三维动画、Flash 等来表现,如图 20-5 所示。但是要注意,由于网络带宽的限制,在使用多媒体的形式表现网页的内容时,应该考虑客户端的传输速度。

图 20-4　色彩在网页设计中的应用

图 20-5　多媒体功能的利用

## 20.1.6　内容更新与沟通

创建企业网站后，还需要不断更新其内容。站点信息的不断更新，可以让浏览者了解企业的发展动态，同时也会帮助企业建立良好的形象。在企业的 Web 站点中，要认真回复用户的电子邮件和传统的联系方式，如信件、电话垂询和传真等，做到有问必答，最好将用户的用意进行分类，如售前产品概况的了解、售后服务等，将其交由相关部门处理。如果要求访问者自愿提供个人信息，应公布并认真履行个人隐私保证承诺。

## 20.1.7　网站风格的统一性

企业的网站设计应有统一的风格，例如，整站的页面布局、用图用色，页面元素与网站内容中使用的名词都应统一，否则会给用户带来杂乱无章的感觉，如图 20-6 所示。

图 20-6　网站风格的统一性

## 20.2　XHTML 基本语法

相比传统的 HTML 4.0 语言，XHTML 语言的语法更加严谨和规范，更易于各种程序解析和判读。本节主要讲述 XHTML 基本语法，内容主要包括 XHTML 文档结构、XHTML 文档类型声明、XHTML 语法规范与 XHTML 标准属性。用户通过本节的学习可以了解 XHTML 基本语法，为后面的网站建设奠定基础。

### 20.2.1　XHTML 文档结构

作为一种有序的结构性文档，XHTML 文档需要遵循指定的文档结构。一个 XHTML 文档应包含两个部分，即文档类型声明和 XHTML 根元素部分。在根元素<html>中，还应包含 XHTML 的头部元素<head>与主体元素<body>。

在 XHTML 文档中，内容主要分为三级，即标签、属性和属性值。

#### 1. 标签

标签是 XHTML 文档中的元素，其作用是为文档添加指定的各种内容。例如，输入一个文本段落，可使用段落标签<p>等。XHTML 文档的根元素<html>、头部元素<head>和主体元素<body>等都是特殊的标签。

#### 2. 属性

属性是标签的定义，其可以为标签添加某个功能。几乎所有的标签都可添加各种属性。例如，为某个标签添加 CSS 样式，可为标签添加 style 属性。

#### 3. 属性值

属性值是属性的表述，用于为标签的定义设置具体的数值或内容程度。例如，为图像标签<img>设置图像的 URL 地址，就可以将 URL 地址作为属性值，添加到 src 属性中。

## 20.2.2　XHTML 文档类型声明

文档类型声明是 XHTML 语言的基本声明，其作用是说明当前文档的类型以及文档标签、属性等的使用范本。

文档类型声明的代码应放置在 XHTML 文档的最前端，XHTML 语言的文档类型声明主要包括三种，即过渡型、严格型和框架型。

### 1. 过渡型声明

过渡型的 XHTML 文档在语法规则上最为宽松，允许用户使用部分描述性的标签和属性。其声明的代码如下：

```
<!DOCTYPE html PUBLIC "-//W3C//DTD XHTML 1.0 Transitional//EN" "http://www.w3.
org/TR/xhtml1/DTD/xhtml1-transitional.dtd">
```

### 2. 严格型声明

严格型的 XHTML 文档在语法规则上最为严格，其不允许用户使用任何描述性的标签和属性。其声明的代码如下：

```
<!DOCTYPE html PUBLIC "-//W3C//DTD XHTML 1.0 Strict//EN" "http://www.w3.
org/TR/xhtml1/DTD/xhtml1-strict.dtd">
```

### 3. 框架型声明

框架的功能是将多个 XHTML 文档嵌入到一个 XHTML 文档中，并根据超链接确定文档打开的框架位置。框架型的 XHTML 文档具有独特的文档类型声明，如下所示：

```
<!DOCTYPE html PUBLIC "-//W3C//DTD XHTML 1.0 Frameset//EN" "http://www.w3.
org/TR/xhtml1/DTD/xhtml1-frameset.dtd">
```

## 20.2.3　XHTML 语法规范

XHTML 是根据 XML 语法简化而成的，因此它遵循 XML 的文档规范。虽然某些浏览器（如 Internet Explorer 浏览器）可以正常解析一些错误的代码，但仍然推荐使用规范的语法编写 XHTML 文档。因此，在编写 XHTML 文档时应该遵循以下几点。

### 1. 声明命名空间

在 XHTML 文档的根元素<html>中应该定义命名空间，即设置其 xmlns 属性，将 XHTML 各种标签的规范文档 URL 地址作为 xmlns 属性的值。

### 2. 闭合所有标签

在 HTML 中，通常习惯使用一些独立的标签，如<p>、<li>等，而不会使用相对应的</p>和</li>标签对其进行闭合。在 XHTML 文档中，这样做是不符合语法规范的。如果是不成对的标签，应该在标签的最后加一个 "/" 对其进行闭合，如<br />、<img />。

### 3. 所有元素和属性必须小写

与 HTML 不同，XHTML 对大小写十分敏感，所有的元素和属性必须是小写的英文字母。例如，<html>和<HTML>表示不同的标签。

### 4. 所有属性必须用引号括起来

在 HTML 中，不需要为属性值加引号，但是在 XHTML 中则必须加引号，例如"<table width = "120"></table>"。

### 5. 合理嵌套标签

XHTML 具有严谨的文档结构，因此所有的标签都应该按顺序嵌套。也就是说，元素是严格按照对称原则一层一层地嵌套在一起的。

错误嵌套：

```
<div><span></div></span>
```

正确嵌套：

```
<div><span></span></div>
```

在 XHTML 的语法规范中还有一些严格的嵌套要求，例如所有属性都必须被赋值。在 HTML 中，允许没有属性值的属性存在，如<td nowrop>。但在 XHTML 中，这种情况是不允许的。如果属性没有值，则需要使用自身来赋值。

```
<td nowrop = "nowrop">
```

## 20.2.4　XHTML 标准属性

标准属性是绝大多数 XHTML 标签可使用的属性。在 XHTML 的语法规范中有三类标准属性，即核心属性、语言属性和键盘属性。

### 1. 核心属性

核心属性的作用是为 XHTML 标签提供样式或提示信息，在这 4 种属性中，class 属性的值为字母、下画线与数字的集合，要求以字母和下画线开头；id 属性的值与 class 属性类似，但其在同一 XHTML 文档中是唯一的，不允许重复；style 属性的值为 CSS 代码。

### 2. 语言属性

XHTML 语言的语言属性主要包括两种，即 dir 属性和 lang 属性。dir 属性的作用是设置标签中文本的方向，其属性值主要包括 ltr（自左至右）和 rtl（自右至左）两种。lang 属性的作用是设置标签所使用的自然语言，其属性值包括 en-us（美国英语）、zh-cn（标准中文）和 zh-tw（繁体中文）等多种。

### 3. 键盘属性

XHTML 语言的键盘属性主要用于为 XHTML 标签定义响应键盘按键的各种参数。其同样包括两种，即 accesskey 和 tabindex。其中，accesskey 属性的作用是设置访问 XHTML 标签所使用的快捷键，tabindex 属性则是用户在访问 XHTML 文档时使用 Tab 键的顺序。

# 20.3　常用的块状元素

块状元素作为其他元素的容器，通常用来对网页进行布局。本节主要讲述常用的块状元素，内容主要包括 div、ul、ol、li、dl、dt、dd、定义列表、p、table、tr、td、h1、h2、h3、h4、h5 和 h6。用户通过本节的学习可以了解常用的块状元素，为后面的网站建设奠定基础。

## 20.3.1　div

div 作为通用块状元素，在标准网页布局中是最常用的结构化元素。

div 元素表示文档结构块，它可以把文档划分为多个有意义的区域或模块。因此，使用 div 可以实现网页的总体布局，并且是网页总体布局的首选元素。

例如，用三个 div 元素划分了三大块区域，这些区域分别属于版头、主体和版尾。然后，在版头和主体区域分别又用了多个 div 元素再次细分为更小的单元区域，这样便可以把一个网页划分为多个功能模块。例如：

```
<div><!--[版头区域]-->
<div><!--[Logo]--></div>
    <div><!--[导航]--></div>
    ...
</div>
<div><!--[主体区域]-->
<div><!--[模块1]--></div>
    <div><!--[模块2]--></div>
    ...
</div>
<div>
<!--[版尾区域]-->
</div>
```

## 20.3.2　ul、ol 和 li

ul、ol 和 li 元素用来实现普通的项目列表，它们分别表示无顺序列表、有顺序列表和列表中的项目。但在通常情况下，结合使用 ul 和 li 定义无序列表，结合使用 ol 和 li 定义有序列表。

列表元素全是块状元素，其中的 li 元素显示为列表项，即 display:list-item，这种显示样式也是块状元素的一种特殊形式。列表元素能够实现网页结构化列表，对于常常需要排列显示的导航菜单、新闻信息、标题列表等，使用它们具有较为明显的优势。

无序列表：

```
<ul>
  <li>项目</li>
  <li>项目</li>
  <li>项目</li>
  ...
</ul>
```

无序列表效果如图 20-7 所示。

有序列表：

```
<ol>
```

```
    <li>项目</li>
    <li>项目</li>
    <li>项目</li>

    ...
</ol>
```

有序列表效果如图 20-8 所示。

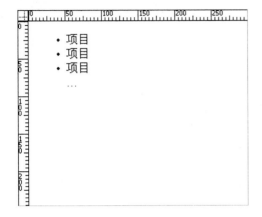

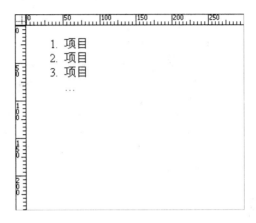

　　图 20-7　无序列表效果图　　　　　　　图 20-8　有序列表效果图

### 20.3.3　dl、dt 和 dd

　　dl、dt 和 dd 元素用来实现定义项目列表。定义项目列表原本是为了呈现术语解释而专门定义的一组元素，术语顶格显示，术语的解释缩进显示，这样多个术语排列时显得规整有序，但后来被扩展应用到网页的结构布局中。

　　dl 表示定义列表；dt 表示定义术语，即定义列表的标题；dd 表示对术语的解释，即定义列表中的项目。

### 20.3.4　定义列表

　　定义列表的代码举例如下：

```
<dl>
<dt>标题列表项</dt>
<dd>标题说明</dd>
<dt>标题列表项</dt>
<dd>标题说明
</dd>
</dl>
```

　　定义列表效果如图 20-9 所示。

　　　　　　　　　　　　　　　　　　　图 20-9　定义列表效果图

### 20.3.5　p

　　p 元素是块状元素，用来设置段落。在默认情况下，每个文本段都定义了上下边界，具体大小在不同的浏览器中会有区别。块状元素的代码举例如下：

> `<p>`关于"香港"地名的由来，有两种流传较广的说法。`</p>`
> `<p>`说法一：香港的得名与香料有关。从明朝开始，香港岛南部的一个小港湾，为转运南粤香料的集散港，因转运产在广东东莞的香料而出名，被人们称为"香港"。`</p>`
> `<p>`说法二：香港是一个天然的港湾，附近有溪水甘香可口，海上往来的水手经常到这里来取水饮用，久而久之，甘香的溪水出了名，这条小溪也就被称为"香江"，而香江入海冲积成的小港湾，也就开始被称为"香港"。`</p>`

p 元素效果如图 20-10 所示。

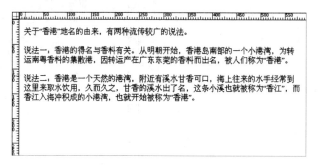

图 20-10　p 元素效果图

## 20.3.6　table、tr 和 td

table、tr 和 td 元素被用来实现表格化数据显示，它们都是块状元素。

table 表示表格，它主要用来定义数据表格的包含框。如果要定义数据表整体样式应该选择该元素来实现，而数据表中数据的显示样式则应通过 td 元素来实现。

tr 表示表格中的一行，由于它的内部还需要包含单元格，所以在定义数据表格样式上，该元素的作用并不太明显。

td 表示表格中的一个方格。该元素作为表格中最小的容器元素，可以放置任何数据和元素。但在标准布局中不再建议用 td 来实现嵌套布局，而仅作为数据最小单元格来使用。

表格的代码举例如下：

```
<table width="580" border="1" cellpadding="0" cellspacing="0">
  <tr>
    <td> </td>
    <td align="center"><strong>一班</strong></td>
    <td align="center"><strong>二班</strong></td>
    <td align="center"><strong>三班</strong></td>
    <td align="center"><strong>四班</strong></td>
    <td align="center"><strong>五班</strong></td>
  </tr>
  <tr>
    <td align="center"><strong>评分</strong></td>
    <td align="center">A</td>
```

```
    <td align="center">C</td>
    <td align="center">B</td>
    <td align="center">E</td>
    <td align="center">D</td>
  </tr>
</table>
```

table、tr 和 td 元素效果如图 20-11 所示。

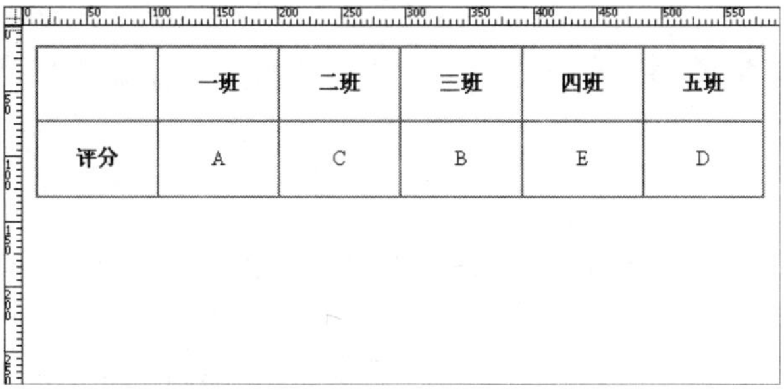

| | 一班 | 二班 | 三班 | 四班 | 五班 |
|---|---|---|---|---|---|
| 评分 | A | C | B | E | D |

图 20-11　table、tr 和 td 元素效果图

## 20.3.7　h1、h2、h3、h4、h5 和 h6

h1、h2、h3、h4、h5 和 h6 六个元素的第 1 个字母 h 为 header（标题）的首字母缩写，后面的数字表示标题的级别。

使用 h1~h6 元素可以定义网页标题，其中 h1 表示一级标题，字号最大；h2 表示二级标题，字号较小，其他元素以此类推。

标题元素是块状元素，CSS 和浏览器都预定义了 h1~h6 元素的样式，h1 元素定义的标题字号最大，h6 元素定义的标题字号最小。

```
<div align="center">
<h2>静夜思 </h2>
<p>床 前 明 月 光，
疑 是 地 上 霜。</p>
<p> 举 头 望 明 月，
低 头 思 故 乡。</p>
</div>
```

# 20.4 常见的内联元素

内联元素由于无固定形状，因此不可以使用 CSS 定义大小、边框和层叠顺序等。本节主要讲述常见的内联元素，内容主要包括 a、br、img、span、button。用户通过本节的学习可以了解常见的内联元素，为后面的网站建设奠定基础。

### 20.4.1  a

a 元素用于表示超链接。在网页中，a 元素主要有两种使用方法：一种是通过 href 属性创建从本网页到另一个网页的链接；另一种是通过 name 或 id 属性，创建一个网页内部的链接。

外部链接示例：

```
<a href="http://www.baidu.com">百度一下</a>
```

内部链接示例：

```
<a href="#link">内部链接</a>
```

### 20.4.2  br

br 元素用于表示换行。在 HTML 中，br 元素可以单独使用。但在 XHTML 中，br 元素必须在结尾处关闭，即<br/>。

### 20.4.3  img

img 元素用于表示网页中的图像元素。与 br 元素相同，在 HTML 中，img 元素可以单独使用。但在 XHTML 中，img 元素必须在结尾处关闭，例如：

```
<img alt="图像元素" src="image.jpg" />
```

img 元素效果如图 20-12 所示。

另外，在 XHTML 中，所有的 img 元素必须添加 alt 属性，也就是图像元素的提示信息文本。

图 20-12  img 元素效果图

### 20.4.4  span

span 用于表示范围，是一个通用内联元素。该元素可以作为文本或内联元素的容器，通常为文本或者内联元素定义特殊的样式、辅助并完善排版、修饰特定内容或局部区域等。示例代码如下：

```
<div>
<span><!--设置字体大小-->
<span title="标题">带标题的文本</span>
<span><strong>加粗显示</strong></span>
<span><em>斜体显示</em></span>
</span>
</div>
```

图 20-13  span 元素效果图

span 元素效果如图 20-13 所示。

### 20.4.5  button

在网页中，button 元素主要用于定义按钮。该元素可以作为容器，允许在其中放置文本或图像。

文本按钮示例：

```
<button name="btn" type="submit">提交</button>
```

图像按钮示例：

```
<button name="btn" type="submit"><img src="image.jpg" /></button>
```

button 元素效果如图 20-14 所示。

图 20-14　button 元素效果图

# 20.5 层的样式

在标准化的 XHTML 中，所有网页元素的样式都是通过 CSS 定义的。层也是一种网页元素，因此该规则对层同样适用。本节主要讲述层的样式，内容主要包括网页元素的位置和层叠顺序、网页元素的边框以及网页元素的大小。用户通过本节的学习可以了解层的样式，为后面的网站建设奠定基础。

## 20.5.1　网页元素的位置和层叠顺序

CSS 在 XHTML 的布局中最重要的属性就是定位与层叠属性。通过定位与层叠属性，可以控制层或其他网页元素的位置以及显示于网页中的优先级。设置层的位置，首先要为其设置 position 属性，position 属性用于设置网页布局元素的定位方式。

当设置 position 属性为 absolute 或 fixed、relative 后，即可使用 left、right、top 和 bottom4 个属性为网页元素定位。其中，left 代表网页元素最左侧与父元素边框的距离，right 代表网页元素最右侧与父元素边框的距离，top 代表网页元素最顶端与父元素边框的距离，bottom 代表网页元素最底部与父元素边框的距离。这 4 个网页元素的单位都是 px（像素）。

例如，定位一个层的位置为距离网页顶部 20px、距离网页左侧 30px，代码如下所示。

```
#apdiv1 {
/*定义 ID 为 apdiv1 的网页元素 CSS 样式*/
position:absolute;
/*设置其定位方式为绝对定位*/
```

```
top:20px; left:30px;
/*设置其距离顶部距离为20px，距离左侧距离为30px*/
}
```

通常对于普通的网页元素只需要设置 top 和 left 两个属性即可。

相对于表格，层还可以设置层叠顺序，即相同位置的层在网页中显示的优先级。这就需要设置 z-index 属性。

z-index 翻译成中文就是 Z 轴，其值为整数值。数值越大，则网页元素显示的优先级越高。例如，z-index 值为 10 的网页元素，将覆盖在 z-index 值为 9 的网页元素上方。代码如下所示：

```
#apdiv1z9 {
position:absolute;
/*定位方式为绝对*/
z-index:9;
/*Z 轴值为 9*/
}
#apdiv2z10 {
position:absolute;
/*定位方式为绝对*/
z-index:10;
/*Z 轴值为 10*/
}
```

## 20.5.2　网页元素的边框

在网页中，所有的网页布局元素都可设置其边框。边框的属性主要有边框线的类型、宽度以及颜色三种。

### 1. 边框线的类型

在 CSS 2.0 中，共支持 8 种边框线类型。设置这 8 种边框线类型需要使用 border-style 类属性。例如，设置网页元素的边框线为凸出线，其代码如下所示：

```
#table01 {
/*ID 为 table01 的网页元素的样式*/
border-style: outset;
/*边框线的样式为突出线*/
}
```

如需设置网页元素 4 条边框线的线类型各不相同，可以为 border-style 设置多个属性值。

当 border-style 仅有一个值时，这个值将控制 4 条边框线的样式。当 border-style 有两个值时，第一个值将控制顶部与底部边框线的样式，第二个值将控制左侧和右侧边框线的样式，代码如下所示：

```
#borderdiv {
border-style:solid dashed;
/*网页元素的顶部和底部边框线为实线，左侧和右侧边框线为虚线*/
}
```

当 border-style 有三个值时，第一个值将控制顶部边框线的样式，第二个值将控制左侧和右侧边框线的样式，第三个值将控制底部边框线的样式，代码如下所示：

```
#borderdiv {
border-style:solid dashed dotted;
/*网页元素顶部边框线为实线，左侧和右侧边框线为虚线，底部边框线为点画线*/
}
```

当 border-style 有 4 个值时，则这 4 个值分别为顶部、右侧、底部、左侧 4 条边框的样式，代码如下所示：

```
#borderdiv {
border-style:solid dashed dotted solid;
/*网页元素顶部边框线为实线，右侧边框线为虚线，底部边框线为点画线，左侧边框线为实线*/
}
```

设置网页元素的 4 条边框，还可以使用 border-style 的 4 个复合属性。例如，要设置网页元素顶部和底部边框线为实线，左侧和右侧无边框线，代码如下所示：

```
#borderdiv {
border-top-style:solid;
/*顶部边框线为实线*/
border-right-style:none;
/*右侧无边框线*/
border-bottom-style:solid;
/*底部边框线为实线*/
border-left-style:none;
/*左侧无边框线*/
}
```

## 2. 边框的宽度

在设置边框宽度时，需要使用 border-width 属性。border-width 属性的值分两种，即相对宽度值和绝对数值。例如，需要设置网页元素的宽度为中等，代码如下所示：

```
#newdiv {
/*设置 ID 为 newdiv 的网页元素样式*/
border-width:medium;
/*边框宽度为中等宽度*/
}
```

border-style 属性也可以设置多个属性值，使用方法和 border-width 相同。

如需将网页元素的 4 条边框设置为各不相同的宽度，还可以使用 border-style 属性的 5 种复合属性。例如，设置网页的顶部边框宽度为 2px、底部边框宽度为 4px，代码如下所示：

```
#borderdiv {
border-style:solid;
/*定义边框线为实线*/
```

```
border-top-width:2px;
/*定义顶部边框线宽度为2px*/
border-right-width:0px;
/*定义右侧边框线宽度为0px*/
border-bottom-width:4px;
/*定义底部边框线宽度为4px*/
border-left-width:0px;
/*定义左侧边框线宽度为0px*/
}
```

### 3. 边框的颜色

默认情况下，边框线的颜色与网页元素中的文本颜色一致。如需自定义边框的颜色，可使用 border-color 属性，使用方法和 border-width、border-style 相同。

## 20.5.3 网页元素的大小

在遵循 CSS 2.0 的网页编辑器和浏览器中，所有的网页布局元素都被视为一个矩形。设置这个矩形的大小，就是设置其宽度和高度。

设置网页元素的宽度和高度的 CSS 属性共 6 个，这 6 种属性的属性值类型完全相同，主要包括三种。例如，需要设置网页元素的宽度为父元素宽度的 100%、高度为 40px，代码如下所示：

```
#maintable {
width:100%;
/*定义网页元素的宽度为父元素宽度的100%*/
height:40px;
/*网页高度为40px*/
}
```

若需要使网页元素根据其内容自动适应高度和宽度，但又需要给其添加一个限制，则可使用相对值，代码如下所示：

```
#maintable {
min-width:90%;
max-width:95%;
/*网页元素根据其内容自动伸缩宽度，最小宽度为父元素宽度的90%，最大宽度为父元素宽度的95%*/
}
```

## 20.6 综合实战

本章概要性地介绍 XHTML+CSS，主要内容有企业类网站概述、XHTML 基本语法、常用的块状元素、常见的内联元素、层的样式，为本书后续的学习打下坚实的基础。主要讲述如何在网站建设中应用 XHTML+CSS，制作吸引人的网站的一些方法和相关技术，接下来我们通过两个实例来对本章的内容进行实践。

## 20.6.1　实战：设计软件公司网页界面

企业网页的特点就是包含多种栏目内容显示，如公司动态、公司简介等。同时，企业网页中各栏目的内容应保持一致的风格。在设计企业网页的界面时，可先设计网页的 Logo、导航条等版块，然后再设计统一的栏目界面，并通过复制组和内容实现栏目风格以统一。

在设计本例的过程中，对文字的处理使用到了【文字】工具、【字符】面板以及【段落】面板，对按钮、界面等图像的处理使用了【样式】面板和图层蒙版等技术。除此之外，本例还使用了各种导入的图像，主要练习设置背景、插入文字、使用图案填充、色彩饱和度、画笔工具，如图 20-15 所示。

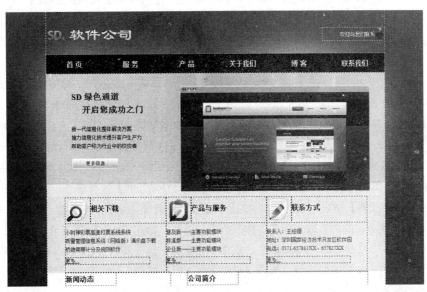

图 20-15　设计软件公司网页界面

### 1．设计网页背景

打开 Photoshop，执行【文件】|【新建】命令，打开【新建】对话框，并设置文档的宽度和高度分别为 1003px 和 1153px，然后设置分辨率为 72 像素/英寸、颜色模式为 RGB 颜色。然后，单击【确定】按钮创建文档。

单击【图层】面板中的【创建新图层】按钮，单击工具栏中的【矩形工具】按钮，在"图层 1"中绘制一个矩形，并用【油漆桶工具】填充颜色为"蓝色"（#2e597b）。单击【创建新图层】按钮，新建"图层 2"，然后单击【矩形工具】按钮，绘制一个矩形。单击【渐变工具】按钮，然后单击渐变色块，在弹出的【渐变编辑器】中设置三个色标。

在"图层 2"中间，从上到下拖动鼠标。然后，新建"图层 3"，单击【套索工具】按钮，在"图层 3"中绘制不规则图形，并填充为"白色"（#ffffff）。新建"图层 4"，用【矩形工具】绘制一个矩形，并填充为"白色"（#ffffff），然后，调整"图层 3"的大小。

### 2．设计网站 Logo 和导航条

新建名为 Logo 的组，然后单击【横排文字工具】按钮，在组中创建两个文本图层，输入文本。打开【字符】面板，设置相应的参数。双击"SD."文本图层，弹出【图层样式】对话框，添加【投影】和【渐变叠加】样式，并设置参数。

在工具栏中选择【横排文字】工具，输入文本，并在【字符】面板中设置文字属性。然后将图像"bird.jpg"拖入图层。新建名为 nav 的组，在组中新建 navBG 图层，并在图层中绘制一个 809px×44px 的矩形选区，右击执行【填充】命令，为导航条填充背景。

在工具栏中，单击【横排文字工具】按钮，输入导航文本，并打开【字符】面板，设置文字属性。

### 3．设计网站 banner

新建名为 banner 的组，在组中新建 bannerBG 图层，并在图层中绘制一个 809px×260px 的矩形选区，右击执行【填充】命令，填充颜色为"蓝色"（#dcecf7）。单击【横排文字工具】按钮，添加文本，并打开【字符】面板，设置文本属性。新建名为 btnBG 的图层，并单击【矩形工具】按钮，绘制一个 110px×44px 的矩形，并添加【渐变叠加】、【描边】图层样式。在工具栏中，单击【横排文字工具】按钮，输入文本"更多信息"，并打开【字符】面板，设置文本参数。然后将图像"banner.jpg"拖入 banner 组中。

### 4．设计栏目版块

新建名为 home1 的组，在组中新建 home1BG 图层，并在图层中绘制一个 809px×176px 的矩形选区，右击执行【填充】命令，为 home1 填充颜色"淡黄色"（#f2f3eb）。将图像拖入 home1 组中，然后单击【横排文字工具】按钮，输入文本，并打开【字符】面板设置文本参数。

按照相同的方法，在 home1 组中创建"产品与服务"、"联系方式"两个栏目版块并进行设置，然后依次将各个版块的内容放入组中。新建名为 home2 的组，在组中新建 line 图层，并在图层中绘制一个 250px×2px 的细线，填充颜色为灰色（#eaeaea）。然后单击【移动工具】选择细线，复制两条相同的细线。

单击【横排文字工具】按钮，输入文本，并打开【字符】面板，设置文本参数。然后再创建名为"新闻动态"的组，将该版块的内容放入组中。按照相同的方法，新建名为"公司简介"的组。在组中新建 line 图层，并在图层中绘制一个 450px×2px 的细线，填充颜色为"灰色"（#eaeaea）。然后单击【移动工具】选择细线，复制一条相同的细线。单击【横排文字工具】按钮，输入文本，并打开【字符】面板，设置文本参数。将图像"jh.gif"拖入名为"公司简介"的组中，并复制一次，移动到相应位置，然后在对应的图像后输入文本，并打开【字符】面板设置文本参数。

### 5．设计网页版尾

新建 footer 组，然后在组中新建 footerLine 图层。在该图层中绘制一个 809px×4px 的线段，并填充为黑色。打开 Logo 所在的组，分别选择文本"SD."和"软件公司"，右击复制图层，放入到名为 footer 的组中，然后将其移动到文档的底部。单击【横排文字工具】按钮，输入文本，在工具栏设置文本字体为"微软雅黑"、大小为"12px"、消除锯齿为【锐利】、对齐字体方式为【右对齐】、颜色为"蓝色"（#d6e8f5），并打开【字符】面板设置间距为"24px"。使用【切片工具】为文档制作切片，然后即可隐藏所有文本部分，将 PSD 文档导出为网页。

在制作完成切片之后，即可执行【文件】|【存储为 Web 和设备所用格式】命令，在弹出的【存储为 Web 和设备所用格式】对话框中设置切片输出的图像格式等属性，将 PSD 文档输出为网页。

## 20.6.2　实战：制作企业网站页面

在企业网站页面设计完成以后，下面将使用 DreamWeaver 软件将设计好的页面制作成网页。本例将主要使用 DIV+CSS 样式对页面进行布局，主要练习设置标题、使用 Div 层、设置宽度和高度、设置背景和设置图片大小，如图 20-16 所示。

图 20-16　制作企业网站页面

**STEP|01** 在站点根目录下创建 pages、images、styles 等目录，将切片网页中的图像保存至 images 子目录下。用 Dreamweaver 创建网页文档，并将网页文档保存至 pages 子目录下。然后再创建 main.css 文档，将其保存至 styles 子目录下。修改网页 head 标签中 title 标签里的内容，然后在 title 标签之后添加 link 标签，为网页导入外部的 CSS 文件，如图 20-17 所示。

```
<title>SD软件公司</title>
<link href="../styles/main.css" rel="stylesheet" type="text/css" />
```

图 20-17　CSS 样式代码

**STEP|02** 在"main.css"文档中，定义网页的 body 标签以及各种容器类标签的样式属性，如图 20-18 所示。

**STEP|03** 在 body 标签中使用 div 标签创建网页的基本结构，并为各版块添加 id。代码"<div id="logo"></div>"用于存放网页的 Logo 栏版块，"<div id="nav"></div>"用于存放网页的导航栏版块，"<div id="banner"></div>"用于存放网页的 banner 版块，<div id="home1"></div><div id="home2"></div><!--网页的内容版块--><div id="footer"></div>用于存放网页的版尾版块。

**STEP|04** 在 id 为 logo 的 div 容器中，插入一个 id 为 contactUs 的 div 容器，并在 main.css 文档中定义这个容器的样式，制作网页的 Logo 版块，如图 20-19 所示。

```
body, td, th {
    font-size: 12px;
}
body {
    margin-left: 0px;
    margin-top: 0px;
    margin-right: 0px;
    margin-bottom: 0px;
    width:1003px;
    background-image: url(../images/hbg.jpg);
    background-repeat: no-repeat;
    background-color: #2e597b;
}
```

```
/*logo*/
#logo {
    height: 100px;
    width: 809px;
    margin:0 96px;
    background-image:url(../images/home_02.gif);
}
#logo #contactUS {
    float: right;
    height: 30px;
    width: 150px;
    margin-top: 40px;
    color:#FFF;
}
```

图 20-18　CSS 样式代码　　　　　　　图 20-19　CSS 样式代码

**STEP|05** 在 ID 为 logo 的 div 容器中插入两个 p 标签，在第 1 个 p 标签中插入图像"twitter.gif"，在第 2

个 p 标签中输入文本，如图 20-20 所示。

**STEP|06** 在 main.css 文档中为两个 p 标签添加高度、浮动，边距等 CSS 样式代码，如图 20-21 所示。

```html
<div id="logo">
  <div id="contactUS">
    <p><img src="../images/twitter.gif" width="23" height="29" /></p>
    <p>欢迎与我们联系</p>
  </div>
</div>
```

```css
#logo #contactUS p {
    height: 30px;
    display:inline;
    line-height:30px;
    margin:0;
    float:right;
    padding:0;
}
```

图 20-20　CSS 样式代码　　　　　　　　　　　　　　图 20-21　CSS 样式代码

**STEP|07** 在 ID 为 nav 的 div 的容器中嵌套一个列表，并在列表中将导航条的内容作为列表项输入，如图 20-22 所示。

```html
<div id="nav">
  <ul>
    <li><a href="javascript:void(null);" title="首页">首 页</a></li>
    <li><a href="javascript:void(null);" title="服务">服 务</a></li>
    <li><a href="javascript:void(null);" title="产品">产 品</a></li>
    <li><a href="javascript:void(null);" title="关于我们">关于我们</a></li>
    <li><a href="javascript:void(null);" title="博客">博 客</a></li>
    <li><a href="javascript:void(null);" title="联系我们">联系我们</a></li>
  </ul>
</div>
```

图 20-22　CSS 样式代码

**STEP|08** 在 main.css 文档中定义项目列表及链接文本和鼠标经过时文本变化的样式属性，如图 20-23 所示。

**STEP|09** 在 ID 为 banner 的 div 容器中，分别插入 ID 为 bannerLeft、bannerRight 的 div 容器，并在 "main.css" 文档中定义容器的样式属性，如图 20-24 所示。

```css
#nav {
    width:809px;
    height:45px;
    background-color:#000;
    margin:0 96px;
}
#nav ul {
    width: 809px;
    margin:0;
    padding:0;
    list-style:none;
    height:45px;
}
#nav ul li {
    width:134px;
    float:left;
    height:45px;
    margin:0;
    padding:0;
    text-align:center;
}
#nav ul li a:link, #nav ul li a:visited {
    line-height:45px;
    color:#fff;
    font-size:16px;
    font-weight:bold;
    font-family:"微软雅黑", "新宋体";
    text-decoration:none;
}
#nav ul li a:hover {
    color:#0CF;
}
```

```css
#banner {
    width:809px;
    height:290px;
    margin:0 96px;
    background-image:url(../images/hbg_banner_05.gif);
}
#banner #bannerLeft {
    width:220px;
    height:250px;
    float:left;
    margin-top:20px;
    padding-left:60px;
    line-height:20px;
}
#banner #bannerLeft .sp1 {
    font-size:20px;
    font-weight:bold;
    line-height:30px;
}
#banner #bannerRight {
    width:451px;
    background-image:url(../images/simple_text_img_3.png);
    height:246px;
    float:left;
    margin-left:40px;
    margin-top:30px;
}
```

图 20-23　CSS 样式代码　　　　　　　　　　　　　　图 20-24　CSS 样式代码

**STEP|10** 在 ID 为 bannerLeft 的 div 层中，插入三个 p 标签，并在标签中添加相应内容。然后为 p 标签添加 sp1 类，如图 20-25 所示。

**STEP|11** 在 main.css 文档中定义 p 标签所添加的类名称为 sp1 的样式属性，如图 20-26 所示。

**STEP|12** 在 ID 为 home1 的 div 容器中嵌套一个定义列表。在列表项<dt>中嵌套两个 div 容器，在<dd>标签中嵌套一个列表，然后为<dl>标签添加 rows 类，如图 20-27 所示。

```
<p class="sp1">SD　绿色通道<br />
     开启您成功之门</p>
<p><span>新一代信息化整体解决方案<br />
接力信息化技术提升客户生产力<br />
帮助客户称为行业中的佼佼者</span></p>
<p><a href="#"><img src="../images/more_information.png"
width="112" height="26" border="0" /></a></p>
```

图 20-25　CSS 样式代码

```
<dl class="rows">
    <dt>
        <div class="iconTitle"><img src=
"../images/h2_what.png" width="56" height="60"
title="相关下载" /></div>
        <div class="textTitle">相关下载</div>
    </dt>
    <dd>
        <ul>
            <li><a href="javascript:void(null);" title="
小财神彩票高速打票系统系统">小财神彩票高速打票系统系统 </a>
</li>
            <li><a href="javascript:void(null);" title="
质量管理信息系统（网络版）演示盘下载">质量管理信息系统（
网络版）演示盘下载 </a></li>
            <li><a href="javascript:void(null);" title="
桥牌竞赛计分及规则软件">桥牌竞赛计分及规则软件 </a></li>
        </ul>
        <div><a href="javascript:void(null);" title="
更多">更多...</a></div>
    </dd>
</dl>
```

```
#banner #bannerLeft .sp1 {
    font-size:20px;
    font-weight:bold;
    line-height:30px;
}
```

图 20-26　CSS 样式代码

图 20-27　CSS 样式代码

**STEP|13** 在 main.css 文档中分别定义类 rows、iconTitle、textTitle 及列表的样式属性，如图 20-28 所示。

```
#home1 {
    width:721px;
    height:175px;
    background-color:#f2f3eb;
    margin:0 96px;
    padding:0 44px;
}
#home1 .rows {
    display:block;
    width:240px;
    margin-top:0px;
    margin-bottom:0px;
    padding:0px;
    height:175px;
    float:left;
}
#home1 .rows dt {
    width:240px;
}
#home1 .rows dt .iconTitle {
    width:60px;
    height:60px;
    float:left;
}
#home1 .rows dt .textTitle {
    float:right;
    width:180px;
    height:60px;
    font-size:16px;
    font-weight:bold;
    line-height:50px;
}
#home1 .rows dd {
    float: left;
    height: 80px;
    width: 240px;
    margin-left: 0px;
    margin-top:10px;
}
```

```
#home1 .rows dd ul {
    list-style-type: none;
    margin:0;
    padding:0;
}
#home1 .rows dd ul li a:link, #home1 .rows dd ul li
a:visited {
    text-decoration: none;
    line-height:20px;
    color:#646464;
}
#home1 .rows dd div {
    float: left;
    width: 200px;
    padding-left: 0px;
    margin-top: 10px;
}
#home1 .rows dd div a:link, #home1 .rows dd div
a:visited {
    color:#35678f;
}
```

图 20-28　CSS 样式代码

**STEP|14** 按照相同的方法，创建"产品与服务"、"联系方式"栏目，如图 20-29 所示。

**STEP|15** 在 ID 为 home2 的 div 容器中，嵌套 ID 为 home2Left、home2Right 的 Div 容器。并在 main.css 文档中分别定义这些容器的样式属性，如图 20-30 所示。

```html
<dl class="rows">
  <dt>
    <div class="iconTitle"><img src="
../images/h2_suport.png" width="56" height=
"60" /></div>
    <div class="textTitle">产品与服务</div>
  </dt>
  <dd>
    <ul>
      <li><a href="javascript:void(null);"
title="普及版—主要功能模块">普及版—主要功能模块
</a></li>
      <li><a href="javascript:void(null);"
title=" 标准版—主要功能模块"> 标准版—主要功能
模块 </a></li>
      <li><a href="javascript:void(null);"
title="企业版—主要功能模块">企业版—主要功能模块
</a></li>
      <div><a href="javascript:void(null);"
title="更多">更多...</a></div>
    </ul>
  </dd>
</dl>
<dl class="rows">
  <dt>
    <div class="iconTitle"><img src=
"../images/h2_work.png" width="56" height="60"
/></div>
```

```html
    <div class="textTitle">联系方式</div>
  </dt>
  <dd>
    <ul>
      <li><a href="javascript:void(null);"
title="联系人：王经理">联系人：王经理 </a></li>
      <li><a href="javascript:void(null);"
title="地址：深圳国家经济技术开发区软件园">地址：
深圳国家经济技术开发区软件园</a></li>
      <li><a href="javascript:void(null);"
title="电话：0371-657811XX、657827XX">电话
：0371-657811XX、657827XX </a></li>
    </ul>
    <div><a href="javascript:void(null);"
title="更多">更多...</a></div>
  </dd>
</dl>
```

```css
#home2 {
    background-color:#FFF;
    height:440px;
    width:721px;
    margin:0 96px;
    padding:0 44px;
}
#home2 #home2Left {
    width:250px;
    float:left;
    height:440px;
}

#home2 #home2Right {
    width:430px;
    height:440px;
    float:right;
}
```

图 20-29 CSS 样式代码　　　　　　图 20-30 CSS 样式代码

**STEP|16** 在 ID 为 home2Left 的 div 容器中嵌套定义列表，在列表中插入水平线标签和项目列表，并输入文本，创建"新闻动态"栏目，如图 20-31 所示。

```html
<div id="home2Left">
  <dl>
    <dt class="textTitle">新闻动态</dt>
    <dd>
      <dl>
        <dt>
          <hr />
        </dt>
        <dd> 2010-2-10
          <ul>
            <li><a href=
"javascript:void(null);" title="小财神竟彩投注
站彩票系统网络版为竟彩店提供完美服务">小财
神竟彩投注站彩票系统网络版为竟彩店提供
完美服务</a></li>
            <li><a href=
"javascript:void(null);" title="小财神投注站彩
票高速打票系统">小财神投注站彩票高速打票系统</a></
li>
            <li><a href=
"javascript:void(null);" title="网吧备案认证管
理系统">网吧备案认证管理系统</a></li>
          </ul>
        </dd>
        <dt>
          <hr />
        </dt>
        <dd> 2010-4-20
          <ul>
            <li><a href=
"javascript:void(null);" title="我公司承担的国
防科工委工控软件项目"> 我公司承担的国防科工委工
控软件项目</a></li>
            <li><a href=
"javascript:void(null);" title="招投标文档管理
系统软件">招投标文档管理系统软件</a></li>
```

```html
            <li><a href=
"javascript:void(null);" title="手机短信防伪系
统软件">手机短信防伪系统软件</a></li>
          </ul>
        </dd>
        <dt>
          <hr />
        </dt>
        <dd> 2010-5-7
          <ul>
            <li><a href=
"javascript:void(null);" title="2010中国管理模
式杰出奖遴选理事会打造">2010中国管理模式杰出奖遴
选理事会打造</a></li>
            <li><a href=
"javascript:void(null);" title="小企业之家--友
商网新战略发布会">小企业之家--友商网新战略发布会</a
></li>
            <li><a href=
"javascript:void(null);" title="成长版 中小企
业升级之旅">成长版 中小企业升级之旅</a></li>
          </ul>
        </dd>
      </dl>
    </dd>
  </dl>
  <div id="more"><a href=
"javascript:void(null);" title="更多新闻">+ 更
多新闻</a></div>
</div>
```

图 20-31 CSS 样式代码

**STEP|17** 在 main.css 文档中分别给 textTitle 类、<hr/>标签、定义列表、项目列表定义样式属性，如图 20-32 所示。

**STEP|18** 按照相同的方法，通过在 ID 为 home2Right 的 div 容器中插入定义列表、水平线标签、项目列表、插入图像及输入文本，创建"公司简介"栏目，如图 20-33 所示。

```
#home2 #home2Left dl {
    height:320px;
    margin:0px;
}
#home2 .textTitle {
    display:block;
    width:120px;
    font-size:16px;
    font-weight:bold;
    line-height:30px;
}
#home2 #home2Left dl dd {
    width: 240px;
    margin: 0px;
    height:290px;
}
#home2 #home2Left dl dd dl dd {
    height:80px;
}
#home2 #home2Left dl dd dl dd ul {
    margin: 0px;
    padding: 0px;
    list-style-type: none;
}
#home2 #home2Left dl dd dl dd ul li a {
    color: #8d8d8d;
    text-decoration: none;
}
#home2 #home2Left dl dd dl dt hr {
    color:#eaeaea;
    width:250px;
    height:1px;
}
#home2 #home2Left #more {
    margin-top:10px;
    margin-bottom:55px;
    height:30px;
    line-height:30px;
}
```

图 20-32 CSS 样式代码

```
<dl>
    <dt class="textTitle">公司简介</dt>
    <dd>
      <dl>
        <dt>
          <hr />
        </dt>
        <dd>SD 计算机软件开发有限公司
        <p>SD计算机软件开发有限公司，从事
计算机软件开发、电子出版物设计制作、国际互联网
网站设计开发、信息发布等计算机软件技术服务。高
质量和高效率是我们公司的特点。我们的工作精神是
：精益求精、合作、发展。<br />
          企业精神：信誉、信任、信心。<br />
          信誉：公司对客户有信誉；公司对员
工有信誉；员工对公司有信誉；  <br />
          信任：公司对客户信任；公司对员工
信任；员工对公司信任；<br />
          信心：公司对客户有信心；公司对员
工有信心；员工对公司有信心；</p>
        </dd>
        <dt>
          <hr />
        </dt>
        <dd>
          <ul id="listLeft">
          <li><img src=
"../images/ul_li.png" width="14" height="14" /
><a href="javascript";" title=""></a>订购第一
步：查看产品</li>
            <li><img src=
"../images/ul_li.png" width="14" height="14" /
><a href="javascript";" title=""></a>订购第二
步：进入网上订购栏目</li>
            <li><img src=
"../images/ul_li.png" width="14" height="14" /
><a href="javascript";" title=""></a> 订购第三
步：填写订购信息</li>
          </ul>
          <ul id="listRight">
            <li><img src=
"../images/ul_li.png" width="14" height="14" /
><a href="javascript";" title=""></a>订购第四
步：订购提交</li>
            <li><img src=
"../images/ul_li.png" width="14" height="14" /
><strong></strong><a href="javascript";" title
="">"></a>订购第五步：我们与你联系</li>
            <li><img src=
"../images/ul_li.png" width="14" height="14" /
><a href="javascript";" title=""></a> 订购第六
步：交易成功 </li>
          </ul>
        </dd>
      </dl>
    </dd>
</dl>
```

图 20-33 CSS 样式代码

**STEP|19** 在 main.css 文档中分别给名称为 textTitle 的类、ID 为 listLeft 和 listRight 的元素、<hr/>标签和 p 标签、定义列表、项目列表等定义样式属性，如图 20-34 所示。

```
216  #home2 #home2Right dl {
217      float:none;
218      display:block;
219      margin:0;
220      padding:0;
221  }
222  #home2 #home2Right dl dt {
223      float:none;
224      font-size: 16px;
225      font-weight: bold;
226      margin:0;
227      padding:0;
228      display: block;
229  }
230  #home2 #home2Rright dl dt hr {
231      width:430px;
232      height:1px;
233      color:#eaeaea;
234  }
235  #home2 #home2Rright dl dd {
236      margin:0;
237      padding:0;
238      height: 80px;
239  }
240  #home2 #home2Rright dl dd dl {
241      margin:0;
242      padding:0;
243      height: 80px;
244  }
245  #home2 #home2Right dl dd dl dd {
246      padding:0;
247      margin:0px;
248      color:#8d8d8d;
249  }
```

```
250  #listLeft {
251      display:block;
252      margin: 10px 0;
253      padding: 0px;
254      list-style-type: none;
255      float:left;
256      width:180px;
257  }
258  #listRight {
259      display:block;
260      margin:10px 5px;
261      padding: 0px;
262      list-style-type: none;
263      float:left;
264      width:180px;
265  }
266  #home2 #home2Right dl dd dl dd p {
267      line-height: 25px;
268  }
269  #home2 #home2Right dl dd dl dd ul li {
270      display:block;
271      margin:0;
272      padding:0;
273      line-height:25px;
274      height:25px;
275      width:180px;
276      color: #8d8d8d;
277  }
```

图 20-34　CSS 样式代码

**STEP|20** 在 ID 为 footer 的 div 容器中输入文本，并在 main.css 文档中定义背景图像、宽度、文本颜色、对齐方式等样式属性，如图 20-35 所示。

```
#footer {
    padding:10px 0px;
    margin:0 auto;
    background-image:
url(../images/hfooter_05.png);
    background-repeat:no-repeat;
    width: 809px;
    text-align:right;
    color:#FFF;
    font-family:"微软雅黑","宋体";
}
```

图 20-35　CSS 样式代码

# 第 **21** 章

## JavaScript

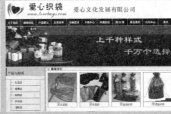

　　JavaScript 是一种直译式脚本语言，它的解释器被称为 JavaScript 引擎，是浏览器的一部分，广泛用于客户端的脚本语言，最早是在 HTML 网页上使用，用来给 HTML 网页增加动态功能。随着国内房地产业的兴起和互联网技术的发展，为推广房产公司及建筑群的特点并促进房屋销售，房地产类网站逐渐兴旺起来。由于房地产行业的特殊性，这类网站在设计上非常极端化，例如有些房产网站完全依靠大量的信息来吸引访问者，并不太重视网站平面设计效果；而有些房产网站则非常注重平面效果，用华丽的产品动画展示来吸引购房者。

　　本章将详细介绍 JavaScript 在房产网站中的应用，主要内容有房地产网站分类、房地产网站的设计要点、不动产网站的设计风格、JavaScript 概述、运算符和表达式、控制语句、内置函数和综合实战。通过本章的学习我们可以知道怎样在网站中应用 JavaScript。

## 21.1 房地产网站分类

房地产类网站是目前具有代表性的一类网站，其页面结构通常较为简单，但在版面设计上追求较高的艺术性和创造性，以突出产品的风格与特性。本节主要讲述房地产网站分类，内容主要包括不动产网站、房产企业网站、综合房产信息网站和房产中介网站。用户通过本节的学习可以了解房地产网站分类，为后面的网站建设奠定基础。

### 21.1.1 不动产网站

不动产是一个法律名词，其含义是土地及其上的房屋等不可移动的建筑物等。不动产网站通常是其建设者或经营者为推销和宣传而建设的网站。这类网站非常重视其独特性与艺术性，大量地使用各种眩目的特效，不计成本地追求美观。

如图 21-1 所示的网站是一个水景购物城，网站突出了水景的特点，使用由水波纹组成的背景，设计十分大胆。网站的 Banner 使用 Flash 来制作，运用了多种图像切换效果。

图 21-1　水景购物城网站

有些不动产网站为追求网站的动感效果，完全使用 Flash 来设计网站。用 Flash 设计网站的优点是布局非常自由，不受 HTML 代码、字体和图像格式等的限制，可以为网站添加更多特效。

如图 21-2 所示的不动产网站完全由 Flash 制作而成，因此设计版式非常自由。例如，网站的导航条放置在网页的底部，而导航条的子菜单从其上方弹出。

### 21.1.2 房产企业网站

房产企业是以房产建设、销售、咨询和管理为主的企业。这类企业的网站十分注重品牌形象的宣传，设计追求简洁大气。根据房产企业的经营范围，又可以将其分为如下几类。

图 21-2　用 Flash 设计的网站

## 1. 房产建设与开发

　　这类企业以房产建设、开发，并销售其开发的房产为主业，设计往往中规中矩，和大多数企业的网站相比区别不大。

　　如图 21-3 所示的房产企业中海地产网站以红色和蓝色作为网页的主色调，配合大幅的留白，给人一种严肃、认真的感觉。蓝色作为后退色，在地产类网站中可以使图像更加深邃、高远。

图 21-3　中海地产网站

## 2. 建筑设计企业

　　这类企业通常为房产开发企业提供先期的房产设计，以及城市规划等业务。由于这类企业以设计的艺术效果为企业宣传的核心，因此其网站往往独具一格，追求时尚与艺术效果。

　　如图 21-4 所示是建筑设计企业，其网站设计非常有特色，以红色的不规则多边形作为网页的焦点，给人以非常强烈的视觉冲击感，黑、白、红、灰四色的搭配使网页各栏目错落有致。

图 21-4　建筑设计企业网站

### 3. 房产投资咨询企业

房产投资咨询企业和建筑设计企业一样，都是为房产建筑开发企业服务的房产相关企业。这类企业以提供创意为主要服务项目，因此其网站设计往往也十分有创意。

如图 21-5 所示的网站主要提供的是不动产的投资与管理服务，网站的主题部分设计非常有特色，以半透明的 Banner 配合街景照片，显得错落有致。

图 21-5　房产投资咨询企业网站

## 21.1.3　综合房产信息网站

房产消费是一种高介入度的消费模式，因此消费者必须掌握大量的信息。提供大量的房产交易信息的网站就是综合房产信息网站，这类网站提供的信息十分丰富，因此版面设计通常十分紧凑。

如图 21-6 所示的网站是典型的综合房产信息网站。在设计这类网站时，杂乱无章的广告往往会使网站的可浏览性大打折扣。因此，除了合理安排栏目内容外还需要合理地安排广告位，例如多使用图像切换程序显示广告。

图 21-6    综合房产信息网站

### 21.1.4    房产中介网站

房地产价格的不断攀升，导致很多人需要租房或购买二手房，房产中介网站随之孕育而生。这类网站通常有非常强的地方特色，以某一城市的房产中介为主，以大量的供求信息来吸引访问者。由于其信息量相对综合房产信息网站要大得多，又十分琐碎，因此对页面的排版布局并不太重视。

在房地产中介网站中，版面布局比较随意，大量的信息充斥其中，完全以方便交易双方查找信息为网站设计的侧重点。设计房产网站并没有什么绝对规范，只要符合网站用户需要的设计，就是合理的设计。

## 21.2    房地产网站的设计要点

房地产类网站的目的就是推广和营销企业所经营的产品。使用网站展示和推广企业产品，可以拓展产品的浏览人群，降低产品浏览者浏览产品的成本。通过使用图像处理技术对产品的形象进行艺术化处理，也可以刺激浏览者的购买欲望。本节主要讲述房地产网站的设计要点，主要内容包括房地产网站设计的个性化、互动性、实用性、技术性和延展性。用户通过本节的学习可以了解房地产网站都有哪些设计要点，为后面的网站建设奠定基础。

### 21.2.1    个性化

网站的设计要有自己的特色，而非千篇一律的抄袭。有自己的特色才能在浏览者心目中留下印象。由于房地产业的特殊性，竞争非常激烈，设计一个个性化的房地产网站，有助于树立企业形象、吸引购房者和投资者。

通常网站顶部导航菜单都是向下弹出的，而该网站的顶部导航菜单却反其道而行之，向上弹出。其网站的配色和左侧导航栏的 Flash 效果也设计得非常有个性，网站的 Banner 给人一种烟雨朦胧的感觉，富有诗意，如图 21-7 所示。

图 21-7　网站设计的个性化

## 21.2.2　互动性

互联网与传统媒体相比，其最大的特点就是互动性。在互联网上发布的产品信息可以及时获取浏览者的意见和建议，这些信息的反馈可以使房地产企业及时改进规划或营销策略，紧跟用户需求，如图 21-8 所示。

图 21-8　网站设计的互动性

## 21.2.3　实用性

实用性往往是网站的核心部分。建立网站的目的即最大限度地对房地产项目本身以及房产开发商的企业形象进行宣传，以服务已购房者和未来潜在的购房者。脱离了网站的实用性，建立网站就没有任何意义。在拓展网站实用性时，可大量展示房地产项目中的户型信息、地理位置、物业管理等优势，如图

21-9 所示。

图 21-9　网站设计的实用性

## 21.2.4　技术性

技术是网站建设实施的手段，先进的技术能够保证将所要传达的信息完美地表现出来。应用多种技术可实现强大的网站功能，展示网站的个性，与浏览者互动交流信息，实现企业资源与网络的整合。在房产网站设计中，可大量使用 Flash 动画等技术，如图 21-10 所示。

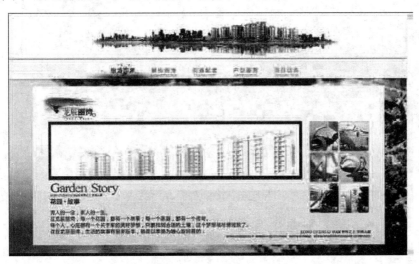

图 21-10　网站设计的技术性

## 21.2.5　延展性

互联网本身是不断发展的，技术和信息也在不断地进步。因此，在设计房产类网站时，要预留能适应未来发展的空间，例如可以使用 CSS 进行单行双列布局，添加版块不会影响网页整体布局效果。

## 21.3 不动产网站的设计风格

房地产网站，尤其是以房产销售为目的的房地产产品、房地产企业等网站，通常很注重美术设计和色彩的搭配。合理的色彩搭配可以将网站衬托得高贵典雅、磅礴大气。本节将举一些房地产网站的实例，分析其色彩搭配方案的优点。

### 21.3.1 棕色主色调

棕色本身的含义十分丰富，例如可以表现咖啡、巧克力等美食，也可以表现树木、木材等生态化产品。用棕色为主色调，辅助以绿色，可以使人回归大自然，感受森林的美丽。

如图 21-11 所示的网站在设计上以棕色为主色调，点缀以绿色边缘，使人感觉仿佛进入到了丛林小屋中，犹如身临其境一般，非常有特色。

图 21-11 以棕色为主色调的网站

### 21.3.2 绿色主色调

大部分的清新自然型网站都喜欢用绿色作为网站的主色调，绿色是最能体现出自然、和谐与健康的颜色。

如图 21-12 所示的网站以绿色为主色调，配合蓝色和青色来表示水和天空，色彩运用非常有特点，构图也非常和谐，是典型的追求清新自然感的网站。

图 21-12　以绿色为主色调的网站

### 21.3.3　天蓝色主色调

天蓝色代表天空，代表大海。以天蓝色为主色调的不动产网站也可以给人以自然和谐的感觉，以及与天空和大海融为一体的视觉效果。

如图 21-13 所示的房产网站以渐变的天蓝色为主色调，配合视频中的天空背景，给人以清新、自然、和谐的视觉享受。

图 21-13　以天蓝色为主色调的网站

### 21.3.4　灰色主色调

灰色属于白和黑的混合色，自身毫无特点，是一个彻底的被动色彩，完全依靠邻近色彩来获得个性。正由于灰色既不抑制也不强调的特点，给视觉带来平稳感。灰色的主色调可以和任何辅助颜色搭配，例如与红色搭配显得活泼、与黑色搭配显得稳重、与绿色搭配显得健康、与蓝色搭配显得大气。

如图 21-14 所示的不动产网站以灰色为主色调，配合以天蓝色描绘的广阔天空，给人以磅礴大气的感觉。

图 21-14　以灰色为主色调的网站

## 21.3.5　深蓝色主色调

深蓝色代表深邃、理性，是一种消极的、收缩的、内在的色彩。使用深蓝色作为网页的主色调，也可以给人以大气的感觉。

如图 21-15 所示的网站以深蓝色为主色调的山水作为背景。深蓝色作为后退色，可以有效地增加背景图像的空间感，使网站显得更加大气。

图 21-15　以深蓝色为主色调的网站

### 21.3.6　金黄色主色调

金黄色是一种高明度色，具有快乐、高贵、华美、光明等特性的颜色。金黄色主色调的网站可以给用户以辉煌、兴奋的感觉，刺激用户的占有欲，如图 21-16 所示。

如图 21-16 所示的网站即是以金黄色为主色调，辅助以对比感非常强烈的黑色。在网页设计中，其使用了非常具有特色的深蓝与金黄相间的盆绘图像，又给网页带来古典主义的色彩。

图 21-16　以金黄色为主色调的网站

### 21.3.7　紫色主色调

在所有可见光谱中，紫色的光波是最短的，色相也最暗。由于其在视觉上知觉度很低，因此以紫色作为主色调的网站可以表现出一种神秘感，孤独、高傲而优雅的感觉。紫色的网站表现的手法与金黄色的网站完全相反，如果说金黄色调的高雅华丽是开放型的，那么紫色的高雅华丽就是孤独型的。

## 21.4　JavaScript 概述

JavaScript 是一种基于对象（Object）和事件驱动（Event Driven）并具有安全性能的脚本语言。本节主要讲述两个方面的内容，即数据类型和变量与常量。用户可以将 JavaScript 嵌入到普通的 XHTML 网页里并由浏览器执行，从而可以实现动态实时的效果。JavaScript 虽然包含了单词 Java，但是它与 Java 语言是完全不同的两类语言，JavaScript 仅用于网页脚本，它属于脚本语言，而 Java 则是一种纯面向对象的编程语言。

### 21.4.1　什么是 JavaScript

JavaScript 是一种脚本编程语言，它简单易学，能为网页添加各种丰富的动态效果。它被浏览器解释执行，不需要对程序进行编译，因此编写起来比较轻松，只需要使用一个记事本，就可以编写 JavaScript

代码，相较于 Java 这类系统程序语言必须安装编译器来说，它非常轻量化。

在网页中使用 JavaScript 非常简单，可以直接在 HTML 中嵌入 JavaScript。不过出于内容与代码分离的目的，一般会将 JavaScript 写在单独的以.js 结尾的文件中，然后在 HTML 中应用该网页。使用 JavaScript 可以直接操作 HTML 页面中的各个元素，这样就可以动态地更改元素的属性，实现一些基本的动画效果。

## 21.4.2　数据类型

作为一种脚本语言，JavaScript 有其自己的语法结构。JavaScript 允许使用三种基础的数据类型，分别是整型、字符串和布尔值。此外，还支持两种复合的数据类型——对象和数组，它们都是基础数据类型的集合。作为一种通用数据类型的对象，在 JavaScript 中也支持函数和数组，它们都是特殊的对象类型。另外，JavaScript 还为特殊的目的定义了其他特殊的对象类型。例如，Date 对象表示的是日期和时间类型。JavaScript 的这 6 种数据类型如表 21-1 所示。

表 21-1　JavaScript 的 6 种数据类型

| 数　据　类　型 | 名　　称 | 示　　例 |
| --- | --- | --- |
| number | 数值类型 | 123,-0.129871,071,0X1fa |
| string | 字符串类型 | 'Hello','get the &','b@911.com' |
| object | 对象类型 | Date,Window,Document |
| boolean | 布尔类型 | true , false |
| null | 空类型 | null |
| undefined | 未定义类型 | tmp,demo,today,gettime |

## 21.4.3　变量与常量

变量是一个存储信息的容器，用户可将任意类型的数据放在变量中。

在使用变量前，可先使用 var 关键字声明变量，创建一个容器：

```
var a;
var textAreaName;
```

在声明变量后，用户可通过赋值语句直接为变量赋值：

```
a=5;
textAreaName="JavaScript 脚本代码";
```

在 JavaScript 中，每行语句需要通过分号 ";" 隔开。JavaScript 的变量分为三种类型，即数字、逻辑值和字符串。

在书写数字时，可直接将数字输入到网页文档中。在书写逻辑值时，同样可以直接将数字输入到网页文档中。逻辑型数据的值只有两种，即 true 和 false。在书写字符串时，需要在字符串的两端加上单引号 " ' " 或双引号 " " "。

JavaScript 允许用户向未声明的变量直接赋值。在赋值过程中，JavaScript 会自动声明变量：

```
action="progress";
newValue=110;
```

在编写 JavaScript 代码时，用户可以重新声明已赋值的变量，此时，该变量的值将为空。例如：

```
var newData="this is a Variable";
var newData;
```

常量通常又称字面常量，常量中的数据不能改变。JavaScript 使用关键字 const 声明一个常量，例如：

```
const PI =3.14;
```

常量可以是任何类型的值，因为不能声明之后对它进行赋值，因此，在定义它时，就应使用它的常量值来对其进行初始化。JavaScript 中还包含一些特殊字符，这些字符通常不会显示，而是进行某些控制，因此也称为控制字符。如表 21-2 所示列出转义字符的字符串常量。

表 21-2　转义字符的字符串常量

| 转 义 字 符 | 意　　义 |
|---|---|
| \b | 退格（Backspace） |
| \f | 换页（Form Feed） |
| \n | 换行（New Line） |
| \r | 返回（Carriage Return） |
| \t | 制表符（Tab） |
| \' | 单引号（'） |
| \" | 双引号（"） |
| \\ | 反斜线（\） |

## 21.5　运算符和表达式

在 JavaScript 的程序中要完成某些功能，离不开各种各样的运算符。运算符用于将一个或者几个值变成结果值，使用运算符的值称为操作数，运算符及操作数的组合称为表达式。例如表达式：i = j / 100 ;在这个表达式中 i 和 j 是两个变量，"/"是运算符，用于将两个操作数执行除运算，100 是一个数值。JavaScript 支持很多种运算符，包括用于字符串与数字类型的 "+" 和 "=" 赋值运算符，可分为如下几类，下面将依次进行介绍。

### 21.5.1　算术运算符

算术运算符是最简单、最常用的运算符，可以进行通用的数学计算，如表 21-3 所示是算术运算符。

表 21-3　算术运算符

| 运 算 符 | 形　　式 | 含　　义 |
|---|---|---|
| + | x+y | 返回 x 加 y 的值 |
| - | x-y | 返回 x 减 y 的值 |
| * | x*y | 返回 x 乘以 y 的值 |
| / | x/y | 返回 x 除以 y 的值 |
| % | x%y | 返回 x 与 y 的模（x 除以 y 的余数） |
| ++ | x++、++x | 数值递增、递增并运回数值 |
| -- | x--、--x | 数值递减、递减并运回数值 |

### 21.5.2　逻辑运算符

逻辑运算符通常用于执行布尔运算，常和比较运算符一起使用来表示复杂的比较运算，这些运算涉及的变量通常不止一个，而且常用于 if、while 和 for 语句中。如表 21-4 所示是 JavaScript 支持的逻辑运算符。

表 21-4　逻辑运算符

| 运算符 | 形式 | 含义 |
| --- | --- | --- |
| && | 逻辑与运算符 | 当两表达式结果为真时，逻辑与运算结果也为真 |
| \|\| | 逻辑或运算符 | 当两表达式中任意一表达式结果为真，逻辑或运算结果即为真 |
| ! | 逻辑非运算符 | 当表达式结果为真时，返回假，反之则返回真 |
| &&= | 逻辑与赋值运算符 | 先为两表达式进行逻辑与运算，再将获取的结果赋予运算符左侧的表达式 |
| \|\|= | 逻辑或赋值运算符 | 先为两表达式进行逻辑或运算，再将获取的结果赋予运算符左侧的表达式 |

### 21.5.3　比较运算符

比较运算符用于对运算符的两个表达式进行比较，然后返回 boolean 类型的值，例如比较两个值是否相同或者比较数字值的大小等，如表 21-5 所示是 JavaScript 支持的比较运算符。

表 21-5　比较运算符

| 运算符 | 形式 | 含义 |
| --- | --- | --- |
| == | 相等运算符 | 验证两个表达式的值是否相等 |
| > | 大于运算符 | 验证运算符左侧的表达式是否大于右侧的表达式 |
| >= | 大于等于运算符 | 验证运算符左侧的表达式是否大于或等于右侧的表达式 |
| != | 不等运算符 | 其作用与相等运算符正好相反，返回值也相反 |
| < | 小于运算符 | 验证运算符左侧的表达式是否小于右侧的表达式 |
| <= | 小于等于运算符 | 验证运算符左侧的表达式是否小于或等于右侧的运算符 |
| === | 全等运算符 | 在不进行数据转换的情况下验证两个表达式是否完全相等 |
| !== | 不全等运算符 | 与全等运算符相反，其作用与全等运算符正好相反，返回值也相反 |

### 21.5.4　字符串运算符

JavaScript 支持使用字符串运算符 "+" 对两个或者多个字符串进行连接操作，这个运算符的使用比较简单，下面给出几个应用的示例：

```
var str1="Hello";
var str2="World";
var str3="Love";
var Result1=str1+str2 ;             //结果为"HelloWorld"
var Result2=str1+" "+str2 ;         //结果为"Hello World"
var Result3=str3+"  in  "+str2 ;    //结果为"Love  in  World"
var sqlstr="Select * from [user] where username='"+"ZHT"+"'"
//结果为Select * from [user] where username='ZHT'
var a="5",b="2", c=a+b;  //c 的结果为"52"
```

### 21.5.5　位操作运算符

位操作运算符对数值的位进行操作，如向左或者向右移位等，如表 21-6 所示是 JavaScript 支持的位操作运算符。

表 21-6　位操作运算符

| 运 算 符 | 形 式 | 含 义 |
|---|---|---|
| & | 表达式1 & 表达式2 | 当两个表达式的值都为 true 时返回 1，否则返回 0 |
| \| | 表达式1 \| 表达式2 | 当两个表达式的值都为 false 时返回 0，否则返回 1 |
| ^ | 表达式1 ^ 表达式2 | 两个表达式中有且只有一个为 false 时返回 0，否则为 1 |
| << | 表达式1 << 表达式2 | 将表达式1 向左移动表达式2 指定的位数 |
| >> | 表达式1 >> 表达式2 | 将表达式1 向右移动表达式2 指定的位数 |
| >>> | 表达式1 >>> 表达式2 | 将表达式1 向右移动表达式2 指定的位数，空位补 0 |
| ~ | ~表达式 | 将表达式的值按二进制逐位取反 |

## 21.5.6　赋值运算符

赋值运算符用于更新变量的值，有些赋值运算符可以和其他运算符组合使用，对变量中包含的值进行计算，然后用新值更新变量，如表 21-7 所示是赋值运算符。

表 21-7　赋值运算符

| 运 算 符 | 形 式 | 含 义 |
|---|---|---|
| = | 变量=表达式 | 将表达式的值赋予变量 |
| += | 变量+=表达式 | 将表达式的值与变量值执行 + 操作后赋予变量 |
| -= | 变量-=表达式 | 将表达式的值与变量值执行 - 操作后赋予变量 |
| *= | 变量*=表达式 | 将表达式的值与变量值执行 * 操作后赋予变量 |
| /= | 变量/=表达式 | 将表达式的值与变量值执行 / 操作后赋予变量 |
| %= | 变量%=表达式 | 将表达式的值与变量值执行 % 操作后赋予变量 |
| <<= | 变量<<=表达式 | 对变量按表达式的值向左移 |
| >>= | 变量>>=表达式 | 对变量按表达式的值向右移 |
| >>>= | 变量>>>=表达式 | 对变量按表达式的值向右移，空位补 0 |
| &= | 变量&=表达式 | 将表达式的值与变量值执行 & 操作后赋予变量 |
| \|= | 变量\|=表达式 | 将表达式的值与变量值执行 \| 操作后赋予变量 |
| ^= | 变量^=表达式 | 将表达式的值与变量值执行 ^ 操作后赋予变量 |

## 21.5.7　条件运算符

JavaScript 支持 Java、C 和 C++中的条件表达式运算符 "?"，这个运算符是个二元运算符，它有三个部分，一个计算值的条件和两个根据条件返回的真假值。格式如下所示：

```
条件 ? 值1 : 值2
```

如果条件为真，则表达值使用值1，否则使用值2。例如：

```
( x > y ) ? 30 : 31
```

如果 x 的值大于 y 值，则表达式的值为 30；否则 x 的值小于或者等于 y 值时，表达式值为 31。

## 21.6　控制语句

与多数高级编程语言类似，JavaScript 也可以通过语句控制代码执行的流程。本节主要讲述两个方面的内容，将 JavaScript 的语句分为两大类，即条件语句和循环语句。用户可以将 JavaScript 嵌入到普通的 XHTML 网页里并由浏览器执行，从而可以实现动态实时的效果。

### 21.6.1　条件语句

条件语句的作用是对事件行为或表达式的值进行判断，根据判断的结果，执行某一段语句。

在 JavaScript 中，主要的条件语句共包括 4 种。

（1）if…语句。

if…语句可在指定的条件下执行某段代码。

```
if (expression){
  statements;
}
```

在上面的代码中，各关键词含义如下所示。

① expression：if 语句判断条件的表达式。

② statements：当表达式成立时执行的语句。

if…语句是判断单个条件的语句，通常用于最简单的条件判断。判断条件的表达式通常可以运算并获得逻辑值类型的结果。

（2）if…else…语句。

if…else…语句是 if…语句的补充，既可在条件成立时执行一段代码，也可在条件不成立时执行另一段代码。

```
if (expression) {
  statements1;
} else{
  statements2;
}
```

在上面的代码中，各关键词的含义如下。

① expression：if 语句判断条件的表达式。

② statements1：当表达式成立时执行的语句。

③ statements2：当表达式不成立时执行的语句。

if…else…语句也是单个条件的判断语句，使用 if…else…语句可以建立简单的分支结构。

（3）if…else if…语句。

if…else if…语句的作用是对多个条件的表达式进行判断，根据表达式成立与否执行多种代码。

```
if (expression1) {
```

```
  statements1;
} else if (expression2) {
  statements2;
} else if (expression3) {
  statements3;
} ……{
  statementsn-1;
} else {
statementsn;
}
```

在上面的代码中，各关键词的含义如下。

① expression1~expression3：多个条件的表达式。

② statements1~statementsn：相应条件的表达式成立时执行的语句。

③ n：条件的数量。

（4）switch…case 语句。

在判断多个并列的条件时，可使用 switch…case 语句。

```
switch (expression) {
  case value1:
    statements1;
    break;
  case value2:
    statements2;
    break;
  ……
  default:
    defaultstatements;
}
```

在上面的代码中，各关键词的含义如下。

① expression：switch 语句判断条件的表达式。

② value1~value2：条件表达式的值。

③ statements1~statements2：当条件表达式的值为对应的值时执行的代码。

④ defaultstatements：当所有条件表达式的值都不符合时执行的代码。

## 21.6.2　循环语句

循环语句可以重复地执行一些语句，直到满足循环终止的条件为止。在编写代码时，使用循环可以简化程序，提高程序的执行效率。

在 JavaScript 中，主要的循环语句有三种。

（1）while…语句。

while 循环语句是一种简单的循环语句，仅由一个循环条件和循环体组成。

while 语句的使用方法和 if 语句类似，都是通过判断表达式来决定是否执行其所属的语句块。

```
while (expression) {
  statements
}
```

在上面的语句中，各关键词的含义如下。

① expression：判断循环是否继续执行的表达式。

② statements：循环的循环节。

（2）do…while…语句。

do…while…语句其实是 while…语句的另一种书写方式。使用 do…while…语句时，需要将循环节写在前面，而将判断语句写在后面。

```
do {
  statements
} while (expression)
```

在上面的语句中，各关键词的含义如下。

① statements：循环的循环节。

② expression：判断循环是否继续进行的表达式。

（3）for…语句。

for 循环语句是一种复杂的循环语句，JavaScript 中的 for 循环语句支持用计数器对循环的次数进行计数。

```
for (counter=initialvalue;counter<=[>=]limited; extent) {
  statements
}
```

在上面的语句中，各关键词的含义如下。

① counter：循环的计数器。

② initialvalue：循环计数器的初始值。

③ limited：循环计数器的最大值或最小值。

④ extent：循环计数器递增或递减的幅度，通常为 conter+=Numeric 或 conter-=Numeric。

⑤ statements：循环节。

（4）for…in 语句。

for…in 语句的作用是循环遍历数组或对象中元素或成员。

```
for( variable in array[object]){
  statements;
}
```

在上面的代码中，各关键词的含义如下。

① variable：需要遍历对比的变量名。

② array：被遍历的数组。

③ object：被遍历的对象。

④ statements：循环节。

## 21.7　内置函数

通常在进行复杂的程序设计时，总是根据所要完成的功能将程序划分为一些相对独立的部分，每部分编写一个函数，从而使各部分充分独立、任务单一、程序清晰、易维护。

JavaScript 函数可以封装那些在程序中可能要多次用到的模块，并可作为事件驱动的结果而调用的程序，从而实现一个函数与相应的事件驱动相关联。

定义 JavaScript 函数的语法形式如下：

```
function 函数名称( [ 参数 ] )
{
//函数体，实现语句
[ return 值; ]
}
```

其中，使用 function 来声明创建的函数，之后紧跟的是函数名称，与变量的命名规则一样，也就是只包含字母、数字、下画线，以字母开始，不能与保留字重复等。在括号中定义了一串传递到函数中的某种类型的值或者变量，多个参数之间使用逗号隔开。声明后的两个大括号非常必要，其中包含了需要让函数执行的命令，来实现所需的功能。

函数还可以返回一个结果，函数的结果由 return 语句返回。return 语句能够用来返回可计算出单一值的任何有效表达式。

系统函数不需要创建，也就是说用户可以在任何需要的地方调用，如果函数有参数还需要在括号中指定传递的值。如表 21-8 所示列出了常用的系统函数。

表 21-8　常用的系统函数

| 函数名称 | 含　　义 |
|---|---|
| eval() | 返回字符串表达式中的值 |
| parseInt() | 返回不同进制的数，默认是十进制 |
| parseFloat() | 返回实数 |
| escape() | 返回字符的编码 |
| encodeURI | 返回一个对 URI 字符串编码后的结果 |
| decodeURI | 将一个已编码的 URI 字符串解码成最原始的字符串返回 |
| unEscape () | 返回字符串 ASCI 码 |
| isNaN() | 检测 parseInt() 和 parseFloat() 函数返回值是否为非数值型，如果是，返回 true；否则，返回 false |
| abs(x) | 返回 x 的绝对值 |
| acos(x) | 返回 x 的反余弦值（余弦值等于 x 的角度），用弧度表示 |
| asin(x) | 返回 x 的反正弦值 |
| atan(x) | 返回 x 的反正切值 |
| atan2(x, y) | 返回复平面内点(x, y)对应的复数的幅角，用弧度表示，其值在 $-\pi$ 到 $\pi$ 之间 |
| ceil(x) | 返回大于等于 x 的最小整数 |
| cos(x) | 返回 x 的余弦 |
| exp(x) | 返回 e 的 x 次幂 (ex) |
| floor(x) | 返回小于等于 x 的最大整数 |

续表

| 函数名称 | 含　义 |
|---|---|
| log(x) | 返回 x 的自然对数 (ln x) |
| max(a, b) | 返回 a, b 中较大的数 |
| min(a, b) | 返回 a, b 中较小的数 |
| pow(n, m) | 返回 n 的 m 次幂 (nm) |
| random() | 返回大于 0 小于 1 的一个随机数 |
| round(x) | 返回 x 四舍五入后的值 |
| sin(x) | 返回 x 的正弦 |
| sqrt(x) | 返回 x 的平方根 |
| tan(x) | 返回 x 的正切 |
| isFinite() | 如果括号内的数字是"有限"的（介于 Number.MIN_VALUE 和 Number.MAX_VALUE 之间）就返回 true；否则返回 false |
| isNaN() | 如果括号内的值是 NaN 则返回 true；否则返回 false |
| toString() | 用法：<对象>.toString()；把对象转换成字符串。如果在括号中指定一个数值，则转换过程中所有数值转换成特定进制 |

# 21.8 综合实战

本章概要性地介绍 JavaScript 在房产网站中的应用，主要内容有房地产网站分类、房地产网站的设计要点、不动产网站的设计风格、JavaScript 概述、运算符和表达式、控制语句、内置函数，为本书后续的学习打下坚实的基础。主要讲述如何在网站建设中应用 JavaScript，制作吸引人的网站的一些方法和相关技术，接下来我们通过两个实例来对本章的内容进行实践。

## 21.8.1　实战：设计房地产网站首页

设计房地产企业的网站，首先要为其安排合理的布局、清晰的网页内容，以及选用统一的色彩。房地产类网站在字体选择上，应尽量选择粗体以体现出企业雄厚的实力。网站的色调要与企业宣传的产品相关。以如图 21-17 所示的网站为例，由于为夏季淡季促销做宣传，因此网站的主色调选择了给人清凉感觉的青色。本例主要练习添加表格、设置表格属性、添加 Flash 导航条、嵌入帧。

图 21-17　房地产网站首页

**STEP|01** 新建文档 "index.html"，右击执行【页面属性】命令，在弹出的窗口中设置页面的 4 边边距均为 0 像素，如图 21-18 和图 21-19 所示。

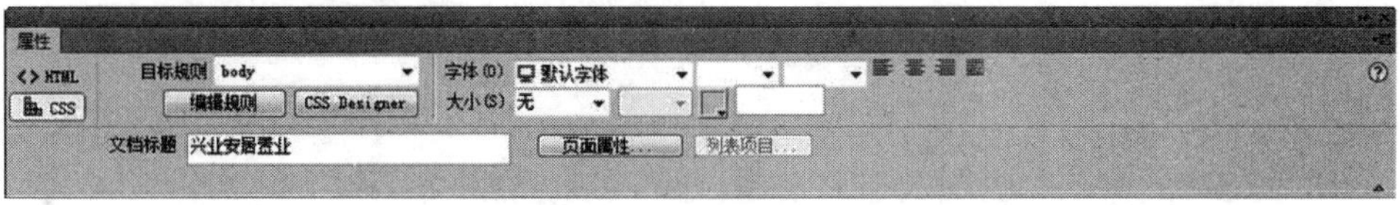

图 21-18　【属性】面板

图 21-19　【页面属性】对话框

**STEP|02** 在网页中插入一个 4 行×4 列的布局表格，设置表格的宽。合并表格的前 3 行单元格，并在第 1 行单元格中插入 Flash 导航条。分别将表格的第 2 行和第 3 行单元格合并，设置高度，并插入背景图像，如图 21-20 所示。

图 21-20　【属性】面板

**STEP|03** 设置表格第 4 行第 1 列单元格的高度和宽度，并为其插入背景。设置表格第 4 行第 2 列单元格的大小，并在其中插入一个 8 行×1 列的表格以制作导航条，表格宽为 150 像素。设置导航条表格中各单元格的高度，并为其添加背景。在导航条中输入导航文本，设置 CSS 样式。样式代码如下：

```
.menu01 {
font-family: "微软雅黑",font-size: 14px;
/*定义文本的字体类型和字体大小*/
font-weight: bold;color: #000000;
/*定义文本字体为粗体，颜色为黑色 (#000000) */
text-decoration: none;
/*定义文本无下画线*/
```

```
text-indent: 20px;
/*定义文本在段首缩进20像素*/
vertical-align: bottom;}
/*定义文本在单元格中的垂直对齐方式为底部对齐*/
```

效果如图 21-21 所示。

**STEP|04** 为布局表格第 4 行第 3 列的单元格设置大小和背景。在布局表格第 4 行第 4 列的单元格中插入一个 2 行×2 列的表格，合并表格第 2 行的单元格。设置表格各单元格的高度和宽度，并为表格第 1 行第 2 列和第 2 行的单元格插入背景。切换至代码视图，在表格第 1 行第 1 列的单元格中插入嵌入帧代码<iframe> </iframe>，并设置嵌入帧属性。保存文档，在 Dreamweaver CS6 中新建文档，将其保存为 mainbody.html，设置其页面边距为 0，并制作页面内容，如图 21-22 和图 21-23 所示。

**STEP|05** 保存文档，在 Dreamweaver 中新建文档，将其保存为 company.html，设置其页面边距为 0，添加企业的义务和责任等相关内容。用相同的方法制作左侧导航栏所导航的嵌入页面。其中，aboutus.html 页面介绍企业的相关信息，contact.html 页面介绍企业的联系方式。制作左侧导航栏嵌入页面 recruitment.html，用于介绍企业的招聘信息。在

图 21-21　页面效果

index.html 文档中，在左侧导航条中设置导航条打开嵌入页的链接，即可完成页面的制作，如图 21-24 所示。

```
<iframe frameborder="0"
    height="752" width="702"
    name="mainFrame" id="mainFrame"
    title="mainFrame" src="mainbody.html">
    </iframe></td>
```

图 21-22　CSS 样式代码

图 21-23　页面效果

## 21.8.2　实战：设计三水城市花园主页

为吸引更多购房者购买房产，房地产企业通常会为其开发的小区或商业楼宇等产品制作网站。在设计这类网站时需要追求个性化的视觉效果，以给购房者留下深刻印象。本练习将使用 Dreamweaver 设计一个房地产产品网站，主要练习添加表格、设置表格属性、使用库面板、使用模板和创建可编辑区域，如图 21-25 所示。

**STEP|01** 新建网页文档，将其保存为 index.html，为网页设置页面边距并绘制一个 3 行×4 列的布局表格，如图 21-26 所示。

图 21-24　页面效果

**STEP|02** 为布局表格插入背景图像。将布局表格第一行的单元格合并，设置单元格的高度为 59 像素。在单元格中插入一个 1 行×2 列的表格，设置表格各单元格的宽度，并在表格第 2 列输入网页导航条文本。将布局表格第 2 行中的第 1 列和第 2 列单元格合并，分别设置第 3 列和第 4 列单元格的宽度为 757 像素和 111 像素。将布局表格中第 2 行和第 3 行的第 3 列单元格合并，作为网页主题部分的布局单元格，如图 21-27 所示。

图 21-25 页面效果

图 21-26 页面效果

图 21-27 页面效果

**STEP|03** 在表格第 3 行第 2 个单元格内插入一个 6 行×1 列的表格，在表格中插入按钮制作左侧导航条。在网页主题部分单元格中插入一个 1 行×2 列的表格，设定表格高度和宽度，在表格第 1 列的单元格中再插入一个 7 行×3 列的表格。在表格中插入背景，制作网页主题部分的背景图像。在主题的表格中输入内容，并为其制作链接，如图 21-28 所示。

**STEP|04** 选择表格第 5 行的单元格，在单元格内制作网页的底部导航栏，并设置链接。在表格第 6 行的单元格中输入网页的版权信息，如图 21-29 所示。

**STEP|05** 用同样的方法制作网页主题内容的右半部分，将网页中的小导航条、左侧的导航条、底部导航条新建为库项目文件，如图 21-30 所示。

图 21-28 页面效果

**STEP|06** 将网页的主题部分内容删除，然后将其另存为模板。在模板中插入可编辑区域，将模板保存，并通过模板建立新的子页面。在子页面的可编辑区域中插入表格，制作主题部分并保存。根据子页面的文件名更新库项目，并为整个站点的页面进行更新。用同样的方法使用模板和库项目创建网站其他页面，即可完成网站的制作。

图 21-29　页面效果

图 21-30　页面效果

# 第 **22** 章

## 表　　单

　　表单是制作交互式网页的基本元素，通过在网页中插入各类表单元素，设计者可以制作出例如注册、登录、问答等等网页文档。本章将向大家介绍教育类网站的分类和设计特点，然后通过一个典型的教育网站来介绍教育类网站的制作方法。

　　详细介绍表单在网站建设中的应用，主要内容有教育网站类别、教育类网站设计特点、教育类网站模式、表单及表单对象、插入按钮对象、Spry 表单和综合实战。通过本章的学习我们可以知道怎样在网站中应用表单。

# 22.1 教育网站类别

网络快速发展的今天，国内教育网站不断涌现出来，其建设主体有机构、企业、学校、教师以及个人等。本节主要讲述教育网站类别，内容主要包括教育行政部门网站、教育研究机构网站、企校合办网站、社会专业机构网站、学校网站和教师个人网站。用户通过本节的学习可以了解教育网站类别，为后面的网站建设奠定基础。

## 22.1.1 教育行政部门网站

教育行政部门网站的主要内容包括介绍部门的结构和职能、发布与教育相关的新闻动态和政策法规、提供网上办事通道等，它所面向的对象为教育工作者。在设计该类型的网站时，通常采用红色为主色调，以表现出网站的正式与权威。例如湖北省教育厅网站，如图 22-1 所示。

图 22-1  教育行政部门网站

## 22.1.2 教育研究机构网站

教育研究机构通常以研究和发展教育为主要目的，网站中通常会提供教研新闻动态、教研讨论平台和教育教学资源等，面向的对象同样为教育工作者。在设计该类型网站时，由于内容以文字信息为主，所以需要注意文字与文字之间的距离。例如郑州教育信息网，如图 22-2 所示。

图 22-2 教育研究机构网站

## 22.1.3 企校合办网站

企校合办的教育网站通常以网校的形式出现，主要目的是提供课堂教学同步辅导、提高学生学习能力，便于学生更好更快地掌握课本知识，面向的对象主要为学生。在设计该类型的网站时，色彩搭配通常较为活泼自然，给人一种轻松愉快的感觉。例如黄冈中学网校，如图 22-3 所示。

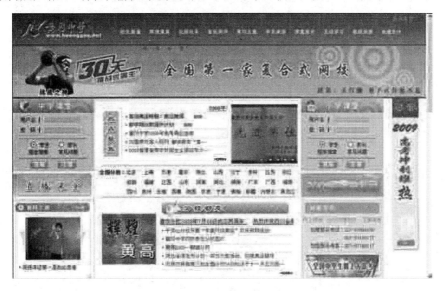

图 22-3 企校合办网站

## 22.1.4 社会专业机构网站

社会专业机构自办的教育网站以提供专业化加工的主题知识资源和行业知识信息为主要内容，面向的对象为各类学习者。在设计该类型网站时，由于内容涉及的方面较多，所以版面布局较为紧凑。例如科普中国网，如图 22-4 所示。

图 22-4　社会专业机构网站

## 22.1.5　学校网站

学校类网站主要宣传该校的师资力量、设备、以及开设专业等。另外，还介绍学校的一些基本情况、提供校内动态新闻、教育学习资源以及校内服务等，面向的对象主要为校内的师生。在设计学校网站时，一般以蓝色为主色调，给人一种健康、积极向上的感觉。例如中央民族大学的网站，如图 22-5 所示。

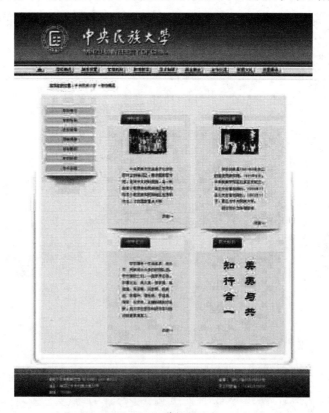

图 22-5　学校网站

## 22.1.6　教师个人网站

教师个人网站通常会提供教学研究经验、教育学习资源、互动学习空间和个人教学心得等内容。该类型的网站属于个人网站，因此在设计上比较随意，可以根据个人的喜好来决定网站的布局结构和色彩搭配等。例如杨老师的教学网站，如图 22-6 所示。

图 22-6　教师个人网站

# 22.2 教育类网站设计特点

教育网站的建立，其主要目的之一就是改革学习方式和教学方式，从而实现教育现代化。教育类网站在设计上具有广泛性和独特性。本节主要讲述教育类网站设计特点，内容主要包括以思想教育为导向、以知识教育为内容、结构清晰分明和风格活泼有序。用户通过本节的学习可以了解教育类网站设计特点，为后面的网站建设奠定基础。

## 22.2.1　以思想教育为导向

思想教育对学生乃至整个社会都发挥着积极向上的作用。教育网站作为宣传和推广教育的一个网络平台，如青少年宫在线网站，不仅向青少年传播各类课外知识，还担负着对青少年进行思想政治教育的任务，如图 22-7 所示。

## 22.2.2　以知识教育为内容

教育类网站的主要服务宗旨是传播正确的文化知识，面向的对象为广大学生。因此，教育类网站的一个特点就是准确发布知识内容、合理展示知识内容。例如灵豚学习网，该网站包含了基础、专业、生活等各类知识，是一个以传播文化知识为主要目的的网站，如图 22-8 所示。

图 22-7  以思想教育为导向的网站

图 22-8  以知识教育为内容的网站

## 22.2.3  结构清晰分明

教育类网站是用来传播文化知识的。因此，在设计该类型的网站时，版面布局要方正，内容展示要清晰明了，使学习者可以快速地查找到所需的信息。例如 24EN 网，该网站版面大气、规则，各个栏目的分类清晰、位置显著，使浏览者很容易找到自己所需的内容，如图 22-9 所示。

图 22-9 结构清晰分明的网站

## 22.2.4 风格活泼有序

教育类网站是以教育为服务宗旨，因此，在教育类网站中，除了需要显示有教育意义的内容之外，在网页设计风格上也要具有实际的意义。例如南京市下关区少年宫的网站，该网站以卡通图像为主，在色彩搭配上也活泼正气、不失华丽，符合少年儿童的审美要求，如图 22-10 所示。

图 22-10 风格活泼有序互动学习网站

# 22.3 教育类网站模式

教育类网站的主要目的就是宣传和推广教育，引导学生正确学习课本知识、理解教育目的、提高文化水平。本节主要讲述教育类网站模式，内容主要包括互动学习模式、主题资讯模式、教育科研模式和综合模式。用户通过本节的学习可以了解教育类网站模式，为后面的网站建设奠定基础。

## 22.3.1 互动学习模式

互动学习模式的网站主要提供探究学习学案、互动交流途径、e 化教材、各类智慧资源等，直接为基于网络应用的课堂教学、自主学习服务。

### 1. 简易型

例如新 e 代设计与工艺网，此网站以网络主题探究学案为主线索，将作品鉴赏、设计与工艺知识、知识资源等版块整合为课程的 e 化教材。通过学生作业、互动讨论等版块使得课堂交流更加方便快捷。

### 2. 专业型

例如 CSDN（世纪乐知），此网站是一家服务于中国 IT 专业人士学习与成长的领先综合社区服务平台，为广大学习者提供资源下载和讨论社区，如图 22-11 所示。

图 22-11 互动学习模式网站

## 22.3.2 主题资讯模式

主题资讯模式的网站主要是围绕某一主题的各类信息，进行较为深入、全面的知识加工和信息组织。

### 1. 简易型

例如英语网，此网站围绕英语主题进行展开，主要包括中小学英语和应用性英语，并针对各个不同层次的英语更进一步地分类及深化。

### 2. 专业型

例如中国文化研究院，此网站根据专题组织信息资源。这些专题包括中国漫画、中国铜镜艺术、中国民间艺术、中国佛像艺术、古琴等，是探究学习的优质网络主题资源，如图 22-12 所示。

图 22-12 主题资讯模式网站

## 22.3.3 教育科研模式

教育科研模式的网站主要用来研究交流教育教学，汇编课例、教案，提供相关网络信息资源等，可以实现自由发布观点、集中组织情报、交流互动等功能。

### 1. 简易型

例如湘教在线，此网站通过教育论丛、教案设计、教学论文、教学视频等多个版块对教育教学进行研究交流，并提供课件的下载。另外，还为语文、数学和英语三大学科设置专门的版块，以便更加专业地进行研究和讨论。

### 2. 专业型

例如株洲教育科研网，此网站为株洲教育科研机构所建立的，对中国中小学阶段的教育进行了专业化、系统化的研究，并设置有教研论坛，为教育工作者提供了交流互动的平台，如图 22-13 所示。

## 22.3.4 综合模式

综合模式的网站混合了上述三种功能的网站，不仅提供了教育教学研究交流的平台，而且还为广大学习者提供了大量的学习资源。

### 1. 简易型

例如第二教育网，此网站提供了从初三到高三各个学科的教学学习资源、中小学校用的教学辅助用品，并提供了博客和论坛，以方便研究与交流。

图 22-13　教育科研模式网站

## 2. 专业型

例如全国中小学教师继续教育网，此网站提供优质的课程资源，是承担中小学教师继续教育、中小学校长培训、课改与教研任务的国家级专业网站，如图 22-14 所示。

图 22-14　综合模式网站

## 22.4 表单及表单对象

通过提交表单，可以将用户在表单中输入的一些信息传递到服务器端并进行处理，实现网站中经常用到的留言板、反馈信息等功能。本节主要讲述两个方面的内容，主要包括添加表单和添加表单对象。用户通过本节的学习可以了解表单及表单对象，为后面的网站建设奠定基础。

### 22.4.1  表单的基础知识

表单在网页中是提供给访问者填写信息的区域，从而可以收集客户端信息，使网页更加具有交互的功能。

#### 1. 表单的概念

表单一般被设置在一个 HTML 文档中，访问者填写相关信息后提交表单，表单内容会自动从客户端的浏览器传送到服务器上，经过服务器上的 ASP 或 CGI 等程序处理后，再将访问者所需的信息传送到客户端的浏览器上。几乎所有网站都应用了表单，例如搜索栏、论坛和订单等。

表单是由窗体和控件组成的，一个表单一般包含用户填写信息的输入框和提交按钮等，这些输入框和按钮叫做控件。表单用<form></form>标记来创建，在<form></form>标记之间的部分都是表单的内容。<form>标记具有 action、method 和 target 属性。

action：处理程序的程序名，例如<form action="URL">，如果属性是空值，则当前文档的 URL 将被使用，当提交表单时，服务器将执行程序。

method：定义处理程序从表单中获得信息的方式，可以选择 GET 或 POST 中的一个。GET 方式是处理程序从当前 HTML 文档中获取数据，这种方式传送的数据量是有限制的，一般在 1KB 之内。POST 方式是当前 HTML 文档把数据传送给处理程序，传送的数据量要比使用 GET 方式大得多。

target：指定目标窗口或帧。可以选择当前窗口_self、父级窗口_parent、顶层窗口_top 和空白窗口_blank。

#### 2. 表单的对象

在 Dreamweaver 中，表单输入类型称为表单对象。用户要在网页文档中插入表单对象，除了可以选择【插入】|【表单】命令以外，还可以选择【窗口】|【插入】命令，显示【插入】面板，然后单击【插入】面板中的▼按钮，在弹出的菜单中选择【表单】命令，打开【表单】窗口。接下来，在【表单】窗口中单击相应的表单对象按钮即可插入表单。

在【表单】窗口中比较重要的表单对象按钮的功能如下。

【表单】按钮▣：用于在文档中插入一个表单。访问者要提交给服务器的数据信息必须放在表单里，只有这样，数据才能被正确处理。

【文本字段】按钮▣：用于在表单中插入文本域。文本域可接受任何类型的字母数字项，输入的文本可以显示为单行、多行或者显示为星号(用于密码保护)。

【隐藏域】按钮▣：用于在文档中插入一个可以存储用户数据的域。使用隐藏域可以实现浏览器同服务器在后台隐藏的交换信息，例如，输入的用户名、E-mail 地址或其他参数，当下次访问站点时能够使用输入的这些信息。

【文本区域】按钮▣：用于在表单中插入一个多行文本域。

【复选框】按钮☑：用于在表单中插入复选框。在实际应用中多个复选框可以共用一个名称，也可以共用一个 Name 属性值，实现多项选择的功能。

【单选按钮】按钮◉：用于在表单中插入单选按钮。单选按钮代表互相排斥的选择，选择一组中的某个按钮，同时取消选择该组中的其他按钮。

【单选按钮组】按钮▦：用于插入共享同一名称的单选按钮的集合。

【列表/菜单】按钮▤：用于在表单中插入列表或菜单。【列表】选项在滚动列表中显示选项值，并允许用户在列表中选择多个选项。【菜单】选项在弹出式菜单中显示选项值，而且只允许用户选择一个选项。

【跳转菜单】按钮▣：用于在文档中插入一个导航条或者弹出式菜单。跳转菜单可以使用户为链接文档插入一个菜单。

【图像域】按钮▣：用于在表单中插入一幅图像。可以使用图像域替换【提交】按钮，以生成图形化按钮。

【文件域】按钮▣：用于在文档中插入空白文本域和【浏览】按钮。用户使用文件域可以浏览硬盘上的文件，并将这些文件作为表单数据上传。

【按钮】按钮▢：用于在表单中插入文本按钮。按钮在单击时执行任务，如提交或重置表单，也可以为按钮添加自定义名称或标签。

## 22.4.2　添加表单

在 Dreamweaver 中，可以将整个网页创建为一个表单网页，也可以在网页的部分区域中添加表单，其创建方法相同。例如，在【插入】菜单栏中选择【表单】选择卡，单击【表单】按钮即可在文档中插入表单，如图 22-15 所示。

用户也可以切换到【代码】视图模式中编辑表单。例如，在 HTML 文档中，表单域是由标签&lt;form&gt;&lt;/form&gt;来实现的。

## 22.4.3　添加表单对象

在定义表单域后，用户可以在表单域中添加各种表单对象。

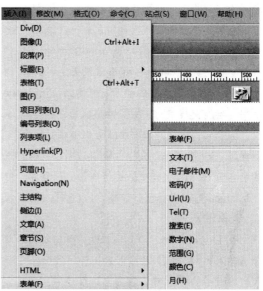

图 22-15　添加表单

### 1. 插入文本域

文本字段是表单最常使用的域。用户可以创建一个包含单行或多行的文本域，也可以创建一个隐藏用户输入的密码域。例如，在【表单】选项卡中单击【文本字段】按钮，即可打开【输入标签辅助功能属性】对话框，为插入文本字段进行一些简单的设置。

在 Dreamweaver 中，用户可单击【插入】面板中的【表单】|【文本区域】按钮，通过在【输入标签辅助功能属性】对话框中进行简单设置，然后在网页中插入文本区域。文本区域的属性与文本字段非常类似。区别在于，文本区域中的类型属性默认选择【多行】，并且文本区域不需要设置最多字符数属性，只需要设置行数属性。

## 2. 插入复选框

当用户从一组选项中选择多个选项时，可以使用复选框。在【插入】面板中单击【表单】|【复选框】按钮，然后在弹出的【输入标签辅助功能属性】对话框中设置复选框的 ID 和标签等属性。在插入复选框后，用户即可单击复选框，在【属性】面板中设置复选框的各种属性。

## 3. 插入单选按钮

单选按钮是一种不允许用户进行多项选择的表单对象。在同一字段集中，用户可以插入多个单选按钮，但只能对一个单选按钮进行选择操作。使用 Dreamweaver 打开网页文档，然后即可单击【插入】面板中的【表单】|【单选按钮】按钮，打开【输入标签辅助功能属性】对话框，在其中设置单选按钮的一些基本属性。在插入单选框后，用户即可单击选择单选按钮，在【属性】面板中设置单选按钮的属性。

## 4. 插入列表/菜单

列表/菜单是一种显示已有数据的表单对象，可以根据用户选择的列表项目，返回项目的值。用 Dreamweaver 打开网页文档，然后，即可单击【插入】面板中的【表单】|【列表/菜单】按钮，打开【输入标签辅助功能属性】对话框，在对话框中设置列表/菜单的基本属性，然后单击【确定】按钮，插入列表/菜单。

在插入列表/菜单后，即可选中列表/菜单，在【属性】面板中设置列表/菜单的各种属性。若需要设置列表/菜单的选项，可单击【属性】面板中的【列表值】按钮，在弹出的【列表值】对话框中定义列表/菜单中的项目标签和值，并单击【确定】按钮。如果列表/菜单式表单是以菜单形式存在的，则其【属性】面板中的【高度】和【选定范围】等选项将不可用。

## 5. 使用检查表单行为

在 Dreamweaver 中使用【检查表单】动作，可以为文本域设置有效性规则，检查文本域中的内容是否有效，以确保输入数据正确。一般来说，可以将该动作附加到表单对象上，并将触发事件设置为 onSubmit。当单击【提交】按钮提交数据时会自动检查表单域中所有的文本域内容是否有效。

用户在网页中插入表单和表单元素后，单击【行为】选项卡面板上的【添加行为】按钮 ➕ ，然后在弹出的下拉列表中选择【检查表单】选项，即可打开【检查表单】对话框，设置检查页面中的表单参数。

【检查表单】对话框中主要参数选项的具体作用如下。

【域】列表框：用于选择要检查数据有效性的表单对象。

【值】复选框：用于设置该文本域中是否使用必填文本域。

【可接受】选项区域：用于设置文本域中可填数据的类型，可以选择 4 种类型。选择【任何东西】选项表明文本域中可以输入任意类型的数据；选择【数字】选项表明文本域中只能输入数字数据；选择【电子邮件】选项表明文本域中只能输入电子邮件地址；选择【数字从】选项可以设置可输入数字值的范围，这时可在右边的文本框中从左至右分别输入最小数值和最大数值。

# 22.5　插入按钮对象

按钮是网页的重要组成部分，是沟通页面的重要工具，本节我们介绍如何插入按钮对象，按钮表单对象包括按钮、单选按钮、单选按钮组、复选框和复选框组等，此类表单对象的功能主要是控制对表单的操作。

## 22.5.1　按钮对象简介

在预览网页文档时，当输入完表单数据后，可以单击表单按钮，提交服务器处理；如果对输入的数据不满意，需要重新设置时，可以单击表单按钮，重新输入；还可以通过表单按钮来完成其他任务。复选框和单选按钮是预定义选择对象的表单对象。可以在一组复选框中选择多个选项；单选按钮也可以组成一个组使用，提供互相排斥的选项值，在单选按钮组内只能选择一个选项。

## 22.5.2　插入表单按钮

表单按钮是标准的浏览器默认按钮样式，它包含需要显示的文本，它包括"提交"和"重置"按钮。用户在 Dreamweaver 中选择【插入】|【表单】|【按钮】命令后，在打开的【输入标签辅助功能属性】对话框中单击【确定】按钮，在文档中创建一个表单按钮。

选中表单按钮对象后，用户可以在打开的【属性】面板中设置表单按钮的属性，其中主要选项的功能如下。

【按钮名称】文本框：用于输入按钮的名称。

【值】文本框：用于输入需要显示在按钮上的文本。

【动作】选项区域：用于选择按钮的行为，即按钮的类型，包含三个选项。其中【提交表单】单选按钮用于将当前按钮设置为一个提交类型的按钮，单击该按钮，可以将表单内容提交给服务器进行处理；【重设表单】单选按钮用于将当前按钮设置为一个复位类型的按钮，单击该按钮，可以将表单中的所有内容都恢复为默认的初始值；【无】单选按钮用于不对当前按钮设置行为，可以将按钮同一个脚本或应用程序相关联，单击按钮时，自动执行相应的脚本或程序。

【类】下拉列表框：用于指定该按钮的 CSS 样式。

## 22.5.3　插入单选按钮

单选按钮提供相互排斥的选项值，在单选按钮组内只能选择一个选项。在 Dreamweaver 中，用户选择【插入】|【表单】|【单选按钮】命令，即可在文档中创建一个单选按钮。选中单选按钮后，可以在打开的【属性】面板中设置其属性参数。

单选按钮的【属性】面板中的主要参数选项的功能说明如下。

【单选按钮】文本框：用于输入单选按钮的名称。系统会自动将同一个段落或同一个表格中的所有名称相同的按钮定义为一个组，在这个组中访问者只能选中其中的一个。

【选定值】文本框：用于输入单选按钮选中后控件的值，该值可以被提交到服务器上，以便应用程序处理。

【初始状态】选项区域：用于设置单选按钮在文档中的初始选中状态，包括【已勾选】和【未选中】两项。

【类】下拉列表框：用于指定该单选按钮的 CSS 样式。

## 22.5.4　插入单选按钮组

使用单选按钮组表单对象可以添加一个单选按钮组，选择【插入】|【表单】|【单选按钮组】命令，打开【单选按钮组】对话框，然后在该对话框中设置单选按钮组的参数后，单击【确定】按钮即可在网

页中插入单选按钮组。

【单选按钮组】对话框中的主要参数选项的功能说明如下。

【名称】文本框：用于指定单选按钮组的名称。

【单选按钮】列表框：该列表框中显示的是该单选按钮组中所有的按钮，左边列为按钮的【标签】，右边列为按钮的值，相当于单选按钮【属性】面板中的【选定值】。

【布局，使用】选项区域：用于指定单选按钮间的组织方式，有【换行符】和【表格】两种选择。

## 22.5.5　插入复选框

复选框表单对象可以限制访问者填写的内容，使收集的信息更加规范，更有利于信息的统计。在 Dreamweaver 中选择【插入】|【表单】|【复选框】命令，即可在网页文档中创建复选框。选中页面中的复选框，可以在【属性】面板中设置其属性参数。

复选框【属性】面板中的主要参数选项的具体作用如下。

【复选框名称】文本框：该文本框用于输入复选框的名称。

【选定值】文本框：用于输入复选框选中后控件的值，该值可以被提交到服务器上，以便应用程序处理。

【初始状态】选项区域：用于设置复选框在文档中的初始选中状态，包括【已勾选】和【未选中】两项。

## 22.5.6　插入复选框组

复选框组和按钮、单选按钮组相似，可以一次插入多个选项。在 Dreamweaver 中选择【插入】|【表单】|【复选框组】命令，打开【复选框组】对话框，然后在该对话框中设置复选框组参数后，单击【确定】按钮即可在页面中插入一个复选框组。

【复选框组】对话框中的主要参数选项的功能说明如下。

【名称】文本框：用于输入复选框组的名称。

【复选框】列表框：显示的是该复选框组中所有的按钮，左边列为复选框的【标签】，右边列是复选框的值，相当于复选框【属性】面板中的【选定值】。

【布局，使用】选项区域：用于指定复选框间的组织方式，有【换行符】和【表格】两种选择。

## 22.5.7　插入图形按钮

在设计网页时，用户可以使用图像域生成图形化的按钮来美观网页。在 Dreamweaver 中选择【插入】|【表单】|【图像域】命令，打开【选择图像源文件】对话框，选择一幅图像并单击【确定】按钮，然后在【辅助标签属性功能】对话框中再次单击【确定】按钮，即可在网页文档中插入一个图形按钮。

选中页面中的图形按钮，在打开的【属性】面板中可以设置其参数和属性，其中主要参数的功能说明如下。

【图像区域】文本框：输入图像域的名称。

【源文件】文本框：输入图像的 URL 地址（或单击其后的【文件夹】按钮），可选择图像文件。

【替换】文本框：输入图像的替换文字，当浏览器不显示图像时，软件将显示该替换的文字。

【对齐】下拉列表框：选择图像的对齐方式。

表单中的 Spry 构件主要用于验证用户在对象域中所输入的内容是否为有效的数据，并在这些对象域中内建了 CSS 样式和 JavaScript 特效，更加丰富了对象域的显示效果。本节主要讲述 4 个方面的内容，主要包括 Spry 验证文本域、Spry 验证文本区域、Spry 验证复选框和 Spry 验证选择。用户通过本节的学习可以了解 Spry 表单，为后面的网站建设奠定基础。

## 22.6.1 Spry 验证文本域

Spry 验证文本域的作用是验证用户在文本字段中输入的内容是否符合要求。通过 Dreamweaver 打开网页文档，并选中需要进行验证的文本域。然后，单击【插入】面板中的【表单】|【Spry 验证文本域】按钮，为文本域添加 Spry 验证。在插入 Spry 验证文本域或为文本域添加 Spry 验证后，即可单击蓝色的 Spry 文本域边框，然后在【属性】面板中设置 Spry 验证文本域的属性。

Spry 验证文本域有多种属性可以设置，包括设置其状态、验证的事件等。在【属性】面板中定义任意一个 Spry 属性，在【预览状态】的下拉菜单中都会增加相应的状态类型。选中【预览状态】菜单中的相应类型后，即可设置该类型状态时网页显示的内容和样式。例如，定义最小字符数为 8，则【预览状态】的菜单中将新增"未达到最小字符数"的状态，选中该状态后，即可在【设计视图】中修改该状态。

## 22.6.2 Spry 验证文本区域

Spry 验证文本区域也是一种 Spry 验证内容，其主要用于验证文本区域内容，以及读取一些简单的属性。在 Dreamweaver 中，可直接单击【插入】面板中的【表单】|【Spry 验证文本区域】按钮，创建 Spry 验证文本区域。若网页文档中已插入了文本区域，则用户可选中已创建的普通文本区域，用同样的方法为表单对象添加 Spry 验证方式。

在【设计视图】中选择蓝色的 Spry 文本区域后，即可在【属性】面板中定义 Spry 验证文本区域的内容。

Spry 验证文本区域的【属性】面板中，比 Spry 验证文本域增加了两个选项。

### 1. 计数器

计数器是一个单选按钮组，提供了三种选项供用户选择。当选择【无】时，将不在 Spry 验证结果的区域显示任何内容；当选择【字符计数】时，则 Dreamweaver 会为 Spry 验证区域添加一个字符技术的脚本，显示文本区域中已输入的字符数；当设置了最大字符数之后，Dreamweaver 将允许用户选择【其余字符】选项，以显示文本区域中还允许输入多少字符。

### 2. 禁止额外字符

若已设置最大字符数，则可选择【禁止额外字符】复选框，其作用是防止用户在文本区域中输入的文本超过最大字符数。当选择该复选框后，若用户输入的文本超过最大字符数，则无法再向文本区域中输入新的字符。

Spry 验证密码用于密码类型文本域，在 Dreamweaver 中使用 Spry 验证密码功能。

Spry 验证密码的【属性】面板中的主要参数选项的功能说明如下。

【最小字符数】文本框：设置密码文本域输入的最小字符数。

【最大字符数】文本框：设置密码文本域输入的最大字符数。

【最小字母数】文本框：设置密码文本域输入的最小起始字母。

【最大字母数】文本框：设置密码文本域输入的最大结束字母。

### 22.6.3 Spry 验证复选框

Spry 验证复选框的作用是在用户选择复选框时显示选择的状态。与之前几种 Spry 验证表单不同，Dreamweaver 不允许用户为已添加的复选框添加 Spry 验证，只允许用户直接添加 Spry 复选框。

用 Dreamweaver 打开网页文档，然后单击【插入】面板中的【表单】|【Spry 验证复选框】按钮，打开【输入标签辅助功能属性】对话框，在该对话框中简单设置，然后单击【确定】按钮添加复选框。用户可单击复选框上方的蓝色【Spry 复选框】标记，然后在【属性】面板中定义 Spry 验证复选框的属性。

Spry 复选框有两种设置方式，一种是作为单个复选框而应用的【必需】选项，另一种则是作为多个复选框（复选框组）而应用的【实施范围】选项。当用户选择【实施范围】选项后，将可定义 Spry 验证复选框的最小选择数和最大选择数等属性。

在设置了最小选择数和最大选择数后，预览状态的列表中会增加未达到最小选择数和已超过最大选择数等项目。选择相应的项目，即可对 Spry 复选框的返回信息进行修改。

### 22.6.4 Spry 验证选择

Spry 验证选择的作用是验证列表/菜单和跳转菜单的值，并根据值显示指定的文本或图像内容。在 Dreamweaver 中，单击【插入】面板中的【表单】|【Spry 验证选择】按钮，即可为网页文档插入 Spry 验证选择。选中 Spry 选择的标记，即可在【属性】面板中编辑 Spry 验证选择的属性。

在 Spry 验证选择的【属性】面板中，允许用户设置 Spry 验证选择中不允许出现的选择项以及验证选择的事件类型等属性。

## 22.7 综合实战

本章概要性地介绍表单在网站建设中的应用，主要内容有教育网站类别、教育类网站设计特点、教育类网站模式、表单及表单对象、插入按钮对象、Spry 表单，为本书后续的学习打下坚实的基础。主要讲述如何在网站建设中应用表单，制作吸引人的网站的一些方法和相关技术，接下来我们通过两个实例来对本章的内容进行实践。

### 22.7.1 实战：制作信息反馈页面

在网站中，用户通过信息反馈页，可以将自己的意见、建议等信息提交到网站的数据库中，而网站的管理员或所有者，则可以通过网站后台等其他途径查看这些信息，以方便管理员或所有者与用户之间的交流。以华康中学网站为例，制作一个意见箱页面，主要练习添加表格、设置表格属性、添加表单、设置表单属性和添加 Flash，如图 22-16 所示。

图 22-16　制作信息反馈页面

**STEP|01** 在 Flash 软件中，制作网站的版首，包括导航条、快速链接和 banner。在站点根目录下，新建 feedback.html 页面。在文档中插入一个宽度为 907 像素的 1 行×1 列的表格，并设置居中对齐方式，如图 22-17 所示。

图 22-17　【属性】面板

**STEP|02** 将光标置于该表格中，插入制作好的 Flash 版首。在表格的下面插入一个 1 行×2 列表格，并在第 1 列单元格中插入背景图像，该表格为网页的正文部分，如图 22-18 和图 22-19 所示。

图 22-18　【属性】面板

图 22-19　【属性】面板

**STEP|03** 在第 1 列单元格中插入一个 5 行×1 列表格，宽为 100，并在各个单元格中插入图像，该表格为"站内导航"，如图 22-20 所示。

图 22-20 5 行×1 列表格

**STEP|04** 在表格的第 2 列单元格中，插入一个 3 行×3 列表格，【宽】为 627，并在前两行单元格中插入素材图像。在第 3 行单元格中，插入一个 3 行×1 列的嵌套表格，该嵌套表格为信息反馈界面。将光标置于第 1 行单元格中，插入一个红色的表单区域，如图 22-21 所示。

图 22-21 【属性】面板

**STEP|05** 在表单区域内插入一个 6 行×3 列的表格，并在单元格中输入文字。在第 2 行第 2 列单元格中插入一个文本字段，并设置其名称为 nicheng。在第 3、4 行第 2 列单元格中分别插入文本字段，并设置名称为 youjian、biaoti。在第 3 行第 3 列单元格中插入一个复选框，并设置其名称为 gongkai。在第 5 行第 2 列单元格中插入一个文本区域，并设置其名称为 liuyan，如图 22-22 所示。

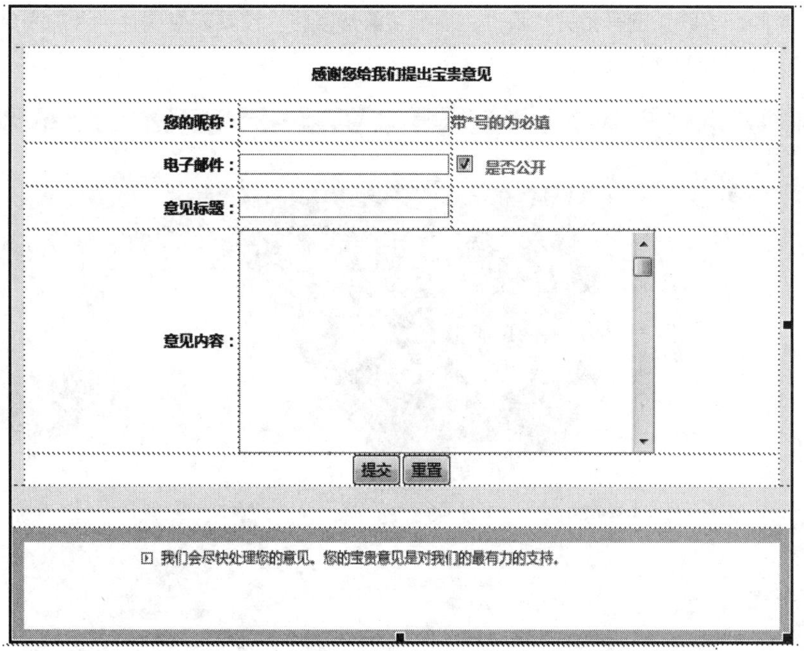

| | | |
|---|---|---|
| | 感谢您给我们提出宝贵意见 | |
| 您的昵称： | | 带*号的为必填 |
| 电子邮件： | | ☑ 是否公开 |
| 意见标题： | | |
| 意见内容： | | |
| | 提交 重置 | |

▷ 我们会尽快处理您的意见。您的宝贵意见是对我们的最有力的支持。

图 22-22 页面效果

**STEP|06** 在第 6 行单元格中插入【提交】按钮和【重置】按钮，并在表格的第 3 行单元格中插入素材图像。在文档的最底部插入一个 2 行×2 列表格，插入文字及图像，该表格为网页的版尾。在同一目录下创建 back.html 页面，该页面与 feedback.html 页面结构相同，只是正文部分更换为文字，如图 22-23 所示。

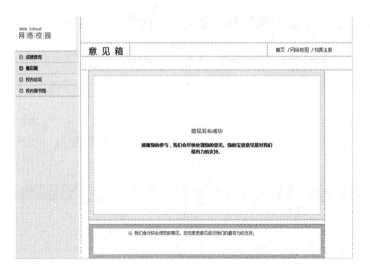

图 22-23 页面效果

## 22.7.2 实战：设计华康中学主页

本例制作的华康中学主页以白、蓝为主要色调，表现出一种智慧、科技、真诚的感觉，符合学校的理念和宗旨。网页采用大幅面的 Flash 版首，将导航条、快速链接和 banner 组合在一起，正文中包括政策通知、校内新闻、成绩查询等相关栏目。主要练习添加表格、设置表格属性、添加表单、设置表单属性和添加 Flash，如图 22-24 所示。

图 22-24 设计华康中学主页

**STEP|01** 在网站根目录中，创建 index.html 页面。然后，在文档中设置页面的【上边距】和【左边距】均为 0 像素，如图 22-25 所示。

图 22-25 【页面属性】对话框

**STEP|02** 在文档中插入一个宽度为 907 像素的 1 行 × 1 列的表格，并设置该表格居中对齐。将光标置于该表格，然后插入制作好的 Flash 版首，如图 22-26 所示。

图 22-26 【属性】面板

**STEP|03** 在表格的下面再创建一个宽度为 907 像素的表格，并设置第 1 列单元的宽度为 185 像素。在表格的第 1 列单元格中插入一个宽度为 100% 的 3 行 × 1 列的嵌套表格，并设置该表格顶端对齐。在该嵌套表格的第 1 行第 1 列单元格中，插入一个宽度为 100% 的 3 行 × 2 列的表格，并在各个单元格中插入背景图像。在表格的单元格中插入文字及文本字段、按钮等表单元素，以构成一个师生登录界面，如图 22-27 所示。

**STEP|04** 在父表格的第 3 行单元格中插入一个 4 行 × 1 列的嵌套表格，并在各个单元格中插入素材图像。在表格的第 2 列单元格中插入一个宽度为 100% 的 1 行 × 4 列表格，并在第 1 列单元格中插入 5 行 × 1 列的嵌套表格。在表格的第 1 行单元格

图 22-27 页面效果

中插入 2 行 × 1 列的表格，并在单元格中插入文字及图像，该表格为 "政策通知" 栏目。在表格的第 3 行单元格中插入一个 2 行 × 1 列的表格，并在单元格中插入文字及图像，该表格为 "网络校园" 栏目。在表格的第 5 行单元格中插入一个 2 行 × 1 列的表格，并在单元格中插入文字及图像，该表格为 "校内新闻" 栏目，如图 22-28 所示。

**STEP|05** 在表格的第 3 列单元格中插入一个 2 行 × 1 列的表格，然后在 1 行单元格中插入 3 行 × 1 列的嵌套表格，该表格为 "成绩查询" 栏目。在下面的单元格中插入一个 3 行 × 2 列的嵌套表格，并在各个单元格中插入图像，该表格为 "快速链接" 栏目。在文档的最底部创建一个 2 行 × 2 列的表格，并设置居中

对齐，然后插入文字及图像。选择意见箱图像，在【属性】面板中设置【链接】地址为 feedback.html 页面，如图 22-29 所示。

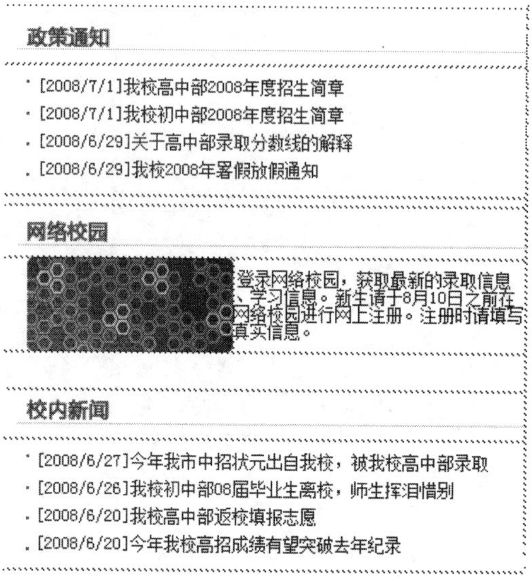

政策通知
[2008/7/1]我校高中部2008年度招生简章
[2008/7/1]我校初中部2008年度招生简章
[2008/6/29]关于高中部录取分数线的解释
[2008/6/29]我校2008年暑假放假通知
网络校园
登录网络校园，获取最新的录取信息、学习信息。新生请于8月10日之前在网络校园进行网上注册。注册时请填写真实信息。
校内新闻
[2008/6/27]今年我市中招状元出自我校，被我校高中部录取
[2008/6/26]我校初中部08届毕业生离校，师生挥泪惜别
[2008/6/20]我校高中部返校填报志愿
[2008/6/20]今年我校高招成绩有望突破去年纪录

图 22-28　页面效果

成绩 查询
登录市教委网站，免费查询2008年中招成绩，以及学生就近分配情况。分配至我校的学生可在网络校园进行学籍验证，通过学籍验证后即可携带通知书、户口本与学杂费380元整，于2008年8月25日至26日到我校报到。
快速 链接
成绩查询
校内论坛
意见箱
校内图书馆

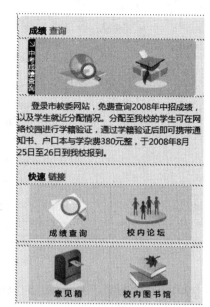

图 22-29　页面效果

# 第23章

# 行　为

　　行为是使用 JavaScript 程序预定义的页面特效工具，是 JavaScript 在 Dreamweaver 中内建的程序库。利用行为，用户可以制作出各式各样的网页特殊效果，例如播放声音、弹出菜单等。表单是制作交互式网页的基本元素，通过在网页中插入各类表单元素，设计者可以制作出例如注册、登录、问答等网页文档。

　　本章共讲述 4 部分的内容，主要介绍娱乐类网站概述、娱乐网站色彩、使用行为、设置文本和图像以及综合实战。通过本章的学习我们可以为后期的网站建设奠定基础。

## 23.1　娱乐类网站概述

　　从狭义的范围讲，娱乐就是娱乐圈中的人、事、物；从广义的范围来说，娱乐可被看作是一种活动，一种通过表现喜怒哀乐，或特殊的技巧而被人们喜爱，并带有一定启发性的活动。它包含了悲喜剧、各种比赛和游戏、音乐舞蹈表演和欣赏等。本节主要讲述娱乐类网站概述，内容主要包括影视娱乐网站、音乐娱乐网站、体育娱乐网站、游戏娱乐网站和卡通娱乐网站。用户通过本节的学习可以了解娱乐类网站，为后面的网站建设奠定基础。

### 23.1.1　影视娱乐网站

　　影视网站，最重要的就是要有很强的视觉性和娱乐性。以广告为目的的影视网站要唤起用户对影视最大程度的关心，提供最能引起用户兴趣的信息，给人留下深刻的印象是最重要的。在影视广告网站，使用使人感兴趣的图像是必须的。很多的影视广告网站利用 Flash 和影视片段等各种方法，富有趣味地提供关于影视的信息，如图 23-1 所示。

图 23-1　影视娱乐网站

### 23.1.2　音乐娱乐网站

　　在音乐网站，没有什么特别的表现禁忌，但也不能过分追求自由和个性，以至于失去了均衡感和使用的便利性，还要考虑配色和布局，为了整体的高水准而努力。

　　使用看起来舒服的方法安排文本与图像，充分地使用余白比较好。但为了避免出现过于直白、无趣的情况，应该灵活运用图片来构成简练的页面，如图 23-2 所示。

图 23-2　音乐娱乐网站

### 23.1.3　体育娱乐网站

体育网站大部分都通过照片带给我们运动的健康感和趣味感，并以此为基础尽力把网页界面制作得充满朝气和活力。体育网站在注重视觉效果的同时，还应通过不易混淆的网页界面，把选手或职业队所追求的个性十足的特点创造性地表现出来。

在很多情况下，体育网站的配色都利用蓝色、绿色等色彩给人轻快的感觉，或利用黄色、朱黄色等色彩来强调活动性。另外，为了营造紧张感或衬托专业图片，使用黑色或深藏青色来配色，如图 23-3所示。

图 23-3　体育娱乐网站

### 23.1.4    游戏娱乐网站和卡通娱乐网站

游戏是体育运动的一类，除了现实生活中的游戏外，最为流行的还是网络游戏。游戏的开发商为了吸引更多的玩家，会以该游戏的界面为主题建立网站，将游戏中的场景、通关秘籍或者游戏攻略放置其中。

当然，并不是所有的游戏都会建立一个相关的网站。更多的还是以游戏开发商为主题，建立一个以宣传该开发商开发的所有游戏为目的的网站。如图 23-4 所示某游戏开发商的游戏网站，其中展示了该开发商设计的所有游戏。

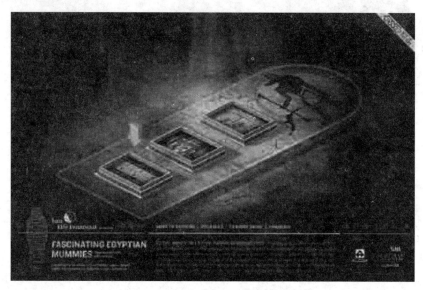

图 23-4　游戏娱乐网站

多媒体、卡通网站一般来说娱乐的要素很多，追求的是生机勃勃和明朗的现代设计。一般常运用视觉化、快乐的色彩，追求能够营造强烈愉快感的设计。

## 23.2　娱乐网站色彩

由于娱乐行业的特殊性，其网站的布局与配色都较为活泼。但是色彩对人的头脑和精神的影响力，是客观存在的，所以色彩的知觉力、色彩的辨别力、色彩的象征力与感情，这些都是色彩心理学上的重要问题，在设计娱乐类网站时需要格外注意。本节主要讲述娱乐网站色彩，内容主要包括网站色相情感、网站色调联想和网站色彩知觉。用户通过本节的学习可以了解娱乐网站色彩，为后面的网站建设奠定基础。

### 23.2.1    色相情感

不同的颜色会给浏览者不同的心理感受，但是同一种颜色通常不只含有一个象征意义。每种色彩在饱和度、透明度上略微变化就会产生不同的感觉。能够以色相称呼的色系有 7 种，分别是红色系、橙色系、黄色系、绿色系、青色系、蓝色系、紫色系。

在整个人类的发展历史中，红色始终代表着一种特殊的力量与权势。在很多宗教仪式中会经常使用鲜明的红色，在我国红色一直都是象征着吉祥幸福的代表性颜色。同时，鲜血、火焰、危险、战争、狂热等极端的感觉都可以与红色联系在一起。

用红色为主色的网站不多，在大量信息的页面中有大面积的红色，不易于阅读。但是如果搭配好的话，可以起到振奋人心的作用。最近几年，网络上以红色为主色的网站越来越多。

在东方文化中，橙色象征着爱情和幸福。充满活力的橙色会给人健康的感觉，且有人说橙色可以提高厌食症患者的食欲。有些国家的僧侣主要穿着橙色的僧侣服，他们解释说橙色代表着谦逊。橙色通常会给人一种朝气活泼的感觉，它通常可以使原本抑郁的心情豁然开朗。

在很多艺术家的作品中，黄色都用来表现喜庆的气氛和富饶的景色。同时黄色还可以起到强调突出的作用，这也是使用黄色作为路口指示灯的原因。黄色因为具有诸多以上的特点，所以在我们的日常生活中随处可见。

绿色与人类息息相关，是永恒的自然之色，代表了生命与希望，也充满了青春活力，绿色象征着和平与安全、发展与生机、舒适与安宁、松弛与休息，有缓解眼部疲劳的作用。当需要揭开心中的抑郁时，当需要找回安详与宁静的感觉时，回归大自然是最好的方法。

绿色也是在网页中使用最为广泛的颜色之一。因为它本身具有一定的与健康相关的感觉，所以也经常用于与健康相关的站点。绿色还经常用于一些公司的公关站点或教育站点。

蓝色会使人自然地联想起大海和天空，所以也会使人产生一种爽朗、开阔、清凉的感觉。作为冷色的代表颜色，蓝色会给人很强烈的安稳感，同时蓝色还能够表现出和平、淡雅、洁净、可靠等多种感觉。低彩度的蓝色主要用于营造安稳、可靠的氛围，而高彩度的蓝色可以营造出高贵、严肃的氛围。蓝色与绿色、白色的搭配在我们的现实生活中也是随处可见的，它的应用范围几乎覆盖了整个地球。

很多站点都在使用蓝色与青绿色的搭配效果。最具代表性的蓝色物体莫过于海水和蓝天，而这两种物体都会让人有一种清凉的感觉。和白色混合，能体现淡雅、辽阔、浪漫的气氛（像天空的色彩），给人以想象的空间。

紫色是一种在自然界中比较少见的颜色，象征着女性化，也象征着神秘与庄重、神圣和浪漫。它代表着高贵和奢华、优雅与魅力。另一方面，它又有孤独等意味。紫色结合红色产生的紫红色是非常女性化的颜色，它给人的感觉通常都是浪漫、柔和、华丽、高贵优雅，特别是粉红色可以说是女性化的代表颜色。

黑白灰是最基本和最简单的搭配，白字黑底、黑字白底都非常清晰明了。黑白灰色彩是万能色，可以跟任意一种色彩搭配，也可以帮助两种对立色彩和谐过渡。为某种色彩的搭配苦恼的时候，不防试试用黑白灰。白色给人以洁白、明快、纯真、清洁的感受，以白色作为背景，可以使色彩较重的绿色产品在页面中尤其显眼，突出主题。蓝色的点缀，减少了非色调白色产生的单调感觉。

黑色具有深沉、神秘、寂静、悲哀、压抑的感受。黑色和白色，它们在不同时候给人的感觉是不同的，黑色有时给人沉默、虚空的感觉，但有时也给人一种庄严肃穆的感觉。白色也是同样，有时给人无尽希望的感觉，但有时也给人一种恐惧和悲哀的感受。具体还要看与其搭配的色彩。

灰色是永久受欢迎的色彩，灰色的使用方法如同单色一样，通过调整透明度的方法来产生灰度层次，使页面效果素雅统一。灰色具有中庸、平凡、温和、谦让、中立和高雅的感觉。

## 23.2.2 色调联想

色彩本身是无任何含义的，联想产生含义，色彩在联想中影响人的心理、左右人的情绪，不同的色彩联想给各种色彩都赋予了特定的含义。这就要求设计人员在用色时不仅是单单地运用，还要考虑诸多因素，如浏览者的社会背景、类别、年龄、职业等社会背景不同的群体，浏览网站的目的也不同，而彩色给他们的感受也不同，同时带给客户的利益多少也不同，也就是说要认真分析网站的受众群体，多听取反馈信息，进行总结与调整。

例如紫色透露着诡异的气息，所以能制造奇幻的效果。各种彩度和亮度的紫色，如果搭配它真正的补色——黄色，更能展现怪诞、诡异的感觉，如图 23-5 所示。

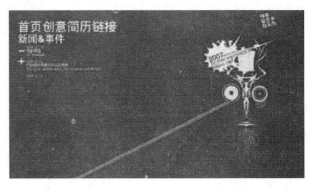

图 23-5　紫色联想

## 23.2.3　色彩知觉

颜色的搭配可以流露设计者的心情和喜好，同时也会影响到浏览者。作为一名设计者，首先要考虑的是在一幅作品当中所要传递的信息，这是设计者的目的所在，也是相当重要的。在作品里面还要考虑到表面与实质的联系，即能够使读者遐想到什么。为此在网页色彩的联系搭配上，设计者应该考虑到色彩的象征意义。例如，嫩绿色、翠绿色、金黄色、灰褐色就可以分别象征着春、夏、秋、冬，充分运用色彩的这些特性，可以使主页具有深刻的艺术内涵，从而提升主页的文化品位。

在色彩的运用上，可以采用不同的主色调，因为色彩具有象征性。

（1）暖色调，即红色、橙色、黄色、赭色等色彩的搭配，可使主页呈现温馨、和煦、热情的氛围。如图 23-6 所示为以橙色调为主的卡通游戏网站首页。

图 23-6　色彩知觉

（2）冷色调，即青色、绿色、紫色等色彩的搭配，可使主页呈现宁静、清凉、清爽的氛围。

（3）对比色调，即把色性完全相反的色彩搭配在同一个空间里。

## 23.3 使用行为

行为是 Dreamweaver 中非常有特色的功能,可以不编写 JavaScript 代码,即可实现多种动态页面效果,例如交换图像、弹出提示信息、设置导航栏图像等。下面将主要介绍在网页中使用行为的相关知识。

### 23.3.1 行为的基础知识

行为是指在网页中进行的一系列动作,通过这些动作,可以实现用户同网页的交互,也可以通过动作使某个任务被执行。在 Dreamweaver 中,行为由事件和动作两个基本元素组成。通常动作是一段 JavaScript 代码,利用这些代码可以完成相应的任务;事件则由浏览器定义,可以被附加到各种页面元素上,也可以被附加到 HTML 标记中,并且一个事件总是针对页面元素或标记而言的。

#### 1. 行为的概念

行为是 Dreamweaver 中一个重要的部分,通过行为,可以方便地制作出许多网页效果,极大地提高了工作效率。行为由两个部分组成,即事件和动作,通过事件的响应进而执行对应的动作。

在网页中,事件是浏览器生成的消息,表明该页的访问者执行了某种操作。例如,当访问者将鼠标指针移动到某个链接上时,浏览器为该链接生成一个 onMouseOver 事件。不同的页元素定义了不同的事件。在大多数浏览器中,onMouseOver 和 onClick 是与链接关联的事件,而 onLoad 是与图像和文档的 body 部分关联的事件。

#### 2. 事件的分类

Dreamweaver 中的行为事件可以分为鼠标事件、键盘事件、表单事件和页面事件。每个事件都含有不同的触发方式,具体如下。

onClick:单击选定元素(如超链接、图片、按钮等)将触发该事件。

onDblClick:双击选定元素将触发该事件。

onMouseDown:当按下鼠标按钮(不必释放鼠标按钮)时触发该事件。

onMouseMove:当鼠标指针停留在对象边界内时触发该事件。

onMouseOut:当鼠标指针离开对象边界时触发该事件。

onMouseOver:当鼠标首次移动指向特定对象时触发该事件。该事件通常用于链接。

onMouseUp:当按下的鼠标按钮被释放时触发该事件。

### 23.3.2 使用 Dreamweaver 内置行为

在【行为】面板中可以将 Dreamweaver 内置的行为附加到页面元素,并且可以修改以前所附加行为的参数。选择【窗口】|【行为】命令,打开【标签检查器】面板后,Dreamweaver 将默认打开【行为】面板。

在【行为】面板的行为列表中显示了已经附加到当前所选页面元素的行为,并按事件以字母顺序列出。如果针对同一个事件列有多个动作,则会按列表中出现的顺序执行这些动作。如果行为列表中没有显示任何行为,则表示没有行为附加到当前所选的页面元素。

【显示设置事件】按钮：单击【显示设置时间】按钮后,将显示当前元素已经附加到当前文档的事件。

【显示所有事件】按钮：单击该按钮，显示当前元素所有可用的事件。在显示事件菜单项里做不同的选择，可用的事件也不同。一般来说，浏览器的版本越高，可支持的事件越多。

添加行为：单击按钮，在弹出的下拉菜单中显示了所有可以附加到当前选定元素的动作，当从该列表中选择一个动作时，将打开相应的对话框，用户可以在此对话框中指定该动作的参数。

删除事件：从行为列表中选中所需删除的事件和动作，单击按钮，即可删除。

【增加事件值】按钮和【降低事件值】按钮：在行为列表中上下移动特定事件的选定动作。只能更改特定事件的动作顺序，例如，可以更改 onLoad 事件中发生的几个动作的顺序，但是所有 onLoad 动作在行为列表中都会放置在一起。对于不能在列表中上下移动的动作，箭头按钮将处于禁用状态。

事件：选中事件后，会显示一个下拉箭头按钮，单击该按钮，弹出一个下拉菜单，在该菜单中包含了可以触发该动作的所有事件，该菜单仅在选中某个事件时可见。根据所选对象的不同，显示的事件也有所不同。

Dreamweaver 系列软件内置了多种行为动作，基本可以满足网页设计的需要。此外，还可以连接到 Macromedia Exchange Web 站点以及第三方开发人员站点上找到更多的动作，或者编写行为动作。下面将分别介绍 Dreamweaver 中常用内置行为的使用方法。

## 1．【预先载入图像】行为

使用【预先载入图像】行为，可以使浏览器下载那些尚未在网页中显示但是可能显示的图像，并将之存储到本地缓存中，这样可以脱机浏览网页。

## 2．【交换图像】行为

【交换图像】行为主要用于动态改变图像对应<img>标记的 scr 属性值，利用该动作，不仅可以创建普通的翻转图像，还可以创建图像按钮的翻转效果。

## 3．【恢复交换图像】行为

与【交换图像】行为相对应，使用【恢复交换图像】动作，可以将所有被替换显示的图像恢复为原始图像。一般来说，在设置替换图像动作时，会自动添加替换图像恢复动作，这样当光标离开对象时自动恢复原始图像。用户单击【行为】面板上的【添加】按钮，在弹出的菜单中选择【恢复交换图像】命令(或双击【行为】面板中添加的【恢复交换图像】行为)，即可打开【恢复交换图像】对话框。

## 4．【拖动层】行为

使用【拖动层】行为，可以实现在页面上对层及其中的内容进行移动，以实现某些特殊的页面效果。在【拖动 AP 元素】对话框的【基本】选项卡中，可以设置拖动层的层、移动方式等内容，其主要参数选项的具体作用如下。

【AP 元素】下拉列表框：选择需要控制的层名称。

【移动】下拉列表框：选择层被拖动时的移动方式，包括以下两个选项。选择【限制】选项，则层的移动位置是受限制的，此时可以在右方显示的文本框中分别输入可移动区域的上、下、左、右位置值，这些值是相对层的起始位置而言的，单位是像素；选择【不限制】选项，则可以实现层在任意位置上的移动。

【放下目标】选项区域：设置层被移动到的位置。可在【左】和【上】文本框中输入层移动后的起始位置；单击【取得目前位置】按钮，可获取当前层所在的位置。

【靠齐距离】文本框：输入层与目标位置靠齐的最小像素值。当层移动的位置同目标位置之间的像素值小于文本框中的设置时，层会自动靠齐到目标位置上。

在【拖动 AP 元素】对话框中选中【高级】选项卡后，用户可以设置拖动层的拖动控制点等内容。【高级】选项卡中的主要选项参数的具体作用如下。

【拖动控制点】下拉列表框：设置在拖动层时拖动的部位，可以选择【整个层】和【层内区域】两个选项。

【拖动时】选项区域：设置层被拖动时的相关设置。选中该复选框，则可以设置层被拖动时在层重叠堆栈中的位置，可选择【留在最上方】和【恢复 z 轴】两个选项。在【呼叫 JavaScript】文本框中，可设置当层被拖动时调用的 JavaScript 代码。

【放下时】选项区域：设置层被拖动到指定位置并释放后的相关设置。在【呼叫 JavaScript】文本框中，设置当层被释放时调用的 JavaScript 代码。

## 5.【显示和隐藏元素】行为

给网页中的元素附加【显示-隐藏元素】行为，可以显示、隐藏或恢复一个或多个网页元素的默认可见性。此行为用于在进行交互时显示信息。例如，将光标移到一个植物图像上时，可以显示一个页面元素，此元素给出有关该植物的生长季节和地区、需要多少阳光、可以长到多大等详细信息。

## 6.【检查插件】行为

使用【检查插件】行为，可以设置检查在访问网页时，浏览器中是否安装有指定插件，通过这种检查，可以分别为安装插件和未安装插件的用户显示不同的页面。

单击【行为】选项卡面板上的 ⊕ 按钮，在弹出的菜单中选择【检查插件】命令，可以打开【检查插件】对话框，该对话框中的主要参数选项的功能如下。

【插件】选项区域：用于选择要检查的插件类型。在【选择】下拉列表框中可以选择插件类型；在【输入】文本框中可直接输入要检查的插件类型。

【如果有，转到 URL】文本框：用于设置当检查到用户浏览器中安装了该插件时跳转到的 URL 地址。也可以单击【浏览】按钮打开【选择文件】对话框，选择目标文档。

【否则，转到 URL】文本框：用于设置当检查到用户浏览器中尚未安装该插件时跳转到的 URL 地址。

## 7.【调用 JavaScript】行为

在网页中使用【调用 JavaScript】行为可以设置当触发事件时调用相应的 JavaScript 代码，以实现相应的动作。

## 8.【转到 URL】行为

使用【转到 URL】行为，可以设置在当前浏览器窗口或指定的框架窗口中载入指定的页面，该动作在同时改变两个或多个框架内容时特别有用。

## 9.【打开浏览器窗口】行为

使用【打开浏览器窗口】行为，可以在一个新的浏览器窗口中载入位于指定 URL 位置上的文档。同时，还可以指定新打开浏览器窗口的属性，例如大小、是否显示菜单条等。

【打开浏览器窗口】对话框中的主要参数选项的功能如下。

【要显示的 URL】文本框：用于输入在新浏览器窗口中载入的 URL 地址，也可以单击【浏览】按钮，选择链接目标文档。

【窗口宽度】和【窗口高度】文本框：用于输入新浏览器窗口的宽度和高度，单位是像素。

【属性】选项区域：用于设置新浏览器窗口中是否显示相应的元素，选中复选框则显示该元素，清除复选框则不显示该元素。这些元素包括导航工具栏、地址工具栏、状态栏、菜单条、需要时使用滚动条、调整大小手柄。

【窗口名称】文本框：用于为新打开的浏览器窗口定义名称。

### 10.【弹出信息】行为

【弹出信息】行为也是常用的行为之一。在浏览网站时经常会打开一个对话框，在对话框中显示信息内容，通过【弹出信息】行为就可以实现这一效果。

## 23.4 设置文本和图像

【设置文本】行为中有 4 个选项，分别为【设置容器的文本】、【设置文本域文字】、【设置框架文本】和【设置状态栏文本】。除了【设置状态栏文本】选项之外，其他的三个选项都有一个共同的特点，即在输入的文本内容中可以嵌入任何有效的 JavaScript 函数调用、属性、全局变量或其他的表达式。本节主要讲述如何设置网站中的文本和图像，内容主要包括交换图像、打开浏览器窗口、设置容器的文本、设置文本域文字和设置框架文本。用户通过本节的学习可以了解怎样设置网站中的文本和图像，为后面的网站建设奠定基础。

### 23.4.1 交换图像

交换图像是网页图像的一种特殊效果，其原理是通过 Dreamweaver 内置的 JavaScript 脚本代码实现对事件的响应。当激活事件时，相应的图像将变为另一种图像。交换图像特效在网页中非常常见，如图 23-7 所示。

合理使用交换图像特效，可以为网页带来各种动画效果。在 Dreamweaver 中，交换图像可以通过行为中的多种事件触发。了解这些事件类型有助于为网页添加复杂的特效。这些事件可以触发大多数 Dreamweaver 的行为。在 Dreamweaver 中创建行为后，必须为行为添加合适的触发事件才可以将行为触发。

在设置交换图像特效时，可以为图像设置 ID。通过 ID 可以更方便地区分各个图像，防止制作多个图像时出现错误。为图像设置 ID 之后，还可以制作事件触发多个图像交换的复杂行为。

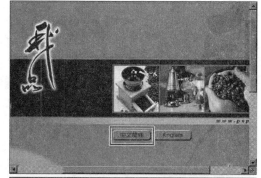
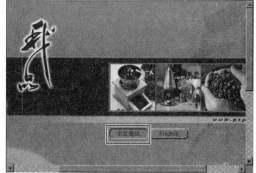

图 23-7　交换图像

### 23.4.2 打开浏览器窗口

使用【打开浏览器窗口】行为可以在一个新的窗口中打开页面。同时，还可以指定该新窗口的属性、特性和名称。选择文档中的某一对象，在【行为】面板中的【添加行为】菜单中执行【打开浏览器窗口】命令。然后，在弹出的对话框中选择或输入要打开的 URL，并设置新窗口的属性。

设置完成后预览页面，当单击图像后，即会在一个新的浏览器窗口中打开指定的网页 image2.html。该页面内容区域的尺寸为 610×420 像素，且只显示状态栏，如图 23-8 所示。

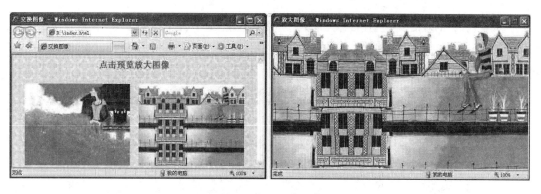

图 23-8　打开浏览器窗口

## 23.4.3　设置容器的文本

【设置容器的文本】行为将页面上的现有容器（可以包含文本或其他元素的任何元素）的内容和格式替换为指定的内容。选择文档中的一个容器（如 div 元素），在【行为】面板的【添加行为】菜单中执行【设置容器的文本】命令。然后，在弹出的对话框中选择目标容器，并在【新建 HTML】文本框中输入文本内容。

设置完成后预览效果，当焦点位于文档中的容器时（如单击该 div 元素），则容器中的图像替换为预设的文字内容，并且应用了 HTML 标签样式，如图 23-9 所示。

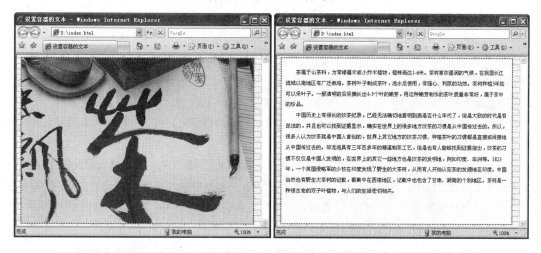

图 23-9　设置容器的文本

## 23.4.4　设置文本域文字

【设置文本域文字】行为可以用指定的内容替换表单文本域的内容。在表单的文本域中可以为文本域指定初始值，初始值也可以为空。在使用【设置文本域文字】行为之前，首先要在文档中插入文本字段或文本区域。单击【插入】面板【布局】选项卡中的【文本字段】或【文本区域】按钮，在弹出的对话框中设置 ID。

使用鼠标单击文档的任意位置，在【行为】面板的【添加行为】菜单中执行【设置文本域文字】命令。然后，在弹出的对话框中选择目标文本域，并在【新建文本】文本框中输入所要显示的文本内容。设置完成后预览效果，当页面加载时（即触发 Load 事件），页面中的文本字段和文本域将显示预设的文本内容，如图 23-10 所示。

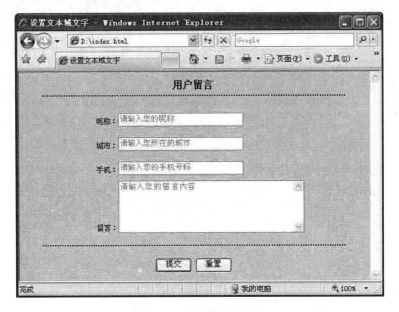

图 23-10　设置文本域文字

## 23.4.5　设置框架文本

【设置框架文本】行为允许动态设置框架的文本，可以用指定的内容替换框架的内容和格式设置。该内容可以包含任何有效的 HTML 代码。在使用【设置框架文本】行为之前，首先要创建框架页面，或者直接在文档中插入框架。单击【布局】选项卡中的【框架：顶部框架】按钮，在文档中插入上下结构的框架。

将光标置于 mainFrame 框架中，在【行为】面板的【添加行为】菜单中执行【设置框架文本】命令。然后，在弹出的对话框中选择框架名称，并在新建 HTML 文本框中输入 HTML 代码或文本。设置完成后预览效果，当鼠标指针经过 mainFrame 框架时，其所包含的页面内容将替换为指定的图像，如图 23-11 所示。

图 23-11　设置框架文本

## 23.5 实战：制作游戏页面

在本实例中，游戏网页的 PSD 文档设计已经通过 Photoshop CS6 设置完成。并且，在制作网页前，已经通过切片工具将其裁切为网页素材图像。下面将在 Dreamweaver CS6 中，根据 PSD 文档的网页结构通过网页技术进行布局，将图像及 Flash 导航条添加到网页中的相应位置，如图 23-12 所示。

图 23-12　制作游戏页面

### 1．创建页面布局并制作 Logo 和导航条

**STEP|01** 在站点根目录下创建 images 目录，将网页素材图像和 Flash 导航条保存至该目录下。然后，在 Dreamweaver 中创建名称为 index 的网页空白文档和名称为 main 的 CSS 文档，并将它们保存至站点根目录下。

**STEP|02** 修改<title></title>标签之间的网页标题，然后在该标签下面添加<link>标签，为网页文档导入外部的 CSS 文件。

```
<title>游戏部落</title>
<link rel="stylesheet" type="text/css" href="main.css"/>
```

**STEP|03** 在 main.css 文档中为<body>标签定义 CSS 样式，以设置网页文档的外边距、填充和背景图像。

```
body {
margin:0px;
padding:0px;
background-image:url(images/bg.jpg);
}
```

**STEP|04** 在 index.html 文档的<body></body>标签之间，使用<div>标签创建网页的基本布局结构，并定义相应的 id 名称。

```
<div id="header"><!--网页的版头-->
  <div id="logo"></div><!--网页的Logo-->
  <div id="nav"></div><!--网页的导航条-->
</div>
<div id="content"><!--网页的主体内容-->
  <div id="left"></div>
  <!--网页主题内容的左侧部分，即游戏排行榜-->
  <div id="right"></div>
  <!--网页主题内容的右侧部分，即banner、游戏版块和版块信息-->
</div>
```

**STEP|05** 在 main.css 文档中，定义 id 为 header 的 Div 容器的布局方式、大小和层叠顺序，以及 id 为 logo 的 Div 容器的浮动方向、大小和背景图像。

```
#header{
position:absolute;  /*绝对定位*/
width:1003px;height:58px;
z-index:2;  /*层叠顺序为2*/
}
#logo{
float:left;  /*向左浮动*/
width:275px;height:103px;
background-image:url(images/logo.gif);
}
```

**STEP|06** 在 main.css 文档中，定义 id 为 nav 的 Div 容器的浮动方向和大小。然后在 index.html 文档中，执行【插入】|【媒体】|SWF 命令，在<div id="nav"></div>标签之间插入 Flash 导航条。

```
#nav{
float:left;
width:660px;height:58px;
}
```

## 2．制作游戏排行榜

**STEP|01** 在 main.css 文档中，定义 id 为 content、left 和 right 的 Div 容器的大小、定位方式、层叠顺序、背景图像等属性，为网页的主体部分布局。

```
#content{
position:absolute;
top:58px;
width:1003px;height:750px;
z-index:1;
}
```

```
#left{
float:left;
width:245px;height:750px;
}
#right{
float:left;
width:758px;height:750px;
background-image:url(images/content_bg.gif);
background-repeat:no-repeat;
}
```

**STEP|02** 在 id 为 left 的 Div 容器中，分别插入 id 为 sidebar 和 top_list 的 Div 容器，并在第一个 Div 容器中插入侧边图像。然后在 main.css 文档中，定义这两个 Div 容器的样式属性。

```
<div id="sidebar"><img src="images/sidebar.gif" /></div>
<div id="top_list"></div>
```

CSS 代码：

```
#sidebar{
float:left;margin-top:70px;
width:66px;height:613px;
}
#top_list{
position:absolute;float:left;
width:283px;height:604px;
background-image:url(images/list_bg.gif);
left:10px;top:80px;
filter:Shadow(enabled=true,Color=#444444,Direction=135,strength:1px);
                                                          /*投影滤镜*/
}
```

**STEP|03** 在 id 为 top_list 的 Div 容器中，插入 id 为 top_header 和 top_content 的 Div 容器。在第 1 个 Div 容器中插入"游戏排行榜"的标题图像。然后在 main.css 文档中，定义这两个 Div 容器的大小和外边距。

```
<div id="top_header"><img src="images/top_header.jpg" border="0" /></div>
<div id="top_content"></div>
```

CSS 代码：

```
#top_header{
margin:20px auto 0px auto;
width:234px;height:60px;
}
#top_content{
margin:0px auto 0px auto;
width:234px;height:500px;
}
```

**STEP|04** 在 id 为 top_content 的 Div 容器中，通过<ul><li>标签制作游戏排行榜的内容，并在每一个<li>标签中插入两个 Div 容器，以显示游戏的名称、等级和图像等相关信息。

```html
<ul>
  <li id="top_01">
    <div class="top_left"><b>剑网三</b><span><img src="images/stars/9.gif" />
    </span></div>
    <div class="top_right"><img src="images/top9_01.jpg" /></div>
  </li>
  <li id="top_02">
    <div class="top_left"><b>七龙珠 OL</b><span><img src="images/stars/8.gif" />
    </span></div>
    <div class="top_right"><img src="images/top9_02.jpg" /></div>
  </li>
  <li id="top_03">
    <div class="top_left"><b>剑灵</b><span><img src="images/stars/7.gif" />
    </span></div>
    <div class="top_right"><img src="images/top9_03.jpg" /></div>
  </li>
</ul>
```

**STEP|05** 在 main.css 文档中，定义列表的显示样式、大小等属性，并为列表中的 Div 容器、b 标签、span 标签等定义相应的样式属性。

```css
#top_content ul{
list-style-type:none;   /*去除列表项目符号*/
margin-top:0px;margin-left:2px;margin-bottom:0px;
padding:0px;
}
#top_content ul li{
display:block;
width:232px;height:51px;
margin:0px; padding:0px;
}
#top_content ul li div{
position:relative; float:left;
display:block;padding:0px;height:50px;
}
.top_left{
width:125px;margin:0px 0px 0px 30px;
}
.top_left b{
display:block;margin-top:4px;width:125px;
color:#7e213e;font-size:14px;text-align:center;
}
.top_right{width:77px;}
```

```
#top_content span{
display:block; margin-top:15px;width:125px;
}
/*游戏图像*/
#top_01{background-image:url(images/top_01.jpg)}
#top_02{background-image:url(images/top_02.jpg)}
#top_03{background-image:url(images/top_03.jpg)}
#top_04{background-image:url(images/top_04.jpg)}
#top_05{background-image:url(images/top_05.jpg)}
#top_06{background-image:url(images/top_06.jpg)}
#top_07{background-image:url(images/top_07.jpg)}
#top_08{background-image:url(images/top_08.jpg)}
#top_09{background-image:url(images/top_09.jpg)}
```

### 3．制作网站新闻版块

**STEP|01** 在 id 为 right 的 Div 容器中，插入 id 为 banner、main 和 copyright 的 Div 容器，并在第 1 个 Div
容器中插入 banner 图像，在第 3 个 Div 容器中输入版权信息。然后在 main.css 文档中，定义这些 Div 容
器的样式属性。

XHTML 代码：

```
<div id="banner"><img src="images/banner.jpg" border="0" /></div><!--网页banner-->
<div id="main"></div><!--网页主体内容-->
<div id="copyright">Copyright © 2009 All Content | Power by RedGemini</div>
                                                    <!--网页版权信息-->
```

CSS 代码：

```
#banner{
margin-top:15px;margin-left:65px;
width:655px;height:115px;
}
#main{
margin-top:10px;margin-left:60px;
width:667px;height:520px;
background-color:#454545;
}
#copyright{
margin-left:60px;width:667px;height:53px;
background-image:url(images/footer_bg.jpg);
color:#67787f;
text-align:center;line-height:53px;
}
```

**STEP|02** 在 id 为 main 的 Div 容器中，插入 id 为 top、center 和 bottom 的 Div 容器，用来制作游戏网站
中的 "新游资讯" 等版块。然后在 main.css 文档中定义这些 Div 容器的大小、布局方式等属性。

```
<div id="top"></div>
<div id="center"></div>
<div id="bottom"></div>
```

CSS 代码：

```
#top{width:668px;height:165px;}
#center{
  position:relative;
margin-top:5px;margin-left:5px;margin-bottom:0px;
  padding:0px;
  width:658px;height:175px;
  background-image:url(images/subject.jpg);
}
#bottom{
  width:658px;height:170px;
  margin-left:5px;margin-top:5px;
}
```

**STEP|03** 在 id 为 top 的 Div 容器中，插入 id 为 news 和 demos 的 Div 容器，用来制作"新游资讯"和"新游试玩"版块。然后在 main.css 文档中定义这两个 Div 容器的浮动方向、大小、背景图像等属性。

```
<div id="news"></div>
<div id="demos"></div>
```

CSS 代码：

```
#news{
  float:left;
  margin-top:5px;margin-left:5px;
  width:326px;height:157px;
background-image:url(images/news_demos.jpg);
}
#demos{
  float:left;
  margin-top:5px;margin-left:5px;
  width:326px;height:157px;
background-image:url(images/news_demos.jpg);
}
```

**STEP|04** 在 id 为 news 的 Div 容器中，插入 id 为 news_title 和 news_list 的 Div 容器，并在其中输入版块标题和内容。然后在 main.css 文档中定义 Div 容器的样式属性及文字和链接的样式。

XHTML 代码：

```
<div id="news_title"><span class="title">新游资讯</span><span class="more"><a
href="#">more&gt;&gt;</a></span> </div>
<div id="news_list">
```

```
<ul class="font">
    <li>韩国 《冒险岛》韩服公开新职业矛战士(图) 06-19 </li>
    <li>韩国 韩国新作《OZ Festival》24 日一测 06-19 </li>
    <li>韩国 生活型社区网游《MAF Online》公开 06-19</li>
  </ul>
</div>
```

CSS 代码：

```
#news_title{
width:296px;height:35px;
  margin-left:30px;margin-right:auto;
  text-align:center;line-height:35px;
}
#news_list{width:326px;height:120px;}
#news_list ul{
  display:block;margin-top:0px;margin-bottom:0px;
}
.title{
  font:"微软雅黑";font-size:14px;
  font-weight:bolder;color:#912346;
  display:block;float:left;
}
.more {display:block;float:right;margin-right:10px;}
.more a:link,a:visited{
  font:"微软雅黑";font-size:14px;
  font-weight:bold;color:#912346;
  text-decoration:none;
}
.more a:hover{
  font:"微软雅黑";font-size:14px;
  font-weight:bold;color:#000000;
  text-decoration:none;
}
.font{font:"宋体";font-size:12px;color:#000;}
```

**STEP|05** 在 id 为 demos 的 Div 容器中，插入 id 为 demos_title 和 demos_content 的 Div 容器，并在其中输入版块标题和内容。然后，在 main.css 文档中定义 Div 容器的大小及游戏图像和文字介绍的外边距等样式属性。

```
<div id="demos_title">
<span class="title">新游试玩</span>
<span class="more"><a href="#">more&gt;&gt;</a></span>
</div>
<div id="demos_content"><img src="images/game_01.jpg"border="0"/><span class=
```

"font"> 《名将三国》是一款取材于三国历史背景的新概念横版格斗网游。游戏升华了街机游戏《三国志-吞食天地》和《名将》...[全文]</span> </div>

CSS 代码:

```
#demos_title{
  width:296px;height:35px;
  margin-left:30px;margin-right:auto;
  line-height:35px;
}
#demos_content{width:326px;height:120px;}
#demos_content img{
  float:left;
margin-left:10px;margin-top:4px;margin-right:5px;
}
#demos_content span{
  display:block;
margin-left:5px;margin-top:5px;margin-right:5px;
  line-height:18px;
}
```

**STEP|06** 在 id 为 center 的 Div 容器中,插入 id 为 center_title 和 center_content 的 Div 容器,用于制作"网游专题"版块。然后,在 main.css 文档中定义 Div 容器的样式属性。

```
<div id="center_title">
<span class="title">网游专题</span>
<span class="more"><a href="#">more&gt;&gt;</a></span>
</div>
<div id="center_content"></div>
```

CSS 代码:

```
#center_title{
width:625px;height:35px;
margin-left:30px;
line-height:35px;
}
#center_content{width:658px;height:140px;}
```

**STEP|07** 在 id 为 center_content 的 Div 容器中,插入<ul><li>项目列表,用于制作"网游专题"的内容。然后在 main.css 文档中定义项目列表、图像和文字的样式属性。

```
<ul>
  <li><div id="center_01_img"><img src="images/game_02.jpg" /></div><div id=
  "center_01_title">《永恒之塔》国服体验专题</div></li>
  <li><div id="center_02_img"><img src="images/game_03.jpg" /></div><div id=
  "center_02_title">《冲锋岛》国服视频专题</div></li>
```

```
        <li><div id="center_03_img"><img src="images/game_02.jpg" /></div><div
        id="center_03_title">真仙侠 新奇迹!蜀门 OL 专区上线</div></li>
</ul>
```

CSS 代码:

```
#center_content ul{
margin:0px;padding:0px;
list-style-type:none;
}
#center_content ul li{
  float:left;display:block;
  width:214px;height:135px;
  margin:4px 0px 0px 4px;
  padding:0px;
}
#center_01_title,#center_02_title,#center_03_title{
  height:20px;font-size:12px;
  line-height:20px;text-align:center;
}
```

**STEP|08** 在 id 为 bottom 的 Div 容器中，插入 id 为 video 和 newGame 的 Div 容器，用于制作 "精彩视频" 和 "最新网游" 版块。然后在 main.css 文档中定义这两个 Div 容器的样式属性。

```
<div id="video"></div>
<div id="newGame"></div>
```

CSS 代码:

```
#video{
  float:left;
  width:218px;height:159px;
  background-image:url(images/video.jpg)
}
#newGame{
  float:left;
  width:433px;height:157px;
  margin-left:5px;
  background-image:url(images/newGame.jpg);
}
```

**STEP|09** 在 id 为 video 的 Div 容器中，插入 id 为 video_title 和 video_content 的 Div 容器，并在其中插入游戏视频图像，用于制作 "精彩视频" 版块。

```
<div id="video_title">
<span class="title">精彩视频</span>
<span class="more"><a href="#">more&gt; &gt;</a></span>
```

```
</div>
<div id="video_content">
<img src="images/game_05.jpg" border="0"/>
</div>
```

CSS 代码：

```
#video_title{width:188px;
  height:35px;margin-left:30px;
  margin-right:auto;line-height:35px;}
#video_content{
  width:213px; height:117px;
  margin-left:5px; margin-top:3px;}
```

**STEP|10** 在 id 为 newGame 的 Div 容器中，插入为 newGame_title 和 newGame_content 的 Div 容器，用于显示"最新网游"版块的标题和内容。然后在 main.css 文档中定义这两个 Div 容器的样式属性。

```
<div id="newGame_title">
<span class="title">最新网游</span><span class="more"><a href="#">more&gt;&gt;
</a></span>
</div>
<div id="newGame_content"></div>
```

CSS 代码：

```
#newGame_title{
  width:400px;height:35px;
  margin-left:30px;margin-right:auto;
  line-height:35px;
}
#newGame_content{
width:424px;
height:117px;
}
```

**STEP|11** 在 id 为 newGame_content 的 Div 容器中，插入<ul><li>项目列表，用于显示最新网游的图像和名称。然后在 main.css 文档中定义项目列表的样式属性。

```
<ul>
  <li>
<div id="newGame_01_img"><img src="images/game_06.jpg" /></div>
<div id="newGame_01_title">纷争 OL</div>
</li><li>
<div id="newGame_02_img"><img src="images/game_07.jpg" /></div>
<div id="newGame_02_title">宠物小精灵</div>
</li><li>
<div id="newGame_03_img"><img src="images/game_08.jpg" /></div>
```

```
<div id="newGame_03_title">秦伤</div>
</li><li>
<div id="newGame_04_img"><img src="images/game_09.jpg" /></div>
<div id="newGame_04_title">魔灵OL</div>
</li>
</ul>
```

CSS 代码：

```
#newGame_content ul{
margin:0px;padding:0px;
list-style-type:none;
}
#newGame_content ul li{
float:left;display:block;
width:100px;height:100px;
margin:8px 0px 0px 6px;
padding:0px;
}
#newGame_01_title,#newGame_02_title,#newGame_03_title,#newGame_04_title{heig
ht:20px;
font-size:12px;
text-align:center;line-height:20px;
}
```

# 第 **24** 章

## Flash 动画

  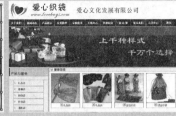 

　　随着网页技术的发展，很多网站为了使内容更加丰富和具有动感，开始为网页插入一些多媒体内容，包括插入视频和动画等资源。绘图和编辑图形、补间动画和遮罩是 Flash 动画设计的三大基本功能，作为功能最强大的动画设计软件，它以流式控制技术和矢量技术为核心，制作的动画具有短小精悍的特点，广泛应用于网页动画的设计中。

　　本章将详细介绍网站建设中的 Flash 动画，主要内容有餐饮网站、帧、元件、滤镜、补间、特效、3D、骨骼和综合实战。通过本章的学习我们可以知道怎样在网站中应用 Flash 动画。

# 24.1 餐饮网站

餐饮行业是一个竞争激烈的传统行业，在资讯发达的今天，营销策划尤为重要。计算机网络技术的发展为餐饮企业的信息化提供了技术上的支持，餐饮可以通过网站将信息传递到受众面前，引导受众参与。本节主要讲述 4 个方面的内容，分别是餐饮门户网站、餐饮网站分类、餐饮网站风格与色彩设计和餐饮网站主题与色彩设计，用户可以通过对本章学习了解餐饮网站。

## 24.1.1 餐饮门户网站

餐饮门户网站，以餐饮业为对象汇聚了各类餐饮娱乐相关信息，服务于大众百姓，服务于各餐饮企业，在消费者与餐饮业之间架起了一座沟通的桥梁，增进了餐饮娱乐行业与消费者之间的交流和信任。

### 1. 地域性餐饮网站

餐饮都有地域性，餐饮行业的地域性决定了顾客就餐的本地性。换句话说，餐饮企业的顾客群基本上都在本城市内。

### 2. 健康餐饮网站

健康饮食网是一个以健康、饮食为主题的专业美食网站，致力于为大家提供各种健康保健知识和保健常识，包括饮食健康、心理健康、疾病防治、养生保健、中医养生、生活保健等方面。

### 3. 餐饮制作网站

餐饮制作网站侧重服务，主要向大家提供餐饮的制作方法及技巧，如甜品美食制作网站和热食制作网站。

### 4. 综合性餐饮网站

一些餐饮网站在以销售产品营利为目的的同时，也提供一些与餐饮有关的信息，如提供一些制作餐饮或餐饮文化等方面内容服务于大家，增强网页的丰富性。

## 24.1.2 餐饮网站分类

一些餐饮企业或餐饮店面以具有针对性的产品内容为主题，在装修上有自己独特的风格。根据装修的风格、产品的特色以及饮食文化，定位网站设计风格。在设计方面，还需要符合消费者心理，能够促进消费者的食欲。

### 1. 中式餐饮网站

中式餐饮，不言而喻以中国的餐饮为主，目标消费者多数是中国人，所以网页在色调搭配上大多以传统色调为主。

### 2. 西式餐饮网站

西餐这个词是由于它特定的地理位置所决定的。我们通常所说的西餐主要包括西欧国家的饮食菜肴，同时还包括东欧各国、地中海沿岸等国和一些拉丁美洲如墨西哥等国的菜肴。根据不同国家的风情，网页设计风格也会有所不同。

### 3. 糕点餐饮网站

糕点餐饮主要是蛋糕、起酥、小点心等食物，在外观设计上比较精致美观。网站设计多数以食物特色而定风格。

### 4. 冰点餐饮网站

冰点饮食主要包括饮料、雪花酪和冰激凌等，网站的设计风格一般是清爽、淡雅的。网站可以展示实体产品或用抽象物概括，在设计方面只要能突出主题即可。

### 5. 饮料类网站

在餐饮类网站中，其实除了用餐的相关内容外，还包含饮料类产品，如饮料、酒类等。饮料是以水为基本原料，供人们直接饮用或食用的食品。饮料可以分为冷饮和热饮，这两种饮料的网站设计各有特点。例如，雪碧是一种冷饮，在色彩搭配上以冷色为主，给人一种清爽的感觉，而热饮类网站就恰恰相反。

## 24.1.3　餐饮网站风格与色彩设计

风格是抽象的，网站风格是指整体形象给浏览者的综合感受。网页的底色是整个网站风格的重要指针。所以，色彩作为网站设计体现风格形式的主要视觉要素之一，对网站设计来说分量是很重的，而网站的色彩配色则根据网站风格定位。

### 1. 写实风格与色彩

所谓写实风格网站，指的是网页中出现的是真实产品的图像，将产品外观、特色和风俗正确、忠实地显示出来，网页在色彩搭配上注重如何更好地衬托产品。

### 2. 抽象风格与色彩

所谓抽象风格网站，与写实风格相反，根据产品外观、特色和风俗，用简单的图像或形象在网页中概括地表示出来。图像可以稍加夸张、卡通化、生动化等，在颜色上也可以稍加变动。

## 24.1.4　餐饮网站主题与色彩设计

国家的疆域有大有小，实力有强有弱，人口有多有少，民族构成、宗教信仰、政权性质和经济结构也有差异，故而各国的饮食文化是不一样的，不同国家的餐饮网站在风格及色彩搭配上也会有所不同。

### 1. 中国风格网站

中国是一个具有悠久历史的饮食文化大国，饮食一直是其文化发展的原动力之一，很早就牢固地树立了"礼乐文化始于食"、"民以食为天"等观念，食是人之大欲。中国自古就十分注重饮食文化，传统的餐饮网站通常以大红为主色调或采用古典风格。

### 2. 韩国风格网站

韩国传统的家族观念很强，韩国饮食文化和中国十分相似，把对生活的美好憧憬与礼义孝的文化信念根植在韩食中，最终形成了独特的韩食文化。网站用色一向以大胆奔放著称，但好作品往往让用户感觉不到它的花哨和刺眼，因为这些色彩已经完美地融合到了界面里，让用户在享受服务的同时，也能感受到一丝温暖。

### 3. 日本风格网站

日本人多喜生食，以尊重材料本身的味道，"色、形、味"为日本饮食文化的特征。日本料理网站，在网页设计上风格简约但不缺细节处理，使人的心情放松，创造一种安宁、平静的生活空间。

### 4. 欧美风格网站

西方人对待饮食的观念是理性的。西方人把饮食当作一门科学，以现实主义的态度注重饮食的功能。网页版式是设计中的视觉语言，欧美用户不习惯艳丽、花哨的色彩和设计风格，比较钟情于简洁、平淡而严谨的风格，即使许多大型网站也是这种风格。在餐饮网站设计方面，色彩多数为稳定的深棕色调。

## 24.2　帧

在 Flash 中，通过更改连续帧中的内容就可以创建动画，通过移动、旋转、缩放、更改颜色和形状等操作，即可为动画制作出丰富多彩的效果。本节主要讲述帧类型和帧的基本操作，用户通过学习为网站建设奠定基础。

### 24.2.1　帧类型

帧是 Flash 动画的核心，它控制着动画的时间以及各种动作的发生。在通常情况下，制作动画需要不同类型的帧来共同完成。其中，最常用的帧类型包括以下几种。

#### 1. 关键帧

制作动画过程中，在某一时刻需要定义对象的某种新状态，这个时刻所对应的帧称为关键帧。关键帧是变化的关键点，如补间动画的起点和终点以及逐帧动画的每一帧，都是关键帧。关键帧是特殊的帧，实心圆点表示有内容的关键帧，即实关键帧；空心圆点表示无内容的关键帧，即空白关键帧。右击时间轴中任意一帧，在弹出的菜单中执行【插入关键帧】命令，即可在所选择的位置插入一个实关键帧。

#### 2. 普通帧

普通帧也称为静态帧，在时间轴中显示为一个矩形单元格。无内容的普通帧显示为空白单元格，有内容的普通帧则会显示出一定的颜色。例如，实关键帧后面的普通帧显示为灰色。在实关键帧后面插入普通帧，则所有的普通帧将包含该关键帧中的内容。也就是说，后面的普通帧与关键帧中的内容相同。

#### 3. 过渡帧

过渡帧包括了许多帧，但其中至少要有两个帧——起始关键帧和结束关键帧。起始关键帧用于决定对象在起始点的外观，而结束关键帧用于决定对象在结束点的外观。在 Flash 中，利用过渡帧可以制作两类过渡动画，即运动过渡和形状过渡。不同颜色的帧代表不同类型的动画。

### 24.2.2　帧的基本操作

帧的操作是制作 Flash 动画时使用频率最高、最基本的操作，主要包括插入、删除、复制、移动、翻转帧、改变动画的长度以及清除关键帧等。

#### 1. 在时间轴中插入帧

在时间轴中插入帧的方法非常简单。选择时间轴中的任意一帧，执行【插入】|【时间轴】|【帧】命令，即可在当前位置插入一个新的普通帧。如果要插入关键帧，同样选择时间轴中的任意一帧，执行【插入】|【时间轴】|【关键帧】命令，即可在当前位置插入一个新的关键帧。如果要插入新的空白关键帧，选择时间轴中的任意一帧，执行【插入】|【时间轴】|【空白关键帧】命令，即可在当前位置插入一个新的空白关键帧。

#### 2. 在时间轴中选择帧

Flash 提供两种不同的方法在时间轴中选择帧。在基于帧的选择（默认情况）中，可以在时间轴中选择单个帧；在基于整体范围的选择中，在单击一个关键帧到下一个关键帧之间的任何帧时，整个帧序列都将被选中。

如果要选择时间轴中的某一帧，只需要单击该帧即可，将会出现一个蓝色的背景。如果想要选择某一范围中的连续帧，首先选择任意一帧（如第 10 帧）作为该范围的起始帧，然后按住 Shift 键不放，并选择另外一帧（如第 40 帧）作为该范围的结束帧，此时将会发现这一范围内的所有帧被选中。

如果想要选择某一范围内多个不连续的帧，可以在按住 Ctrl 键的同时，选择其他。如果想要选择时间轴中的所有帧，可以执行【编辑】|【时间轴】|【选择所有帧】命令。如果想要选择整个静态帧范围，则双击两个关键帧之间的任意一帧即可。

### 3．编辑帧或帧序列

在选择时间轴中的帧之后，可以执行复制、粘贴、移动、删除等操作。

（1）复制和粘贴帧

在时间轴中选择单个或多个帧，然后右击并在弹出的菜单中执行【复制帧】命令，即可复制当前选择的所有帧。

在需要粘贴帧的位置选择一个或多个帧，然后右击并在弹出的菜单中执行【粘贴帧】命令，即可将复制的帧粘贴或覆盖到该位置。

（2）删除帧

选择时间轴中的一个或多个帧，右击并在弹出的菜单中执行【删除帧】命令，即可删除当前选择的所有帧。

（3）移动帧

选择时间轴中的一个或多个连续的帧，将鼠标放置在所选帧的上面，当光标的右下方出现一个矩形图标时，单击鼠标并拖动至目标位置，即可移动当前所选择的所有帧。

（4）更改帧序列的长度

将光标放置在帧序列的开始帧或结束帧处，按住 Ctrl 键使光标改变为左右箭头图标时，向左或向右拖动即可更改帧序列的长度。例如，将光标放置在时间轴中的第 30 帧处，按住 Ctrl 键不放并向右拖动至第 45 帧，即可延长该帧序列的长度至 45 帧。如果将光标向左拖动至第 20 帧处，即可缩短当前帧序列的长度至 20 帧。

## 24.3 元件

在制作动画时，使用元件可以提高编辑动画的效率，使创建复杂的交互效果变得更加容易。如果想更改动画中的重复元素，只需要修改元件，Flash 将自动更新所有应用该元件的实例。本节主要讲述创建元件和编辑元件，用户通过学习本节内容为网站建设奠定基础。

### 24.3.1 创建元件

要创建元件，可以执行【插入】|【新建元件】命令（或按组合键 Ctrl+F8），打开【创建新元件】对话框。在对话框的【类型】下拉列表中包括不同的元件类型。

影片剪辑：该元件用于创建可重用的动画片段。影片剪辑拥有各自独立于主时间轴的多帧时间轴。用户可以将多帧时间轴看作是嵌套在主时间轴内的，它们可以包含交互式控件、声音甚至影片剪辑实例，也可以将影片剪辑实例放在按钮元件的时间轴内，以创建动画按钮。此外，可以使用 ActionScipt 对影片剪辑进行改编。

按钮：该元件用于响应鼠标单击、滑过或其他动作的交互式按钮。可以定义与各种状态关联的图形，然后将动作指定给按钮实例。

图形：该元件可用于创建链接到主时间轴的可重用动画片段，图形元件与主时间轴同步运行。另外，交互式控件和声音在图形元件的动画序列中不起作用。

## 1. 创建图形元件

创建图形元件的对象可以是导入的位图图像、矢量图像、文本对象以及用 Flash 工具创建的线条、色块等。在 Flash 中，要创建图形元件可以通过两种方式。一种是按 Ctrl+F8 组合键，打开【创建新元件】对话框。在【类型】下拉列表中选择【图形】选项，创建"元件 1"图形元件，即可在其中绘制图形对象。

另一种是选择相关元素，执行【修改】|【转换为元件】命令（快捷键 F8），弹出【转换为元件】对话框。在【类型】下拉列表中选择【图形】选项，单击【确定】按钮，这时在场景中的元素变成了元件。无论是【创建新元件】对话框，还是【转换为元件】对话框，对话框中的选项基本相同。当单击【库根目录】选项时，会弹出【移至】对话框，将元件保存在新建文件夹或者现有的文件夹中。

元件默认的注册点为左上角，如果在对话框中单击注册的中心点，那么元件的中心点会与图形中心点重合。

## 2. 创建影片剪辑元件

影片剪辑元件就是我们平时常说的 MC（Movie Clip）。通常，可以把场景上任何看得到的对象，甚至整个【时间轴】内容创建为一个 MC，而且可以将这个 MC 放置到另一个 MC 中。在 Flash 中，创建影片剪辑元件的方法与图形元件的创建方法相似，不同是在【创建新元件】或【转换为元件】对话框中，选择【类型】下拉列表中的【影片剪辑】选项即可。

> **提示**
>
> 在 Flash 中，用户可以创建带动画效果的"影片剪辑"元件，此类元件的创建方法将在后面的章节进行详细的介绍。

## 3. 创建按钮元件

在 Flash 中，创建按钮元件的对象可以是导入的位图图像、矢量图形、文本对象以及用 Flash 工具创建的任何图形。

要创建按钮元件，可以在打开的【创建新元件】或【转换为元件】对话框中，选择【类型】列表中的【按钮】选项，并单击【确定】按钮，进入按钮元件的编辑环境。

按钮元件除了拥有图形元件全部的变形功能外，其特殊性还在于它具有 4 个状态帧，分别是弹起、指针经过、按下和点击。

在前三个状态帧中，可以放置除了按钮元件本身外的所有 Flash 对象，在【点击】中的内容是一个图形，该图形决定着当鼠标指向按钮时的有效范围。它们各自的功能如下所示。

弹起：该帧代表指针没有经过按钮时该按钮的状态。

指针经过：该帧代表当指针滑过按钮时，该按钮的外观。

按下：该帧代表单击按钮时，该按钮的外观。

点击：该帧用于定义响应鼠标单击的区域。此区域在 SWF 文件中是不可见的。

选中"指针经过"动画帧，并执行【修改】|【时间轴】|【转换为关键帧】命令（或按快捷键 F6），Flash 会插入复制了"弹起"动画帧内容的关键帧。然后再编辑该图形，使其有所区别。最后使用同样的方法，来创建【按下】状态和【点击】状态下的图形效果。

创建好按钮元件后，并且将该按钮元件放置在场景中，执行【控制】|【测试影片】命令（或按组合键 Ctrl+Enter），即可通过鼠标的指向与单击查看按钮的不同状态效果。

### 24.3.2　编辑元件

对于创建好的元件，用户还可以对其进行编辑。编辑元件时，Flash 将更新文档中该元件的所有实例，以反映编辑的结果。

#### 1．在当前位置编辑元件

在舞台中双击某个元件实例，即可进入元件编辑模式。此时，其他对象以灰度方式显示，以利于和正在编辑的元件区别开来。同时，正在编辑的元件名称显示在舞台上方的编辑栏内，它位于当前场景名称的右侧。

此时，用户可以根据需要编辑该元件。编辑好元件后，单击【返回】按钮，或者在空白区域双击，即可返回场景。

#### 2．在新窗口中编辑元件

在新窗口中编辑元件，是指在一个单独的窗口中编辑元件。在单独的窗口中编辑元件时，可以同时看到该元件和主时间轴。正在编辑的元件名称会显示在舞台上方的编辑栏内。在舞台上，选择该元件的一个实例，右击选择【在新窗口中编辑】命令，进入新窗口编辑模式。

编辑好元件后，单击窗口右上角的【关闭】按钮关闭新窗口。然后在主文档窗口内单击，返回到编辑主文档状态下。

## 24.4　滤镜

滤镜是 Flash 动画中一个重要的组成部分，用于为动画添加简单的特效，如投影、模糊、发光、斜角等，使动画表现得更加丰富、真实。用户通过本节的学习可以在网站建设中随心所欲地进行滤镜设置。

### 24.4.1　Flash 滤镜概述

在 Flash 中，使用滤镜可以为文本、按钮和影片剪辑添加有趣的视觉效果，使得应用滤镜的对象呈现立体效果，或者发光等效果。

#### 1．应用与删除滤镜

要使用滤镜功能，需要先在舞台上选择文本、按钮或影片剪辑对象。然后单击【属性】面板底部的【添加滤镜】按钮，选择相应的滤镜选项，即可为选中对象添加滤镜效果。

一个对象可以添加多个滤镜选项，而当添加一个滤镜选项后，只要单击【属性】面板底部的【删除滤镜】按钮，即可删除添加的滤镜选项；如果添加了多个滤镜选项，只要单击选中某个滤镜选项，单击【删除滤镜】按钮，即可删除选定的滤镜选项。

#### 2．复制与粘贴滤镜

要想将设置好的滤镜效果应用到其他对象中，可以通过复制功能来实现。方法是：选中要复制滤镜选项的对象，单击【属性】面板底部的【剪贴板】按钮，选择【复制所选】命令。然后选中其他对象，再次单击该按钮，选择【粘贴】命令，即可添加相同效果的滤镜。

### 3．启用与禁用滤镜

当添加滤镜效果后，想要临时显示添加之前的效果时，可以通过禁用滤镜功能。要想临时隐藏一个滤镜效果，可以选中该滤镜选项，通过单击【属性】面板底部的【启用或禁用滤镜】按钮来实现；当想要临时隐藏某个对象的所有滤镜效果时，可以单击【添加滤镜】按钮，选择【禁用全部】命令来实现。

### 4．应用预设滤镜

在 Flash 中虽然可以为对象添加预设滤镜效果，但是滤镜的预设选项需要提前设置。方法是：选中某个对象的滤镜选项，单击【属性】面板底部的【预设】按钮，选择【另存为】命令，在弹出的【将预设另存为】对话框的【预设名称】文本框中输入预设滤镜名称。

然后选中其他对象，再次单击该按钮，选择新增的预设滤镜名称命令，即可应用预设滤镜。要想为保存后的预设滤镜更改名称，可以单击【预设】按钮，选择【重命名】命令。在弹出的【重命名预设】对话框中双击预设名称，重新设置名称后，单击【重命名】按钮，即可改变。

## 24.4.2　投影滤镜

投影滤镜是模拟对象，投影到一个表面的效果。要想为影片剪辑、按钮或文字添加投影效果，只要选中其中一个对象后，单击【属性】面板底部的【添加滤镜】按钮，选择【投影】命令，即可添加默认的投影效果。添加投影滤镜后，可以通过【滤镜】选项组中的参数来设置投影的效果，其中各个选项的功能如下。

模糊：该选项用于控制投影的宽度和高度。

强度：该选项用于设置阴影的明暗度，数值越大，阴影就越暗。

品质：该选项用于控制投影的质量级别，设置为【高】则近似于高斯模糊，设置为【低】可以实现最佳的回放性能。

颜色：单击此处的色块，可以打开【颜色拾取器】，可以设置阴影的颜色。

角度：该选项用于控制阴影的角度，在其中输入一个值或单击角度选取器并拖动角度盘。

距离：该选项用于控制阴影与对象之间的距离。

挖空：启用此复选框，可以从视觉上隐藏源对象，并在挖空图像上只显示投影。

内侧阴影：启用此复选框，可以在对象边界内应用阴影。

隐藏对象：启用此复选框，可以隐藏对象并只显示其阴影，从而可以更轻松地创建逼真的阴影。

## 24.4.3　模糊滤镜

模糊滤镜可以柔化对象的边缘和细节。将模糊应用于对象，可以让它看起来好像位于其他对象的后面，或者使对象看起来好像是运动的。当添加模糊滤镜效果后，默认的参数即可得到模糊效果。该滤镜中的参数与投影滤镜中的基本相同，只是后者模糊的是投影效果，前者模糊的是对象本身。

## 24.4.4　发光与渐变发光滤镜

使用发光滤镜，可以为对象的周边应用颜色，使当前对象赋予光晕效果；而应用渐变发光，可以在发光表面产生带渐变颜色的发光效果。

## 1．发光滤镜

添加发光滤镜后，发现其中的参数与投影滤镜参数相似，只是没有【距离】、【角度】等参数，而其默认发光颜色为红色。在参数列表中，唯一不同的是【内发光】选项，当启用该选项后，即可将外发光效果更改为内发光效果。

## 2．渐变发光滤镜

渐变发光与发光滤镜的不同是，发光颜色为渐变颜色，而不是单色。虽然在默认情况下，其效果与投影效果相似，但是其发光颜色为渐变颜色。渐变发光颜色的设置，与【颜色】面板中渐变颜色的设置方法相同。但是渐变发光要求渐变开始处颜色的 Alpha 值为 0，并且不能移动此颜色的位置，但可以改变该颜色。在渐变发光滤镜中，还可以设置发光效果，只要在【类型】下拉列表中选择不同的子选项即可，默认情况下为【外侧】。

## 24.4.5 斜角与渐变斜角滤镜

应用斜角就是向对象应用加亮效果，使其看起来凸出于背景表面；而应用渐变斜角可以产生一种凸起效果，使得对象看起来好像从背景上凸起，且斜角表面有渐变颜色。

## 1．斜角滤镜

斜角滤镜中的参数在投影的基础上，添加了【阴影】和【加亮显示】颜色控件。当添加斜角滤镜后，【阴影】和【加亮显示】的默认颜色为黑色和白色。如果设置这两个颜色控件，那么会得到不同的立体效果。而列表中的【类型】下拉列表中的子选项是用来设置不同的立体效果的。

## 2．渐变斜角滤镜

渐变斜角滤镜中的参数，只是将斜角滤镜中的【阴影】和【加亮显示】颜色控件替换为渐变颜色控件，所以渐变斜角立体效果是通过渐变颜色来实现的。而在渐变颜色编辑条中，需要注意的是渐变斜角要求渐变中间有一种颜色的 Alpha 值为 0。

## 24.4.6 调整颜色滤镜

应用调整颜色滤镜，可以调整对象的对比度、亮度、饱和度与色相。其中，对于位图的应用尤为显著。

对比度：用于调整图像的加亮、阴影及中调。

亮度：用于调整图像的亮度。

饱和度：用于调整颜色的强度。

色相：用于调整颜色的深浅。

# 24.5 补间

在 Flash 中，除了可以制作逐帧动画外，还可以制作三种补间动画，即传统补间动画、补间形状动画和补间动画。它们帮助设计者在动画中方便快速地制作各种效果。而补间动画与逐帧动画的不同之处在于它只需要定义动画的起始和结束两个关键帧内容，这两个关键帧之间的过渡帧是由 Flash 自动创建的。用户通过学习可以知道补间动画与逐帧动画的区别。

## 24.5.1　补间动画概述

补间动画是计算机动画领域的一个术语，是计算机根据两个关键帧而自动制作的动画。补间动画是计算机动画技术的一项突破性进展，其简化了动画制作的过程，降低了动画制作的难度。

### 1．补间动画的组成

Flash 是目前应用最广泛的二维补间动画制作工具，使用 Flash 制作的完整补间动画往往包括三个部分。

（1）首关键帧

首关键帧是补间动画播放前显示的帧，是补间动画的起始帧，是动作的开始。

（2）尾关键帧

尾关键帧是补间动画播放结束后显示的帧，是补间动画的结束帧，是动作的末尾。

（3）补间帧

补间帧是计算机根据补间动作，绘制的从首关键帧变化到尾关键帧整个过程的中间画。补间帧越多，则表示描述补间动作的过程越精细。

### 2．补间动作的分类

补间动作是补间动画的灵魂。只有设置补间动作后，计算机才能根据用户定义的动作创建补间。

（1）位置补间

位置补间是指描述动画元件的位置变化状况的补间动作，是最常见的补间动作之一。

（2）缩放补间

缩放补间是指描述元件的水平缩放比率或垂直缩放比率的动作。在缩放补间动作进行时，既可将水平与垂直缩放等比例进行，也可分别缩放不同的比率。

（3）倾斜补间

倾斜补间是指描述元件根据指定角的方向拉伸或缩进，模拟元件 3D 旋转效果的动作。

倾斜补间的倾斜动作包括水平角度倾斜和垂直角度倾斜等，可以模拟两种不同的 3D 旋转的方向。

（4）旋转补间

旋转补间是指描述元件根据指定的中心点进行旋转的动作。旋转补间也是比较常见的补间方式。

（5）颜色补间

颜色补间是指描述元件在影片中发生的明度、色度、亮度以及透明度等所发生的改变动作。

（6）滤镜补间

滤镜补间是记录元件中应用的滤镜的属性改变行为。

## 24.5.2　创建传统补间动画

Flash 软件创建的补间动画称作传统补间动画，即非面向对象运动的补间动画。传统补间动画并非基于某一个元件，而是基于某个层中的所有内容。

### 1．创建传统补间动画

传统补间动画支持设置图层中元件的各种属性，包括颜色、大小、位置和角度等，同样也可以为这些属性建立一个变化的关系。创建传统补间动画的方式与创建补间动画有一定的区别。

首先，用户需要先创建图层，并在图层上绘制或导入元件。然后，即可为图层添加普通帧（用于补间）和尾关键帧。选中用于任意一个用于补间的普通帧，然后右击，执行【创建传统补间】命令，为两个关键帧之间的各普通帧创建传统补间，此时，首关键帧和补间帧均会转换为紫色。

### 2．设置传统补间旋转动作

在 Flash 中，允许用户在【属性】面板中为传统补间动画设置旋转以及缓动等动作。

（1）设置缓动

为传统补间动画设置缓动有两种方法。选中补间帧，然后直接在【属性】|【补间】|【缓动】右侧单击蓝色横线，输入缓动的幅度数字。Flash 将自动把缓动应用于元件中。

除了输入元件缓动的幅度值以外，Flash 还允许用户通过可视化的界面设置缓动。例如，选中任意补间帧，在【属性】面板中单击【补间】|【编辑缓动】按钮 🖉。

然后，在弹出的【自定义缓入 / 缓出】对话框中，用鼠标单击缓动的矢量速度端点，对其进行拖曳，以实现基于缓动的旋转动画。在完成缓动设置后，即可单击【确定】按钮。

（2）设置旋转方向

Flash 允许用户自定义元件旋转的方向，包括自动设置、顺时针和逆时针三种。在【时间轴】面板中选择任意一个补间帧，然后，即可在【属性】|【补间】|【选中】的下拉列表菜单中修改【无】为自定义的旋转方向，以及右侧的旋转次数。

（3）其他旋转设置

除了缓动和旋转方向外，Flash 还在【属性】面板中提供了其他一些旋转的选项。选中任意补间帧，即可进行其他旋转设置，如表 24-1 所示。

表 24-1　其他旋转设置

| 设 置 项 目 | 作　用 |
| --- | --- |
| 贴紧 | 设置元件的位置贴紧到辅助线上 |
| 同步 | 设置元件的各补间帧同步移动 |
| 调整到路径 | 设置元件按照指定的路径旋转 |
| 缩放 | 设置元件在旋转时自动缩放 |

## 24.5.3　创建补间形状动画

补间形状动画也是在 Flash CS3 及之前版本就已提供的补间动画类型。在补间形状动画中，以两个关键帧中的笔触和填充为运动的基本单位。所有变化都围绕着这两个帧中的笔触和填充展开。

### 1．创建补间形状

Flash 可以方便地将任何打散的图形制作为补间形状动画。在 Flash 文档中新建图层，然后在图层上绘制三个关键帧的元件。然后，即可分别在三个关键帧之间插入 6 个普通帧，将三个关键帧之间的距离拉开。

在第 1 个和第 2 个关键帧中选择任意一个普通帧，右击执行【创建补间形状】命令，即可将普通帧转换为补间形状帧。用同样的方式，即可为后面两个关键帧之间的普通帧创建补间形状。在创建补间形状后，即可浏览补间形状动画。

### 2．设置补间形状属性

Flash 不仅允许用户制作补间形状动画，还支持设置补间形状的【缓动】和【混合】等属性。补间形状的缓动与传统补间动画的缓动类似，都是通过改变动画补间的变化速度，制作出特殊的视觉效果。

在 Flash 中选中补间形状所在的帧，然后可在【属性】面板中的【缓动】内容右侧数字上双击，修改缓动的级别。【混合】的作用是设置变形的过渡模式。在 Flash 中选中补间形状所在的帧，即可在【属性】

面板中对其进行设置。在补间形状的两种过渡模式中，【分布式】选项可使补间帧的形状过渡更加光滑；【角形】选项可使补间正的形状保持棱角，适用于有尖锐棱角的图形变换。

### 24.5.4　创建传统运动引导层补间动画

传统运动引导动画是传统补间动画的一种延伸。在传统运动引导动画中，用户可以以辅助线作为运动路径，设置让某个对象沿该路径运动。要创建传统运动引导动画，首先需要创建两个图层。一个是传统运动引导层，负责存放引导的辅助线，另一个则是普通图层，用于存放被引导的对象。

首先，为 Flash 影片绘制各种背景图像，同时制作浮动的气泡元件。创建传统运动引导层，将气泡元件所在的图层拖曳到引导层之下。然后，分别为各图层添加若干普通帧，在引导层中绘制气泡元件的移动轨迹线。将气泡所在的图层最后一帧转换为关键帧，分别将第 1 帧的气泡元件和最后 1 帧的气泡元件拖曳到运动轨迹线的两端，锁定引导层。最后，选中气泡所在的图层中的任意一个普通帧，执行【创建传统补间】命令，即可完成传统运动引导动画的制作。

### 24.5.5　创建遮罩动画

遮罩动画是补间动画的一种特殊形式。在遮罩动画中，动画的各种普通层被覆盖在遮罩层下，只有被遮罩层中图像遮住的动画内容才能在影片中显示。

#### 1．制作普通遮罩动画

普通遮罩动画是指在遮罩层覆盖下的动画。在这些动画中，遮罩层是静止的，遮罩层下方的被遮罩层则是运动的。

制作遮罩动画，既可以用普通补间动画，也可以用传统补间动画。以普通补间动画为例，先制作一段场景自右向左平移的动画，作为遮罩动画的动画部分。然后，即可隐藏动画所在的层，分别为影片导入背景、显示动画的元素等内容。新建"遮罩"图层，在图层中绘制一个圆形作为遮罩图形，然后将其移动到动画上方。在"遮罩"图层的名称上方右击，执行【遮罩层】命令，Flash 将自动把其下方的"图像"图层纳入遮罩的范围中，完成动画制作。

#### 2．制作遮罩层动画

遮罩层动画是指在遮罩层中发生的动画，即根据遮罩图形本身的动作而实现的动画。遮罩层动画的应用非常广泛，在网页中的各种水波荡漾、百叶窗等动画都是遮罩层动画。

制作遮罩层动画，需要先为 Flash 影片导入遮罩层动画的背景。然后，即可在图像所在图层上方新建一个图层，并在图层中绘制一个用于遮罩的六边形。分别为覆盖和背景两个图层插入一些普通帧，用于制作补间动画。在覆盖图层的最后 1 帧处右击，执行【转换为关键帧】命令，将其转换为关键帧。

在覆盖图层最后一个关键帧处重新绘制一个矩形，矩形大小与影片的场景一致，并将整个场景完全覆盖。然后，即可选中覆盖图层中的任意一个普通帧，右击执行【创建补间形状】命令。最后，将覆盖图层转换为遮罩层，完成遮罩层动画的制作。

## 24.6 特效

色彩效果、动画编辑器和动画预设被广泛应用于各种 Flash 动画中。通过色彩效果更改实例的颜色、透明度、对比度等，可以使其具有更加逼真生动的形象。使用动画编辑器调整动画曲线，可以创建特定类型的复杂动画效果，如慢进快出、快进慢出等缓动效果；而使用动画预设，可以将 Flash 中预设的动画特效直接应用在普通动画上，如波形、脉搏、烟雾等。

## 24.6.1 色彩效果

在 Flash 中，通过【属性】面板中的【色彩效果】选项可以为每个元件实例设置透明度、颜色等效果，并且这些效果也会影响元件内部的位图图像。

### 1．亮度

亮度选项用于调节元件实例的相对亮度或暗度，度量范围是从黑(-100%)到白(100%)。在【色彩效果】选项的【样式】下拉列表中选择【亮度】选项，然后单击并拖动三角形滑块，或者在右侧的文本框中输入一个数值，即可改变元件实例的亮度。

### 2．色调

色调选项用于使用相同的色相为实例着色，度量范围是从透明(0%)到完全饱和(100%)。在【色彩效果】选项的【样式】下拉列表中选择【色调】选项，此时将会出现一个【颜色拾取器】按钮和【色调】、【红】、【绿】、【蓝】4 个滑块。单击【样式】下拉列表右侧的【颜色拾取器】按钮，在弹出的【颜色】面板中可以选择一种色调颜色。

此除之外，还可以通过拖动【红】、【绿】和【蓝】三个选项的三角形滑块，或者直接在其右侧的文本框中输入颜色数值，来改变元件实例的色调。当色调设置完成后，可以通过拖动【色调】选项的三角形滑块，或者直接在其右侧的文本框中输入百分比，来改变实例色调的饱和度。

### 3．Alpha

Alpha 选项用于设置元件实例的透明度，度量范围是从透明(0%)到不透明(100%)。在【色彩效果】选项的【样式】下拉列表中选择 Alpha 选项，然后单击并拖动三角形滑块，或者在右侧的文本框中输入百分比，即可改变元件实例的 Alpha 透明度。

### 4．高级

高级选项用于调节元件实例的红色、绿色、蓝色和透明度值。对于在位图图像上创建和制作具有微妙色彩效果的动画，该选项非常有用。在【色彩效果】选项的【样式】下拉列表中选择【高级】选项，此时将会出现 Alpha、【红】、【绿】和【蓝】4 个子选项。

通过拖动左侧的控件可以按指定的百分比降低或增大颜色或透明度的值；拖动右侧的控件可以按指定数值降低或增大颜色或透明度的值。当前的红、绿、蓝和 Alpha 的值都乘以百分比值，然后加上右列中的常数值，产生新的颜色值。

例如，如果当前的红色值是 100，将左侧的滑块设置为 50%，并将右侧滑块设置为 100，则会产生一个新的红色值 150，计算方法为：

$$(100 \times 0.5) + 100 = 150$$

## 24.6.2 动画编辑器

通过【动画编辑器】面板，可以查看所有补间属性及其属性关键帧。它还提供了向补间添加精度和详细信息的工具。动画编辑器显示当前选定的补间的属性。在时间轴中创建补间后，动画编辑器允许以多种不同的方式来控制补间。

### 1．添加和删除属性关键帧

在【动画编辑器】面板中，将播放头拖动至想要添加关键帧的位置。然后，单击【关键帧】选项中的【添加或删除关键帧】按钮，即可在当前位置添加关键帧，且该按钮显示为一个黄色的菱形图标。

如果想要删除某一个关键帧，首先将播放头拖动至该关键帧的位置。然后，单击【关键帧】选项中的【添加或删除关键帧】按钮，即可删除当前位置的关键帧，且该按钮标还原为默认的尖三角图标。

### 2．移动属性关键帧

如果想要将属性关键帧移动至补间内其他帧处，只需要在 $X$ 或 $Y$ 轴曲线中选择该关键帧的节点，然后向左或向右拖动至目标位置即可。可以发现，无论移动 $X$ 轴还是 $Y$ 轴中的关键帧节点，另一轴中的关键帧节点也将随之发生改变。

### 3．改变元件实例位置

通过调节 $X$ 或 $Y$ 轴曲线中关键帧节点的垂直位置，可以改变该关键帧处元件实例的位置。

选择 $X$ 或 $Y$ 轴曲线中的关键帧节点，并沿垂直方向向上或向下拖动，即可改变该关键帧中元件实例的 $X$ 坐标和 $Y$ 坐标。

### 4．转换元件实例形状

在【动画编辑器】面板中可以更改元件实例的倾斜角度和缩放比例。单击【转换】选项左侧的小三角形按钮，使其显示出【倾斜】子选项。然后，在【倾斜 X】和【倾斜 Y】选项的右侧输入度数，或者向上或向下拖动曲线图中的关键帧节点，即可改变元件实例的倾斜角度。

使用同样的方法，在【缩放 X】和【缩放 Y】选项的右侧输入百分比，或者向上或向下拖动曲线图中的关键帧节点，即可改变元件实例的缩放百分比。

> **提示**
>
> 在默认情况下，曲线图中只显示补间范围内的起始关键帧和结束关键帧。

### 5．添加和删除色彩效果

在【动画编辑器】面板的【色彩效果】选项中，可以为元件实例调整 Alpha、亮度、色调和高级颜色。单击【色彩效果】右侧的加号按钮，在弹出的菜单中选择想要更改的选项（如色调），然后在出现的列表中设置着色颜色和色调数量。

如果想要删除已经添加的色彩效果，则可以单击【色彩效果】右侧的减号按钮，在弹出的菜单中选择相应的选项（如已经添加的【色调】选项）即可。

### 6．添加和删除滤镜效果

除了可以在【属性】面板中为元件实例添加滤镜效果外，还可以在【动画编辑器】面板中添加。单击【滤镜】选项右侧的【添加滤镜】按钮，在弹出的菜单中选择任意一个滤镜效果（如模糊）选项，即可为元件实例添加模糊滤镜效果。使用相同的方法，可以为元件实例同时添加多个滤镜效果。

单击【滤镜】右侧的【删除滤镜】按钮，在弹出的菜单中选择相应的滤镜选项（如已经添加的模糊滤镜），即可为元件实例删除该滤镜效果。

### 7．为补间添加缓动效果

为补间动画添加缓动效果，可以改变补间中元件实例的运动加速度，使其运动过程更加逼真。在【缓动】下拉菜单中，已预置有【简单（慢）】的缓动效果，并提供了缓动的强度百分比。除此之外，用户还可单击【添加缓动】按钮，在弹出的菜单中选择其他类型的缓动效果。

## 24.6.3　动画预设

动画预设是预配置的补间动画，可以将它们应用于舞台上的对象，只需选择对象并单击【动画预设】

面板中的【应用】按钮即可。

### 1．预览动画预设

Flash 随附的每个动画预设都可以在【动画预设】面板中查看其预览。这样，可以了解在将动画应用于 FLA 文件中的对象时所获得的结果。

执行【窗口】|【动画预设】命令，打开【动画预设】面板。然后，从该面板的列表中选择一个动画预设，即可在面板顶部的【预览】窗格中播放。

### 2．应用动画预设

在舞台上选择可补间的对象（元件实例或文本字段）后，可单击【动画预设】面板中的【应用】按钮来应用预设。每个对象只能应用一个预设，如果将第二个预设应用于相同的对象，则第二个预设将替换第一个预设。

在舞台上选择一个可补间的对象。如果将动画预设应用于无法补间的对象，则会显示一个对话框，允许将该对象转换为元件。在【动画预设】面板中选择一个预设，然后单击面板中的【应用】按钮，或者在面板菜单中执行【在当前位置应用】命令，即可将该动画预设应用到舞台中的元件实例。

### 3．将补间另存为自定义动画预设

如果创建自己的补间，或对在【动画预设】面板中应用的补间进行更改，可将它另存为新的动画预设。新预设将显示在【动画预设】面板中的【自定义预设】文件夹中。如果想要将自定义补间另存为预设，首先选择时间轴中的补间范围、舞台中应用了自定义补间的对象或舞台上的运动路径。单击【动画预设】面板中的【将选区另存为预设】按钮，或者右击补间范围，在弹出的菜单中执行【另存为动画预设】命令，可将当前动画另存为新的动画预设。

### 4．导入动画预设

Flash 的动画预设都是以 XML 文件的形式存储在本地计算机中的。导入外部的 XML 补间文件，可以将其添加到【动画预设】面板中。单击【动画预设】面板右上角的选项按钮，在弹出的菜单中执行【导入】命令，打开【打开】对话框。然后通过该对话框选择要导入的 XML 文件。导入完成后，将会在【动画预设】面板中的【自定义预设】文件夹中显示刚才导入的自定义动画预设。

## 24.7 3D

Flash 允许通过在舞台的 3D 空间中移动和旋转影片剪辑来创建 3D 效果。Flash 通过在每个影片剪辑实例的属性中包括 $Z$ 轴来表示 3D 空间。通过沿着 $Z$ 轴移动和旋转影片剪辑实例，可以向影片剪辑实例中添加 3D 透视效果。

### 24.7.1 平移 3D 图形

使用【3D 平移工具】可以在 3D 空间中移动影片剪辑实例的位置，这样使影片剪辑实例看起来离观察者更近或更远。单击【工具】面板中的【3D 平移工具】按钮，然后选择舞台中的影片剪辑实例。此时，该影片剪辑的 $X$、$Y$ 和 $Z$ 三个轴将显示在实例的正中间。其中，$X$ 轴为红色、$Y$ 轴为绿色，而 $Z$ 轴为一个黑色的圆点。

【3D 平移工具】的默认模式是全局。在全局 3D 空间中移动对象与相对舞台移动对象等效；在局部

3D 空间中移动对象与相对父影片剪辑（如果有）移动对象等效。如果要切换【3D 平移工具】的全局模式和局部模式，可以在选择【3D 平移工具】的同时单击【工具】面板【选项】部分中的【全局】切换按钮。

如果要通过【3D 平移工具】进行拖动来移动影片剪辑实例，首先将指针移动到该实例的 X、Y 或 Z 轴控件上，此时在指针的尾处将会显示该坐标轴的名称。X 和 Y 轴控件是每个轴上的箭头。使用鼠标按控件箭头的方向拖动其中一个控件，即可沿所选轴（水平或垂直方向）移动影片剪辑实例。Z 轴控件是影片剪辑中间的黑点，上下拖动该黑点即可在 Z 轴上移动对象，此时将会放大或缩小所选的影片剪辑实例，以产生离观察者更近或更远的效果。

除此之外，在【属性】面板的【3D 定位和视图】选项中输入 X、Y 或 Z 的值，也可以改变影片剪辑实例在 3D 空间中的位置。在 3D 空间中，如果想要移动多个影片剪辑实例，可以使用【3D 平移工具】移动其中一个实例，此时其他的实例也将以相同的方式移动。

（1）如果要在全局 3D 空间中以相同方式移动组中的每个实例，首先将【3D 平移工具】设置为【全局】模式，然后用轴控件拖动其中一个实例。按住 Shift 键并双击其中一个选中实例可将轴控件移动到该实例。

（2）如果要在局部 3D 空间中以相同方式移动组中的每个实例，首先将【3D 平移工具】设置为【局部】模式，然后用轴控件拖动其中一个实例。按住 Shift 键并双击其中一个选中实例可将轴控件移动到该实例。

通过双击 Z 轴控件，也可以将轴控件移动到多个所选影片剪辑实例的中心。按住 Shift 键并双击其中一个实例，可将轴控件还原到该实例。

## 24.7.2　旋转 3D 图形

使用【3D 旋转工具】可以在 3D 空间中旋转影片剪辑实例，这样通过改变实例的形状，使之看起来与观察者之间形成某一个角度。

单击【工具】面板中的【3D 旋转工具】按钮，然后选择舞台中的影片剪辑实例。此时，3D 旋转控件出现在该实例之上。其中，X 轴为红色、Y 轴为绿色、Z 轴为蓝色，使用橙色的自由旋转控件可同时绕 X 和 Y 轴旋转。

【3D 旋转工具】的默认模式为全局。在全局 3D 空间中旋转对象与相对舞台移动实例等效；在局部 3D 空间中旋转实例与相对父影片剪辑（如果有）移动实例等效。如果要切换【3D 旋转工具】的全局模式和局部模式，可以在选择【3D 旋转工具】的同时单击【工具】面板【选项】部分中的【全局】切换按钮。

如果要通过【3D 旋转工具】进行拖动来放置影片剪辑实例，首先将指针移动到该实例的 X、Y、Z 轴或自由旋转控件上，此时在指针的尾处将会显示该坐标轴的名称。拖动一个轴控件可以使所选的影片剪辑实例绕该轴旋转，例如左右拖动 X 轴控件可以绕 X 轴旋转；上下拖动 Y 轴控件可以绕 Y 轴旋转；拖动 Z 轴控件可以使影片剪辑实例绕 Z 轴旋转进行圆周运动；而拖动自由旋转控件（外侧橙色圈），可以使影片剪辑实例同时绕 X 和 Y 轴旋转。

在舞台上选择一个影片剪辑，3D 旋转控件将显示为叠加在所选实例上。如果这些控件出现在其他位置，可以双击该控件的中心点以将其移动到选定实例的正中心。如果想要相对于影片剪辑实例重新定位旋转控件的中心点，可以单击并拖动中心点至任意位置。这样，再拖动 X、Y、Z 轴或自由拖动控件时，将使实例绕新的中心点旋转。例如将旋转控件的中心点拖动至影片剪辑实例的左下角，然后逆时针拖动 Z 轴控件，即可以新的中心点旋转。

执行【窗口】|【变形】命令，打开【变形】面板。然后，选择舞台上的一个影片剪辑实例，在【变形】面板【3D 旋转】选项中输入 X、Y 和 Z 轴的角度，也可以旋转所选的实例。在舞台中选择多个影片剪辑实例，3D 旋转控件将显示为叠加在最近所选的实例上。然后使用【3D 旋转工具】旋转其中任意一个实例，其他实例也将以相同的方式旋转。选择舞台上的所有影片剪辑实例，通过双击 Z 轴控件，可以让中心点移动到影片剪辑组的中心。按住 Shift 键并双击其中一个实例，可将轴控件还原到该实例。

所选实例的旋转控件中心点的位置在【变形】面板中显示为【3D 中心点】，可以在【变形】面板中修改中心点的位置。例如，设置影片剪辑组旋转控件的中心点 X 为 300、Y 为 150、Z 为 50。

### 24.7.3　调整透视角度

FLA 文件的透视角度属性控制 3D 影片剪辑视图在舞台上的外观视角。增大或减小透视角度将影响 3D 影片剪辑的外观尺寸及其相对于舞台边缘的位置，增大透视角度可使影片剪辑对象看起来更接近观察者，减小透视角度属性可使对象看起来更远。此效果与通过镜头更改视角的照相机镜头缩放类似。

透视角度属性会影响应用了 3D 平移或旋转的所有影片剪辑，默认透视角度为 55° 视角，值的范围为 1°～180°。如果要在【属性】面板中查看或设置透视角度，必须在舞台上选择一个 3D 影片剪辑。此时，对透视角度所做的更改将在舞台上立即可见。例如，在【属性】面板的【透视角度】选项输入透视角度为 115°，或拖动热文本以更改透视角度为 115°。

### 24.7.4　调整消失点

FLA 文件的消失点属性控制舞台上影片剪辑对象的 Z 轴方向。FLA 文件中所有影片剪辑的 Z 轴都朝着消失点后退。

通过重新定位消失点，可以更改沿 Z 轴平移对象时对象的移动方向。通过调整消失点的位置，可以精确控制舞台上 3D 对象的外观和动画。

例如，将消失点定位在舞台的左上角(0,0)，则增大影片剪辑的 Z 属性值可使影片剪辑远离观察者并向着舞台的左上角移动。因为消失点影响所有影片剪辑，所以更改消失点也会更改应用了 Z 轴平移的所有影片剪辑的位置。

消失点是一个文档属性，它会影响应用了 Z 轴平移或旋转的所有影片剪辑，不会影响其他影片剪辑。消失点的默认位置是舞台中心。如果要在【属性】面板中查看或设置消失点，必须在舞台上选择一个影片剪辑实例。

## 24.8　骨骼

骨骼动画技术是一种依靠运动学原理建立的、应用于计算机动画的新兴技术。开发这种技术的目的是模拟各种动物和机械的复杂运动，使动画中的角色动作更加逼真、符合真实的形象。用户通过学习可以更好地制作出 Flash 动画。

## 24.8.1　骨骼和运动学

在介绍骨骼动画之前，首先要了解正向运动学和反向运动学。

### 1．正向运动学

正向运动学（Forward Kinematics，FK）是子物体跟随父物体的运动规律。以简单的大力水手为例，在这个人物中，躯干为祖父物体，后臂为父物体，前臂为子物体。在正向运动时，父物体的运动会影响到子物体，使子物体保持与父物体一致。同时，在正向运动中，子物体的运动则不会影响到父物体，无论子物体如何移动，父物体都保持不变。

### 2．反向运动学

反向运动学（Inverse Kinematics，IK）是另一种运动学理论，其与正向运动学有一定的区别。在反向运动学中，需要在已经设置的子物体和父物体上添加一种算法，从而使父物体能够随着子物体的变换而进行相反方向的变换。

在基于父物体的运动中，正向运动和反向运动是完全相同的。然而，在基于子物体的运动中，正向运动与反向运动则完全相反。仍然依据之前制作的大力水手实例，在上面的动画中，由于使用了一种特殊的连接工具（IK 骨骼），因此，当子物体进行旋转运动时，父物体也会进行相应的移动。反向运动学可以模拟各种动物的肢体运动，以及一些简单机械（例如杠杆）等的机械臂运动。

### 3．骨骼动画

在各种支持反向运动学动画的设计软件中，大多是通过一种连接各种物体的辅助工具来实现反向运动，这种工具就是 IK 骨骼，也称反向运动骨骼。使用 IK 骨骼制作的反向运动学动画又被称作骨骼动画。

骨骼动画是典型的相对运动到绝对运动的计算。在骨骼动画中提供了一种算法，根据子物体的运动模式，计算父物体的运动变化。然后，根据骨骼运动算法，将子物体与父物体通过骨骼进行连接，使父物体根据子物体的运动而发生改变。因此，加入骨骼制作的动画属于反向运动学。

## 24.8.2　添加 IK 骨骼

在早期的 Flash 版本中并不支持骨骼功能，因此，大多数反向运动必须依靠用户手工进行设置或依靠第三方插件（例如著名的 MOHO 插件等）来完成。在 Flash 中，提供了全新的骨骼用户，帮助用户制作各种复杂的动作动画，节省了用户大量的手工调节工作时间。

首先，在 Flash 影片中绘制需要制作反向动画的各种对象，并分别将其转换为影片剪辑元件。例如，绘制一个插画风格的女白领，分别将其手、前臂和后臂作为子对象、父对象和祖父对象。然后，选择作为祖父对象的后臂，在【工具】面板中选择【骨骼工具】，在身体和前臂处添加骨骼。用同样的方式选中前臂，继续为角色添加手部子对象的骨骼，完成祖父对象、父对象到子对象之间的骨骼连接。用同样的方式为另一只手臂和手添加骨骼，即可完成角色双手部分的骨骼制作。

## 24.8.3　选择与设置骨骼速度

在 Flash 中，不仅允许用户为 Flash 元件添加骨骼，还提供了便捷的骨骼选定工具，帮助用户方便地选择已添加的骨骼。

除此之外，Flash 还提供了 IK 骨骼速度的设置项目，帮助用户建立更加完善的骨骼运动系统。

### 1．快速选择骨骼

Flash 提供了便捷的骨骼选定工具，允许用户选择同级别以及不同级别的各种骨骼组件，帮助用户设置骨骼组件的属性。在 Flash 影片中，使用鼠标单击任意一组骨骼，然后即可在【属性】面板中通过骨骼级别按钮切换选择其他骨骼。

### 2．设置骨骼运动速度

在默认情况下，连接在一起的 IK 骨骼，其子级和父级的相对运动速度是相同的。也就是说，子级对象旋转多少角度，父级对象也会进行相同的角度同步旋转。

然而在自然界中，各种动物进行的反向运动往往是异步的。例如，人类的小腿以膝关节为中心旋转时，大腿往往只旋转很小的角度。因此，如果用户需要逼真地模拟动物的运动，还需要设置 IK 骨骼的反向运动速度。在 Flash 影片中，选择父级 IK 骨骼，在【属性】面板中即可设置【速度】为"10%"。同理，用户也可以设置子级 IK 骨骼的相对运动速度，使子级 IK 骨骼与父级 IK 骨骼之间的异步运动差更大。

## 24.8.4　联系方式与约束

在之前的小节中，已介绍了添加 IK 骨骼和设置 IK 骨骼的速度等属性。Flash 的 IK 骨骼功能十分强大，除了允许设置速度外，还允许用户启用多种联接方式以及约束骨骼运动的幅度等。在 Flash 中绘制角色，并将角色的躯干、大腿、小腿和双脚分别转换为元件，然后即可为角色添加骨骼，以设置联接方式与约束。

### 1．启用/禁用联接方式

Flash 的 IK 骨骼主要有三种联接方式，即旋转、水平平移和垂直平移等。在默认的情况下，新建的 IK 骨骼往往只开启了旋转的联接方式，只能根据骨骼的节点进行旋转。如果需要开启水平平移或垂直平移，以及关闭默认的旋转联接，则可通过【属性】面板中的相应选项卡进行设置。

例如，要关闭旋转联接，为角色开启水平平移联接，则可以先选择角色的 IK 骨骼，然后，在【属性】面板中的【联接：旋转】选项卡中单击【启用】复选框，将对号消除。

然后，再在【属性】面板中的【联接：X 平移】选项卡中单击【启用】复选框，保持选中，最后，即可操作角色的这一骨骼，进行水平平移运动。用同样的方式，也可选择 Y 平移的启用，为骨骼添加垂直平移的联接。

### 2．约束骨骼

在默认情况下，已联接的骨骼是可以以任意的幅度进行运动的。例如，旋转的联接方式可以 360° 旋转，而水平平移和垂直平移可以平移到舞台的任意位置。Flash 在【属性】面板中提供了设置的选项，允许用户约束骨骼平移的幅度，以限制骨骼的运动。

例如，约束旋转的骨骼，可以在 Flash 文档中选择已添加的旋转联接方式的骨骼，然后，即可在【属性】面板中打开【联接：旋转】选项卡，选中【约束】复选框，在右侧的输入文本框中设置骨骼旋转的最小角度和最大角度。在为骨骼设置约束后，骨骼之间的联接节点就会由圆形变为约束的角度，两个骨骼直角的夹角将无法超过该角度。

## 24.8.5　IK 形状与绑定

IK 骨骼不仅可应用于影片剪辑元件，也可应用于各种 Flash 绘制形状中。在为形状添加 IK 骨骼后，Flash 将自动把普通的绘制形状转换为 IK 形状。通过为矢量图形添加 IK 骨骼，可以方便地对各种绘制形状进行变形操作。

### 1．制作 IK 形状

IK 形状是由矢量图形和 IK 骨骼组成的。以一个蝴蝶翅膀为例，先绘制蝴蝶的两只翅膀矢量图形，然后选中一只蝴蝶翅膀，即可使用【骨骼工具】为这只蝴蝶翅膀添加 IK 骨骼，将其转换为 IK 形状。用同样的方式，为蝴蝶的另一只翅膀添加骨骼，然后，即可使用鼠标拖曳骨骼，控制蝴蝶的翅膀变形。

## 2．绑定形状

Flash 允许用户将矢量形状的部分局部端点与 IK 骨骼绑定，以防止 IK 骨骼在为矢量图形变形时，影响这部分的形状。在 Flash 文档中，选中 IK 形状，然后即可在【工具】面板中选择【绑定工具】，再次单击 IK 形状，显示 IK 形状中的端点。

使用鼠标按住 IK 形状中的端点，然后，即可从端点向骨骼的节点方向拖曳，将端点与节点绑定。选中骨骼，然后即可查看当前已与该节骨骼绑定的各种端点。

在将端点与骨骼绑定后，拖曳骨骼时，该端点附近的图形填充和笔触将保持与骨骼的相对距离不变。

## 24.8.6　IK 骨骼动画

IK 骨骼是制作各种复杂形变动画的有效工具。使用 IK 骨骼，可以控制 Flash 影片剪辑元件、IK 图形等各种对象的动作，免去用户绘制逐帧动画的麻烦。IK 骨骼动画就是使用【骨骼工具】将各种影片剪辑元件联接在一起，然后控制影片剪辑元件的旋转和位移，形成的动画。制作 IK 骨骼动画，既可以使用普通的补间动画，也可以使用传统补间动画等，同时，也可为 IK 骨骼动画应用引导层和遮罩层。

例如，制作一个饮酒的女性，首先，在 Flash 文档中绘制桌椅、女性的身体、后臂、前臂、手和酒杯等图形，然后，即可将这些图形转换为元件。选择【骨骼工具】，自女性的身体开始，制作 IK 骨骼，将女性身体、后臂、前臂、手和酒杯用骨骼连接起来。

为每一节 IK 骨骼设置约束的角度，以防止骨骼的旋转过于灵活。在【时间轴】面板中选中名为"骨架_1"的骨骼图层中的第 50 帧，右击，执行【插入帧】命令，插入骨骼动作的普通帧。再次选中第 50 帧，右击，执行【插入姿势】命令，插入一个骨骼动作的关键帧。在第 50 帧中调节各骨骼的位置，将酒杯对准女性的口部，即可完成饮酒的动画。

## 24.9　综合实战

本章概要性地介绍 Flash 动画在网站建设中的应用，主要内容有餐饮网站、帧、元件、滤镜、补间、特效、3D、骨骼，为本书后续的学习打下坚实的基础。主要讲述如何在网站建设中应用 Flash 动画，制作吸引人的网站的一些方法和相关技术，接下来我们通过两个实例来对本章的内容进行实践。

### 24.9.1　制作餐饮类网站开头动画

当打开 Flash 网站时，通常都会先播放一个炫丽的开头动画，这样不但吸引了访问者的注意力，而且可以展示网站的布局结构。对于 Flash 网站来说，开头动画是非常有必要的。本例就制作一个曲奇饼干网站的开头动画，主要练习导入外部素材、新建图层、创建传统引导图层、创建补间动画、创建传统补间动画和创建引导动画。

**STEP|01** 新建文档，在【文档设置】对话框中设置舞台的尺寸为 766 像素×600 像素。然后，执行【文件】|【导入】|【导入到舞台】命令，将素材图像"bg.jpg"导入到舞台，并在第 85 帧处插入普通帧。

**STEP|02** 执行【插入】|【新建元件】命令，新建名称为"主题背景"的影片剪辑。然后，选择【矩形

工具】，启用【工具】中的【绘制对象】选项，在舞台中绘制一个 420 像素×520 像素的白色（#FFFFFF）矩形。

**STEP|03** 使用相同的方法，在白色矩形的上面绘制一个 380 像素×500 像素的淡黄色（#F5F5F0）矩形。然后，选择这两个矩形，打开【对齐】面板，单击【水平对齐】和【垂直对齐】按钮。

**STEP|04** 返回场景。新建"主题背景"图层，将"主题背景"影片剪辑拖入到舞台。然后选择该影片剪辑，在【变形】面板中设置其缩放宽度和缩放高度均为"12%"。

**STEP|05** 右击"主题背景"图层，在弹出的菜单中执行【添加传统运动引导层】命令，创建运动引导层，使用【铅笔工具】在舞台中绘制运动路径。然后，将"主题背景"影片剪辑拖动到路径的起始端点。

**STEP|06** 选择"主题背景"图层，在第 30 帧处插入关键帧，将"主题背景"影片剪辑拖动到路径的结束端点，在【变形】面板中设置其缩放宽度和缩放高度均为"100%"。然后，右击这两个关键帧之间的任意一帧，在弹出的菜单中执行【创建传统补间动画】命令，创建传统补间动画。

**STEP|07** 在第 10 帧处插入关键帧，在【变形】面板中设置影片剪辑的缩放宽度为"40%"、缩放高度为"7%"。然后在第 15 帧处插入关键帧，设置其缩放宽度为"14.5%"、缩放高度为"8%"。

**STEP|08** 在第 20 帧处插入关键帧，在【变形】面板中设置影片剪辑的缩放宽度为"45%"、缩放高度为"8.5%"。然后在第 25 帧处插入关键帧，设置其缩放宽度为"28%"、缩放高度为"20%"。

**STEP|09** 新建 LOGO 图层，在第 30 帧处插入关键帧，将素材图像"LOGO.png"导入到舞台。然后，右击该关键帧，在弹出的菜单中执行【创建补间动画】命令，创建补间动画。

**STEP|10** 选择第 45 帧，将 LOGO 影片剪辑拖动到舞台的右下角。然后，选择该图层，并移动至"主题背景"图层的下面。

**STEP|11** 新建"版尾信息"图层，在第 30 帧处插入关键帧，使用【文本工具】在舞台的左下方输入版尾信息。然后创建补间动画，选择第 45 帧，将文字向上移动。

## 24.9.2  制作餐饮类网站导航和首页

对于网站来说，导航条发挥着极其重要的作用，它为网站访问者提供了从一个页面跳转到另一个页面的途径，使访问者可以方便、快速地访问到所需的内容。本例将为网站制作一个 Flash 导航，主要练习输入文字、设置文字属性、创建补间动画、使用任意变形工具、转换为影片剪辑、设置 Alpha 透明度，如图 24-1 所示。

**STEP|01** 新建"联系方式"影片剪辑，使用【文本工具】在舞台中输入文字"联系方式"，在属性检查器中设置其系列、大小和颜色。然后创建补间动画，在第 10 帧处插入关键帧。

**STEP|02** 选择第 4 帧，将文字向右移动。选择第 7 帧，再将文字向左移动。新建图层，在第 10 帧处插入关键帧，在【动作】面板中输入停止播放动画命令"stop();"。

**STEP|03** 新建"联系方式按钮"按钮元件，使用【文本工具】在舞台中输入文字"联系方式"，并在属性检查器中设置相同的样式。然后，在【指针经过】状

图 24-1  制作餐饮类网站导航和首页

态帧处插入空白关键帧，将"联系方式"影片剪辑拖入到舞台中，并移动到相同的位置。

**STEP|04** 复制【弹起】状态帧，在【按下】状态帧处粘贴关键帧。然后，在【点击】状态帧处插入空白关键帧，使用【矩形工具】在舞台中绘制一个矩形。

**STEP|05** 使用相同的方法，制作导航条中的其他按钮元件，包括曲奇展示、曲奇文化、烘焙日记和首页。

**STEP|06** 返回场景，新建"联系方式"图层，在第 45 帧插入关键帧，将【联系方式】按钮元件拖入到舞台上方。然后创建补间动画，选择第 55 帧，在【变形】面板中设置旋转为"15"。

**STEP|07** 新建"曲奇展示"图层，在第 50 帧处插入关键帧，将【曲奇展示】按钮元件拖入到舞台上方。然后创建补间动画，选择第 60 帧，在【变形】面板中设置旋转为"–12"。

**STEP|08** 新建"曲奇文化"图层，在第 55 帧处插入关键帧，将【曲奇文化】按钮元件拖入到舞台上方。然后创建补间动画，选择第 65 帧，在【变形】面板中设置旋转为"20"，如图 24-1 所示。

**STEP|09** 新建"烘焙日记"图层，在第 60 帧处插入关键帧，将【烘焙日记】按钮元件拖入到舞台上方。然后创建补间动画，选择第 70 帧，在【变形】面板中设置【旋转】为"–20"。

**STEP|10** 新建"首页"图层，在第 65 帧处插入关键帧，将【首页】按钮元件拖入到舞台上方。然后创建补间动画，选择第 75 帧，在【变形】面板中设置旋转为"35"。

开头动画结束后，将默认显示网站的首页内容，这也是展示给访问者的第一个页面。为了配合 Flash 网站的整体效果，首页内容同样是以动画的形式显示出来的，如图 24-2 所示。

**STEP|01** 新建"网页-首页"影片剪辑，使用【文本工具】在舞台的上面输入"欢迎来到曲奇世界"等文字，并在属性检查器中分别设置文字的样式。然后选择所有文字，执行【修改】|【转换为元件】命令，将其转换为图形元件，并在第 25 帧处插入普通帧。

**STEP|02** 右击任意一帧，创建补间动画。在第 1 帧处选择图形元件，在属性检查器中设置其 Alpha 透明度为"0%"。然后选择第 5 帧，更改 Alpha 透明度为"100%"。

**STEP|03** 新建图层，在第 10 帧处插入关键帧，在舞台中输入文字"曲奇个人秀"，并设置文字样式。然后，

图 24-2 首页内容

将所有外部素材图像导入到【库】面板中，将"首页-pic1.png"素材图像拖入到文字的下面。

**STEP|04** 选择文字和图像，将其转换为图形元件。然后右击第 10 帧，创建补间动画，在该关键帧处设置其 Alpha 透明度为"0%"。选择第 20 帧，更改 Alpha 透明度为"100%"。

**STEP|05** 新建图层，在第 15 帧处插入关键帧，在舞台中输入文字"烘焙小技巧"，并设置文字样式。然后，在其下面拖入"首页-pic2.png"素材图像，及输入介绍小技巧的文字内容。

**STEP|06** 选择文字和图像，将其转换为图形元件。然后右击第 15 帧，创建补间动画，在该关键帧处设置其 Alpha 透明度为"0%"。选择第 25 帧，更改 Alpha 透明度为"100%"。

**STEP|07** 返回场景。新建"首页"图层，在第 30 帧处插入关键帧，将"网页-首页"影片剪辑拖入到"主题背景"的上面。然后，在第 76 帧处插入关键帧。

# 第 **25** 章

## ASP+Access

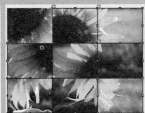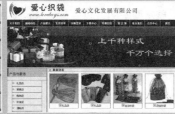

ASP 是微软公司推出的一个 Web 服务器端的开发环境，利用它可以产生和运行形态的、交互的、高效能的 Web 服务运用程序。Access 在开发一些小型网站 Web 应用程序时，用来存储数据。

本章将详细介绍网站建设中的 ASP+Access，主要内容有购物类网站分类、ASP 基础、流程控制语句、ASP 内置对象和综合实战。通过本章的学习我们可以知道怎样在网站中应用 ASP+Access。

## 25.1 购物类网站分类

购物网站就是商家提供网络购物的站点，消费者利用 Internet 直接购买自己需要的商品或者享受自己需要的服务。网络购物是交易双方从洽谈、签约到贷款的支付、交货通知等整个交易过程通过 Internet、Web 和购物界面技术化模式一并完成的一种新型购物方式。本节主要讲述两个方面的内容，分别是按照商业活动主体分类和按照商品主体分类。用户通过学习可以了解购物类网站有哪几种分类。

### 25.1.1 按照商业活动主体分类

通过 Internet 的购物网站购买自己需要的商品或者服务，交易双方可以是商家对商家、商家对消费者或消费者对消费者。

#### 1．B2B

B2B 是英文 Business-to-Business 的缩写，即商家对商家，或者说是企业间的电子商务，即企业与企业之间通过互联网进行产品、服务及信息的交换。代表网站阿里巴巴是全球领先的 B2B 电子商务网上贸易平台。

#### 2．B2C

B2C 是英文 Business-to-Consumer 的缩写，即商家对消费者，也就是通常说的商业零售，直接面向消费者销售产品和服务。最具有代表性的 B2C 网站有国内最大的中文网上书店当当网和美国的亚马逊网上商店。

#### 3．C2C

C2C 是英文 Consumer-to-Consumer 的缩写，即消费者与消费者之间的电子商务。C2C 发展到现在已经不仅仅是消费者与消费者之间的商业活动，很多商家也以个人的形式出现在网站上，与消费者进行商业活动。互联网上的 C2C 网站有很多，知名的网站有易趣网、淘宝网、拍拍网和百度。

### 25.1.2 按照商品主体分类

一些购物网站是针对某一种或一类商品而设的站点，按销售产品类型分类，可分为电器购物网站、服装购物网站、食品购物网站、首饰购物网站等。

#### 1．电器购物网站

主要销售彩电、冰箱、洗衣机、空调、手机、数码相机、MP3、厨卫家电、小家电、办公家电等，如国美电器网站和数码相机购物网。

#### 2．服装购物网站

主要以销售服装为主，可以是男装、女装、内衣、孕婴童装、婚纱礼服、运动装、休闲装、家居服、羽绒服、工作服、品牌服装、帽子、围巾、领带、腰带、袜子、眼镜等。如淘宝网站和品牌服饰网站。

#### 3．食品购物网站

主要以食品为主，可以是休闲食品、水果、蔬菜、粮油、冲调品、饼干蛋糕、婴幼食品、果汁饮料、酒类、茶叶、调味品、方便食品和早餐食品等，如我买网和水果购物网站。

#### 4．首饰购物网站

以首饰产品为主，包括耳饰、头饰、胸饰、腕饰、腰饰等类别，具体包括戒指、耳环、项链等。

## 25.2 ASP 基础

ASP（Active Server Pages）是一种服务器端的网页设计技术，可以将 Script 脚本程序直接加在 HTML 网页上，从而轻松读取数据库中的内容，也可以轻易地集成现有的客户端 VBScript 和 DHTML，输出动态、互动内容的网页。本节将详细介绍 VBScript 脚本语言的基础知识。

### 25.2.1 变量

变量是指在程序的运行过程中随时可以发生变化的量，也就是程序中数据的临时存放场所。在程序代码中可以只使用一个变量，也可以使用多个变量。变量中可以存放语句、数值、日期以及属性等。

#### 1. 声明变量

在 VBScript 脚本语言中，可以使用 Dim 语句、Public 语句或 Private 语句显式声明变量。例如，使用 Dim 语句声明 str 变量，代码如下所示：

```
Dim str
```

另外，在声明变量时，可以使用单个语句声明多个变量，只需要使用逗号分隔变量即可。例如，使用 Dim 语句同时声明 4 个变量，代码如下所示：

```
Dim a,b,c,d
```

在 VBScript 脚本语言中，直接使用变量名是一种隐式声明变量的简单方式。但这并不是一种好的编程习惯，因为这样有时会由于变量名被拼写错误而导致运行程序出现意外的结果。因此，最好使用 Option Explicit 语句指定显式声明变量，并将其作为程序的第一条语句。

#### 2. 变量的作用域与存活期

变量的作用域由它的声明位置决定。如果在过程内部声明变量，则只有在该过程中的代码才可以访问或更改变量值，此时变量具有局部作用域并被称为过程级变量。如果在过程之外声明变量，则该变量可以被脚本语言中所有过程识别，称为 Script 级变量，具有全局作用域。

变量存在的时间称为存活期。全局变量的存活期从被声明开始一直到脚本运行结束。对于局部变量，存活期仅是该过程运行的时间，该过程结束后，该变量也随之消失。

#### 3. 给变量赋值

创建表达式为变量赋值时，将变量名称放置在表达式的左侧，要赋的值放置在表达式的右侧，其格式如下所示：

```
Num = 100
```

### 25.2.2 常量

常量是具有一定含义的名称，用于代替数字或字符串，并且其值从不改变。在 VBScript 脚本程序中，可以使用 Const 语句创建用户自定义的常量。

使用 Const 语句可以创建名称具有一定含义的字符串型或数值型常量，并给它们赋原义值。例如，为

MyName 常量赋字符串型值，为 MyAge 常量赋数值型值，代码如下所示：

```
Const MyName = "Tom"
Const MyAge = 23
```

字符串型文字包含在两个引号之间（""），这是为了区别字符串型和数值型常量。而日期型文字和时间型文字则包含在两个井号（##）之间，代码如下所示：

```
Const MyDay = #1985-06-01#
```

## 25.2.3　数据类型

数据类型描述变量可以包含的信息的种类，每种编程语言都有很多的数据类型，如字符型、整型、浮点型等。但在 VBScript 中将各种各样的信息统统归纳在一起叫做 Variant 类型，然后在 Variant 的子类型中再进行详细分类，Variant 类型的特点是根据变量的值自动判断子类型，并根据情况自动进行转换，不必事先对变量进行数据类型声明。数值子类型为各种各样的数值，在 Variant 中又可以分为如下几种。

Byte：包含 0～255 之间的整数。

Integer：包含−32 768～32 767 之间的整数。

Currency：包含−922 337 203 685 477.5808～922 337 203 685 477.5807。

Long：包含−2 147 483 648～2 147 483 647 之间的整数。

Single：包含单精度浮点数，负数范围为−3.402823E38～−1.401298E−45，正数范围为 1.401298E−45～3.402823E38。

Double：包含双精度浮点数，负数范围从−1.79769313486232E308～−4.94065645841247E−324，正数范围为 4.94065645841247E−324～1.79769313486232E308。

在选取数据的类型时，要根据实际需要进行，如果能够使用小的就尽量选用小的，这样占用内存较少，运行速度比较快。

字符串类型：字符串类型的数据用 string 表示，要放在双引号之间。

日期类型：日期类型的数据用 Date 表示，要放在两个#之间，如#2005-1-26#。

布尔类型：布尔类型的数据用 boolean 表示，有两个值 True 和 False，布尔值和数字有如下关系：False 相当于 0，True 相当于−1。

对象类型：对象类型的数据用 Object 表示。

空值：空值（Null）表示不含任何数据。

未定义：未定义 Empty 表示数据未被初始化，也就是变量没有被赋值。

错误数据：错误数据 Error 包含错误号，可以使用产生的错误号来对当前错误进行解释。

## 25.2.4　运算符

VBScript 中的运算符可分为 4 类：算术运算符、比较运算符、连接运算符、逻辑运算符。当表达式由多个运算符组成时，将按照一个顺序计算表达式，这个顺序被称为运算符优先级。通常情况下，首先计算算术运算符，然后计算比较运算符，最后计算逻辑运算符。连接运算符的优先级在算术运算符之后，比较运算符之前。

算术运算符遵循数学上的先乘除后加减、从左至右的原则。所有的比较表达式的优先级相同，即按

照从左到右的顺序计算比较运算符，也可以使用圆括号改变优先级顺序，如算术表达式 3+8/3*(4+6)/5/2
运算后的值约为 5。

# 25.3 流程控制语句

VBScript 脚本语言的控制语句与其他编程语言的控制语句的作用和含义相同，都是用于控制程序的
流程，以实现程序的各种结构方式，控制语句由特定的语句定义符组成。本节主要讲述条件语句和循环
语句，用户通过学习可以熟练应用流程控制语句。

## 25.3.1 条件语句

条件语句的作用是对一个或多个条件进行判断，根据判断的结果执行相关的语句。VBScript 的条件
语句主要有两种，即 If Then…Else 语句和 Select…Case 语句。

### 1．If Then…Else 语句

If Then…Else 语句根据表达式是否成立执行相关语句，因此又被称作单路选择的条件语句。使用 If
Then…Else 语句的方法如下所示：

语法格式：

```
IF Condition Then
[statements]
End If
```

或者：

```
IF Condition Then [statements]
```

在 If...Then 语句中包含两个参数，分别为 Condition 和 statements 参数。

（1）Condition 参数：必要参数，即表达式（数值表达式或者字符串表达式），其运算结果为 True 或
False。另外，当参数 condition 为 Null，则参数 condition 将视为 False。

（2）statements 参数：由一行或者一组代码组成，也称为语句块。但是在单行形式中，若没有 Else 子
句，则 statements 参数为必要参数。该语句的作用是表达式的值为 True 或非零时，执行 Then 后面的语句
块（或语句），否则不作任何操作。

If…Then…Else 语句的一种变形允许从多个条件中选择，即添加 ElseIf 子句以扩充 If…Then…Else 语
句的功能，使其可以控制基于多种可能的程序流程。

### 2．Select…Case 语句

Select…Case 语句的作用是判断多个条件，根据条件的成立与否执行相关的语句，因此又被称作多路
选择的条件语句。使用 Select…Case 的格式如下：

语法格式：

```
Select Case testexpression
[Case expressionlist-n
[statements-n]] ...
```

```
[Case Else
[elsestatements]]
End Select
```

Select Case 语句的语法具有以下几个部分：

（1）testexpression：必要参数，任何数值表达式或字符串表达式。

（2）expressionlist-n：Case 语句的必要参数。其形式为 expression、expression To expression、Is comparisonoperator expression 的一个或多个组成的分界列表。To 关键字可用来指定一个数值范围。如果使用 To 关键字，则较小的数值要出现在 To 之前。使用 Is 关键字时，则可以配合比较运算符（除 Is 和 Like 之外）来指定一个数值范围。

（3）statements-n：可选参数。一条或多条语句，当 testexpression 匹配 expressionlist-n 中的任何部分时执行。

（4）elsestatements：可选参数。一条或多条语句，当 testexpression 不匹配 Case 子句的任何部分时执行。

在 Select…Case 语句中，每个 Case 语句都会判断表达式的值是否符合该语句后面条件的要求。如果条件值为 True 时，则执行相关的语句并自动跳出条件选择语句结构，否则继续查找与其匹配的值。当所有列出的条件都不符合表达式的值时，将执行 Case Else 下的语句然后再跳出条件选择语句结构。

## 25.3.2　循环语句

循环语句是可根据一些条件反复多次执行语句块，直到条件值为 False 后才停止循环。在编写代码时，通常使用循环语句进行一些机械的、有规律性的工作。VBScript 中的循环语句主要包括 Do…Loop 循环语句和 For 循环语句。

### 1．Do…Loop 语句

Do…Loop 循环语句用于控制循环次数未知的循环结构，包含两种书写方式，如下所示：

语法格式：

```
Do [{While | Until} condition]
[statements]
[Exit Do]
[statements]
Loop
```

或者：

```
Do
[statements]
[Exit Do]
[statements]
Loop [{While | Until} condition]
```

在该循环结构中，主要包含以下两个参数，其功能如下。

（1）condition：可选参数。数值表达式或字符串表达式，其值为 True 或 False。如果 condition 是 Null，则 condition 会被当作 False。

(2) Statements：一条或多条命令，它们将被重复执行，直到 condition 为 True。

在上面的语句中，Do{While|Until}Loop 型的语句为先对条件进行判断，然后决定语句是否循环。而 Do…Loop{While|Until}型的语句则为先执行一次循环，然后再决定循环是否继续进行，在这种类型的循环语句中，循环体至少执行一次。

Exit Do 语句用于退出 Do…Loop 循环。因为通常只是在某些特殊情况下要退出循环（如要避免死循环），所以可在 If…Then…Else 语句的 True 语句块中使用 Exit Do 语句。如果条件为 False，循环将照常运行。

While…Wend 语句是为那些熟悉其用法的用户提供的，但是由于 While…Wend 缺少灵活性，所以建议最好使用 Do…Loop 语句。

## 2．For…Next 语句

For 循环语句用于控制循环次数已知的循环结构，其书写格式如下：

语法格式：

```
For counter = start To end [Step step]
[statements]
[Exit For]
[statements]
Next [counter]
```

For … Next 循环语句的语法具有以下几个部分：

（1）counter：必要参数。用于循环计数器的数值变量。这个变量不能是 Boolean 或数组元素。

（2）start：必要参数。counter 的初值。

（3）End：必要参数，counter 的终值。

（4）Step：可选参数。counter 的步长。如果没有指定，则 step 的缺省值为 1。

（5）Statements：可选参数。放在 For 和 Next 之间的一条或多条语句，它们将被执行指定的次数。

除此之外，还有 For Each…Next 循环语句，它与 For…Next 循环语句类似。For Each…Next 不是将语句运行指定的次数，而是对于数组中的每个元素或对象集合中的每一项重复一组语句，这在不知道集合中元素的数目时非常有用。

Exit For 提供一种退出 For 循环的方法，只能在 For…Next 或 For Each…Next 循环中使用。Exit For 将控制权转移到 Next 之后的语句。在嵌套的 For 循环中使用时，Exit For 将控制权转移到循环所在位置的上一层嵌套循环。

# 25.4 ASP 内置对象

本节主要讲述 ASP 提供的 6 种内置对象，包括 Request 对象、Response 对象、Application 对象、Server 对象、Session 对象和 ObjectContext 对象。这些对象可以使用户通过浏览器实现请求发送信息、响应浏览器以及存储用户信息等功能。

## 25.4.1　Request 对象

Request 对象用于访问用 HTTP 请求传递的信息，也就是客户端用户向服务器请求页面或者提交表单时所提供的所有信息，包括 HTML 表格用 POST 方法或 GET 方法传递的参数、客户端用户浏览器的相关信息、保存在这些域中浏览器的 cookies、附加在页面 URL 后的参数信息。

　　Request 对象的属性和方法各有一个，而且都不经常使用。但是，Request 对象还提供了若干个集合，这些集合可以用于访问客户端请求的各种信息。在 Request 对象的所有集合中，最经常使用的是 Form 集合和 QueryString 集合，它们分别包含客户端使用 POST 方法发出的信息和使用 GET 方法发出的信息。

## 1. 使用 Request 对象

　　当用户在浏览器地址栏中输入网页的 URL 地址访问网页，就是通过 GET 方法向服务器发布信息，而发送的信息可以从浏览器地址栏的 URL 地址中看到。POST 方法只有通过定义<form>标签的 method 属性为"post"时才会被使用。

## 2. 访问 Request.QueryString 集合

　　当用户使用 Get 方法传递数据时，所提交的数据会被附加在查询字符串（QueryString）中一起提交到服务器端。QueryString 集合的功能就是从查询字符串中读取用户提交的数据。访问 QueryString 集合项的语句如下所示：

```
Value = Request.QueryString(Key)
```

　　其中，参数 Key 的数据类型为 String，表示要提取的 HTTP 查询字符串中变量的名称。

## 3. 访问 Request.Form 集合

　　Get 方法有一个缺点就是 URL 字符串的长度在被浏览器及服务器使用时有一些限制，而且会将某些希望隐藏的数据暴露出来。所以，为了避免以上问题，可以设置表单使用 Post 方法传递数据，代码如下所示：

```
<form name="form1" method="post" action="Check.asp">
```

　　在上面的语句中，键值被存储在 HTTP 请求主体内发送，这样就可以使用 Request.Form 集合获取 HTML 表单中的信息，其使用方法如下：

```
Value = Request.Form(name)
```

　　Form 集合同样包含有三个属性，即 Count、Item 和 Key。

## 25.4.2　获取验证字段

　　在 Request 对象中，ClintCerificate 集合从 Web 浏览器发布请求中获取验证字段。如果 Web 浏览器使用 SSL3.0/PCT1 协议(以 https://开头的 URL，而不是 http://)连接服务器及服务器请求验证，则浏览器将发送验证字段。如果没有发送验证，ClintCerificate 集合将返回 Empty（空值）。语法格式如下：

```
Request. ClintCerificate(Key[subfield])
```

　　在上述语法结构中包含有两个参数，其含义如下：

　　（1）Key：该参数指定要获取的验证字段名称。

　　（2）subfield：可选参数，用于按 subject 或 Issuer 关键字检索单独的字段。此参数作为一个后缀添加到 Key 参数中，例如，IssuerO 或 subjectCN。

　　下面的代码通过获取 object 关键字测试客户端验证是否存在：

```
<%
If len(request.clientcertificate
("object")) =0
Response.write("no client
Certificate was presented")
End if
%>
```

## 25.4.3 读取参数信息与 Cookie 数据

通过 Request 对象的 QueryString 集合和 Cookies 集合可以获取 URL 地址中的参数信息和 Cookie 数据。

### 1. 读取网址的参数信息

通过该对象的 QueryString 集合可以获取 URL 地址中的参数信息，即当 Method="GET"（或者省略其属性）作为请求提交时，其<FORM>标签中的所有值将依附于用户请求的 URL 后面，并且每个值均为只读方式。语法结构如下：

```
Reques. QueryString(Variable)[(INdex)|.Count]
```

Reques. QueryString(参数)的值是出现在 QueryString 中所有参数的值的数组，其中参数含义如下：

（1）Variable：必要参数。在 HTTP 查询字符串中要取回的变量名称。

（2）Index：可选参数。为一个变量规定多个值之一，从 1 到 Reques. QueryString(Variable). Count

（3）. Count：统计 URL 地址中包含相同参数名称的个数。

另外，该集合在获取同一个表单时，多个元素可以有相同的名字。

而在通过 GET 方式传送数据时，一般可以分为三种方式。一是直接在 URL 内输入超链接，包含"？"后的参数，如 http://localhost/XNML/xx.asp?uname=pname&pwd=456;二是在超链接中使用，如<A href="xx.asp?uname=pname~-pwd=123">;三是使用 Form 表单，如<FORM action="xx.asp"method=GET>。

### 2. 读取 Cookie 数据

Cookie 常用来对用户进行识别。Cookie 是一种服务器留在用户计算机中的小文件。每当同一台计算机通过浏览器请求页面时，这台计算机就会发送 Cookies。通过 ASP 代码可以创建并取回 Cookie 的值。

根据用户的请求，用户系统发出的所有 Cookie 的值的集合，这些 Cookie 仅对相应的域有效，每个成员均为只读。

语法格式：

```
Variablename=request.Cookies(name)[(key)|.attribute]
```

其中，Cookies 集合的参数含义如下。

（1）name：必要参数，指 Cookie 的名称。

（2）value：必要参数（对于 response. Cookies 命令），指 Cookie 的值。

（3）attribute：可选参数，规定有关 Cookie 的信息。例如，该参数的值包含的 Domain 是指 Cookie 仅送往到达该域的请求；Expires 指 Cookie 的失效日期，如果没有规定日期，Cookie 会在 session 结束时失效；HasKeys 是指规定 Cookie 是否拥有 Key（这是唯一一个可与 request. cookies 命令一起使用的属性）；Path 是指 Cookie 仅送往到达此路径的请求，如果没有设置，则使用应用程序的路径；Secure 指示 Cookie

是否安全。

（4）key：可选参数，规定在何处赋值的 Key。

例如，下列代码主要用来获取 Cookie 值，以及获取 Cookie 是否拥有 Key（指定 Cookie 是否包含关键字），其中"My Cookie"为 Cookie 的名称。

```
<%=Request. Cookies('My Cookie")%>
<% Request. Cookies('My Cookie")
.HasKeys%>
```

## 25.4.4　读取表单数据和服务端信息

使用 Request 对象的 Form 集合和 Server Variables 集合可以获取表单数据和服务端信息，介绍如下。

### 1. 读取表单传递的数据

Form 集合可以获取用 POST 方法从浏览器传送来的值，这些值由 Form 表单提交。通过设置 Method="POST"，所有作为请求提交的<FORM>标签中值的集合中，每个成员均为只读。语法格式：

```
Request. Form (Element) [(Index)].
Count]
```

在该语法中包含两个参数，其中 Element 参数是指定集合要检索的表格元素的名称。而 Index 参数为可选参数，使用该参数可以访问某参数中多个值中的一个，它可以是 1 到 Request. Form (parameter) .Count 之间的任意整数。

Form 集合按请求正文中参数的名称来索引。Request. Form（Element）的值是请求正文中所有 element 值的数组。通常用 Request. Form（Element）. Count 来确定参数中值的个数。如果参数未关联多个值，则计数为 1；如果找不到参数，计数为 0。

### 2. 读取服务器端信息

ServerVariables 集合保存了随 HTTP 请求一起传送的 HTTP 报头的信息，通过它可以获取有关服务器端的信息与 HTTP 报头，也可根据不同的需要用 Server Variables 集合获取服务器端环境变量。

```
Request. ServerVariables (variable)
```

在实际应用中，该集合主要有两种方法：其一，获取服务器环境变量；其二，限制用户访问。

可以使用如下代码输出 ServerVariable 集合中所有的服务器环境变量：

```
Dim item
For Each item In Request. Server
Variables
Response.Write item&"<br>"
Next
```

## 25.4.5　Response 对象属性

Response 对象用于向客户端浏览器发送数据，用户可以使用该对象将服务器的数据以 HTML 的格式发送到用户端的浏览器，Response 与 Request 组成了一对接收、发送数据的对象，这也是实现动态的基础。

Response 对象也提供一系列的属性，可以读取和修改，使服务器端的响应能够适应客户端的请求，这些属性通常由服务器设置。

## 1. Buffer 属性

该属性用于指示是否是缓冲页输出，Buffer 属性的语法格式如下：

```
Response.Buffer = Flag
```

其中，Flag 值为布尔类型数据。当 Flag 为 False 时，服务器在处理脚本的同时将输出发送给客户端；当 Flag 为 True 时，服务器端 Response 的内容先写入缓冲区，脚本处理完后再将结果全部传递给用户。Buffer 属性的默认值为 False。

## 2. CacheControl 属性

该属性指定了一个脚本生成的页面是否可以由代理服务器缓存。为这个属性分配的选项，可以是字符串 Public 或者是 Private。

启用和禁止脚本生成页面的缓存，可分别使用如下代码：

```
<%
Response.CacheControl="public"
         '启用缓存
Response.CacheControl="Private"
          '禁止缓存

%>
```

## 3. Charset 属性

该属性将字符集名称附加到 Response 对象中的 Content-type 标题的后面，用来设置 Web 服务器响应给客户端的文件字符编码。其语法如下：

```
Response.charset(字符集名称)
```

例如：

```
Response.charset="GB2312"
         '简体中文显示
```

## 4. ContentType 属性

ContentType 属性用来指定响应的 HTTP 内容类型。如果未指定，则默认是 text/HTML。其语法格式如下：

```
Response.ContentType = 内容类型
```

一般来说，ContentType 都以"类型/子类型"的字符串来表示，通常有 text/HTML、image/GIF、image/JPEG、text/plain 等。

## 5. Expires 属性

该属性指定浏览器上缓冲存储的页距过期的时间。如果用户在某个页过期之前又回到此页，就会显示缓冲区中的版本。这种设置有助于数据的保密。语法格式如下：

```
Response.Expires=分钟数
```

### 6. ExpiresAbsolute 属性

该属性指定缓存于浏览器中的页的到期日期和时间。在未到期之前，若用户返回到该页，该缓存就显示；如果未指定时间，该主页当天午夜到期；如果未指定日期，则该主页在脚本运行当天的指定时间到期。语法格式如下：

```
Response.ExpiresAbsolute = 日期 时间
```

### 7. IsClientConnected 属性

该属性为只读，返回客户是否仍然连接和下载页面的状态标志。有时候程序脚本要花比较长的时间去处理，如果客户端用户没有耐心等待而离去，而服务器端将脚本执行下去显然没有任何意义，这时候就可以通过 IsClientConnected 属性判断客户端是否仍然与服务器连接来决定程序是否继续执行。该属性返回一个布尔值。

### 8. PICS 属性

PICS 属性用来设置 PICS 标签，并把响应添加到标头(Response header)。PICS 是一个负责定义互联网网络等级及等级数据的 W3C 团队。该属性的语法格式如下：

```
Response. Pics (PICS 字符串)
```

### 9. Status 属性

Status 属性用来设置 Web 服务器要响应的状态行的值。HTTP 规格中定义了 Status 值。该属性设置语法如下：

```
Response.Status = "状态描述字符串"
```

## 25.4.6　Response 对象方法

Response 对象提供了一系列的方法，用于直接处理返回给客户端而创建的页面内容。

### 1. AppendTolog 方法

Response.AppendTolog 方法将字符串添加到 Web 服务器日志条目的末尾。由于 IIS 日志中的字段用逗号分隔，所以该字符串中不能包含逗号（","），而且字符串的最大长度为 80 个字符。语法格式如下：

```
Response.AppendTolog"要记录的字符串"
```

### 2. AddHeader 方法

Response.AddHeader 方法用指定的值添加 HTTP 标题，该方法常常用来响应要添加新的 HTTP 标题。它并不代替现有的同名标题。一旦标题被添加，就不能删除。具体语法格式如下：

```
Response.AddHeader Name, Value
```

该语句中包含两个参数内容，其含义如下。

（1）Name：新头部变量的名称。

（2）Value：新头部变量的初始值。

### 3．Flush 方法

如果将 Response.Buffer 设置为 True，那么使用 Response.Flush 方法可以立即发送 IIS 缓冲区中的所有当前页。如果没有将 Response.Buffer 设置为 True，则使用该方法将导致运行时错误。

### 4．Clear 方法

如果将 Response.Buffer 设置为 True，那么使用 Response.Clear 方法可以删除缓冲区中的所有 HTML 输出。如果没有将 Response.Buffer 设置为 True，则使用该方法将导致运行时错误。

### 5．End 方法

Response.End 方法使 Web 服务器停止处理脚本并返回当前结果，文件中剩余的内容将不执行。

当 Buffer 属性值为 True 时，服务器将不会向客户端发送任何信息，直到所有程序执行完成或者遇到 Response.Flush 或者 Response.End 方法，才将缓冲区的信息发送到客户端。

有时用户可能希望在页面结束之前的某些点上停止代码的执行，这可以通过调用 Response.End 方法刷新所有的当前内容到客户并终止代码的进一步执行。

### 6．BinaryWrite 方法

Response.BinaryWrite 方法主要用于向客户端写非字符串信息（如客户端应用程序所需要的二进制数据等）。语法格式如下：

```
Response.BinaryWrite 二进制数据
```

### 7．Write 方法

Response.Write 是 Response 对象最常用的方法，该方法可以向浏览器输出动态信息，其语法格式如下：

```
Response.Write 任何数据类型
```

只要是 ASP 中合法的数据类型，都可以用 Response.Write 方法来显示。

### 8．Redirect 方法

Response.Redirect 可以用来将客户端的页面重定向到一个新的页面，有页面转换时常用这个方法。

### 9．Response.Redirect URL

URL 是指需要转到的相应的页面。例如对于一个简单的登录模块，当用户名和密码正确时转向欢迎页面，否则转向错误信息页面。

## 25.4.7　Response 对象集合

在上述的 Request 对象中已经介绍过，通过 Cookie 集合，来读取存储在客户端的信息。然后通过 Response 对象的 Cookie 集合送回给用户端浏览器。如果指定的 Cookie 不存在，则系统会自动在客户端的浏览器中建立新的 Cookie。使用 Response.Cookies 的语法如下。

```
Response.Cookies (name) [(key)|.
attribute]=value
```

各参数的意义如下。

（1）name：表示 Cookie 的名称。用户为 Cookie 指定名称后就可以在 Request.Cookie 中使用该名称获取相应的 Cookie 值。

（2）key：表示该 Cookie 会以目录的形式存放数据。如果指定了 key，则 Cookie 形成了一个字典，而 key 的值将被设为 Cookie value。

（3）attribute：定义了与 Cookie 自身有关的属性。

例如，创建一个名为"firstname"的 Cookie 并为它赋值"Murphy"，可以使用如下代码：

```
<%
Response. Cookies("firstname")=
"Murphy"
%>
```

Cookie 其实是一个标签。当访问一个需要唯一标识的 Web 站点时会在用户的硬盘上留下标记，下一次访问该站点时，该站点的页面就会查找这个标记，以确认该浏览者是否访问过本站点。每个站点都可以有自己的标记 Cookie，并且标记的内容可以由该站点的页面随时读取。

通常情况下，客户端浏览器只有对创建 Cookie 的目录中的页面提出请求时才将 Cookie 随同请求发往服务器。通过指定 path 属性可以指定站点中何处这个 Cookie 合法，并且这个 Cookie 将随同请求被发送。如果 Cookie 随着整个站点的页面请求发送，则应设置 path 为"/"。

如果设置了 Domain 属性，则 Cookies 将随同对域的请求被发送。域属性表明 Cookie 由哪个网站创建和读取，默认情况下，Cookie 的域属性设置为创建 Cookie 的网站。

## 25.4.8 Application 对象

ASP 提供了一个 Application 对象，该对象的作用域是全局范围，即它不仅可以被单独的用户访问，而且可以被应用程序中的所有用户访问。这与一般的应用程序中的全局变量相同。Application 对象可以在全局范围内存储变量和信息，该应用程序内所有在 ASP 页面中运行的脚本都可以访问这些数据。

Application 对象是一个应用程序级的对象，在同一虚拟目录及其子目录下的所有.asp 文件构成了 ASP 应用程序。使用 Application 对象可以在给定的应用程序的所有用户之间共享信息，并在服务器运行期间持久地保存数据。而且，Application 对象还有控制访问应用层数据的方法和可用于在应用程序启动和停止时触发过程的事件。

Application 对象的方法允许删除应用程序集合中的值，控制对应用程序集合中变量的并发访问。Application 对象提供了两个集合，这两个集合可以用来访问存储于应用程序中的变量和对象。

所有的用户共用一个 Application 对象，当网站服务器一开，就创建了 Application 对象，所有的用户都可以对 Application 进行修改。利用 Application 这一特性，可以方便地创建各种常用网页。

对象没有自己的属性，但是使用 Application 对象，用户可以根据自己的需要定义属性，保存一些共有的信息，其语法格式如下：

```
Application("属性名")=属性定义
```

例如：

```
<%
Application("welstr")= "欢迎你的到来！"
%
```

上述语句就定义了一个名为"welstr"的属性。需要理解的是，由于 Application 对象对于多用户共享，因此与 Session 对象有本质的区别。Application 变量不会因为某一个甚至全部用户离开就消失，一旦建立了 Application 变量，它就会一直存在，直到网站关闭或者这个 Application 被卸载。

### 25.4.9　Server 对象

Server 对象只提供了一个属性，但是它提供了 7 种方法用于格式化数据、管理网页执行、管理外部对象和组件执行以及处理错误，这些方法为 ASP 的开发提供了很大的方便。

Server 对象提供对服务器上的方法和属性的访问，最常用的方法是创建 ActiveX 组件的实例。其他的方法用于将 URL 或 HTML 编码成字符串、将虚拟路径映射到物理路径以及设置脚本的超时时限。

ScriptTimeout 属性是 Server 对象唯一的一个属性，该属性用于设置或者返回页面的脚本在服务器退出执行和报告一个错误之前可以执行的时间。达到该值后将自动停止页面的执行，并从内存中删除包含可能进入死循环的错误页面或者是长时间等待其他资源的网页。这会防止服务器因存在错误的页面而过载。对于运行时间较长的页面需增大这个值。语法结构如下：

```
Server.ScriptTimeout[=NumSeconds]
```

其中，NumSeconds 为脚本在被终止前可运行的最大秒数，默认是 90 秒。例如，设置脚本的超时为 200 秒，其代码如下。

```
<%
Server.ScriptTimeout=200
%>
```

若要查看所设置脚本执行的超时，可以通过取回 ScriptTimeout 属性的当前值实现，其代码如下所示。

```
<%
Response.write(server.Script
Timeout)
%>
```

### 25.4.10　Session 对象

使用 Session 对象可以存储特定的用户会话所需的信息。当用户在应用程序的不同页面之间切换时，存储在 Session 对象中的变量不被清除。而用户在应用程序中访问页时，这些变量始终存在。Session 对象拥有与 Application 对象相同的集合，并具有一些其他属性。

#### 1．Session 对象属性

Session 对象提供的属性包括 Timeout 属性、SessionID 属性、LCID 属性和 CodePage 属性等。

（1）Timeout 属性

Session 对象的 Timeout 属性用来设置 Session 的最长时间间隔，这里所谓的时间间隔是指服务器端从最近一次向 Web 服务器提出要求到下一次向 Web 服务器提出要求的时间，以分钟为单位，语法如下：

Session.Timeout=分钟数

（2）SessionID 属性

SessionID 属性可为每个用户返回一个唯一的 ID，此 ID 由服务器生成，是一个不重复的长整数数字，语法如下。

```
长整数=Session.SessionID
```

例如：

```
<%
Response,Write(Session. SessionID)
%>
```

服务器会自动生成 ID，结果如下：

```
55702372
```

（3）LCID 属性

LCID 属性可设置或者返回一个规定位置或者地区的整数，诸如日期、时间以及货币等内容都会根据位置或者地区来显示。

语法格式如下：

```
Session. LCID=LCID 值
```

（4）CodePage 属性

由于用户来自世界各地，无法事先编写各种不同的版本，所以 ASP 的 Session 对象提供 CodePage 属性。CodePage 属性表示字符串编码及转换的依据。代码页是一个可以包括数字、标点符号以及其他字母的字符集。对于不同的语言和地区可以使用不同的代码页。例如，ANSI 代码页 1252 用于美国、英国和大多数欧洲语言，代码页 932 用于日文字，简体中文的代码页为 936。

语法格式如下：

```
Session. CodePage=CodePage 值
```

## 2．Session 对象方法

Session 对象允许从用户会话空间删除指定值，并根据需要终止会话，Session 对象提供了三种方法：Contents.Remove 方法、Contents.Remove-All 方法、Abandon 方法。

（1）Contents.Remove 方法

Contents.Remove 方法可从 Contents 集合中删除一个项目。语法格式如下：

```
Session. Contents.Remove(name|index)
```

其中 name 表示要删除项目的名称，index 表示要删除项目的索引号。

例如：

```
<%
Session. ("test 1")= ("First test")
Session. ("test 2")= ("Second test")
Session. ("testt3")= ("Third.test")
Session. Contents.Remove ("text2")
For Each x In Session Contents
Response Write(x &"="&
Session. Contents.(x)& "<br/>" )
Next
```

```
%>
```

输出结果如下所示：

```
test 1=First tes
test 3=Third.test
```

（2）Contents.RemoveAll 方法

与 Contents.Remove 方法相似，Contents.RemoveAll 方法可从 Contents 集合中删除全部项目，语法格式如下：

```
Session. Contents. RemoveAll()
```

（3）Abandon 方法

Abandon 方法删除所有存储在 Session 对象中的对象并释放这些资源。如果用户明确地调用 Abandon 方法，一旦会话超时，服务器就会删除这些对象，无法再取得其变量值，而且 Session-OnEnd 事件将一起被激活，语法格式如下：

```
Session. Abandon
```

Abandon 方法被调用时，将按顺序删除当前的 Session 对象，不过在当前页中所有脚本命令都处理完后，对象才会被真正删除。这就是说，在调用 Abandon 方法时，可以在当前页上访问存储在 Session 对象中的变量，但在随后的 Web 页面上就不行。

### 3．Session 对象集合

Session 对象的数据集合有两种，分别是 Contents 集合、StaticObject 数据集合。

（1）Contents 数据集合

绝大部分的 Session 对象存放在 Contents 集合中，当创建一个新的 Session 对象时，其实就是在 Contents 集合中添加了一项，例如下面两条语句是等效的：

```
<%
Session ("username")= "test"
Session. contents("username")= "test"
%>
```

Contents 数据集合有三个属性，并提供了 Remove 和 RemoveAll 方法，

① Item 属性：使用 Item 属性可以访问或者设置 Contents 集合中的一个值。Item 属性允许通过名字访问和运用集合中的值。

② Cont 属性：Cont 属性表示集合中存储的属性数目。

③ Key 属性：使用 Key 属性可以按索引找出属性的名字。Item 属性中存储的每个值在 Key 属性中都有一个条目，指定了用于存储这个值的名字。

（2）StaticObject 集合

StaticObject 集合包含所有使用 HTML<object>标签追加到 Application/Session 的对象。该对象可用于确定对象特定属性的值，或者用于遍历集合并获得所有对象的全部属性，语法格式如下：

```
Session. StaticObject(对象变量名称)
```

### 4. Session 对象事件

Session 对象对应两个事件：Session-OnStart、Session-OnEnd。其中 Session-OnStart 事件对应 Session 对象的起始事件，每当开始一个新会话，该事件所定义的代码都将被激活；Session-OnEnd 事件对应 Session 对象的结束时间，当会话终止或者失效时，触发该事件。

这两个事件的代码必须放在 Global.asa 文件中，语法格式如下。

```
<script language="vbscript"
Runat="server">
Sub Session-OnStart
…
End Sub
Sub Session-OnEnd
…
End Sub
</script>
```

对象是附属于用户的，所以每位用户都可以拥有其专用的变量。虽然每位用户的变量名称相同，但是其值是不相同的，并且只有该用户有权对自己的变量进行读写操作。

## 25.4.11　ObjectContext 对象

使用 ObjectContext 对象可以提交或放弃一项由 Microsoft Transaction Server (MTS) 管理的事务。MTS 是以组件为主的事务处理系统，可用来进行开发、拓展及管理高效能、可伸缩及功能强大的服务器应用程序，所以 Microsoft 也在 ASP 中增加了新的内部对象 ObjectContext，以使编程人员在设计 Web 页面程序中直接应用 MTS 的形式。

ObjectContext 对象用于中止或者提交当前的事务，该对象没有属性，只有用于中止或提交事务的方法及所触发的事件。

## 25.5　综合实战

本章概要性地介绍 ASP+Access 在网站建设中的应用，主要内容有购物类网站分类、ASP 基础、流程控制语句和 ASP 内置对象，为本书后续的学习打下坚实的基础。主要讲述如何在网站建设中应用 ASP+Access，制作吸引人的网站的一些方法和相关技术，接下来我们通过两个实例来对本章的内容进行实践。

## 25.5.1　制作购物网首页

民众购物网是一个综合性的电子商务网站，包含数码、服饰、家电等多种类型的商品。网站以红色为主色调，给购物者留下一种温馨、舒适的感觉，并且符合商品的档次和品味，主要练习添加图片、设置属性、添加表格、设置表格宽度和添加 Flash，如图 25-1 所示。

**STEP|01** 在文档中插入一个宽度为 920 像素的 1 行 × 4 列的表格，并在 1 列单元格中插入一个 10 行 × 1 列的嵌套表格。在前 5 行单元格中，插入 LOGO、公告栏和搜索等素材图像，并在它们之间留有一个空

行。在表格的第 6、7、8 行单元格中插入客服、提示等相关图像，并空出后两行作为网站调查。设置父表格的 2 列单元格为 10 像素。在 3 列单元格中插入一个 6 行×1 列的嵌套表格。

图 25-1　制作购物网首页

**STEP|02** 设置第 1 行单元格的高度为 16 像素，并插入图像及文字，该表格为网站的快速链接。在第 2 行单元格中插入制作好的 Flash 导航条。在表格的第 3、4 行单元格中插入横幅图像，通常为网站的宣传语或服务宗旨等。在表格的第 5 行单元格中插入一个 5 行×4 列的嵌套表格，合并第 1 行单元格插入栏目标题图像。在其他单元格中，插入"店铺"栏目的素材图像及文字。使用同样的方法，在表格的第 6 行单元格中插入 5 行×4 列的嵌套表格，并插入图像及文字。

**STEP|03** 在表格下面插入一个宽度为 920 像素的 1 行×3 列表格，然后在单元格中插入表单元素及文字，该表格为"搜索宝贝"功能。选择下拉列表框，在【列表值】对话框中设置项目标签和值。在表格下面插入一个宽度为 920 像素的 1 行×2 列表格，并在第 1 列单元格中插入背景图像。在第 1 列单元格中绘制

AP Div 层，并在层中输入文字。在文档的最底部插入一个宽度为 920 像素的 2 行×3 列的表格，然后在单元格中插入素材图像，该表格为网页的版尾。在【标题】文本框中输入文本"::民众购物网::"，并保存该页面即可。

## 25.5.2 制作商品展示和信息页面

本例制作的商品展示页面，是专门用来展示化妆品的。在版面设计和色彩上与主页相同，只是将原来的正文部分更改为化妆品展示区域，主要练习引入 ASP 页面、创建 ASP 页面、插入表格、使用选择语句、使用循环语句、查看数据库和输出数据信息，如图 25-2 所示。

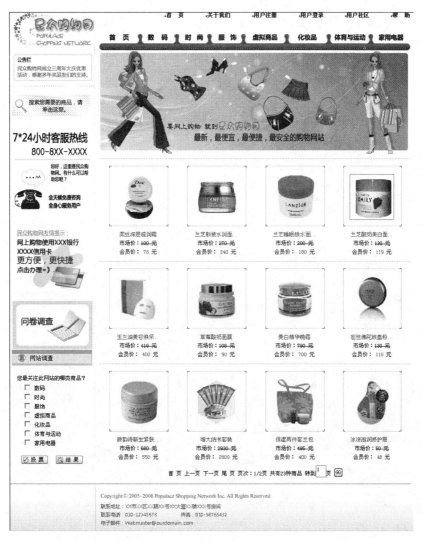

图 25-2 制作商品展示和信息页面

**STEP|01** 将网站的主页另存为 class.asp 页面，然后将原来的正文内容删除，使留出空白区域。将光标置于空白区域，然后切换到【代码】视图模式中，在<td></td>标签之间引用 Cclass.asp 页面。新建 Cclass.asp 页面，在文档中根据商品展示的布局插入表格和嵌套表格。

**STEP|02** 在【代码】视图模式中，使用 select 语句查询数据库中的商品，并使用 if 语句判断商品是否存在，代码如下所示。

```
<%
set rs=server.createobject("adodb.recordset")
rs.open "select * from products order by adddate desc",conn,1,1
if rs.recordcount=0 then
<%
else
...'商品展示代码
%>
```

**STEP|03** 计算每页显示的商品数、商品的总记录数、页数以及参数的安全性设置，代码如下所示。

```
<%
'每页商品数
rs.PageSize =12
'商品总数
iCount=rs.RecordCount
'每页商品数
iPageSize=rs.PageSize
'总页数
maxpage=rs.PageCount
page=request("page")
if Not IsNumeric(page) or page="" then
'如果page参数不是数字或为空
  page=1'page参数为1
else
  page=cint(page)
end if
if page<1 then
  page=1
elseif page>maxpage then
  page=maxpage
end if
rs.AbsolutePage=Page
if page=maxpage then
 x=iCount-(maxpage-1)*iPageSize
else
 x=iPageSize
end if
%>
```

**STEP|04** 使用 for…next 循环语句，将商品以每行 4 个的格式展示在页面上，代码如下所示。

```
<%
```

```
ii=0
For i=1 To x
...'表格内容
rs.movenext
 ii=ii+1
if ii mod 4 =0 then
%>
  </tr>
  <tr>
<%end if%>
<% next%>
```

**STEP|05** 在表格的各个单元格中添加相应的字段名，以显示商品的图像、价格等信息。

**STEP|06** 在表格的下面创建记录集导航条，通过导航条可以以翻页的形式查看所有记录。

```
<%
call PageControl(iCount,maxpage,page,"border=0 align=center","<p align=center>")
'以下为 Sub 过程
Sub PageControl(iCount,pagecount,page,table_style, font_style)
'生成上一页下一页链接
    Dim query, a, x, temp
action = "http://" & Request.ServerVariables("HTTP_HOST") & Request.
ServerVariables("SCRIPT_NAME")'链接地址
    Response.Write("<table width=100% border=0 cellpadding=0 cellspacing=0 >"
    & vbCrLf )
    Response.Write("<form method=get onsubmit =""document.location = " & action
    & "?" & temp & "Page="+ this.page.value;return false;""><TR >" & vbCrLf )'表单
    Response.Write("<TD align=center height=40>" & vbCrLf )
    Response.Write(font_style & vbCrLf )
    if page<=1 then
        Response.Write ("首 页 " & vbCrLf)
        Response.Write ("上一页 " & vbCrLf)
Else
'跳转到第 1 页
        Response.Write("<A HREF=" & action & "?" & temp & "Page=1>首 页</A> " &
        vbCrLf)
        Response.Write("<A HREF=" & action & "?" & temp & "Page=" & (Page-1) & ">
        上一页</A> " & vbCrLf) '跳转到上一页
end if
    if page>=pagecount then
        Response.Write ("下一页 " & vbCrLf)
        Response.Write ("尾 页 " & vbCrLf)
Else
        Response.Write("<A HREF=" & action & "?" & temp & "Page=" & (Page+1) & ">
        下一页</A> " & vbCrLf)
'跳转到最后一页
        Response.Write("<A HREF=" & action & "?" & temp & "Page=" & pagecount & ">
```

```
        尾页</A> " & vbCrLf)
end if
'显示当前页数
Response.Write(" 页数: " & page & "/" & pageCount & "页" & vbCrLf)
'显示商品总数
    Response.Write(" 共有" & iCount & "种商品" & vbCrLf)
    Response.Write(" 转到" & "<INPUT CLASS=wenbenkuang TYEP=TEXT NAME=page SIZE=2
    Maxlength=5 VALUE=" & page & ">" & "页" & vbCrLf & "<INPUT type=submit value=
    GO>")
    Response.Write("</TD>" & vbCrLf )
    Response.Write("</TR></form>" & vbCrLf )
    Response.Write("</table>" & vbCrLf )
End Sub
%>
```

**STEP|07** 保存页面后，按快捷键F12预览效果。

详细信息页面可以根据地址中的商品 id 参数，通过查询数据库的方式，将该商品的相关信息显示在页面中，包括商品名称、品牌、规格、数量、折扣等信息，如图 25-3 所示。

图 25-3 详细信息页面

**STEP|08** 将网站的主页另存为 products.asp 页面，然后将原来的正文内容删除，使留出空白区域。将光标置于空白区域，然后切换到【代码】视图模式中，在<td></td>标签之间引用 Cproducts.asp 页面。新建 Cproducts.asp 页面，根据商品详细信息的展示布局插入表格和嵌套表格。在表格的各个单元格中插入显示对应字段的代码。

**STEP|09** 切换到【代码】视图模式中，使用 select 语句根据地址中的 id 参数查询数据库中的相应数据，代码如下所示。

```
<%set rs=server.createobject("adodb.recordset")
rs.open "select * from products where bookid="&request("id"),conn,1,3
if rs.recordcount=0 then
'如果查询的记录为 0
%>
<font color="#FF0000"><strong>商品已不存在</strong></font>
<%
else
rs("liulancount")=rs("liulancount")+1
rs.update
end if
%>
```

**STEP|10** 选择"购买"图像，设置链接地址为"buy.asp?id=<%=rs("bookid")%>&amp;action=add"，然后保存页面，按 F12 键预览效果。